工信学术出版基金
Industry and Information Technology
Academic Publishing Fund

软件文化基础

Fundamentals of Software Culture

（第二版）

覃 征 党 璇 易建山
王国龙 张紫欣 徐树皓 吴 浔 ◎编著

U0383249

人民邮电出版社
北 京

图书在版编目（CIP）数据

软件文化基础：第二版 / 覃征等编著. -- 北京：
人民邮电出版社，2023.9
ISBN 978-7-115-61042-3

Ⅰ. ①软… Ⅱ. ①覃… Ⅲ. ①软件－文化 Ⅳ.
①TP31

中国国家版本馆CIP数据核字(2023)第147555号

内 容 提 要

本书从科学技术发展的历史视角出发，对软件文化进行了系统的分析和介绍。首先，从人类最初接触计算讲起，介绍了计算机的发展历程及其对技术、经济、社会的影响。在此基础上，介绍了软件的定义，编程语言及软件的发展历程，并将软件划分为系统软件、应用软件和中间件进行了详细介绍。最后，结合软件在人类社会中的应用场景，介绍了软件在工业、农业、医疗等领域的实际应用及案例分析，并对软件对人类社会未来可能的影响进行了展望。

◆ 编　著　覃　征　党　璇　易建山　王国龙　张紫欣
　　　　　　徐树皓　吴　浔
　　责任编辑　林舒媛
　　责任印制　李　东　焦志炜
◆ 人民邮电出版社出版发行　　北京市丰台区成寿寺路 11 号
　　邮编　100164　　电子邮件　315@ptpress.com.cn
　　网址　https://www.ptpress.com.cn
　　北京九天鸿程印刷有限责任公司印刷
◆ 开本：720×960　1/16
　　印张：27.25　　　　　　　　2023 年 9 月第 1 版
　　字数：427 千字　　　　　　2023 年 9 月北京第 1 次印刷

定价：149.00 元

读者服务热线：**(010)81055552**　印装质量热线：**(010)81055316**
反盗版热线：**(010)81055315**
广告经营许可证：京东市监广登字 20170147 号

覃征博士，清华大学信息科学技术学院、软件学院教授，博士生导师。任教育部高等学校电子商务类专业教学指导委员会副主任、高等学校电子商务类教学与教材研究与发展中心工作委员会主任、全国电子商务教育与发展联盟理事长等职，并荣获"北京市教学名师"称号。

作为项目负责人，先后主持完成国家973、863、国家科技攻关计划、国家自然基金等数十项项目，获国家发明专利28项。作为第一完成人，先后获得第43届、第44届日内瓦国际发明展金奖，教育部科技奖励一等奖3项。近年来，在国内外重要期刊及学术会议上发表文章数十篇；在国内外出版学术著作、教材十余部，其中部分教材入选国家级精品教材，《软件文化》一书获清华大学教材一等奖荣誉称号；所教授课程被评为国家级精品课、国家级平台课。已培养博士后、博士及硕士研究生百余名，多就职于军队、国家研究机构、大中型企业、高等院校等。

新时代，信息技术等相关领域的快速发展及应用推动了社会的深刻变革。计算机科学和软件工程等相关科学技术的发展，深刻带动了工业、农业、军事、国防等领域的发展，引起了世界各国的广泛关注。无论科学技术在社会形态中以什么样的形式表现，基础领域、文化领域、未来创新领域的研究都是各国关注的重点。科技与文明同步，人类和文化协行，科技与文化彼此作用和相互渗透所萃取的新文化，成就着历史，续写起文明。

在全球化、信息化快速发展和科技创新的驱动下，以软件为核心的新兴产业迅速发展；以软件为核心的全新产业模式，已渗透到社会的诸多领域，正颠覆性地改变着人们的工作、生活、学习和思维方式等诸多方面；以软件为核心的产品"无处不在"，已是人类的"亲密朋友"。与此同时，软件应用和生活方式的交融，逐渐凝聚出新的文化表现形态，它伴随着科学技术的创新和应用、新兴软件产业的延伸和可持续发展，将会产生新的社会文化形态，这种以软件创新和应用为核心的社会文化形态也可称为软件文化。

本书从科学技术发展的历史视角出发，系统化、规范化地统筹全书内容，沿着信息科学技术的产生与发展的道路，深入研究软件科学技术创新和促进社会进步的成果，提出软件文化的概念和研究思路，目的是促进软件与文化的融合，将软件发展的未来与人类文明的进步紧密结合，开拓软件科学与技术创新研究的新领域。

本书从人类最初接触计算切入，内容涉及整个计算机和软件发展的历史，并由此引申出软件的产生与分类，进而拓展到软件的应用以及未来软件的发展方向。本书为读者介绍软件文化领域相关知识，并列举众多具有代表性的实例，是学习计算机软件和了解软件发展历史的重要资料。全书共 5 章，分别介绍计算机的历史、软件的历史、软件的分类、软件的应用领域以及软件的未来应用等。

本书是软件文化领域的基础书，对软件文化的基础理论、历史、发展现状、研究动态、分类方法和实践方式等进行系统化论述。通过阅读本书，读者可以了解软件文化相关的基本概念，如软件文化发展的诱因和传承线索，软件的分类及分类标准，软件在整个社会中的应用需求和应用趋势等。本书的内容部署结构可以查看附录了解。

本书由覃征教授策划编写内容和组织整体架构，并完成最终定稿。清华大学软件学院党璇博士、王国龙博士，张紫欣、徐树皓、吴浔等硕士研究生，以及国家电网有限公司易建山高级工程师对本书主要章节的内容进行了优化和完善。本书是国内软件文化研究领域的重要资料，既可以作为高等院校计算机和软件相关专业的教材，也可以作为面向社会的大众读物。希望本书能为软件文化领域的研究与发展做出贡献。

在编写本书的过程中，编者先后得到了清华大学软件学院高级访问学者王卫红教授、夏小娜副教授、徐凯平博士、刘季青硕士、胡少晗硕士等的鼎力帮助，并先后得到了清华大学信息科学技术学院和软件学院、中国科学院软件研究所、北京大学信息科学技术学院、西安交通大学计算机科学与技术学院等院校专家学者的指导和建议。本书的出版得到了人民邮电出版社的大力支持，在此一并表示由衷的感谢。本书难免有不足和疏漏之处，敬请读者批评指正。

编者

2023 年 8 月于清华园

·目录·

━◆目录◆━

•—目录—•

第 1 章

计算机的历史

| 1.1 从手指到计算机 |

古往今来，在人类文明发展的历史上，计算始终占据着重要的一席之地。

从拥有智慧开始，如何计算就是人类发展史中的一个重要问题。不管是事件的记录、生产规模的扩大，还是贸易的发展、科技的进步，都离不开简单或者复杂的计算。从使用手指计算，到借助筹码、算盘等工具计算，都是人类不断追求更快的计算速度、更大的计算范围和更高的计算准确性的体现。

正是由于这种孜孜不倦的追求，计算机应运而生。

1.1.1 早期计算工具

人类究竟在什么时候碰到计算上的问题，可能并没有人能够说得清楚。据考证，早在旧石器时代，刻在骨头和石器上的花纹就代表了某种计算。随着人类社会的发展，日常生活中出现了越来越大的数和越来越复杂的计算，这驱使人们开始寻找使计算变得更加便捷和准确的工具。

最初人类想到的，自然是利用自身的手指。

由于人类自身拥有手指且手指又相对灵活、便于使用，因此手指计数广泛流传，我们至今习惯使用的十进制也是在手指计数的影响下产生的。时至今日，世界各国仍保留着各种使用手指表示简单数字的手势，可以直观而形象地帮助人们进行关于数字的沟通和交流；而在中国古代，还曾有所谓"手指议价"的习俗。那时人们穿长衫，袖筒宽而长，买卖时，或撩起前襟，或缩进右手递出衣袖，双方在衣襟下或袖筒中互捏手指进行议价。这种方法既保证了卖家和买家的沟通，也维护了买卖价格和行情的保密性。这种方法符合当时的客观需求，从而延伸为一种文化，逐渐流传下来。

然而，手指计数也有自身无法克服的缺点，那就是计算范围较小，且无法长时间地保存计算结果，因此不能很好地与人类文明的发展相适应。随着科技的进步，人们又开始尝试设计更加便捷的计数工具。

自此，筹码、结绳计数等计算工具纷纷出现，在不同时期为人类带来了不同程度的便利，而这之中，尤以算盘最为人们所熟悉。

1. 算盘

算盘是中国传统的计算工具，也是全世界现存最古老的计算工具。它是中国人在长期使用算筹的基础上发明的，曾经是这个世界上最广为使用的计算工具之一。

在中国，算盘的起源有很多种说法，一说最早可以追溯到公元前 600 年。在东汉末年，数学家徐岳所著的《数术记遗》中记载了 14 种计算方法：积算（筹算）、太乙算、两仪算、三才算、五行算、八卦算、九宫算、运筹算、了知算、成数算、把头算、龟算、珠算和心算。其中，珠算就是使用算盘的计算方法。书中写道："珠算，控带四时，经纬三才。"对此，北周甄鸾注云："刻板为三分……位各五珠，上一珠与下四珠色别，其上别色之珠当五，其下四珠，珠各当一……"因此有人提出汉代就有算盘，但形制与现今不同。不过，中梁以上一珠当五，中梁以下各珠当一，与现今算盘的计数规则相同。有些历史学家认为，算盘的名称最早出现于元代学者刘因撰写的《静修先生文集》中。《元曲选》中刘君锡的《庞居士误放来生债》里也提到了算盘，其中有这样一句话："闲着手，去那算盘里拨了我的岁数。"公元 1274 年杨辉的《乘除通变算宝》和公元 1299 年朱世杰的《算学启蒙》均记载了有关算盘的"九归除法"。公元 1450 年，吴敬在《九章详注比类算法大全》一书里对算盘用法做了较为详细的记述，而张择端也在《清明上河图》中画有一个算盘。由此可见，早在北宋时期（甚至可能在此之前）我国就已普遍使用算盘这种计算工具了。

到了公元 10 世纪，即宋朝时期，算盘的具体计算形式已经与现今的算盘相差无几了。图 1-1 展示了从中国古代流传至今的各种各样的算盘，它们或精巧，

图 1-1　各种各样的算盘

或朴素，有些仍然是人们日常工作、生活中的工具，有些则成了古玩收藏，作为一种文化代表继续流传。

随着算盘的普及，算盘的一些常见的使用方法也以口诀的方式流传开来。"一上一，一下五去四，一去九进一；二上二，二下五去三，二去八进一……"这些口诀像诗歌一般，在中国人之间代代相传。不仅是口诀，还有许多如《算法统宗》等论述珠算的著作随之产生，著作中提出了利用算盘进行乘除，甚至是开平方和开立方的方法，极大地拓展了算盘的适用范围。20 世纪 60 年代，在我国研制原子弹的过程中，邓稼先带领的团队正是借助算盘和手摇计算器进行了 9 次原子弹方程式的计算，耗时近一年，最终为我国第一颗原子弹的成功爆炸打下了扎实的理论基础。如果将算盘比作计算机，那么算盘的口诀可以看成最简单的算法，而多人共同利用算盘进行计算可谓分布式计算，他们使用口头语言进行相互通信，最终共同得出计算结果，与单人使用算盘相比，效率提高了很多。

其实，不仅是中国，许多文明古国都各自有过与算盘类似的计算工具。有的在细沙上绘制算子进行计算，谓之沙盘类算盘；有的在板上刻上平行的细线，用石块当作算子进行计算，谓之板类算盘。这些算盘虽然形式各有不同，但是主要的计算思想相差无几。算盘这种简单的计算工具从诞生以来，作为人类最常用的计算工具之一，为人们提供了便利的计算方法，极大地促进了人类社会和文明的发展。甚至现在，有些地区仍在将算盘作为常用的计算工具。

2. 计算尺

除了算盘以外，曾经十分流行的计算工具还有比算盘更清晰、便捷的计算尺。

计算尺的诞生要追溯到 17 世纪的欧洲。在文艺复兴的影响下，当时的欧洲在科学与艺术方面有了巨大的发展。在苏格兰数学家约翰·内皮尔（John Napier）在其著作《奇妙的对数表的描述》（拉丁语：Mirifici Logarithmorum Canonis Descriptio）中提出了对数的概念之后，人们意识到对数这种方法能为数学的研究提供极大的便利。以此为契机，人们发明出了新的适合更多种计算的工具，即计算尺。

计算尺，又称算尺，通常指对数计算尺，由 3 个互相锁定的有刻度的长条和一个滑动窗口（称为游标）组成，如图 1-2 所示。从 17 世纪初问世以来，计算尺一直是使用最广泛的计算工具之一，在科学和工程计算中占据重要地位，在过去 300 余年人类文明发展的进程中，计算尺功不可没。

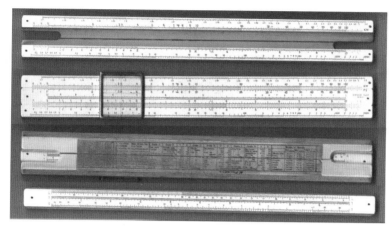

图 1-2　计算尺

计算尺大约出现在 1620 年至 1630 年间。1620 年，英国伦敦的数学家埃德蒙·冈特（Edmund Gunter）把对数刻在一把尺子上，这样他那些从事计算的同事不需要去图书馆也能查到对数。冈特把数字标在一条直线上，各个数的位置与其对数值成比例。在他的标尺上，越趋向左边，数字分布越稀疏；越趋向右边，数字分布越紧密。有了这把尺子，两个数的乘法就可以这样完成：用一把两脚规计量出尺子的起点到第一个因数的距离，然后使两脚规张开角度保持不变，把一只脚移到第二个因数的位置，这时，另一只脚所指示的位置就对应着两段距离之和，此位置对应的读数就是两数相乘的结果。

在此基础上，大约在 1622 年，英国圣公会牧师威廉·奥特雷德（William Oughtred）把两把木制对数标尺并排放在一起，创造出了世界上第一把计算尺。几年后，他又发明了圆形计算尺。

有了奥特雷德的发明在手，人们就可以告别对数表，甚至连什么是对数都不用知道。要做乘法，只需拉动计算尺，对一下两个因数的位置，便可读出得数。计算尺操作快捷、携带方便，真正实现了自动地"抛开了数字"。

随着计算尺的逐渐普及，人们又对它进行了若干改进和发展。1814 年，彼得·罗热（Peter Roget）在向英国皇家学会成员发表演讲时，介绍了他的发明——双对数计算尺。有了这个工具，他可以不费吹灰之力地求分数次幂或开分数次方。1850年，法国炮兵中尉阿梅代·马内姆（Amédée Mannheim）选出4种使用最频繁的对数标尺，加上一个游标（用来使计算尺上数字对齐的滑动指标），形成了新的计算尺形式。不到几年，欧洲各国的工程师、测绘员、化学家和天文学家等，都逐渐用上了经马内姆改进的计算尺。

此后，制造商也开始在计算尺上添加越来越多的标记和符号，以便加快计算速度，各种专用计算尺也应运而生：供化学家使用的计算尺上标有分子量；供造船工程师使用的计算尺上可查到水压公式；供原子弹设计人员使用的计算尺上，则标出了放射性衰变常数的值。

随着时间的流逝，计算尺逐渐进入鼎盛时期。在纽约帝国大厦、胡佛水坝、金门大桥的悬索、汽车液压变速器、晶体管收音机、波音707客机等中，都能看到计算尺的身影。无数工程师依靠这些简单的计算尺，设计出硕大无比或精细复杂的物件，为当时的社会文明发展立下了汗马功劳。

然而，随着蒸汽机的发明，社会进入第一次工业革命，大量以机械为主的发明创造涌现出来，世界步入"机械时代"，计算尺也渐渐被各种机械替代，最终淡出了人们的视线。在这个时期，尝试用机器来代替传统的手工劳动成为一种文化潮流。在计算方面，人们也开始考虑并尝试发明出能够自动处理不同函数的计算工具。

1.1.2　机械时代

第一次工业革命使人们迈入了"机械时代"。在这个时代，人们开始探索如何利用机械代替人力，想要通过各种发明创造来改善人们的生活，也正是在这个时期，敏锐的发明家们开始设想利用齿轮、盘、轮、轴、栓和杠杆等各种机械零件，按照一定的结构组成某种机械装置，通过它们的运动来执行加、减、乘、除等算术运算，从而实现计算功能，这就是机械式计算装置。

在这个时代，许多精妙的计算工具不断涌现。从最初的席卡德计算器和帕斯卡计算器，到后来实现量产的托马斯四则计算器等，机械计算器在人们的一步步改进中体积逐渐小巧，运算逐渐可靠和方便，功能逐渐完善，解决了加法进位、减法、乘法、除法甚至平方根的计算问题。

手动计算器的出现，开创了机械与计算结合的先河。

1. 手动计算器

手动计算器最早由法国哲学家兼数学家布莱兹·帕斯卡（Blaise Pascal）于1642 年在巴黎发明。这是第一台真正意义上的机械计算器——加法器（被称为 Pascaline），全名为滚轮式加法器，被看作手摇计算机的始祖。该加法器的仪面设有六位盘，可进行加减法运算。帕斯卡当初发明它的目的是帮助其父亲解决税务上的计算问题。

在讲述手动计算器的原理之前，先介绍一下帕斯卡的个人履历。帕斯卡1623 年出生于法国的一个数学家家庭，他 3 岁丧母，由担任税务官的父亲养大。从小，他就对科学研究表现出浓厚的兴趣。

少年帕斯卡对他的父亲很敬重，他每天都看着年迈的父亲费力地计算税率、税款，很想为父亲做点儿事，减少人工操作，制作一台可以计算税款的机器。于是在 19 岁那年，他发明了人类有史以来第一台机械计算器，即加法器，如图 1-3 所示。这个加法器上有 6 个轮子，分别代表着个、十、百、千、万、十万。只需要顺时针拨动轮子，就可以进行加法运算，而逆时针拨动轮子则可以进行减法运算。

帕斯卡的加法器是一种由一系

图 1-3　第一台机械计算器

列齿轮组成的装置，外形是一个长方形盒子，用儿童玩具上的钥匙旋紧发条后方可转动，完成加法和减法运算。然而，即使只做加法，也涉及"逢十进一"的进位问题，于是聪明的帕斯卡采用了一种小爪子式的棘轮装置来解决该问题。当定位齿轮朝数字 9 转动时，棘爪便逐渐升高；一旦齿轮转到数字 0，棘爪则"咔嚓"一声跌落，推动十位数的齿轮前进一档，以此实现加法的完美进位。

值得一提的是，图灵奖获得者尼古拉斯·沃思（Niklaus Wirth）为了纪念这位伟大的数学家，将他创立的程序设计语言命名为 Pascal，使帕斯卡这个名字长留于计算机时代。

自此，帕斯卡接连制作了 50 台被人称为"帕斯卡加法器"的计算器，仍存于世的至少还有 5 台。比如，在英国伦敦科学博物馆里可以看到帕斯卡加法器原型。此外，在我国的故宫博物院，也保存着两台铜制的复制品，是当年外国人送给慈禧太后的礼品。

之后，手动计算器在应用中不断得到改良与发展，手摇计算机由此诞生，由 1878 年在俄国工作的瑞典发明家奥尼尔（O'Neill）发明。这是一种齿数可变的齿轮式计算机。它是后来流行几十年的台式手摇计算机的前驱。

2. 手摇计算机

奥尼尔发明的手摇计算机利用齿数可变的齿轮，代替了戈特弗里德·莱布尼茨（Gottfried Leibniz）的阶梯形轴，如图 1-4 所示，其基本原理是利用特定传动比的齿轮传动组作为运算单元进行数值计算。其中，字轮与基数齿轮之间没有中间齿轮，数字直接刻在齿数可变的齿轮上，设置好的数字在外壳窗口中显示出来。手摇计算机的机械计算方法与算盘类似，只不过手摇计算机的结构更复杂，不需要人参与计算过程，数据的输入

图 1-4　手摇计算机的内部构造

就是预置齿轮的初始位置。根据算式配置传动比和传动关系，转动摇把带动齿轮旋转，经过特定圈数后，即可得出计算结果。

手摇计算机一般只能做四则运算以及计算平方数、计算立方数、开平方、开立方等，如果需要输入三角函数和对数，则需要查表。若计算中出现括号，运算将变得非常麻烦。使用中要正摇几圈、反摇几圈，还要用纸笔记录。如图 1-5 所示，手摇计算机曾被用于我国第一颗原子弹的研制。

奥尼尔后来在俄国批量生产他所研制的手摇计算机。世界上的许多公司也纷

纷模仿，按照类似的结构和原理批量
生产手摇计算机，其中最著名的是德
国的布龙斯维加公司，该公司从 1892
年起开始生产手摇计算机，到 1912 年
时年产量已高达 2 万台。

在 20 世纪最初的二三十年间，手
摇计算机已成为人类的一种主流计算
装置。

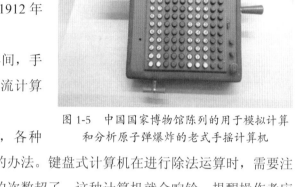

图 1-5　中国国家博物馆陈列的用于模拟计算
和分析原子弹爆炸的老式手摇计算机

其实早在 19 世纪 80 年代，各种
机械计算机就采用了键盘置数的办法。键盘式计算机在进行除法运算时，需要注
意收听信号铃声。当减去除数的次数超了，这种计算机就会响铃，提醒操作者应
将多减的次数补回来。1905 年，德国人加门在键盘式计算机中采用了"比例杠
杆原理"，使计算机的操作噪声减小，而且在做除法时不用再注意铃声。随后这
种计算机逐渐流传开来，成为应用很广的一种机械计算机。

1936 年，荷兰的飞利浦公司制造了一种二进制机械式手摇计算机。机械式
手摇计算机由于结构简单、操作方便，得以普及并广泛使用，并延续了较长的
时间。

手摇计算机是用手摇提供动力的机械计算机，按照使用时长计价，其价格
不菲。自从价廉物美的计算机出现以后，手摇计算机就自然而然地退出了历史
舞台。

而接下来由查尔斯·巴贝奇（Charles Babbage）设计的差分机，更是利用巧
妙的机械设计给出了计算给定函数值的方法，可以称为世界上第一个计算机的雏
形，至今仍为后人称道。

3. 差分机

1792 年，巴贝奇出生于英格兰西南部的托特尼斯，是一位富有的银行家的
儿子。在父亲去世后，他继承了丰厚的遗产并把金钱都用在了科学研究中。

童年时代，巴贝奇就表现出了极高的数学天赋。考入剑桥大学后，他所掌握
的代数知识甚至超过了其老师。毕业之后，他选择了留校，当时这个 24 岁的年

轻人荣幸地受聘担任剑桥大学"路卡辛讲座"的数学教授。倘若巴贝奇选择在数学理论领域继续耕耘，他也许可以走出一条鲜花铺就的坦途。然而，这位旷世奇才却选择了一条崎岖险路。

据说有一天，巴贝奇与著名的天文学家威廉·赫舍尔（William Herschel）凑在一起，对两本大部头的天文数表评头论足，发现每翻一页就能发现好几处错误。面对错误百出的天文数表，巴贝奇目瞪口呆，而这件事或许就是巴贝奇萌生研制计算机的构想的诱因。巴贝奇在他的自传中写到了大约发生在 1812 年的一件事："有一天晚上，我坐在剑桥大学的分析学会办公室里神志恍惚，低头看着面前打开的一张对数表。一位会员走进屋来，瞧见我的样子，忙喊道：'喂！你梦见什么啦？'我指着对数表回答说：'我正在考虑这些表中的对数也许能用机器来计算！'"

巴贝奇的第一个目标是制作一台差分机，那年他刚满 20 岁。他从法国人雅卡尔（Jacquard）发明的提花织布机上获得了灵感。差分机或许能够按照设计者的意愿，自动完成不同函数的计算过程。由于当时的工业技术水平极低，从设计绘图到零件加工，都得巴贝奇亲自动手。好在巴贝奇自小就酷爱并熟悉机械加工，车钳刨铣磨，样样拿手。1822 年，经过约 10 年的尝试，巴贝奇初战告捷，第一台差分机诞生了，如图 1-6 所示。他孤军奋战研制的这台机器，以黄铜为配件，以蒸汽驱动，运算精度达到了 6 位小数，能够演算出好几种函数表。之后的实际运用证明，这种机器非常适合编制航海和天文方面的数学用表。

图 1-6 巴贝奇设计的差分机

成功的喜悦激励着巴贝奇，他连夜致信英国皇家学会，要求政府资助他制造运算精度为 20 位的大型差分机。英国政府看到巴贝奇的研究有利可图，破天荒地与这位科学家签订了第一份合同，财政部慷慨地为这台大型差分机提供了 1.7

万英镑的资助。巴贝奇自己投入了 1.3 万英镑，用以弥补研制经费的不足。

巴贝奇理想中的差分机应该是下面这样的。首先，他为差分机构思了一种齿轮式的"存储库"，每个齿轮可存储 10 个数，总共能够存储 1000 个 50 位数。差分机的第二个部件是所谓的"运算室"，其基本原理与帕斯卡的转轮相似，但他改进了进位装置，使得 50 位数加 50 位数的运算可于一次转轮运行中完成。此外，巴贝奇还构思了送入和取出数据的机构，以及在"存储库"和"运算室"之间传输数据的部件，甚至还考虑了如何使得这台机器依条件变化来处理数据。一个多世纪过去后，现代计算机的结构几乎就是巴贝奇差分机的翻版，只不过它的主要部件被换成了大规模集成电路。仅就此方面而言，巴贝奇就是当之无愧的计算机系统设计的"开山鼻祖"。

然而，将构想实现的路并非一帆风顺。第二台差分机大约有 25 000 个零件，主要零件的误差不得超过每英寸（1 英寸≈2.54 厘米）千分之一，即使使用现在的加工设备和技术，要想造出这种高精度的机器也绝非易事。巴贝奇把差分机交给了当时英国最著名的机械工程师约瑟夫·克莱门特（Joseph Clement）所属的工厂制造，但工程进度十分缓慢。直到又一个 10 年过去，巴贝奇依然望着那些不能运转的机器发愁，全部零件只完成了不足一半的数量。参加试验的同事们再也坚持不下去，纷纷离他而去，甚至英国政府也于 1842 年宣布断绝对他的一切资助，科学界的友人都用一种怪异的目光看着他，英国皇家学院的权威人士，包括著名的天文学家艾里（Airy）等人，都宣称他的差分机"毫无价值"，但巴贝奇不曾放弃，独自苦苦支撑。

在他独自奋斗的路上，也曾有人给他带来温暖。埃达·洛夫莱斯（Ada Lovelace）伯爵夫人一直坚定地支持他，为他提供资金和帮助。这位夫人正是后来被广泛认为世界上第一个程序员的人，她设计了一个用来计算伯努利数列的穿孔卡片程序，本书的后续章节中仍会出现她的名字。

然而结局是不幸的，这位为计算机事业贡献终身的先驱者于 1871 年永远闭上了眼睛，差分机终究没能造出来。但是，他留给计算机界后辈们一份极其珍贵的遗产，包括 30 种不同的设计方案、近 2100 张组装图和 50 000 张零件图，更包括那种在逆境中自强不息、为追求理想奋不顾身的拼搏精神。

虽然巴贝奇的发明在当时并没有被广泛重视，但是他提出了计算机器的新概念，即计算机器是由一个外部程序指挥运转的机器，这正是现代计算机体系结构的雏形。

在巴贝奇去世的十几年后，以与差分机原理类似的穿孔卡为基础，美国统计学家赫尔曼·霍利里思（Herman Hollerith）发明了电动制表机，并将其应用到人口普查中，最终获得成功，并基于此创建了自己的公司。这家公司便是在今后一百多年内一直影响着计算机发展的 IBM 公司的前身。

4. 人口统计型制表机

19 世纪末的美国，经济快速增长，城市化步伐加快，人口急速增加，整理人口普查数据是一项难以准确完成的任务。霍利里思从哥伦比亚大学矿业学院毕业后，曾经参与过人口普查工作，并获得总负责人沃克（Walker）的欣赏，后者推荐他进入麻省理工学院成为一名机械工程师。后来，霍利里思发疯般地钻研起来，希望研发出用于人口普查工作的机械自动化设备。

霍利里思最初设计的制表机是这样的：每个人的人口普查数据包含若干条目，诸如性别、籍贯、年龄等，首先将这些条目依次排列制成纸带，然后根据调查结果在纸带的相应条目上穿孔。当纸带的条目统统被打上小孔之后，就详细记录了调查结果。霍利里思在他的专利申请书里描述过这种方法："每个人的不同统计项目将由相应的小孔来记录，小孔分布于一条纸带上，由引导盘牵引控制前进。"

经过不懈的努力，霍利里思终于在 1884 年完成了第一台制表机，如图 1-7 所示。该机器上装备了一个计数器，当穿孔纸带被牵引移动时，一旦有孔的地方通过鼓形转轮表面，计数器电路就被接通，完成一次累加统计。然而，这个设计仍然存在很多需要改进的地方。经过失败与不断的改进，在一步步解决统计分类问题和打孔问题之后，霍利里思的制表机终于得以广泛应用。

1888 年，这台机器先是被应用到新泽西州的健康部门和战争部的军医处，后来又被其他各大州所采用。1889 年，当制表机在柏林、巴黎等地展出时，获得了如潮好评，并由此行销欧美。在 1890 年美国的第 11 次人口普查中，该制表机打败其他竞争对手，获得了大量应用，处理了大量数据，为人口调查局节省了约 500 万美元。

图 1-7　霍利里思型制表机

对此，身为科学家的霍利里思并不满足，针对不同国家和不同行业，他孜孜不倦地对机器进行改进。由此，该机器进入金融、零售等领域。在这个艰辛的科研过程中，霍利里思共申请到 4 项专利，并将市场获利投入技术改进。随着机器功能的完善和应用市场的不断拓展，霍利里思创立了自己的制表机公司，在与各种同类产品的竞争中力拔头筹。这家公司正是 IBM 公司的前身。

虽然制表机除了处理数据表格外，几乎没有其他用途，但是制表机的穿孔卡首次把纷繁复杂的数据转变为二进制信息，这种二进制的思想在如今的计算机中仍有体现。

在制表机如火如荼的应用和发展中，机械式计算文明的车轮不断前进。其中，20 世纪 30 年代在伦敦权威数学杂志上刊载的题为《论可计算数及其在判定问题上的应用》的学术论文轰动一时。因为这篇论文可以算是奠定了电子计算机的理论和模型，开创了计算机的新时代。后世为了纪念这篇论文以及撰写此论文的天才作者，设立了可以称之为计算机界诺贝尔奖的"图灵奖"。这位天才作者，正是艾伦·马西森·图灵（Alan Mathison Turing）。

5. 图灵机

1912 年 6 月 23 日，图灵生于伦敦近郊。图灵从小就表现出了优异的数学天赋，尤其是极强的演算能力。1931 年中学毕业以后，他进入剑桥大学国王学院攻读数学专业，并在毕业时的数学学位考试中考取了第一名。1936 年，他获得了史密斯奖。

图灵对数理逻辑产生兴趣是在 1935 年。数理逻辑，又称形式逻辑或符号逻辑，是逻辑学的一个重要分支，它使用数学方法来研究人的思维过程和思维规律。数理逻辑的先驱莱布尼茨认为，数理逻辑、数学和计算机三者均出于一个统一的目的，即人的思维过程的演算化、计算机化，以至于计算机的实现。很多人都尝试在莱布尼茨的基础上进一步描述计算机应该是一种怎样的机器，应该由哪些部分组成，应该如何进行计算和工作。在这些数学家和逻辑学家的大量工作下，数理逻辑这门学科逐渐发展和完善起来，许多概念和框架也开始明朗，但是在图灵之前，还没有人能够说清这些问题。

1936 年，在论文《论可计算数及其在判定问题上的应用》中，图灵在一个脚注中提出了一种计算机的理论模型，利用这种模型，可以把推理转化为一些简单的机械动作，后人称之为"图灵机"。

图灵机的具体结构相信大家都有所了解。通俗地讲，图灵机包含一条无限长的纸带，纸带被分成一个个小方格，每个方格中有不同的内容。有一个机器头在纸带上移动。机器头包含一组内部状态及一些固定的程序。在每个时刻，机器头都要先从当前纸带上读入一个方格的信息，然后结合自己的内部状态查找程序表，根据程序表输出信息到纸带的方格中，并转换自己的内部状态，接着进行移动，直到读完纸带上的有效信息后停机。图 1-8 所示正是图灵机的简单模型。

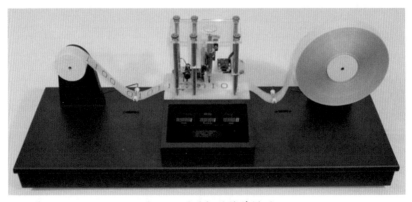

图 1-8　图灵机的简单模型

图灵机的计算功能看似很弱，但是只要有足够的步数和足够的空间，理论上就能计算任何直观可计算的函数。著名的美国数学家和逻辑学家阿朗佐·丘奇（Alonzo Church）也认为：任何计算，如果存在一个有效过程，它就能被图灵机实现。这一著名论题被称为丘奇论题，有时也与图灵机合称为图灵－丘奇论题。

图灵机的设计引起了广大科学家的重视和惊叹，为现代计算机的产生和发展奠定了基础。后人曾经以这种思想为依托制造出了一些计算机。

然而不久之后，第二次世界大战开始了。

战火陆续在全球点燃，为了在战争中不落劣势，各国都将自己顶尖的科技和发明投入战争中，试图增强自己的战斗力。正因为战争的需求，第一台电子管计算机产生了。从此，电子计算机的时代正式开启。

1.1.3　第一代（1946—1957 年）电子管计算机时代

在这个阶段，计算机的主要特征是采用电子管作为基本器件，用光屏管或汞延时电路作为存储器，输入与输出主要采用穿孔卡片或纸带，体积大、耗电量大、速度慢、存储容量小、可靠性差、维护困难且价格昂贵，如图 1-9 所示。在软件方面，通常使用机器语言或者汇编语言编写应用程序，因此这个阶段的计算机主要用于科学计算。

那时，计算机的基本线路采用电子管结构，程序从人工编写的机器指令程序，过渡到符号语言程序。第一代计算机是计算工具革命性发展的开始，它所采用的二

图 1-9　电子管计算机

进制与程序存储等基本技术思想，奠定了现代电子计算机技术的基础。

同时，20 世纪三四十年代的全球，陷入了第二次世界大战的战火中。由于这个特殊的年代，关于第一台计算机究竟归属于谁，还产生过一段不小的争议。

人们曾普遍认为，第一台通用电子管计算机，是美国宾夕法尼亚大学研制的埃尼阿克（Electronic Numerical Integrator And Computer，ENIAC）计算机。

1. ENIAC

1946 年 2 月 15 日，通用电子管计算机——ENIAC 宣告研制成功。ENIAC 的成功，是计算机发展史上的一座纪念碑，是人类在发展计算技术的历程中，到达的新起点。

ENIAC 的最初设计方案是由 36 岁的美国工程师约翰·莫奇利（John Mauchly）于 1942 年提出的，该计算机的主要任务是分析炮弹轨道。美国军械部拨款支持研制工作，并建立了一个专门的研究小组，由莫奇利负责。该小组的总工程师由年仅 24 岁的埃克特（Eckert）担任，组员格尔斯（Goldstine）是一位数学家，另外还有逻辑学家勃克斯（Bucks）。ENIAC 共使用了约 18 000 个电子管，另加约 1500 个继电器以及其他元器件，其总体积约 90 立方米，重达约 30 吨，占地约 170 平方米，需要用一间 30 多米长的大房间才能存放，是个地地道道的庞然大物。图 1-10 展示了这台计算机的一小部分。

这台功率为 140 千瓦的计算机，运算速度为每秒 5000 次加法，或者每秒 400 次乘法，比机械式的继电器计算机快约 1000 倍。当使用 ENIAC 进行计算时，一条炮弹的轨道原本需要 20 多分钟来计算，现在只需用 20 秒就可以计算出来，计算速度比炮弹本身的飞行

图 1-10　ENIAC

速度还快。ENIAC 的存储器是电子装置，能够在一天内完成几千万次乘法运算，这个工作量大约相当于一个人用台式手摇计算机操作 40 年的工作量。它遵循十进制法则，而不是按照二进制操作。但其中也用到少量以二进制方式工作的电子管，因此在工作中不得不把十进制转换为二进制，而在数据输入、输出时再变回十进制。

ENIAC 最初是为了进行弹道计算而设计的专用计算机，但后来通过改变插

入控制板的接线方式以解决各种不同的问题，从而成为一台通用机。它的一种改型机曾用于氢弹的研制。

ENIAC 本身也存在着许多缺点。它的程序采用外部插入式，每当进行软件中心的一项新的计算时，都要重新连接线路，有时几分钟或几十分钟的计算，要花几小时或 1 ～ 2 天的时间进行线路连接准备。另外，它采用了十进制运算，逻辑元器件多、结构复杂、可靠性低。

很长一段时间里，人们都认为 ENIAC 是世界上第一台通用电子管计算机。然而在 1973 年，美国明尼苏达州地区法院经过数年的调查，认定 ENIAC 的设计理念来源于约翰·文森特·阿塔纳索夫（John Vincent Atanasoff）及其合作者克利福特·贝瑞（Clifford Berry）共同研制成功的 ABC（Atanasoff-Berry Computer），因此 ABC 才应该是世界上第一台通用电子管计算机。

2. ABC

ABC 最初的开发目的是减少学生求解线性偏微分方程组时的计算量。

20 世纪 30 年代，阿塔纳索夫是美国艾奥瓦州立大学物理系的一名副教授，为学生讲解物理和数学方面的课程。见到学生在求解线性偏微分方程组时经常要面对巨大的计算量，阿塔纳索夫开始尝试使用数字电子技术进行工作。他筹划采用电力电子元器件，以电容器为存储器，以二进制为基础，进行直接的逻辑运算。ABC 的整体设计如图 1-11 所示。

在确定了自己的设想之后，阿塔纳索夫和当时正在物理系读硕士的研究生贝瑞（Berry）一同着手进行研制。经过了 4 年的反复研究、验证和试制，他们在 1939 年制造出了一台完整的样机，证明他们的设想是正确的并且是可以实现的。人们把这台样机称为 ABC，意为 Atanasoff-Berry Computer，包含两人的名字。这台计算机有 300 个电子真空管用于执行数字计算与逻辑运算，并装有两个记忆鼓，使用电容器进行数值存储，以电量表示数值。数据输入方式是打孔读卡，采用二进制。

令人惋惜的是，不管是阿塔纳索夫本人还是艾奥瓦州立大学校方都没有认识到这台计算机的重要性。1942 年，阿塔纳索夫应征去海军服务，无暇顾及 ABC，也没有申请专利保护，而校方更是为了获取 ABC 中的真空电子管而将其拆除。

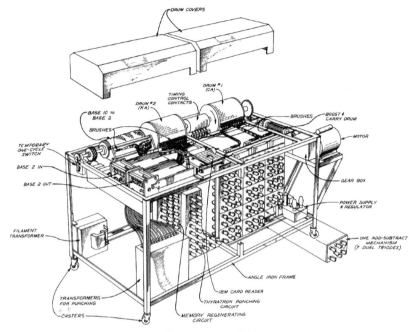

图 1-11　ABC 图纸

　　然而，不论是 ABC 还是 ENIAC，最初的电子管计算机都存在着很大的缺点，需要进行改进。针对这些缺点，曾经参加了 ENIAC 研制工作的约翰·冯·诺依曼（John von Neumann）和其他合作者一起呕心沥血地进行了历时半年多的改革性研究，终于取得了令人满意的结果。与 ENIAC 研制小组的人员一同，冯·诺依曼研制出了一个结构全新的电子计算机方案——离散变量自动电子计算机（Electronic Discrete Variable Automatic Computer，EDVAC）方案。世人一般也把冯·诺依曼的成果作为第一代计算机的代表。

3. 冯·诺依曼机

　　冯·诺依曼是美籍匈牙利人，1903 年 12 月出生于布达佩斯。冯·诺依曼从小聪颖过人，兴趣广泛，读书过目不忘，掌握多种语言，尤其在数学方面展露出了惊人的天赋。他在欧洲取得博士学位之后前往美国，并于 1931 年成为美国普林斯顿大学的第一批终身教授，而那时，他才不到 30 岁。

　　1944 年，冯·诺依曼在参与美国第一颗原子弹的研制工作时遇到了大量的计算问题，因此在研制中期加入了 ENIAC 研制小组。在研发过程中，他敏锐地发现了 ENIAC 项目的缺点，提出了自己的想法，并对其进行改进。

于是在 1945 年 6 月底，冯·诺依曼执笔写出了存储程序通用电子计算机方案——EDVAC 计划草案。

在这个方案中，冯·诺依曼提出了在计算机中采用二进制算法和设置内存储器的理论，并明确规定了电子计算机必须由运算器、控制器、存储器、输入设备和输出设备五大基本模块构成。他认为，计算机采用二进制算法和内存储器后，指令和数据便可以一起存放在存储器中，并可进行同样的处理。这样，不仅可以使计算机的结构大大简化，还为实现运算控制自动化和提高运算速度提供了良好的条件。

在这种思想的指引下，EDVAC 的制造如火如荼，并于 1949 年被成功交付给弹道研究实验室，在经过一段时间的调整和改进后正式投入使用。图 1-12 所示为冯·诺依曼与 EDVAC 的合影。整台计算机占地面积约为 45.5 平方米，重达7850 千克，共使用大约 6000 个电子管和大约 12 000 个二极管。EDVAC 使用的元器件数量与 ENIAC 相比要少得多，运算速度却与 ENIAC 相近。在使用期间，它每天运行超过 20 小时，平均无差错时间为 8 小时，一直工作到 1961 年才被取代，可以被看作一台可靠和可生产的计算机。

图 1-12　约翰·冯·诺依曼与 EDVAC

EDVAC 的体系结构一直延续至今。人们现在使用的计算机，其基本工作原理仍然是存储程序和程序控制，所以现在的一般计算机通常被称为冯·诺依曼结构计算机。鉴于冯·诺依曼在发明电子计算机中所起到的关键作用，他被西方人誉为"计算机之父"。

以 ENIAC 和 EDVAC 为代表的第一代计算机均采用电子管作为基础器件，使用汞延迟线作为存储设备（后来逐渐过渡到采用磁芯存储器），输入输出设备主要是穿孔卡片，系统软件相对原始。在这个时期，由于计算机的成本很高，制造和操作的复杂度较大，并且机器本身的体积也十分庞大，因此基本上仅被应用于军方和相关科研领域。

然而，人类的智慧并未止步于此，在接下来几十年的飞速发展中，计算机的体型逐渐缩小，造价越来越便宜，使用也越来越方便。接下来，就让我们一同跟随历史的车轮，探索计算机是如何从军队的高墙中一步步走进寻常百姓家的。

| 1.2 从实验室到千家万户 |

随着 1946 年世界上第一台通用电子管计算机 ENIAC 的诞生，人们迎来了计算机时代。从最初的第一代电子管计算机，到第二代晶体管计算机及第三代中小规模集成电路计算机，再到如今的第四代大规模、超大规模集成电路计算机等，计算机从最初的昂贵、庞大，仅限于在军事和国家级科研中应用，逐步变得小型且价格亲民，走进了人们的日常生活，改变着人类的传统生产与生活方式，人类文明已经步入以计算机为基本载体的"信息时代"。

回顾计算机的发展历程，展望信息时代的美好未来，定会让我们对相关理念和技术的发展规律有更清晰的认识，也将进一步深化我们对软件的产生和发展规律的理解。

1.2.1 第二代（1958—1964 年）晶体管计算机时代

第二次世界大战催生了计算机领域的伟大发明，除了第一代电子管计算机之外，还出现了以晶体管为主体特征的第二代计算机。

20 世纪 50 年代中期，晶体管的出现使计算机生产技术得到了根本性的发展，表现为晶体管代替电子管作为计算机的基础器件，磁芯或磁鼓作为存储器。在整体性能上，第二代计算机比第一代计算机有了很大的提高。同时，程序语言也相应出现了，如 FORTRAN、COBOL、ALGOL60 等计算机高级语言。晶体管计算机在被用于科学计算的同时，也开始在数据处理、过程控制等方面得到应用。

自此，晶体管开始被用来作为计算机的器件。晶体管不仅能实现电子管的功能，还具有尺寸小、质量小、寿命长、效率高、发热少、功耗低等优点。使用晶体管后，电子线路的结构也随之大大改变，制造高速电子计算机就更容易实现了。晶体管计算机如图 1-13 所示。

图 1-13　晶体管计算机

1. 晶体管

早在 1929 年，工程师莉莲·菲尔德（Lillian Field）就已经取得了晶体管的专利。但是，限于当时的技术水平，制造这种器件的材料达不到足够高的纯度，致使这种晶体管无法被制造出来。

第二次世界大战期间，不少实验室都在进行有关硅和锗材料的制造和理论研究，取得了众多材料和技术方面的突破，为晶体管的真正问世奠定了基础。

第二次世界大战结束后，为了突破电子管的局限性，贝尔实验室加大了对固态电子器件的基础研究。威廉·布拉德福德·肖克莱（William Bradford Shockley）等人决定重点研究硅、锗等半导体材料，探讨及论证运用半导体材料制作放大器件的可能性。

1945 年秋天，贝尔实验室成立了以肖克莱为首的半导体研究小组，成员有布拉顿（Brattain）、巴丁（Bardeen）等人。布拉顿早在 1929 年就开始在这个实验室工作，长期从事半导体方面的研究，积累了丰富的经验。他们经过一系列的试验和观察，逐步认识到半导体电流产生放大效应的原因。布拉顿发现，先在锗片的底面接上电极，在另一面插上细针并通上电流，然后让另一根细针尽量靠近它，并通上微弱的电流，这样就会使原来的电流产生很大的变化。微弱电流少量的变化，会对另外的电流产生很大的影响，这就是"放大"效应。

布拉顿等人还想出了有效的办法，来实现这种放大效应。他们在发射极和基极之间输入一个弱信号，在集电极和基极之间的输出端，弱信号就被放大为一个强信号。在现代电子产品中，上述晶体管的放大效应得到了广泛的应用。

巴丁和布拉顿最初制成的固态电子器件的放大倍数为 50 倍左右。不久之后，他们利用两个靠得很近（相距 0.05 毫米）的触须接点来代替金箔接点，制造了"点接触型晶体管"。1947 年 12 月，这个世界上最早的实用半导体器件终于问世了。在首次试验时，它能把音频信号放大约 100 倍，它的外形比火柴棍短，但要粗一些。

在为这种器件命名时，布拉顿考虑到它的电阻变换特性，即它依靠一种从"低电阻输入"到"高电阻输出"的转移电流工作，于是为其取名为 Transresister（转换电阻），后来缩写为 Transistor，中文译名就是晶体管。时至今日，晶体管已经诞生了 70 多年，它本身也在不断变小、变精细。图 1-14 展示了晶体管的变迁历史。在当今社会的许多方面，晶体管仍旧发挥着重大作用。

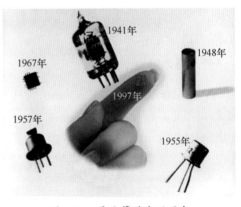

图 1-14　晶体管的变迁历史

与电子管相比，晶体管能够极大地提高计算机的效率。于是，贝尔实验室的科学家们便着手将晶体管应用于计算机的研制，计算机的历史自此进入了晶体管时代。

2. 催迪克

经过 3 年的紧张研发，1954 年，催迪克（TRAnsistor DIgital Computer 或 TRansistorized Airborne DIgital Computer，TRADIC）于美国贝尔实验室诞生。它

是世界上第一台使用晶体管线路的计算机，装有 800 个晶体管，功率仅为 100 瓦，所占空间也只有 3 立方英尺（1 立方英尺 ≈ 0.0283 立方米）。与第一代电子管计算机相比，它的占地面积和整体复杂度大幅下降，耗能减小，寿命延长，价格相对低廉，这些都为后来计算机的广泛应用和批量生产创造了条件。

图 1-15 中左蹲者为项目研究人员 J. 费尔克（J. Felker），他正用插件板为 TRADIC 输入指令；右立者是另一位研究人员 J. 哈里斯（J. Harris），他正拨动开关进行操作。1997 年，TRADIC 项目成员 M. 欧文（M. Irvine）因为在 TRADIC 中的杰出贡献，获得了美国计算机历史博物馆颁发的斯蒂比兹先驱人物奖。

自此，晶体管计算机开始迅速发展起来。

图 1-15　第一台使用晶体管线路的
计算机 TRADIC

1955 年，美国在阿特拉斯洲际导弹上装备了以晶体管为主要器件的小型计算机。大约 10 年以后，在美国生产的同型号的导弹中，由于改用集成电路元件，其质量只有原来的 1/100，体积与功耗减小到原来的 1/300。

1958 年，美国的 IBM 公司制造出第一台全部使用晶体管的计算机 RCA 501。由于第二代计算机采用晶体管逻辑器件以及快速磁芯存储器，计算机的运算速度从每秒几千次提高到每秒几十万次，主存储器的存储量从几千字节提高到 10 万字节以上。1959 年，IBM 公司又生产出全部使用晶体管的电子计算机 IBM 7090。1958—1964 年，晶体管计算机经历了全方位的发展。从印制电路板到单元电路和随机存储器，从计算理论到程序设计语言，不断的革新使晶体管计算机日臻完善。1961 年，当时世界上最大的晶体管计算机 ATLAS 安装完毕。

我国计算机产业的起步非常艰难，但是随着中央政府对计算机科学技术的重视，我国的科研人员努力排除一切困难，学习相关知识和技术，为我国计算机产业的发展而努力夯实基础。

最终，1958 年，中国科学院、工业部门和国防部门共同研制成功了"八一"型通用电子管计算机（又称 103 机），如图 1-16 所示。1964 年，中国人民解放军军事工程学院（简称哈军工）成功研制出第一台全晶体管计算机——441B 型晶体管通用计算机（简称 441B 型机），为我国的计算机事业奠定了初步基础。

图 1-16 "八一"型通用电子管计算机

3. 中国的 441B 型机

1961 年 9 月，哈军工电子工程系副主任慈云桂跟随中国计算机代表团出访英国，他敏锐地预感到国际上计算机发展的主流方向将是全晶体管化。国内，由他主持的一个电子管通用计算机项目正在进行，并且已签订了生产和销售协议。慈云桂感到如芒在背，坐卧不宁。他认为，中国计算机事业既然以赶超世界先进水平为宏伟目标，就不能无视世界计算机发展的新动向，要赶超就要不断地加速。他一面写信回国，建议停止电子管计算机的研制，一面争分夺秒，白天参观访问，留意先进的机型，晚上通宵达旦地开始晶体管计算机的设计。终于，在回国之前他就完成了晶体管计算机体系结构和基本逻辑电路的方案性设计。回国后，他向国防科委领导做了相关汇报，立即得到了大力支持。聂荣臻元帅指示：尽快用国产晶体管研制出通用计算机。

然而，当慈云桂回到哈军工宣布电子管计算机立即"下马"以及晶体管计算机立即"上马"的决定后，人们普遍感到震惊。"下马"意味着否定自己用心血换来的成果，还意味着撕毁协议，"上马"又谈何容易。早在 1959 年，国内就有单位已开始用国产晶体管研制计算机，到 1961 年，机器是安装起来了，但运行很不稳定，几分钟就出一次故障，不是晶体管被烧坏，就是电路出现问题。因此，许多专家断言：5 年之内，用国产晶体管做不出通用计算机。

面对巨大的舆论压力，慈云桂坚定不移，把全部精力都用在组织队伍与攻克技术难关上。在慈云桂"路总是人趟出来的"坚定信念的鼓舞下，一批年轻的助教和学生聚集到他的麾下，热火朝天地开展工程研制工作。

为了解决国产晶体管的质量问题，慈云桂提出在基本电路、系统可靠性设计和生产工艺 3 个方面狠下功夫。首先，他与助手们经过反复试验，发明了高可靠性、高稳定性的隔离阻塞式推拉触发器技术，有效解决了电路方面的问题。这一发明轰动了当时的中国计算机界。接着，慈云桂带领大家制定了一整套对国产晶体管进行科学测试的方法和标准。他坚持质量第一，强调严肃、严密、严格的"三严"作风，对每一个晶体管都进行了认真的测试和严格的筛选，在制成插件和部件后，层层把关完成测试。一步一个脚印，慈云桂带领的团队终于在接连研制成功 8 位字长的、20 位字长的运算器模型和主存模型之后，装配出 40 位字长的整机。

1964 年末，他们终于用国产半导体元器件研制成功中国第一台晶体管通用计算机，正是图 1-17 所示的 441B 型晶体管通用计算机。1965 年 2 月，该机通过国家鉴定，连续运行 268 小时没有发生任何故障，稳定性达到当时的国际先进水平，1965 年末他们又研制成功了 441B Ⅱ 型机。图 1-18 所示为整个研发团队的成员合影。

图 1-17　441B 型晶体管通用计算机

1970 年初，441B Ⅲ 型机问世，这是中国第一台具有分时操作系统和汇编语言、FORTRAN（公式翻译）语言及标准程序库的计算机。

图 1-18　441B 型晶体管通用计算机研发团队合影

　　在研制 441B 系列机的过程中，慈云桂领导的研发团队两次荣立集体一等功。当时天津电子仪器厂共生产了 100 余台 441B 系列机，及时装备到重点大专院校和科研院所，平均使用时间为 10 年，是我国 20 世纪 60 年代中期至 70 年代中期的主流系列机型之一。某基地的 441B Ⅲ 型机总运行时间达 48 000 小时，出色地完成了许多重要任务。慈云桂团队研制的计算机因此收获了技术先进和稳定可靠的美名。

　　与此同时，整个世界的计算机发展也不曾停下前进的脚步。经过约 10 年的积淀和发展，计算机又迈入了第三代——中小规模集成电路计算机时代。

1.2.2　第三代（1965—1970 年）中小规模集成电路计算机时代

　　20 世纪 60 年代中期，随着半导体工艺的发展，集成电路成功问世。中小规模集成电路成为计算机的主要部件，主存储器也渐渐过渡到半导体存储器。从图 1-19 中可以看出，与前面两代相比，中小规模集成电路计算机的体积小了许多，计算时的功耗大大降低，由于焊点和接插件的减少，计算机的可靠性也进一步提高。在软件方面，有了标准化的程序设计语言和人机会话式的 BASIC 语言，计算机的应用领域也进一步扩大。

图 1-19　中小规模集成电路计算机

1. 集成电路

在晶体管计算机时代初期的 1959 年，美国德州仪器公司的 J. 基尔比（J. Kilby）就曾首次提出在一个硅平面上排列多个三极管、二极管及电阻组成"集成电路"。图 1-20 所示为第一块集成电路板，几根零乱的电线将 5 个电子元器件连接在一起，就形成了历史上第一个集成电路。虽然它看起来并不美观，但事实证明，其工作效能比使用离散的部件高得多。虽然晶体管的发明弥补了电子管的不足，但工程师们很快又遇到了新的麻烦。为了制作和使用电子电路，工程师不得不亲自动手组装和连接各种分立元器件，如晶体管、二极管、电容器等。很明显，这种做法是不切实际的。于是，基尔比提出了集成电路的设计方案。

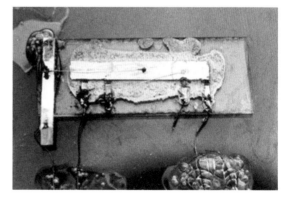

图 1-20　第一块集成电路板

随后仙童半导体（Fairchild Semiconductor）公司的创始人罗伯特·诺伊斯

（Robert Noyce）进一步提出了一种半导体设备与铅结构模型，如图 1-21 所示。
1960 年，仙童半导体公司制造出第一块可以实际使用的单片集成电路。诺伊斯
的方案最终成为集成电路大规模生产中的实用技术。基尔比和诺伊斯都被授予了
"美国国家科学奖章"。他们被公认为集成电路的共同发明者。这也预示着集成电
路是未来计算机的发展方向。

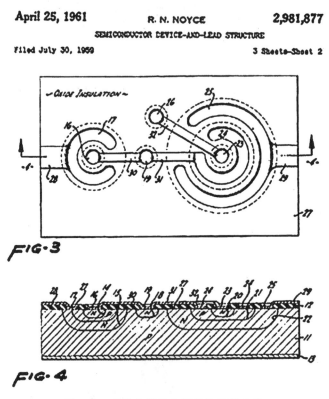

图 1-21　半导体设备与铅结构模型示意

　　这一时期的发展还包括操作系统的使用，这使得计算机在中心程序的控制和
协调下可以同时运行许多不同的程序。1964—1972 年研制的计算机被称为集成
电路计算机。

　　集成电路的出现对电子计算机的制造是一场变革。集成电路从根本上改变了
制造过程，它可以在拇指大小的硅片上集成成千上万个电子元器件，使得计算机
能够具有更快的处理速度，而成本却大大降低了，图 1-22 展示了一个简单的中

小规模集成电路芯片。自此，计算机不再昂贵，小公司和普通大众也可以使用它——这个意义是非同寻常的。

　　1964 年，英特尔公司的联合创始人之一戈登·摩尔（Gordon Moore）博士（见图 1-23）发表了 3 页纸的短文，预言集成电路上能被集成的晶体管数目将会以每 18 个月翻一番的速度稳定增长，并在数十年内保持这种增长势头。摩尔的预言被实际发展证实了，被誉为"摩尔定律"，成为新兴电子产业的第一定律。

图 1-22　中小规模集成电路芯片

图 1-23　戈登·摩尔

　　虽然集成电路优点明显，但仍然在很长时间内没有在工业部门得到实际应用。相反，它首先引起了军事及政府部门的兴趣。1961 年，德州仪器公司为美国空军研发出了第一台基于集成电路的计算机，即所谓的"分子电子计算机"，如图 1-24 所示。美国国家航空航天局也开始对该技术表现出极大兴趣。当时，"阿波罗导航计算机"采用了集成电路技术。

　　1962 年，德州仪器公司为导弹制导系统研制了 22 套集成电路。如图 1-25 所示，这不仅是集成电路第一次在导弹制导系统中使用，而且是电晶体技术在军事领域的首次运用。到 1965 年，美国空军已超越美国国家航空航天局，成为世界上最大的集成电路消费者。

　　集成电路发展初期最重要的应用领域之一是计算机技术领域。第三代计算机的发展是建立在集成电路技术基础上的，其硬件的各个组成部分，从微处理器、存储器到输入输出设备，都是集成电路技术的结晶。

图 1-24　分子电子计算机

图 1-25　集成电路应用于导弹制导系统

在这个时期，最著名的计算机莫过于 IBM 公司在 1964 年生产的 IBM 360 系列计算机了。

2. IBM 360 系列

1995 年，美国奖金额最高的科学奖——鲍尔科学奖，首次被授予一位计算机科学家，即北卡罗来纳大学的弗雷德里克·菲利普斯·布鲁克斯（Frederick Phillips Brooks）教授，自 20 世纪 60 年代起，他就被人们称为"IBM 360 之父"。也有资料介绍，被称为"IBM 360 之父"的还有另一位计算机专家吉恩·安达尔（Gene Amdahl）博士，由他主持的用集成电路制作的 IBM 360 大型计算机系统，在计算机的发展史上占有特殊地位。

在 20 世纪 60 年代初，面对计算机业界的激烈竞争，IBM 公司总裁小托马斯·沃森（Thomas Watson）下达命令，研制由集成电路组成的系列计算机，尽早淘汰过时的晶体管计算机。接到命令的文森特·利尔森（Vincent Learson）派车把工程师们送到康涅狄格州，"关进"一家汽车旅店专心工作。1961 年 12 月 28 日，一份长达 8 页纸的报告终于完成，黑体标题醒目地写着"IBM 360 系统电子计算机"。新计算机系统用 360 命名，表示一圈为 360 度。这既代表着 IBM 360 系列计算机从工商业到科学界的全方位应用，也代表 IBM 公司的宗旨：为用户提供全方位服务。利尔森粗略估算出 360 计划需要的费用：研制经费约为 5 亿美元，生产设备投资约为 10 亿美元，推销和租赁垫资约为 35 亿美元——360 计划总共需要投资约 50 亿美元！要知道，美国研制第一颗原子弹的"曼哈顿工程"总投资才为 25 亿美元。

小沃森已然接受了这个赌注，为了研发 IBM 360 系列计算机，IBM 公司征召了 6 万多名新员工，创建了 5 座新工厂，投入了数十亿美元的资金。1964 年 4 月 7 日，历经近 4 个年头的风风雨雨，就在老沃森创建公司的 50 周年之际，IBM 公司 50 亿美元的"大赌注"为它赢得了 IBM 360 系列计算机的成功，图 1-26 所展示的就是 360 系列计算机之一。IBM 360 系列共有 6 个型号的大、中、小型计算机和 44 种新式的配套设备，整整齐齐地排放在宽大的厅堂里。从功能较弱的 360/51 型小型机，到功能超过 360/51 型小型机 500 倍的 360/91 型大型机，都是"兼容机"。在当时的计算机市场，软件和外部设备都不能互换使用，给用户带来了极大的不便。"兼容机"则意味着，尽管 360 系列计算机彼此间在型号上有巨大区别，但它们都能够用相同的方式处理相同的指令，使用相同的软件，配置相同的磁盘机、磁带机和打印机，而且能够相互连接在一起工作。这一观念上的伟大变革促进了现代计算机的发展，至今还在发挥巨大作用。

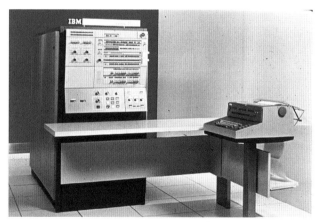

图 1-26　IBM 360 系列计算机之一

5 年之内，IBM 360 系列共售出 32 300 台，创造了电子计算机销售史上的奇迹。不久后，与 IBM 360 系列计算机兼容的 IBM 370 系列计算机接踵而至，其中最高档的 370/168 型机的运算速度已达到每秒 250 万次。

IBM 360 标志着第三代计算机正式登上了历史舞台。与第二代计算机相比，在硬件方面，第三代计算机以小规模集成电路构成计算机的主要功能部件，主存储器采用集成度很高的半导体存储器，充分采用磁芯作为内存储器，采用磁盘、磁带等作为外存储器，具有体积小、功耗低、运算速度快等优点，内存容量扩大到几十万字。与此同时，在软件方面，出现了数据库系统、分布式操作系统等，应用软件的开发已逐步成为一个庞大的现代产业。

这一时代的计算机语言也有了相应发展，已经从面向机器逐渐转向面向人类，即出现了现在的高级语言。有些流行的高级语言已经被大多数计算机厂家采用，固化在计算机的内存里，如 BASIC 语言（已有不少于 128 种不同的 BASIC 语言的变体在流行，当然其基本特征是相同的）。除了 BASIC 语言外，还有 FORTRAN 语言、COBOL（通用商业语言）、C 语言、DL/I 语言、Ada 语言等 250 多种高级语言。第 2 章将详细介绍编程语言，这里不做赘述。

由于这些原因，在这一时代，小型计算机开始逐渐被广泛应用。除了 IBM 360 系列以外，DEC 公司研制的 PDP-8 机、PDP-11 系列机以及后来的 VAX-11 系列机等，都曾对计算机的推广起了极大的作用。除了美国，苏联也陆续推出了仿 IBM 360 系列的统一系统计算机第一系列（ЕС ЭВМ），以及之后的小型机 СМ ЭВМ 系列等，英国的国际计算机有限公司（International Computers Limited，ICL）也推出了与 IMB 360 系列相抗衡的通用计算机 ICL 2900 系列。欧美的计算机发展蒸蒸日上，而亚洲各国则相对落后，以引进美国的先进技术为主。

正如摩尔定律所预测的，随着时间的推移，芯片上可容纳的电子元器件越来越多。到了 20 世纪 80 年代，超大规模集成电路在芯片上容纳了几十万个元器件，后来的特大规模集成电路将元器件个数扩充到百万级。这预示着一个新的计算机时代——第四代大规模、超大规模集成电路计算机时代要到来了！

1.2.3 第四代（1971 年至今）大规模、超大规模集成电路计算机时代

第四代计算机与第三代基本相同，仍然使用集成电路。不过，这种集成电路已经大大改善，它包含几十万到上百万个晶体管，人们称之为大规模集成电路和

超大规模集成电路。

随着大规模集成电路的成功制作并用于计算机硬件生产过程，与第三代计算机相比，第四代计算机的体积进一步缩小，性能进一步提高；采用集成度更高的大容量半导体存储器作为内存储器；发展出了并行技术和多机系统，出现了精简指令集计算机（Reduced Instruction Set Computer，RISC）；软件系统逐渐工程化、理论化，程序设计也逐渐自动化。微型计算机（简称微机）在社会上的应用范围进一步扩大，几乎所有领域都能看到计算机的"身影"。

而 1971 年 Intel 4004 的发布，是大规模集成电路发展历程上的一个重大成果，也标志着第一代微处理器，即中央处理器（Central Processing Unit，CPU）的问世。

1. Intel 4004 微处理器

Intel 4004 微处理器是世界上第一款商用计算机微处理器。英特尔公司的首席执行官摩尔将 Intel 4004 微处理器称为"人类历史上最具革新性的产品之一"。

Intel 4004 微处理器最初是英特尔公司专门为日本一家名为 Busicom 的公司设计制造的，用于该公司的计算器产品，如图 1-27 所示。但由于技术原因，英特尔公司的延期交货计 Busicom 公司颇为不快。与此同时，计算器领域的竞争日益激烈，当英特尔公司彻底完成 Intel 4004 芯片的设计和样品的生产时，Busicom 公司要求英特尔公司打折扣，英特尔公司同意了，但是它附加了一个条件：允许英特尔公司在除计算器芯片市场之外的其他市场上自由出售 Intel 4004 芯片。至此，英特尔公司完成了从单一的存储器制造商向微处理器制造商的转型。

最初的 Intel 4004 微处理器采用金顶白陶瓷封装，后期才出现了普通黑陶瓷以及塑料封装（英特尔公司早期生产微处理器的惯例：金顶白陶瓷 Intel 4004 微处理器又分为普通白陶瓷、灰色痕迹白陶瓷、5 系白陶瓷这 3 类。其中，灰色

图 1-27　Intel 4004 微处理器及其应用的计算器产品

痕迹白陶瓷版最为珍贵）。英特尔公司还曾开发出 Intel 4001［动态随机存储器（Dynamic Random Access Memory，DRAM）］、Intel 4002［只读存储器（Read-Only Memory，ROM）］、Intel 4003（寄存器），三者再加上 Intel 4004，就可组建一套微机系统的架构。

从 1971 年后，集成电路向超大规模方向发展。随着历史的前进，集成电路早已让路于微处理器。Intel 4004 微处理器虽然并不是首个商业化的微处理器，但却是第一个在公开市场上出售的计算机元件。据介绍，Intel 4004 微处理器的计算能力其实并不输于 ENIAC，但却比 ENIAC 小得多。基于微处理器的微机时代从此开始。

在这时候，更多功能更强大的微处理器也不断涌现。1972—1973 年，8 位微处理器问世，最先出现的是 Intel 8008。它的性能可能还不完善，却展现出了无限的可能性，驱使众多厂家竞争，微处理器得到了蓬勃的发展。后来还出现了 Intel 8080、Motolola 6800 和 Zilog 公司的 Z80。1975 年 1 月，美国 MITS 公司推出了首台通用型计算机 Altair 8800，它采用 Intel 8080 微处理器，是世界上第一台微机。

1978 年以后，16 位微处理器应运而生，微机达到了一个新的高峰。英特尔、摩托罗拉和 Zilog 公司不断推出新的产品，推进着微处理器的革新。尤其是英特尔公司，在推出 8086 之后，又成功研制出 80286、80386、80486、奔腾（Pentium）、奔腾二代（Pentium Ⅱ）和奔腾三代（Pentium Ⅲ）。正是因为有了这些微处理器的铺垫，这一时代才能涌现出许许多多经典的计算机。

从第一台全面使用大规模集成电路作为逻辑器件和存储器的计算机——美国的 ILLIAC-Ⅳ 计算机，到随后日本富士通公司生产出的 M-190 机，英国曼彻斯特大学研制成功的 ICL 2900 计算机和 DAP 系列机，以及德国西门子股份公司、法国国际信息公司与荷兰飞利浦公司联合成立的统一数据公司共同研制出的 Unidata 7710 系列机，都是大规模集成电路带来的成果。自此，各发达国家都开始研制各自的新一代计算机。

1977 年，由美国苹果公司推出的 Apple Ⅱ型计算机（见图 1-28）是最早的个人计算机（Personal Computer，PC）之一，其在 Apple Ⅰ型计算机（见图 1-29）

的基础上进行了一些补充和改进。作为第一台能显示彩色图像的微机，它的售价为 1300 美元，于 1977 年 6 月发售，处理器频率为 1 MHz，内存为 4 KB。这台计算机在美国市场引起了轰动，使苹果公司成为美国"微机之王"。1981 年，IBM 公司推出了第一台 PC，开创了 IBM PC 的计算机标准，并在与苹果公司的计算机标准展开激烈的竞争后，最终成为业界的广泛标准，从此开启了 PC 风靡世界的新纪元。

图 1-28　Apple Ⅱ 型计算机

图 1-29　Apple Ⅰ 型计算机

2. IBM PC 标准

1981 年 8 月 12 日，IBM 公司推出了 PC——IBM 5150，如图 1-30 所示。这标志着 PC 真正走进了人们的工作和生活，更标志着一个新时代的开始。

该 PC 当时的售价为 2880 美元。第一台 IBM PC 采用 Intel 4.77 MHz 的 8088 芯片，内存仅 64 KB，采用低分辨率单色或彩色显示器，有可选的盒式磁带驱动器，有两个 160 KB 的单面软盘驱动器，并配置了微软公司的 MS-DOS 操作系统软件。该产品的特点是：屏幕每列能显示 80 个字元，拥有大小写字元的键盘、可扩充的存储器，零件可向其他厂商采购，其他的 PC 制造商可以依照 IBM 公司的标准生产 IBM 相容机种的计算机。

IBM 5150 的设计抛弃了繁文缛节，脱离了 IBM 公司正常的工作流程，这是为了对抗当时已经红透半边天的 Apple Ⅱ 型计算机。

图 1-30　IBM 5150

IBM 5150 刚面世，就取得了巨大的成功，上市仅一个月其订单数已达 24 万台。

虽然是苹果公司而非 IBM 公司首先发明了台式 PC，虽然惠普公司坚称是自己在 1968 年首创了"PC"这一术语，虽然很多分析师和观察家认为 IBM 5150 比不上苹果公司的 Apple Ⅱ 等，但 IBM 5150 被普遍视为现代 PC 的"祖先"，它确立了后来成为业界标准的 IBM PC 标准，为未来 PC 的推广和兼容奠定了基础。

随着 PC 的问世，计算机开始逐渐向着微型化方向进发。从台式计算机，到便携式计算机，再到现在的平板计算机，微机一步步地在人们的日常生活中普及开来，为人们带来各种便利。与此同时，为了满足更多大规模计算和处理需求，计算机也在向着巨型化的方向发展，试图以此提高计算机的计算能力和数据处理能力，为高科技领域和尖端技术研究领域做出更大的贡献。

3. 国产百万次集成电路计算机

1973 年，杨芙清院士主持研制成功我国第一台百万次集成电路计算机——150 机操作系统，这是由杨芙清院士主持研发的我国第一个多道运行操作系统。

1973 年 1 月，第四机械工业部在北京召开了"电子计算机首次专业会议"，确定把系列机作为当前发展方向。同年 5 月，DJS 100 计算机研制成功。1973 年 8 月 26 日，我国第一台每秒运算 100 万次的集成电路计算机由北京大学、北京有线电厂、燃料化学工业部有关单位共同设计研制成功。

这台计算机字长为 48 位，存储容量为 13 KB。经过 3000 多小时的试算运行，其性能稳定、质量良好，达到了预期的设计要求。这是我国科学技术发展的一项重大成果，是我国电子计算机发展的一个重要里程碑。

1973 年底，第四机械工业部系统共生产了数字计算机 250 台、模拟计算机 323 台、机床控制计算机 133 台、台式 PC 1520 台，这些计算机在 30 多个行业得到应用。

4. 超级计算机

"超级计算"（Super Computing）概念第一次出现于 1929 年 IBM 公司为哥伦比亚大学建造大型报表机（Tabulator）的报道中。超级计算机通常是指由数百、数千甚至更多的处理器（机）组成的，能完成普通 PC 和服务器不能完成的大型复杂课题的计算机。

如果把普通计算机的运算速度比作成人的走路速度，那么超级计算机的运算速度就相当于火箭的速度。在这样的运算速度下，人们可以通过数值模拟来预测和解释以前无法通过实验解释的自然现象。

1975 年，美国克雷公司推出了世界上第一台超级计算机——Cray-1。这是一台向量计算机，既能做向量运算又能做标量运算。它继承了克雷公司的 CDC 7600 和 CYBER 76 的风格，时钟周期为 12.5 纳秒，机器字长为 64 位，平均每秒能够执行约 5000 万条指令，高效时每秒可执行约 8000 万个浮点操作。如果程序适应向量计算的特点，速度还会更高。作为一台超级计算机，它与同时期推出的 IBM 370 相比，速度提高了 5 ～ 10 倍，性价比则为 3 ～ 4 倍。

这台机器组装得很紧凑，是当时这类超级计算机中体积最小的一台，占地仅约为 6.5 平方米，如图 1-31 所示。这台机器的软件有操作系统和 FORTRAN 编译系统，它们的功能很强，但是并不繁杂。西摩·克雷（Seymour Cray）说：“我设计计算机如同设计帆船一样，力求简朴。”Cray-1 只包含适合科学计算的有限指令，指令简单明了、易于掌握。CPU 绝大部分只采用一种集成电路芯片，电源、降温设计也都很简单、普通。

图 1-31　世界上第一台超级计算机 Cray-1

这款超级计算机的推出获得了巨大的成功。美国国防部官员称克雷为“美国民族的智多星”，计算机界为纪念这位杰出的计算机从业人员，把克雷尊称为“超级计算机之父”。

在这之后，彰显一国科技实力的超级计算机，堪称集万千宠爱于一身的高科技宠儿，在诸如生命科学基因分析、核工业、航天等高科技领域大展身手，让各国科技精英竞折腰，都开始着手研发亿亿级超级计算机。

对超级计算机的指标有这样的规定：首先，计算机的运算速度需达到平均每秒 1000 万次以上；其次，存储容量需在 1000 万位以上。超级计算机是电子计算机的一个重要发展方向，它的研制水平标志着一个国家科学技术和工业发展的程度，体现着国家经济发展的实力。截至本书成稿之日，一些发达国家正在投入大量资金和人力、物力，研制运算速度达每秒几百亿次的超级计算机。

在美国推出首台超级计算机的 8 年后，我国推出了第一台国产超级计算机系统——"银河 - I"，见图 1-32。它是石油勘探、地质勘探、中长期数值预报、卫星图像处理、大型科研题目计算和国防建设的重要工具，对加快我国现代化建设有很重要的作用。对于超级计算机的研发，目前仅有少数几个国家能够做到。"银河"超级计算机系统的成功研制，使我国提前两年实现了全国科学大会提出的"到 1985 年'我国超高速超级计算机将投入使用'"的目标，跨进了"世界研制超级计算机的国家"的行列，标志着我国的计算机技术发展到了一个新阶段。

图 1-32　银河 - I 超级计算机

1992 年 11 月 19 日，由国防科技大学研制的"银河 - II"10 亿次超级计算机在长沙通过国家鉴定。

由此，我国实现了从向量超级计算机到并行超级计算机的跨越，成为继美国、日本之后，第三个成功研制 10 亿次超级计算机的国家。1994 年，"银河 - II"

超级计算机在中国气象局正式投入运行，用于中期天气预报。

1997 年 6 月 19 日，由国防科技大学研制的"银河-Ⅲ"并行超级计算机在北京通过国家鉴定。该机采用分布式共享存储结构，面向大型科学与工程计算和大规模数据处理，基本字长为 64 位，峰值性能为每秒 130 亿次。该机涉及多项国内领先技术，综合技术达到了当时的国际先进水平。

目前，世界上只有少数几个发达国家掌握了高性能超级计算机的研制技术。"银河-Ⅲ"超级计算机的成功研制，使中国在这个领域跨入了世界先进行列。

2000 年，由 1024 个 CPU 组成的"银河-Ⅳ"超级计算机问世，其峰值性能达到每秒 1.0647 万亿次浮点运算，其各项指标均达到当时的国际先进水平，它使我国高端计算机系统的研制水平再上了一个新台阶。

"银河"系列超级计算机如今广泛应用于天气预报、空气动力实验、工程物理、石油勘探、地震数据处理等领域，产生了巨大的经济效益和社会效益。国家气象中心将"银河"系列超级计算机用于中期数值天气预报系统，使我国成为世界上少数几个能发布 5～7 天中期数值天气预报的国家之一。

随着时间的流逝，各个国家对于超级计算机的开发都逐渐重视起来，越来越多更快、更强大的超级计算机不断问世，如我国的"天河""曙光"系列、美国的"红杉""泰坦""蓝色基因"系列、日本的"京"、德国的"Juqueen"等，各国都在不断地进行超级计算机的研发和改进。每年，国际超级计算大会都会对全球的超级计算机进行评估，并公布最新的全球超级计算机 500 强排行榜榜单。美国、日本、中国、俄罗斯等多个国家的多台超级计算机都榜上有名，呈现出群雄逐鹿的态势。在 2013 年国际超级计算大会上发布的第 41 届世界超级计算机 500 强排行榜榜单中，由我国国防科技大学开发的超级计算机"天河二号"（见图 1-33）以持续计算速度达每秒 3.39 亿亿次的优越性能位居榜首，这一速度超过 2012 年排行榜榜首近两倍。与此同时，超级计算机也走进了国内高校的教学与科研中。2015 年 10 月 23 日，超级计算机"π"系统（见图 1-34）在上海交通大学上线运行。该超级计算机运用图形处理单元（Graphics Processing Unit，GPU）技术加速，能够支持俗称"人造太阳"的惯性约束核聚变项目等高端科研工程。

据介绍，"π"系统的峰值性能达到每秒263万亿次。该系统由浪潮集团设计构建，上线后重点支持上海交通大学的教学与科研，且成为"IFSA惯性约束聚变科学与应用协同创新中心"的超算核心支持平台。

图1-33 天河二号

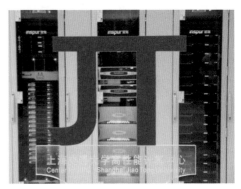

图1-34 "π"系统

与此同时，亿亿级计算成为超级计算机的发展方向。2011年11月13日，日本RIKEN高级计算科学研究院与富士通公司联合宣布，超级计算机"京"成功提速，最大计算性能达到10.51 PFLOPS，也就是每秒1.051亿亿次浮点计算，这也是人类首次跨越1亿亿次计算大关。

日本文部科学省表示希望通过研发百亿亿级超级计算机，使日本的超级计算机重回全球超级计算机500强排行榜榜首。这款百亿亿级超级计算机已在2020年完成研发。日本超级计算机工作小组表示："加入百亿亿级超级计算机的研发有助于促进科学技术发展以及提升产业竞争力"。

让超级计算机的运算速度达到亿亿级不仅是计算机发展史上的一个里程碑，还将帮助很多学科跃上新的高度：让科学家和医生能更好地理解海量数据；让科学家可研发出新的技术，使云计算达到一定的规模，使庞大的分布式计算机能够模拟现实；帮助研究人员创建三维立体可视图像来运行无穷无尽的假定情景，从而增加细节的精确度，正如电影《星际迷航》中描绘的"全息甲板"等。亿亿级超级计算机系统也将在高清气候模型的设计和制造、生物能源产品的研制、智能栅格的研发以及熔解能源的设计等方面大显身手。

统计高性能计算机的组织于2020年6月23日发布了全球超级计算机500强

排行榜榜单，其中我国厂商交付的数量占比超过 60%。榜单显示，在部署方面，我国部署的超级计算机的数量位列全球第一，所占份额超过 45%。

2020 年后，各个国家在超级计算机方面的军备竞赛愈演愈烈，超级计算机的算力也达到了百亿亿级，称为 E（Excascale）级。E 是全新的衡量单位，1E 等于 100 京。E 级超级计算机指的是算力超过 1E［每秒能够进行 100 亿亿次（1ExaFLOPS）以上运算］的超级计算机，这是远超现有超级计算机的全新境界。

2022 年 6 月，当年的全球超级计算机 500 强排行榜榜单公开。世界上公开的第一台百亿亿级超级计算机出现——美国橡树岭国家实验室超级计算机 Frontier，其打败霸榜两年的日本富岳成为新任榜首。日本 RIKEN 高级计算科学研究院的富岳跌落至第二，第三为芬兰的 LUMI。此次的榜首 Frontier 被称为有史以来最强大的超级计算机，这是第一个在高度并行计算基准（High Performance Linpack，HPL）测试中获得 1.102 ExaFLOPS 得分的超级计算机，真正超过了 1 ExaFLOPS 的门槛。

随着超级计算机自身算力的不断增强，如何能够最大限度地利用好这种能力，设计出更优秀、更能充分利用超级计算机杰出性能的算法，也是各个国家都在不断努力的方向。

1.2.4　第五代（1981 年至今）智能计算机

作为新型计算机，智能计算机能够模拟、延伸、扩展人类智能。它与现今人们广泛使用的冯•诺依曼型计算机在体系结构以及工作方式上具有非常大的差异。因此，为了实现人类智能在计算机上的模拟、延伸、扩展，新型计算机的体系结构、工作方式、处理能力、接口方式必须进行更加彻底的革新，具有以上特性的计算机才能被称为智能计算机。

智能计算机的出现具有一定的历史必然性，主要有以下原因。

首先，现有的电子计算机虽然能够处理一些低级的智能问题，但是不能进行联想（根据某一信息，从记忆中取出其他有关信息的功能）、推论（针对所给的信息，利用已记忆的信息对未知问题进行推理，从而得出结论的功能）、学习（将对应新问题的内容，以能够高度灵活地加以运用的方式进行记忆的功能）

等人类大脑能进行的基础活动。

其次，电子计算机虽然能够在某种程度上辅助人类的智力、体力劳动，但是它依然无法理解人类的语言，因而无法读懂人类的文章，需要由科学家及工程师使用特定的语言才能与它们"交流"。这一问题大大地限制了电子计算机的发展，阻碍了其普及化、大众化的进程。

最后，电子计算机虽然能以惊人的信息处理能力来完成人类无法完成的工作（如遥控已发射的火箭），但是它仍不能满足某些科技领域高速、大量的计算任务要求。例如，在进行超高层建筑的耐震设计时，为解析一种立柱模型受到摇动时的三维振动情况，用超级计算机算上 100 年也难以完成。又如，原子反应堆事故和核聚变反应的模拟实验、资源探测卫星发回的图像数据的实时解析、飞行器的风洞实验、天气预报、地震预测等对速度和精度要求极高的计算场景，都远远超出电子计算机的能力极限。由此可见，当今的电子计算机已不能满足信息社会发展的需要，必须在崭新的理论和技术基础上研制新一代计算机。制造出这样的智能计算机将成为人工智能发展的远期目标。作为向远期目标迈进的重要一步，日本提出了第五代计算机的研制计划，该计划的研制成果被称为第一代智能计算机。

实际上，截至本书成稿之日，智能计算机还没有明确的定义。首先，对于处理数字信号的计算机是否能够真正模拟人类智能这一根本性问题，众说纷纭。1937 年，丘奇和图灵相互独立地提出了一个假说，即人类的思维能力是否可以和递归函数的信号处理能力等价。这一假说尚未被证明，且被学者转述为如果一个问题不能被图灵计算机解决，那么这个问题也不能依靠人类的大脑思考解决。这个假说强调了数字计算机的无限可能。另一些以 H. 德雷福斯（H. Dreyfus）等为代表的哲学家则认为，以图灵机为基础的计算机无法模拟人类的思维。他们的观点是计算机适合做形式化的处理，但是人类的智能活动不一定只是形式化的，因此不能简单地把人类智能看作由离散的、确定的、与环境局势无关的规则支配的运算。这个学派认为，不排除用与人脑相似的材料制作出能够模拟人类思维的智能机的可能性，但是基于图灵结构的计算机只能处理数字信号，这类机器必然存在一定的局限性。智能计算机概念如图 1-35 所示。

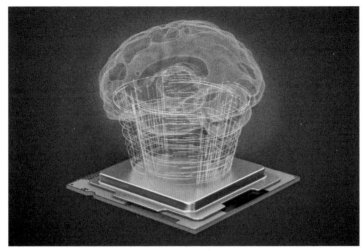

图 1-35　智能计算机概念

　　智能计算机的定义分歧还是因为其不同的目标和出发点。对于智能计算机，存在两种观点。一种是立足科学研究的观点，该观点强调科学模拟，要求计算机按照人脑的思考方式处理问题，表现出相应的智能行为。另一种是立足工程应用的观点，该观点强调计算机旨在解决问题，关注的是其实现的功能而不管其工作方式是否和人脑的一致，所谓智能计算机，就是指具有感知、识别、推理、学习等能力，能处理定性的、不完全确定的问题，能与人类以文字、语音、图形图像通信并在实际环境中有适应能力的计算机。要达到这一目标，需要长期的努力。

　　尽管各国学者为研制智能计算机进行了长期不懈的努力，但究竟通过什么途径才能使计算机具有或者表现出智能行为，还是一个未解决的问题。概括来说，已提出的主要途径有以下 4 条，它们分别以认知心理学、神经生理学、人类社会学及生物进化论为模拟的基础。

　　第一，符号处理与知识处理。把智能问题当成符号处理与知识处理问题是人工智能研究的主流。纽厄尔（Newell）和西蒙（Simon）在 1975 年的图灵奖演说中提出物理符号系统假设：物理符号系统是智能行为的充分必要条件。这个假设把符号处理技术摆到研制智能计算机的关键位置。20 世纪 60 年代关于推理机制和问题求解技术的研究使人们认识到，一个智能系统的能力主要在于系统中包含的知识而不是它的推理机制，这就是 E. 费根鲍姆（E. Feigenbaum）倡导的知识原则。根据这个原则，构造智能计算机系统的关键是建立包含大量常识和专门知识的知识库，其技术难点在于知识的自动获取、自动维护以及知识共享等。符号处理与知识处理这条途径的基础是逻辑理论与认知心理学。

第二，人工神经网络。构造智能计算机的第二条途径根植于神经生理学的研究成果，即用大量相对简单的处理单元（人工神经元）通过复杂的互连构成神经网络计算机。这条途径强调大规模并行、分布式表示与处理、非线性动力学系统行为、系统的训练与学习以及模拟量的处理等。尽管目前提出的人工神经网络模型及已研制的各种人工神经网络系统与人脑的神经网络结构相距甚远，但这种以整体的统计行为取代逻辑推理，以样本训练与学习取代某种算法执行的新思路对传统的唯理论与还原论是一种冲击。神经网络计算机在模式识别和低层次感知模拟等方面具有发展潜力，但也有一定的局限性。它与传统的符号处理有某种互补关系。这两者的结合可以发挥各自的优势。

第三，层次化的智力社会模型。错综复杂的人类社会是由许多个人和不同层次的团体组成的。与此类似，智能行为也可看成许多在不同层次上的相互影响的并行操作的进程。层次越低，智力越低，底层的行为应是非智能的。按这种思路，关键是要弄明白非智能的行为的联合如何才能形成智能行为，其奥秘应在其相互关系之中。这就是明斯基（Minsky）主张的"智力社会"模型。这个学派强调理解智能的层次和系统中各部分的联系，主要从人类社会的行为来看待思维与智能，在实现上较侧重分布式的人工智能和复杂的巨系统。

第四，基于生物进化的智能系统。人类的智能是通过极其漫长的生物进化产生的，进化是智能的源泉。如果把机器智能的提高也当成一种进化过程，其进化速度将比人类的进化快得多。生物进化的关键是在动态环境中的适应能力。基于这个观点，布鲁克斯（Brooks）提出了研制智能计算机的一条途径：建立在现实世界中具有真正感知和行动能力的智能系统，由简单到复杂逐步提高智能水平。这条途径强调自适应控制，主张无须表示、无须推理的智能系统。

上述每一条途径都有各自的理论背景和应用前景。鉴于人脑的功能是成千上万具有不同专门功能的子系统协作的结果，人类智能的本质不可能归结为几个像波函数或运动学三定律那样规整、简洁、漂亮的基本原理，智能计算机也不可能按某一种固定模式制造。研究智能计算机应当采取综合集成的方法，在上述几条途径和其他可能的新途径的基础上，将定性与定量、数字与模拟、逻辑与统计、电子与非电子等互补的技术综合集成，特别是将存于机器的知识与人的经验知识集成，发挥系统的整体优势与综合优势。

目前，智能计算机技术还很不成熟，业界主要在做模式识别、知识处理及开发智能应用等方面的工作。尽管所取得的成果离人们期望的目标还有很大距离，但已经产生了明显的经济效益与社会效益。专家系统已在管理调度、辅助决策、故障诊断、产品设计、教育咨询等方面得到广泛应用，在文字、语音、图形图像的识别与理解以及机器翻译等领域也取得了重大进展，这些方面的初级产品已经问世。计算机产品的智能化和智能计算机系统的研究与开发将对国防、经济、教育、文化等各方面产生深远影响。计算机智能化是 21 世纪信息产业的重要发展方向。发展智能计算机将加速以信息产业为标志的新的工业革命的进程。智能计算机的应用将放大人的智力，减少对自然资源的利用。它只需要极少的能量和材料，其价值主要在于知识。另外，研制智能计算机可以帮助人们更深入地理解人类自己的智能，最终揭示智能的本质与奥秘。

1.2.5　第六代（1983 年至今）生物计算机

近年来，半导体硅晶片电路蓬勃发展，因为集成电路散热问题难以彻底解决，摩尔定律逐渐失效，计算机性能的提升受到极大的影响。研究人员发现，脱氧核糖核酸（Deoxyribonucleic Acid，DNA）能容纳非常多的信息，相当于普通半导体芯片的数百万倍。基于此，一系列用蛋白质分子制造的生物芯片脱颖而出，现如今针对生物计算机的研制已经成为当前计算机技术研究的前沿。生物计算机因为其在性能上的特别优势，被视为极具发展潜力的"第六代计算机"。

生物计算机又称仿真计算机，指的是以核酸分子为"数据"，以生物酶和生物操作为信息处理工具的一种新颖的计算机。1959 年，诺贝尔奖获得者理查德·费曼（Richard Feynman）提出了新的生物计算机模型构想，该构想在分子尺寸方面进行改进，研制新型计算机。自 20 世纪 70 年代以来，人们发现 DNA 在不同状态下可产生有信息以及无信息的变化。人们还发现生物元器件可以实现电路中的 0 状态与 1 状态、高电压与低电压、脉冲信号的产生，因此经过特殊的处理，可以制成由生物元器件组成的新型计算机集成电路。伦纳德·阿德尔曼（Leonard Adleman）提出基于生物反应机理的 DNA 计算模型。2007 年，北京大学在生物计算方面取得突破性进展，提出了并行型 DNA 计算模型，将具有 61 个顶点的 3- 色图中所有的 48 个 3- 着色问题全部求解出来。当时，即使使用最快的超级计算机解决这个问题，也需要 13 217 年才能完成。

生物计算机将生物芯片作为新的芯片代替半导体芯片，使用有机化合物来对数据进行存储。生物计算机中的信号通过波的形式传播，当信号波沿着蛋白质的分子链路传播时会引起蛋白质分子链中单、双键结构顺序的变化。理论上，生物计算机的运算速度比现有的最新一代计算机快 10 万倍，同时它具有强大的抗电磁干扰能力，能够彻底消除电路间的干扰，并且所需的能量仅仅相当于普通计算机的十亿分之一，具有强大的存储能力。生物计算机具有生物体的一些特点，比如能够自动化地排除芯片故障、具有生物本身的调节机能、能模仿人脑的机制等。

生物计算机中生物芯片的主要原材料是使用生物工程技术生产的蛋白质分子。生物芯片自身具有天然的立方体结构，其大小比硅芯片上的电子元器件要小很多，密度要比平面型的硅集成电路高 5 个数量级，因此可以通过使用某种酶，使 DNA 分子同时运行几十亿次化学反应。生物计算机拥有生物的自我修复特性，一旦出现故障，可以进行自我修复，具有自愈能力。因为生物计算机具有生物活性，可以将其和人脑连接起来，人脑可以控制生物计算机进行运算，使其成为人脑的辅助装置。同时，生物计算机可以吸取人体养分以补充能量，从而不需要外部能源，它可以成为能够植入人体内，帮助人类思考、创造、学习的理想伙伴。另外，由于生物芯片内部电子流动的概率非常小，电阻可以忽略不计，因此生物芯片的能量损耗很小。

1983 年，美国提出了生物计算机的概念。此后，各个发达国家开始研制生物计算机。生物学家将仿生学运用到生物计算机领域，提出了具备生物化学分子构架的生物计算机的观点。生物计算机目前仍然处于蓬勃兴起阶段，国内外正在积极地研制新型生物芯片。尽管生物计算机尚未取得颠覆性的进展，甚至部分学者提出了生物计算机目前存在的一系列缺点，例如处理遗传物质的生物计算机会受外界环境因素的干扰，无法保证生物化学反应的成功率，在以蛋白质分子为主的芯片上很难运行文本编辑器等。但这些并不影响生物计算机这个新兴领域的快速发展，随着人类技术的不断进步，这些问题终究会被解决，生物计算机商业化的繁荣也将到来。

生物计算机的研究涉及非常多的领域，包括电子科学、计算机软件、神经学、脑科学、微波工程、分子生物学、生物物理等，在当今世界前沿科学研究中极具研究空间和发展潜力。生物计算机本身具有优良的并行计算能力，其所需的存储空间仅占电子计算机的百亿分之一。与传统电子计算机相比，生物计算机具有以下优点。

第一，体积小、功效高。生物计算机可以容纳数亿个电路，比当前电子计算机可容纳的电路数多了上百倍，且因为生物计算机的阻抗小，发热和电磁干扰的现象都大大减少。此外，生物计算机不再有约定俗成的形状，且可以安放在天花板、桌边、房间角落等位置。

第二，生物计算机的芯片具有永久性与可靠性。生物计算机具有极高的稳定性和可修复性。与电子计算机芯片损坏后无法自动修复不同，生物计算机由生物组织构成，具有活性，如果内部芯片出了故障，蛋白质分子可以进行自我组合、修复组织，从而使计算机故障得以自我排除。因此，生物计算机具有极高的可靠性和极长的使用年限。

第三，生物计算机的存储容量大且并行处理能力强。生物计算机拥有比传统电子计算机大得多的存储容量，在存储方面具有巨大优势。作为基因信息载体的DNA，其存储容量巨大，可以与 10 000 亿张 CD 的存储容量相当，其存储密度通常是磁盘存储器的 1000 亿倍到 10 000 亿倍。与此同时，生物计算机还具有极高的并行计算性能，它通过小区域的生物化学反应实现逻辑运算。生物 DNA 计算机由数亿个 DNA 分子构成，进行并行计算操作，如图 1-36 所示。生物神经计算机具有很好的并行分布式记忆存储能力和容错能力，很适合处理一些非数值型问题和玻尔兹曼自动机模型。生物计算机可脱离冯·诺依曼体系结构，更加智能化。

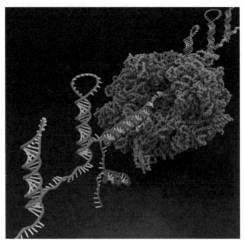

图 1-36　生物 DNA 计算机示意

数据通信在生物计算机中异常简单，通过将 DNA 分子的碱基进行不同次序的排列，能够获得这类计算机的原始数据。相对应的酶通过化学变化对 DNA 碱基进行基本操作，就能够实现电子计算机的各种功能。

生物计算机因为其内部含有大量的遗传物质工具，所以能够同时进行上百万次的计算。传统电子计算机通过电流逐个检查所有可能存在的解决方案，相比之下，生物计算机做处理时不需要逐次分析可能的方案。在传统电子计算机做逐次分析时，生物计算机可以同时进行数百万次分析，因此其计算速度要比现有的超级计算机快约 100 万倍。如果能进一步结合其他新兴技术，生物计算机将具有更广阔的前景。

生物计算机因为所有元器件皆由有机分子组成，其运行驱动力源自生物化学反应，所以只需要很少的能量就可以进行工作。这也规避了电子元器件工作时发热及造成干扰的问题。

生物计算机的组数据存储单元为 DNA，DNA 的一个重要特点是其双螺旋结构，C 碱基与 G 碱基、A 碱基与 T 碱基能够形成碱基对。每一个 DNA 序列都有一个互补的序列，这种性质的存在是生物计算机的重要优势。如果其中某一个碱基对发生问题，酶可以参考镜像序列修复错误。由于生物计算机自身便具有修改错误的能力，其数据的出错率则很低。

生物计算机同样存在很多缺点，其中一个明显的缺点是使用者很难从中提取有效信息。一台生物计算机在一天的时间内便能完成人类迄今为止全部的计算量，但是需要花费数周的时间才能从中提取一处信息，这个缺点严重地阻碍了生物计算机的发展。

| 1.3　从现在到未来 |

量子计算机是近一个世纪以来计算机技术向量子力学等量子学科方向发展的结果，它的运行方式与传统计算机完全不同。量子计算机已经出现在公众视野中很久了。尤其是近几年，量子计算机飞速发展，其落地应用似乎即将成为现实。本节介绍量子计算机的原理、发展历程及未来方向。

量子计算是一种新型的计算模式，它依据量子力学规律，通过调用量子信息单元进行计算。传统计算机的理论模型是图灵机，而量子计算机所使用的理论模型是使用量子力学模型重新构建的图灵机。与传统计算机相比，量子计算机在能够解决的问题上没有新的优势，但是其计算效率要远远高于传统计算机。简单地说，它是一种可以实现量子计算的机器，是一种通过量子力学规律实现数学和逻辑运算、处理和存储信息的系统。它以量子态为记忆单元和信息存储形式，以量子动力学演化作为信息传递与加工的基础，并且其硬件的各种元件的尺寸均达到原子或分子的量级。量子计算机是一个物理系统，它能存储和处理用量子比特表示的信息。

如同传统计算机通过集成电路中电路的通断来实现 0、1 之间的区分，量子计算机也有着自己的基本单位——昆比特（Qubit）。昆比特又称量子比特，它通过量子力学体系中量子的两态来表示 0 或 1。例如，光子的两个正交的偏振方向、磁场中电子的自旋方向、核自旋的两个方向、原子中量子所在的两个不同能级，或任何量子系统的空间模式等。量子计算的原理就是将量子力学系统中的量子态进行演化，得到演化结果。

　　量子计算起源于 20 世纪。科学家贝尼奥夫（Benioff）于 20 世纪 80 年代初提出了量子计算的概念，他设计了第一台量子计算机的雏形。这是一台可执行并且能够实现仿真的经典量子操作的量子计算机。1982 年，费曼在贝尼奥夫的想法基础上进一步发展，他认为量子计算机可以模拟其他量子系统。为了达成这种模拟效果，费曼提出了基于量子计算的计算机，这被认为量子计算机的基础。1985 年，牛津大学的戴维·多伊奇（David Deutsch）在其发表的论文中，证明了任何物理过程原则上都能很好地被量子计算机模拟，提出了基于量子干涉的计算机模拟，即"量子逻辑门"这个新概念，并指出量子计算机可以通用化、量子计算错误的产生和纠正等问题。1994 年，AT&T 公司的彼比·肖尔（Perer Shor）发现了因子分解的有效量子算法。1996 年，S. 劳埃德（S. Loyd）证明了费曼的猜想，他指出模拟量子系统的演化将成为量子计算机的一个重要用途，量子计算机可以建立在量子图灵机的基础上。从此，随着计算机科学和物理学间跨学科研究的突飞猛进，量子计算的理论和实验研究蓬勃发展，使得量子计算机的发展开始进入新的时代，各国政府和各大公司也纷纷制定了针对量子计算机的一系列研究开发计划。DARPA 先后于 2002 年 12 月和 2004 年 4 月制定了"量子信息科学和技术发展规划"的 1.0 版和 2.0 版。该计划详细介绍了美国发展量子计算的主要步骤和时间表。计划中提到，美国将争取在 2007 年研制成 10 个物理量子位的计算机，到 2012 年研制成 50 个物理量子位的计算机。2020 年 2 月，美国发布了一份《美国量子网络战略构想》，提出美国将开辟量子互联网，确保量子信息科学惠及大众。2020 年 7 月，美国能源部公布了一项致力打造量子互联网的计划，目标是十年内建成与现有互联网并行的第二互联网——量子互联网，同年 8 月，美国白宫科学技术政策办公室、美国国家科学基金会和美国能源部宣布拨款超过 10 亿美元，在全国建立 12 个新的人工智能和量子信息科学研究所。2021 年 3 月 1 日，美国国家人工智能安全委员会发布了一份长达 756 页的最终报告（Final Report），向时任美国政府、国会及企业和机构提出了诸多建议，其中就包含当前美国对发展量子技术的长远规划。加拿大 D-Wave 公司于 2007 年成功研制出一台量子计算机，并于 2008 年进行了展示。2017 年 3 月 6 日，IBM 公司宣布将于年内推出全球首个商业"通用"量子计算服务 IBM Quantum。IBM 公司表示，此服务配备直接通过互联网访问的能力，在药品开发以及各项科学研究上起到变革性的推动作用。除了 IBM 公司，其他公司如英特尔、谷歌以及微软等，也在实用量子计算机领域进行着探索。

2020 年 6 月 18 日，中国科学院宣布，中国科学技术大学潘建伟、苑震生等在超冷原子量子计算和模拟研究中取得重要进展——在理论上提出并通过实验实现原子深度冷却新机制的基础上，在光晶格中首次实现了 1250 对原子高保真度纠缠态的同步制备，为基于超冷原子光晶格的规模化量子计算与模拟奠定了基础。这项成果在 2020 年 6 月 19 日在线发表于学术期刊《科学》上。2020 年 12 月 4 日，中国科学技术大学宣布潘建伟等人成功构建了含 76 个光子的量子计算原型机"九章"。"九章"开发团队称，当求解具有 5000 万个样本的高斯玻色取样时，"九章"需 200 秒，而截至 2020 年世界最快的超级计算机"富岳"需 6 亿年；当求解 100 亿个样本时，"九章"需 10 小时，而"富岳"需 1200 亿年。等效来看，"九章"的计算速度比"富岳"快 100 万亿倍。根据目前最优的经典算法，"九章"对于处理高斯玻色取样的速度比谷歌公司的超导量子比特计算机"悬铃木"快 100 亿倍，从而在全球第二个实现了"量子霸权"，推动全球量子计算前沿研究达到了一个新高度，其超强算力在图论、机器学习、量子化学等领域具有潜在应用价值。

2021 年 2 月 8 日，中国科学院量子信息重点实验室的科技成果转化平台——合肥本源量子计算科技有限责任公司（简称本源公司）发布了具有自主知识产权的量子计算机操作系统"本源司南"。本源司南解决了现有同类产品无法管理量子资源、并行处理多量子计算任务、自动化校准量子芯片等问题，是一套让量子计算机高效、稳定运行的量子计算机操作系统。本源司南具备经典操作系统的基础功能，更带来了高效利用量子计算机资源的解决方案。针对任务和问题，本源司南强大的量子资源管理功能，不仅支持多量子任务的并行计算与调度，还支持对量子计算机进行持续不间断的校准和优化。尤其是后者，本源司南可以有效控制量子计算机因量子物理特性而产生的性能浮动，确保执行任务时，量子计算机处于最佳性能状态。研究人员在实际应用中成功验证了本源司南对量子计算机运行效率的提升作用。本源公司的量子团队利用量子卷积神经网络模型开发出的量子图像识别应用，可将图像识别任务转化为多个量子程序，在经过量子态数据编码之后，这些量子程序就处于排队等待运行的状态。在当前热门的人工智能研究中，图像识别是其中的一个重要分支，无论是在遥感图像识别、军事侦测、生物医学还是在机器视觉等领域均得到广泛的研究和应用。在未搭载本源司南的量子计算机上，这些量子程序只能逐个被执行，如果单个量子程序使用的量子芯片资源有空余，势必会造成量子芯片资源浪费、应用程序运行时间过长等问题。而在搭载本源司南量子计算机操作系统之后，通过本源司南的统一调度管理，这些量子程序在单个量子芯片上可以被并行执行，不仅大大缩短了整体线路的运行时间，还有效提高了量子芯片的整体利用率。

2021 年 11 月 15 日，IBM 公司推出了全球首个超过 100 量子比特的超导量子芯片——Eagle，该量子芯片拥有 127 量子比特，采用了全新的芯片架构，在 IBM 公司之前公布的六边形量子芯片的基础上，堆叠了多层芯片，但减少了芯片之间的链接。链接越少，干扰就越少，这是量子计算机研发中的重要难点之一。

2021 年 6 月 29 日，中国科学技术大学潘建伟团队研制出 66 量子比特的可编程超导量子计算原型机"祖冲之 2.0"。"祖冲之 2.0"通过操控其上的 56 量子比特，在随机线路采样任务上实现了量子计算优越性，所完成任务的难度比"悬铃木"高 2 ~ 3 个数量级。2021 年 10 月 26 日，潘建伟团队又研制了"祖冲之 2.1"。"祖冲之 2.1"通过操控其上的 60 量子比特，所完成任务的难度比"祖冲之 2.0"又高出了 3 个数量级。

自 2006 年以来，我国一直推动着科技领域的发展，中国科学技术大学已经成为世界上主要的量子研究中心之一。迄今为止，我国拥有全球最大的已部署的量子密钥分发（Quantum Key Distribution，QKD）网络，并在先进空间量子通信技术方面继续保持世界领先地位。2021 年 3 月，我国政府工作报告中首次提及量子信息，这意味着我国将从优先发展量子通信转变为量子信息科学的全面发展。

量子计算机之所以成为各国科技竞争的焦点，是因为与传统计算机相比，量子计算机具有巨大的优势。首先，量子计算机拥有远强于传统计算机的信息处理能力，能够快速地处理海量的信息并迅速从中提取出有效信息。量子计算机的处理方式是先对需要处理的信息进行存储操作，然后对这些存储下来的大量信息进行快速分析。目前，传统计算机对天气的预测准确率达 75%，但是如果能运用量子计算机进行预测，其能够处理的巨大信息量及其对信息的快速处理能力能够进一步提升天气预报的预测准确率。其次，传统计算机因为通常存在大量的漏洞，经常被各种计算机病毒攻击。严重的情况下，传统计算机会因经受不住病毒的攻击而直接崩溃，且伴随信息泄露的巨大风险。但是，量子计算机具有不可克隆的量子原理属性，不存在被病毒攻击的风险，因此用户可以放心地使用量子计算机，完全不用担心计算机因遭受攻击而泄露信息的问题。与此同时，量子计算机由于存在强大的并行计算能力，能够同时分析大量数据，可大大提升数据处理的及时性。因此，量子计算机在金融领域也具有非常多的应用，在避免金融危机方面具有很好的效果。此外，量子计算机在生物化学的研究方面也能够发挥很大的作用，如可以模拟新的药物成分，以更加精确地研制药物和化学用品，这样就能够保证降低药物的成本和提高药物的药性。

与此同时，量子计算机存在许多难以突破的研究点。

第一，量子计算存在量子消相干的问题。量子计算的相干性是量子并行运算的精髓，但在实际情况下，量子比特会受到外界环境的作用与影响，从而产生量子纠缠。量子相干性极易受到量子纠缠的干扰，导致量子相干性降低，也就是所谓的消相干现象。在实际应用中，无法避免量子比特与外界的接触，量子的相干性也就不易得到保持。所以，量子消相干问题是目前需要解决的重要问题之一，它的解决将在一定程度上影响量子计算机未来的发展道路。

第二，量子作为最小的颗粒，遵守量子纠缠规律。即使在空间上，量子之间可能是分开的，但是量子间的相互影响是无法避免的。鉴于此，量子纠缠技术被联想到可以用于量子信息的传递领域。在一定意义上，可以利用量子之间飞快的交流速度来实现信息的传递。

第三，量子计算机独特的并行计算能力是传统计算机无法比拟的，但是如何充分发挥量子计算机并行计算的优势，是量子计算机发展的重大难点。同样是一个 n 位的存储器，传统计算机存储的结果只有一个，但是量子计算机存储的结果可达 2^n 个。量子计算机不仅在存储容量上远超传统计算机，而且读取速度快，多个读取和计算可同时进行。正是因为量子并行计算的重要性，它的有效应用也成了量子计算机发展的关键之一。

第四，量子计算机无法实现传统计算机的纠错及复制功能。任何未知的量子态不存在复制过程，因为对量子的测量会改变量子态，而复制的过程要求对量子态先进行测量，因此无法保证在量子态不变的情况下进行量子态复制。

量子计算机的应用前景广阔。量子计算机在理论上拥有能够模拟任何自然系统的能力，因此量子计算机将成为助推人工智能发展的重要技术，且由于量子计算机具有远超传统计算机的并行能力，它能够快速完成传统计算机无法完成的任务，这个特性将在加密与解密技术领域发挥巨大作用。除此之外，量子计算机还可被应用于网络安全、气象预测、交通调度等领域。

|1.4 从基础走向完备的计算机配置|

随着计算机的飞速发展，为了使人们能够在日常生活中更加方便地使用计算机，也为了使计算机与人类间能够更加方便地进行更多的交互、实现更多的功能，许多依附于计算机的外部设备相继诞生。

人们日常使用的计算机，包含键盘、鼠标、显示器和主机等基本配置；各种各样的 U 盘和移动硬盘作为外接存储器，为人们便利地存储着大量数据；音箱、声卡等多媒体设备给人们带来了丰富多彩的多媒体娱乐；网卡、路由器等网络设备将人们带入了互联网世界……种类丰富的计算机外部设备为人们方便的生活锦上添花。而这一切的存在在第一台计算机诞生时，似乎是不可想象的。正是顺应了历史的潮流，顺应了计算机文化的发展，这些配置相伴相生，一步步地发展起来，成为计算机密不可分的一部分，潜移默化地在人们的生活中普及开来。

本节对计算机配置进行分类，并逐一介绍它们各自的发展历程。

1.4.1　输入设备

在初期的电子数据处理系统中，穿孔卡片曾经被广泛使用。穿孔卡片用预定位置处孔眼的组合来表示数据。使用时，先用键盘穿孔机将数据记录在卡片上，然后读卡机便能够把卡片上孔眼的组合转换成二进制代码并送入处理系统，从而实现外部数据的输入。本书 1.1.2 节提到的人口统计型制表机便是以此为输入设备的。

然而，穿孔卡片毕竟有它的局限，既费时费事，又难以保存，数据存储量也相对比较小。于是随着时间的推移和科技的发展，伴随着计算机的产生以及更新换代，键盘、鼠标、扫描仪等更加方便快捷的输入设备不断出现，并伴随着计算机的进化而进化。碍于篇幅的限制，本节仅就键盘、鼠标、扫描仪这 3 种输入设备进行详细介绍。

1. 键盘

键盘算是大众最熟悉的计算机外部设备之一。第一台键盘具体是在什么时候产生的，现在已经无法明确地给出考证，但是键盘的悠久历史得到了大家的公认。早在 1714 年，欧美各国就发明出了各种各样的打字机，这些可以说是键盘的雏形。

随着计算机的发展，开始有人将键盘这种输入设备引入计算机，作为计算机的一种外部输入方式。在早期的 PC AT/XT 时代，大部分键盘都是 83 键的，且内部基本采用机械式设计，如图 1-37 所示。机械式键盘是一种比较成熟而且容易实现的键盘，其原理与金属接触式开关的原理相似，即通过触点的连、断来获取键盘的输入信号。这种键盘的好处是容易设计且相关技术成熟、方便维修且触感清晰，但它的缺点也很明显，那就是输入的过程中容易产生很大的噪声。

随着计算机技术的进步和发展，83 键键盘已经不能很好地满足人们对快速输入的需求，于是键盘的键位开始增加，101 键键盘的标准开始出现，如图 1-38 所示。增加的键位方便了人们利用键盘进行输入。同时，各种软件也配合键盘的标准加强了对各种功能键的利用，丰富了键盘的使用方法。

图 1-37　83 键键盘

图 1-38　101 键键盘

　　电容的出现则从物理上改变了键盘的设计原理。电容式键盘采用了一种与电容式开关相似的控制方法，通过按键改变电极间的距离而产生电容量的变化，以形成允许振荡脉冲通过的条件。这种键盘在很大程度上杜绝了机械式键盘噪声大的缺点，在长期使用过程中的损耗也相对较小。那些采用了优质材料的电容式键盘，在手感上也远超机械式键盘，更大程度地满足了各种用户的需求。

　　在这之后，随着 Windows 95 的推出，在日益强大、复杂的图形用户界面（Graphical User Interface，GUI）下，键盘的键位又得到了增加，从而诞生了目前比较常用的 Windows 键盘，也就是 104 键键盘。这种键盘在原来的 101 键键盘的基础上增加了两个 Windows 键和一个属性关联键，可以更加方便快捷地操作 Windows 计算机，如图 1-39 所示。人们现在所使用的，大部分都是这样的键盘。

图 1-39　常见的 Windows 键盘

　　随着科学技术的发展，为了方便人们的使用，无线键盘等科技含量更高的键盘被相继推出。

　　其实我们现在使用的键盘中按键的排布方式并不科学，甚至可以说是一种很不科学的排布方式。为什么键盘会变成现在这样呢？这还要从打字机的时代说起。

在打字机投入应用初期，社会的生产力还不是很高。为了防止打字员打字过快造成卡键问题以及延长键盘的使用寿命，"打字机之父"克里斯托弗·莱瑟姆·肖尔斯（Christopher Latham Sholes）发明了 QWERTY 键盘布局，他将最常用的几个字母安置在相反方向，可让使用者最大限度地放慢敲键速度。随着他的键盘广为人们所接受，他发明的这种键盘布局也逐渐成为主流，作为一种传承成为键盘文化中的一部分。

在这之后，也有许多人尝试发明更科学的键盘排布方式，比如 DUORAK 键盘和 MALT 键盘，虽然它们都能够减少手指运动量、提高打字效率，但是却仍然无法撼动 QWERTY 键盘布局的主流地位。

2. 鼠标

虽然现在看来，鼠标可能是一种人们习以为常的计算机外部设备，但第一个鼠标面世时，着实在 IT 界引起了巨大的轰动。

1968 年 12 月 9 日，在全球最大的专业技术学会——电气与电子工程师学会（Institute of Electrical and Electronics Engineers，IEEE）会议上，道格拉斯·恩格尔巴特（Douglas Engelbart）展示了世界上第一个鼠标（当时还没有"鼠标"这个名称），如图 1-40 所示。那是一个木质的小盒子，只有一个按钮，里面有两个互相垂直的滚轮，它的工作原理是由滚轮带动轴旋转，使变阻器改变电阻值，电阻值的变化就产生了位移信号，信号经计算机处理后，会使屏幕上指示位置的光标发生移动。

图 1-40　世界上第一个鼠标

当时，IEEE 把鼠标的发明列为自计算机诞生以来最重大的事件之一，充分体现了鼠标对 IT 发展历程的重大影响。

由于像老鼠一样拖着一条长长的尾巴，这个装置被恩格尔巴特和他的同事们戏称为"mouse"，中文译作"鼠标"。在计算机诞生的初期，计算机的功能还远没有现在这么完善。尽管如此，作为一个富有远见卓识的发明家，恩格尔巴特已经意识到，随着计算机的发展及普及，其在人类历史的发展进程中将具有无法估量的重大价值，自然而然地，鼠标也有可能会被广泛应用，所以他为"鼠标"申请了专利，并且将其命名为"显示系统 X-Y 位置指示器"。也许是"鼠标"这个名字简洁而且形象生动，所以"鼠标"这个称呼被流传下来。当然，当时的鼠标与如今的鼠标不仅在外形上有很大不同，而且还需要外置的电源给其供电。

随着第三代计算机的兴起，不断有计算机公司为自己的新产品配备鼠标这一配件。1973 年 4 月，施乐（Xerox）公司推出采用 GUI、可操作的 Alto 计算机，这是世界上第一款使用鼠标的计算机。8 年后的 1981 年 4 月 27 日，世界上第一款商业化的鼠标出现了，它是随施乐公司的 Xerox Star 8010 计算机一起推出的，然而由于该计算机未得到普及，所以世人对其知之甚少。尽管这款计算机的市场运作并不成功，但是它的出现，已经意味着鼠标将成为计算机不可或缺的配置之一。

1983 年，苹果公司推出了采用 GUJ 的 PC——LISA 计算机，同时配置了鼠标。这是鼠标发明 15 年后，苹果公司第一次在自己的计算机上配置鼠标，而苹果公司的这个举动，让许许多多的用户认识到鼠标的作用。苹果公司的 LISA 计算机鼠标（A9M0050，见图 1-41）是第一款完全商业化的鼠标，并成功投入市场，它借鉴了 Alto 计算机所配备的鼠标。与众不同的是，该鼠标使用了一个钢球，但不是现代鼠标里的橡胶球。

虽然鼠标是因苹果公司发展起来的，但是其背后的设计理念来自 IDEO 公司。IDEO 公司的创始人戴维·凯利（David Kelley）为了使鼠标尽善尽美，让其核心团队设计了上百种原型并进行了全面的测试，最终设计出了第一款苹果鼠标。也许正是因为这款苹果鼠标是"单按键"的，才使得苹果公司后续许许多多代鼠标都只有一个按键。

图 1-41　LISA 计算机配置的鼠标

　　1984 年，苹果公司推出 LISA 计算机的升级产品——Macintosh 计算机，这不仅是苹果公司的一个里程碑，也是计算机发展史上的一个重要里程碑。Macintosh 计算机在为苹果公司创造了巨额利润的同时，也让鼠标走进了千家万户。之后，OS、Windows 系统的普及，进一步确立了鼠标作为计算机标准外部设备的地位。

　　当鼠标成为计算机文化的一部分之后，随着计算机科学和技术的发展，鼠标也开始不断地更新换代，朝着更加便捷和灵敏的方向进化。

　　为了克服木制鼠标易磨损、精度较低的缺点，1983 年，罗技（Logitech）公司发明了第一只光电机械式鼠标，也就是我们今天所说的机械鼠标，而这种鼠标结构成为事实上的行业标准。在这之后，蓝牙鼠标、激光鼠标等多种样式逐渐出现，解决了传统鼠标碍事的"尾巴"，同时在操作方面也不断推陈出新。苹果公司的"多按键鼠标"的专利申请最初于 2002 年 3 月 13 日提交，描述的就是苹果公司的第一代多按键鼠标（内部设计如图 1-42 所示），它由亚伯拉罕·法拉杰（Abraham Farag）和布莱恩·胡彼（Brian Huppi）共同发明。在发布初期，苹果公司的这款多按键鼠标就因其独有的特性脱颖而出，从专利描述中就可以看出其特殊之处，这款设计是在一个坚实的一体式鼠标模型内部部署了多个传感器，用于实现多按键功能的操作。它在单一的活动组件上实现了特殊部分与不同动作的关联，因此，用户界面（User Interface，UI）的设计人员不必牺牲原来"无按键"Apple Pro Mouse 的简洁风格就能完成全新的鼠标设计。这个设计当时作为一个新的概念，最初并没有获得史蒂夫·乔布斯（Steven Jobs）的认可，并被"雪藏"了很久。

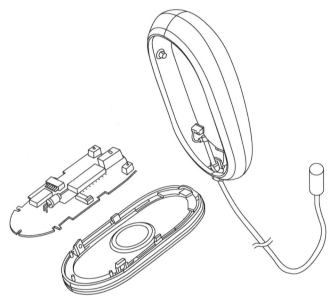

图 1-42　苹果公司的多按键鼠标的内部设计

多按键鼠标实际上是一次重大突破，在此之前，尤其是 20 世纪 80 年代，乔布斯一直坚持推行的仍是单按键鼠标。多按键 USB 鼠标于 2005 年与 iMac 设备同步首次发售，并在 2009 年被多点触控的 Magic Mouse 取代。而 Magic Mouse 把所有鼠标按键、滚轮都去掉，只用一整片多点触控板，就能提供等效于一般鼠标的左、右键，以及 360°滚轮的功能，仅通过两指操作就可实现更多手势功能，为鼠标的操作提供了更多的可能性。图 1-43 展示了苹果公司历代鼠标的变迁。

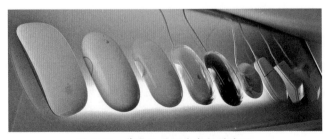

图 1-43　苹果公司历代鼠标的变迁

随着便携式计算机的诞生，触摸板逐渐走进了人们的生活。人们可以通过手势利用触摸板实现与鼠标完全一样甚至更多的功能。也许鼠标将会渐渐走出人们的视野，也许鼠标将会迎来新的变革，重获新生。无论如何，鼠标所代表的"让计算机更好地为人服务"的宗旨是不会改变的。我们或许会告别鼠标，但取而代之的必将是能让我们拥有更加随心所欲的操作体验的新计算机外部设备。

3. 扫描仪

1884 年，德国工程师保罗·戈特利布·尼普科夫（Paul Gottlieb Nipkow，见图 1-44）利用硒光电池发明了一种机械扫描装置，这种装置在后来的早期电视系统中得到了应用。1939 年，该机械扫描装置被淘汰。虽然这与100 多年后利用计算机来操作的扫描仪没有必然的联系，但从历史的角度来说，这算是人类历史上最早使用的扫描装置。扫描仪由扫描头、控制电路和机械部件组成，先采取逐行扫描方式得到数字信号，并以点阵的形式保存，再通过文件编辑软件编辑成标准格式的文本，最后存储在磁盘上。从诞生至今，扫描仪的品种多种多样，并不断发展。

图 1-44　保罗·戈特利布·尼普科夫

广受公众认可的手持式扫描仪诞生于 1987 年，其扫描幅面窄，难以操作和捕获精确图像，扫描效果差。1996 年后，各扫描仪厂家相继停产手持式扫描仪，从此手持式扫描仪销声匿迹。2002 年，随着接触式图像传感器（Contact Image Sensor，CIS）技术的不断成熟，3R 集团首先在市面上推出了 Planon（普蓝诺）RC800 手持式扫描仪，其能扫描 A4 幅面，扫描分辨率为 300 DPI，是当时扫描仪市场上的最大亮点。2009 年起，一体机不断普及，吞噬着传统台式扫描仪的市场，而手持式扫描仪在扫描分辨率提高到 600 DPI 的同时，凭借其小巧轻便的设计（见图 1-45），颠覆了以往传统扫描仪在人们心中移动困难、操作滞后的形象，引领了一场跨时代的办公革命。

此外，市面上还有馈纸式扫描仪、鼓式扫描仪、平板式扫描仪、大幅面扫描仪、条码扫描仪、实物扫描仪、卡片扫描仪等。这些扫描仪大多对普通的家庭用户没有很大的参考价值，因此就不一一赘述。

扫描仪行业是由市场调节的竞争充分的行业，经过多年的发展，已呈现出"百花齐放"的局面。在扫描仪行业中，低端产品的市场需求依旧旺盛。随着用户更加关注产品功能、质量、服务等方面，未来高端扫描仪产品的市场表现会更好。

图 1-45　手持式扫描仪

1.4.2　输出设备

输出设备作为计算机的终端设备，能够把各种计算结果（数据或信息）以数字、字符、图像、声音等形式展示出来。在计算机刚刚诞生时，相关的输出设备种类非常有限。在那时，计算机输入设备通常是读入穿孔卡片的读卡机，用来将指令和数据导入内存，而用于存储结果的输出设备则一般是磁带。随着科技的进步，输出设备的种类越来越多。如果没有这些输出设备，计算机的输出信息无疑会变得难以理解，通过计算机获得的便利和快乐也会大打折扣。

常见的输出设备有显示器、打印机、音箱等，碍于篇幅的限制，下面仅就打印机进行具体的介绍。

打印机作为计算机的外部设备，在人们的日常生活和工作中都有巨大的作用。有资料显示，世界上第一台打印机问世于 1885 年，来自 Centronics 公司，在那之后，采用各种技术的打印机不断涌现，方便人们将计算机内的电子资料转换为纸质资料。如今，市面上常见的打印机主要有针式打印机、喷墨打印机、激光打印机等，它们因各自特有的优势而独占市场的一部分，共同撑起了打印机市场。

1964 年，奥林匹克运动会在东京举行。当时专门负责提供计时产品的爱普生公司特别研发出了水晶精密计时表 951 和打印型计时码表。这为针式打印机的实现奠定了基础。1978 年，爱普生公司发布了针式打印机 TP-80（7 针），该产品大获好评。1980 年，MP-80（9 针）面世，同样在全球引起了轰动。1981 年，MP-80 在日本市场的占有率为 60% 以上，其作为全球第一台适用于 PC 产品的主流针式打印机，在美国市场也获得了高度评价。

针式打印机通过打印头中的 24 根针击打复写纸，从而形成文字等。在使用中，用户可以根据需求选择多联纸，一般常用的多联纸有 2 联纸、3 联纸、4 联纸，也有使用 6 联纸的。多联纸的一次性打印只有针式打印机能够快速完成，喷墨打印机、激光打印机无法实现多联纸的一次性打印。

喷墨打印机的历史可以追溯到 60 多年前。早在 1960 年，就有人提出了喷墨打印技术，然而直到 16 年后，IBM 公司才制作出第一台商业化喷墨打印机，喷墨打印机才算正式出现。这种最原始的 IBM 4640 喷墨打印机采用了瑞典路德工业技术学院的赫兹（Hertz）和他的同僚所开发的连续式喷墨技术。所谓连续式喷墨，即无论印纹或非印纹，都先以连续的方式产生墨滴，再将非印纹的墨滴回收或分散。但此技术几乎是用滴的方式将墨滴印到纸上，效果之差可以想象，因此实用价值低。

在 IBM 4640 诞生同年，西门子公司的 3 位先驱研究员佐尔坦（Zoltan）、凯泽（Kyser）和西尔（Sear）研发出了压电式墨点控制技术，并将其成功运用在喷墨打印机 Seimens Pt-80 上，此款打印机在 1978 年量产销售，成为世界上第一台具有商业价值的喷墨打印机，喷墨打印机自此走进了大众的视野。

与此同时，惠普公司和佳能公司的研究员都研发出了新的喷墨打印技术。随着 1980 年 8 月佳能公司第一次将气泡喷墨技术应用到其喷墨打印机 Y-80 上，喷墨打印机的历史拉开了序幕。

然而人们并不满足于此。为了追求更丰富的色彩和更大的幅面，惠普公司随后推出了全球第一台彩色喷墨打印机 Deskjet 500c；为了追求更高的打印质量，爱普生公司提出了智能墨滴变换技术、自然色彩还原技术、超精微墨滴技术等；佳能公司提出了专业照片优化技术、四重色控制技术等；惠普公司还提出了富丽图分层技术、智能色彩增强技术等，进一步提升了喷墨打印机的技术含量；为了追求更快的打印速度，联想公司在 RJ600N 彩色打印机中采用了微机电系统技术支持的喷墨头，使得在打印时机器的打印头不再需要左右移动，提高了打印速度。图1-46所示为市面上一些主流打印机厂商的产品。

图 1-46　部分主流打印机产品

作为打印机的另一大主流类型，激光打印机的技术也在诞生后的几十年内不断地更新着。从施乐公司制造的第一台激光打印机9700面世之后，IBM、惠普、联想等公司不断地进行尝试和革新，陆续推出了双纸盒桌面激光打印机、局域网（Local Area Network，LAN）激光打印机、中文激光打印机、支持自动双面打印的彩色激光打印机等新产品。随着机芯性能的大幅度提高，控制技术日益完善，价格大幅度下降，激光打印机也在以自己的方式不断地提升性价比，为人们的生活提供更多的便利。

除了以上提到的几种输入设备和输出设备，还有许许多多计算机外部设备在为人们方便地使用计算机发挥着不同的作用。可以预见，随着时间的推移和科学技术的进一步发展，还会有更多的计算机外部设备随之产生，为我们提供更优质、更丰富的帮助。这些计算机的外部设备随着计算机的发展而诞生。或许有一天它们会成为历史，或许它们还将陪伴人类走更长的时间，但不管怎样，它们都在计算机的发展过程中留下了自己的印记，以自己独有的文化形式丰富了整棵计算机文化之树。

1.4.3　存储设备

存储设备的历史比电子计算机更加久远。1725 年，巴西尔·布雄（Basile Bouchon）发明出最早的存储媒介——穿孔卡片。1846 年，亚历山大·贝恩（Alexander Bain，传真机和电传电报机的发明人）将穿孔卡片改进成穿孔纸带。随着第二次工业革命的到来，计数电子管、磁带、磁鼓成了常见的存储设备。技术不断发展，存储设备的容量越来越大，人们存储的信息量也越来越大。从最初的几个字节（B），到千字节（KB）、兆字节（MB）、吉字节（GB）、太字节（TB），以至于现在的拍字节（PB）、艾字节（EB），乃至皆字节（ZB）级别的存储容量，存储容量更大的存储设备不断走进人们的视野。第一张软盘发明于 1969 年，当时它是一张 8 英寸的"大家伙"，却只能保存 80 KB 的只读数据。1956 年 9 月 13 日，IBM 公司发布了 305 RAMAC 硬盘机。与之相关的计算机平平无奇，可是在存储容量方面有着革命性的变化——可以存储"海量"的数据，"高达" 4.4 MB，在当时堪称"巨无霸"。如今，我们有着更加丰富的存储手段，从内部的硬盘、内存，到便携的光盘、U 盘，存储设备的发展见证着人类的进步。碍于篇幅限制，本小节将通过介绍计算机中两个必不可少的存储设备——内存和硬盘，带领读者了解存储设备的发展与工作原理。

1. 内存

内存是与 CPU 直接交互的存储设备，是 CPU 与硬盘数据之间交互的缓冲通道。内存由半导体器件制成，访问速度快，CPU 可以从内存直接寻址。人们平常使用的程序，如 Windows 操作系统、打字软件、游戏软件等，一般都安装在硬盘等外部存储设备上，但必须把它们调入内存中运行，才能真正使用其功能。输入一段文字或玩一个游戏，其实都是在内存中进行的，数据产生后不断地在内存与外部存储设备间被读写。就好比在一个书房里，存放书籍的书架和书柜相当于计算机的外部存储设备，而我们工作的办公桌就相当于内存。通常我们把要永久保存的、大量的数据存储在外部存储设备中，而把一些临时的或少量的数据和程序存储在内存中，内存的质量会直接影响计算机的运行速度。

如今，无论是台式计算机，还是便携式计算机的内存，都以内存条的形式存在。内存条插在内存槽上（见图 1-47），即插即用，想要升级内存，在主板支持的情况下更换内存条即可。但是内存条并不是一开始就存在的。最早的内存是以磁芯的形式排列在线路上，由磁芯与晶体管组成的双稳态电路作为 1 bit 的存储器。每 1 bit 的存储器都有玉米粒大小，可以想象一间机房即使装满存储器也只能有不超过 100 KB 的容量。随着技术的发展，焊接在主板上的集成内存芯片出现，为计算机的运算提供直接支持。那时的内存芯片的容量都特别小，最常见的内存芯片的容量大小莫过于 256 KB、1 MB。尽管如此，但对于当时的运算任务来说却绰绰有余。

图 1-47　内存条与内存槽

但是，焊接在主板上的集成芯片显然存在一些问题，如一旦某一个内存芯片坏了，就必须取下来才能更换；又如由于焊接有风险，操作难度也很大，普通用户难以维修。这种内存芯片一直沿用到"286 时代"，此时随着软件程序和新一代 80286 硬件平台的出现，软件和硬件都对内存的性能提出了更高的要求。为了提高运行速度并扩大容量，内存必须以独立的封装形式出现，因而诞生了"内存条"的概念。

在 80286 主板刚推出的时候，内存条采用了单列直插式内存组件（Single In-line Memory Module，SIMM）接口，容量为 30 线（pin）、256 KB，必须由 8 个数据位和 1 个校验位组成 1 个逻辑单位，正因如此，常见的 30 pin SIMM 一般是 4 条一起使用。自 1982 年 PC 进入民用市场到现在，搭配 80286 处理器的 30 pin

SIMM 内存一直在内存领域占有优势。

第一代 SIMM 内存有 30 个引脚，单根内存数据总线只有 8 bit，所以用在 16 bit 数据总线处理器上（286、386SX 等）时需要两根，用在 32 bit 数据总线处理器上（386DX、486 等）时需要 4 根，采购成本并不低，而且会增加故障率。所以，30 pin SIMM 内存并不能完全被大家所接受。

随后，72 pin SIMM 内存诞生，其单根内存位宽增加到 32 bit，一根就可以满足 32 bit 数据总线处理器的要求，拥有 64 bit 数据总线的奔腾处理器则需要两根，内存容量也有所增加。72 pin SIMM 内存的出现很快就替代了 30 pin SIMM 内存，386、486 以及后来的奔腾、奔腾 Pro、早期的奔腾 II 处理器多数会用这种内存（见图 1-48）。

图 1-48　（从上到下）30 pin SIMM、64 pin SIMM 与 72 pin SIMM

然而，随着 CPU 的升级，原有的内存已经不能满足系统的要求了，内存技术也发生了大变革，进入了经典的 SDR SDRAM 时代：插座从原来的 SIMM 升级为双列直插式内存组件（Dual In-line Memory Modules，DIMM），其两侧的金手指可传输不同的数据；单数据速率（Single Data Rate，SDR）同步动态随机存储器（Synchronous Dynamic Random Access Memory，SDRAM）内存（见图 1-49）

插座的接口是 168 pin，单侧引脚数是 84。

图 1-49　SDR SDRAM 内存

　　SDRAM 的内存频率与 CPU 外频同步，这大幅提升了数据传输效率，再加上 64 bit 的数据位宽与当时 CPU 的总线一致，只需要一根内存条就能让计算机正常工作了，这降低了采购内存的成本。第一代 SDR SDRAM 的频率是 66 MHz，通常被称为 PC66 内存，容量从 16 MB 到 512 MB 都有。

　　内存技术的不断发展源自各个厂商之间的竞争。在这个过程中，不同厂商推出了多种内存架构，在市面上激烈厮杀。最终，性能与价格都被消费者接受的双倍数据速率（Double Data Rate，DDR）内存脱颖而出，成为现代计算机所采用的主流内存形式。

　　DDR SDRAM，顾名思义就是双倍数据速率 SDRAM，它是 SDR SDRAM 的升级版。DDR SDRAM 可在时钟周期的上升沿与下降沿各传输一次信号，这使得它的数据传输速度是 SDR SDRAM 的两倍，而且这样做还不会增加功耗；至于定址与控制信号，则与 SDR SDRAM 相同，仅在上升沿传输，这是基于当时内存控制器的兼容性与性能做的折中。

　　DDR SDRAM 采用 184 pin 的 DIMM 插槽，防呆缺口从 SDR SDRAM 时的两个变成一个，常见工作电压为 2.5 V。初代 DDR 内存的频率是 200 MHz，随后慢慢诞生了 DDR-266、DDR-333 和那个时代主流的 DDR-400。DDR 内存刚面世的时候只有单通道，后来才有支持双通道的芯片组，让内存的带宽直接翻倍。用两根 DDR-400 内存组成双通道，基本上就可以满足 FSB 800 MHz 的奔腾 4 处理器的需求，容量则为 128 MB ～ 1 GB（见图 1-50）。

图 1-50　DDR 内存

现在主流计算机已经全部采用 DDR4 内存。DDR4 内存在 2014 年面世，其频率从 2133 MHz 起步，目前最高是 4200 MHz，常见的单根容量有 4 GB、8 GB 和 16 GB，理论上限是 512 GB。单根 DDR4 内存的数据传输带宽最高为 34 GB/s。

至 2022 年 6 月，DDR4 内存已经全面占领市场，DDR5 内存也开始陆续向市场发布。与 DDR4 内存相比，DDR5 内存的带宽翻倍，容量更大，同时更加节能。具体而言，DDR5 内存的数据频率从目前 1.6 ～ 3.2 Gbit/s 的水平提升到 3.2 ～ 6.4 Gbit/s，预取位宽从 8 bit 翻倍到 16 bit，内存库提升到 16 ～ 32 个。在如今 CPU 的核心数越来越多，16 核处理器已经成为常态的情况下，如果内存带宽没有显著增长，那么每个核心分到的内存带宽会越来越小。因此，内存反而成为制约计算机硬件和软件性能提升的重要瓶颈，内存技术的进步，将会推动计算机性能实现新一轮飞跃。

2. 硬盘

现在说起硬盘，我们会经常听到"机械硬盘"和"固态硬盘"两种。事实上，从英文的角度来看，硬盘驱动器（Hard Disk Drive）本身的缩写就是 HDD，只不过人们为了将其和后来发展出的新技术固态硬盘（Solid-State Drive，SSD）区分开，才将 HDD 改称机械硬盘。要介绍硬盘的发展历史，还是应该先从 HDD 讲起。

世界上第一块硬盘诞生于 1956 年，名为 IBM 350 RAMAC（见图 1-51），由

IBM 公司设计并制造。它和现代意义上的硬盘还是有很大区别的，这体现在它庞大的占地面积和现在看起来落后的机械组件方面。IBM 350 RAMAC 大得要用整间房子来存放。仅硬盘驱动器的存储系统就大约有两个冰箱那么大。这款产品使用了 50 张 24 英寸的表面涂有磁浆的盘片，而存储容量仅为 5 MB，但这样的存储容量在当时也足以令人震惊。

图 1-51　IBM 350 RAMAC

　　1968 年，IBM 公司成功研发出温切斯特（Winchester）技术，这项技术确定了之后硬盘的发展方向。温彻斯特技术的主要内容包括：将磁头、盘片、主轴等运动部分密封起来，形成一个头盘组合件（Head Disk Assembly，HDA），密封状态保证了内部组件不会受到灰尘污染；磁头悬浮块采用小型化、轻浮力的磁头浮动块，盘面涂有润滑剂，可实现接触起停，即盘片不转时，磁头停靠在盘片上，盘片转速达到一定程度时，磁头浮起，与盘片保持一定距离。该技术的精髓在于提出了"磁头悬浮在密封、固定并高速旋转的镀磁盘片上方，而不与盘片直接接触，避免摩擦"的方法，现代磁盘也沿用了这种方法。1973 年，IBM 公司发布了一款新型硬盘 IBM 3340。这是 IBM 公司制造出的第一款采用温切斯特技术的硬盘（见图 1-52），实现了硬盘制造的巨大突破。不过，这款产品的规格仍为 14 英寸，由两张分离的盘片构成，每张盘片的容量为 30 MB。在之后的发展过程中，硬盘容量虽然扩大了很多倍，但工作模式一直沿用温切斯特硬盘的。可以说，温切斯特硬盘是"现代硬盘之父"。

图 1-52　温切斯特硬盘

真正的第一款吉字节（GB）级容量的硬盘是 IBM 公司于 1980 年推出的 IBM 3380，其容量达 2.5 GB（见图 1-53）。与现在的轻量级硬盘不同，IBM 3380 的质量超过 200 千克。同年，由两位前 IBM 公司员工创立的公司推出了一款 5.25 英寸的硬盘 ST-506，其初始容量为 5 MB，这是首款面向个人用户的硬盘产品，而该公司正是希捷（Seagate）公司。这也是存储行业第一次在计算系统中引入独立磁盘控制器的概念。

图 1-53　IBM 3380

在硬盘容量不断增大的同时，磁头技术也在进步。1979 年，IBM 公司发明了薄膜磁头（Thin Film Magnetic Head）技术。20 世纪 80 年代末，IBM 公司推出了 MR（Magneto Resistance，磁阻）技术。1997 年，划时代技术"GMR（Giant Magneto Resistive，巨磁阻）磁头"诞生。GMR 磁头比 MR 磁头更敏感，如果用 MR 磁头能够达到 3 ～ 5 Gbit/in^2 的存储密度，那么使用 GMR 磁头之后，存储密度可以达到 10 ～ 40 Gbit/in^2，这使硬盘的存储密度又上了一个台阶。

不过，由于现有的硬盘存储密度已非常高，进一步的发展受到了超顺磁效应的限制，想要继续推动硬盘技术的发展，就需要引入新的技术。于是，垂直存储技术出现了，它再一次提高了硬盘的存储密度。2007 年，日立公司推出了第一款太字节（TB）级容量的硬盘。到 2012 年，市场上出现了第一款 4 TB 硬盘。而到 2022 年，18 TB、20 TB 等超大容量硬盘已经摆上货架。

但是随着 SSD 的兴起，HDD 似乎大势已去，而且受制于物理规则，HDD 读写速度提升的瓶颈难以突破。从 2012 年起，HDD 的发展几乎停滞了，各大厂商也纷纷将注意力转向 SSD。但近年来，随着存储需求的增大，又有人开始重新关注 HDD。毕竟和 SSD 相比，HDD 存在价格和容量上的优势。希捷公司宣布的几项技术，如热辅助磁记录（Heat Assisted Magnetic Recording，HAMR）技术、多致动器（Multi-actuator）技术等都致力于提升 HDD 性能。

HDD 的未来，是会像软盘一样逐渐走入历史的长河，慢慢消失，还是会随着新一轮的技术进步，再度飞跃，我们还不得而知。毫无疑问，HDD 的市场正处于衰退和转型期，其销量连年下滑。消费者转而购买 SSD，甚至离开 PC 平台而转用移动设备处理他们的工作。但无论如何，硬盘的创新和发展仍在继续。硬盘制造商还提出了先将更多的盘片装入单个驱动器，然后用氦气填充它的方法。东芝于 2022 年推出的 MG10 系列 10 盘片 HDD 容量已达 20 TB。

那么，SSD 是未来存储的唯一选择吗？现在来看，答案暂时还不是那么确定。希捷、东芝等制造商认为，未来一段时间内，HDD 仍然会凭借高总容量和低单位容量成本占据相当一部分市场。有研究人员预言，在下一个 10 年，推向市场的硬盘将存储比现在多一个数量级的数据——100 TB 甚至更多。想象一下，如果把今天的一块 10 TB 的硬盘递给 1956 年的 IBM 350 RAMAC 操作员，告诉他这块 3.5 英寸硬盘存储的数据是他们眼前操作的那些大块头的两百万倍，他们一定会觉得不可思议。

|1.5　计算机带来的影响|

计算机的产生极大地提高了计算速度，为人们进行更快、更准确、更大范围的计算提供了可能性。计算机从改变人类的计算方式出发，逐步扩大应用领域，深入渗透到人类社会的每个角落，如图 1-54 所示。计算机改变了人类传统的生活工作模式，给予了人类新的体验和更高的生活品质。

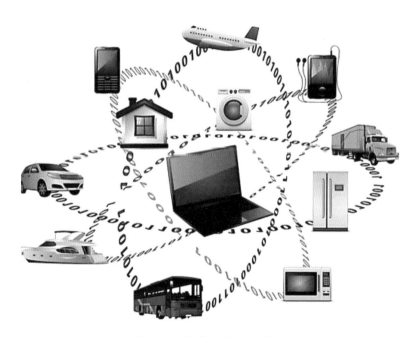

图 1-54　计算机对人类的影响

计算机的产生为我们的社会和文化带来了极大的影响，人们已经习惯利用计算机来解决自己遇到的问题，利用计算机与别人分享自己的生活，利用计算机工作，利用计算机娱乐，这一切的一切都预示着计算机的无限可能。计算机将为人们的生活带来更大的影响。

本节从技术、经济和社会 3 个方面总结计算机带来的影响。

1.5.1　计算机对技术的影响

技术是指人们利用现有事物形成新事物，或改变现有事物的功能、性能的方法。计算机的出现，为技术赋予了新的概念和模式，在提高技术效率的同时，更是催生了新的技术——信息技术（Information Technology，IT），带来了新的技术革命和契机。

信息技术是用于管理和处理信息的各种技术的总称，主要是指应用计算机科学和通信技术来设计、开发、安装和运行信息系统及应用软件，它也常被称为信息与通信技术（Information and Communication Technology，ICT）。信息技术的研究涉及科学、技术、工程以及管理等领域，这些领域关系到信息在管理、传递和处理中的应用，以及相关的软件和设备及其相互作用。信息技术的应用领域包括计算机硬件和软件、网络和通信技术、应用软件开发工具等。自计算机和互联网普及以来，人们日益普遍地使用计算机来生产、处理、交换和传播各种形式的信息（如图书、商业文件、报刊、唱片、电影、电视节目、语音、图像等）。

随着信息化在全球的快速发展，人们对信息的需求快速增长，信息产品和信息服务对于各个国家和地区的企业、机构、家庭、个人都不可缺少。信息技术已成为支撑当今经济活动和社会生活的基石。在这种情况下，信息产业成为世界各国特别是发达国家竞相投资、重点发展的战略性产业。在过去的 10 年中，全世界信息设备制造业和服务业的增长率是相应的国民生产总值（Gross National Product，GNP）的增长率的两倍，成为带动经济增长的关键产业。

信息产业自走进国门以来，以 3 倍于国民经济发展的速度增长着，且增长速度不断提高，主要产品销量迅速增加，结构调整初见成效，部分关键技术有所突破，产业规模已居世界前列，成为我国国民经济第一支柱产业。21 世纪是我国信息技术突飞猛进的关键时期，电子商务和移动技术的盛行与普及，使信息产业对国民经济的贡献率显著提高。

信息技术代表着当今先进生产力的发展方向，信息技术的广泛应用使信息的重要生产要素和战略资源的作用得以充分发挥，使人们能更高效地进行资源优化配置，从而推动传统产业不断升级，提高社会劳动生产率和社会运行效率。

1.5.2　计算机对经济的影响

经济是价值的创造、转化与实现。人类的经济活动就是创造、转化、实现价值，满足人类物质文化或精神文化生活需要的活动。

计算机技术是信息技术的重要组成部分，也是发展其他信息技术的有力支撑。第三次科技革命极大地提升了计算机技术的影响力，使人类社会发生了翻天覆地的变化，人们的生活方式也有了很大的改变，经济结构、就业方向、国际经济形势及贸易形式都有了一系列的变化，同时经济的发展又对计算机技术提出了更高的要求。

近一二十年来，计算机技术的发展可谓突飞猛进，速度惊人。随着计算机网络的出现与发展，互联网这个由人类自己制造出来的"怪物"一面世，其用户数就呈指数级增长。正是这个快速增长的用户群，促进了网络经济的出现与繁荣。当今人们所说的网络经济或网络经济学，就其内容而言，实际是互联网经济（Internet Economy）或互联网经济学（Internet Economics），它是一种特定的信息网络经济或信息网络经济学，是通过网络进行的经济活动。这种网络经济是经济网络化的必然结果，它是与电子商务密切相关的网络产业，既包括网络贸易、网络银行以及其他商务性网络活动，又包括网络基础设施、网络设备和产品以及各种网络服务的建议、生产和提供等经济活动。电子商务是网络经济的重要内容之一。据美国思科系统网络技术有限公司提供的资料，美国互联网经济在 1998 年的总收入为 3014 亿美元，超过了能源业的收入（2230 亿美元）和邮电业的收入（2700 亿美元），仅次于汽车业的收入（3500 亿美元），但其按人均生产率计算已高于汽车业，此外，美国互联网经济还创造了 120 多万个就业岗位。2010 年，美国互联网经济产业的产值占美国国民收入总产值的 4.7%；2016 年，该比例上升到了 5.4%；2022 年 6 月，该比例已超过 10%。如今，全球信息化对经济的影响愈发深入和全面，以软件为载体的信息技术成为产业经济的关键支撑。在物质文明和精神文明极度丰富的当下，这些数字已呈几十倍的速度增长，该增长指数也在不断刷新。这些都是计算机技术对经济发展做出的巨大贡献。

计算机网络促进了互联网经济的发展，但同时，电子商务、电子货币、电子政务等的发展，又对计算机和网络技术提出了更高的要求：不仅需要加强网络建设，通过传输控制协议 / 互联网协议（Transmission Control Protocol/Internet Protocol，TCP/IP）构建一个全方位的公共通信服务的网络互联，增强 Web 功能，还要加强相关软件技术的开发，以切实满足构筑新形态商务活动应用环境的需求，如开发 Java 技术、可扩展标记语言（eXtensible Markup Language，XML）技术及组件技术等。同时，网络安全问题对电子商务等活动造成了很大的影响，这就需要加快网络安全建设的步伐，尽快建立全方位的网络安全体系，如建立开放系统互联（Open Systems Interconnection，OSI）安全体系，对数据进行加密，建立各种认证系统，以使网上交易等一系列活动能够安全、准确地进行，这也是互联网经济能够生存、发展的基本条件。

1.5.3　计算机对社会的影响

社会是在特定环境下共同生活的同一物种的不同个体长久形成的彼此相依的一种存在状态，是共同生活的个体通过各种各样的社会关系联合起来的集合。微观上，社会强调同伴，并且延伸到为了共同利益而形成联盟。宏观上，社会由长期合作的社会成员通过发展组织关系形成团体，进而形成机构、国家等组织形式。

计算机走进了人类社会，扮演起重要的角色。它已经成为现代人学习、工作和生活当中不可分割的组成部分。在不断发展的计算机技术的推动下，计算机代替人类完成了很多在过去几个世纪以来都不可想象的工作，使社会生产力得到了突破性的发展，由此促使整个社会结构发生了一些改变。

计算机的更新换代以及相关技术的发展对当今社会的物质文化、观念文化都具有很大的影响，甚至改变了社会分工，主要体现如下。

第一，计算机应用于各行各业中，极大地提高了社会工作效率，加快了社会发展速度。显而易见，这是对物质文化方面的最大影响。

第二，计算机的发展带来了 IT 产业的发展。IT 产业是知识和智力密集投入且可以产生高附加值的集约型产业。将信息科学和计算机技术融为一体，使其更容易与其他产业交叉融合，可以实现传统产业的改造增值，促进新兴产业的产生和发展。

第三，由于计算机发展促进了传播技术的发展，越来越多的跨国公司出现。它们能够超越空间的限制，更简便地开展业务的跨地域发展和扩张。从这个角度来看，计算机可以促进资源在全球范围内的重新配置。

第四，计算机的发展使劳动分工变得高度专业化，越来越多的人从事第三产业的工作。

第五，在观念文化方面，人们期待用计算机技术来解决问题。流水线使人变成了机器的一部分，"工程"成为人们的口头禅。但是，计算机的发展也产生了一些正面的范例，如带来了电子商务的发展，在很大程度上促进了商业和经济的发展，同时改变了人们的传统购物观念。

第六，计算机的发展可能会影响社会制度。一个简单的线性模式是：计算机的发展带动了经济的发展，进而促使经济结构发生一定的变化，而经济结构发生变化必然会影响社会体制，如家庭、教育、宗教、政府等，甚至最后可能会导致社会哲学发生一定的变化。

第七，计算机的发展加快了城市化进程。城市迅速发展的原因主要是工业都集中于此。社会需求促使高等院校设立了很多与计算机相关的专业，培养了大量计算机技术人才。一般而言，大城市拥有好的 IT 公司，而中小城市和农村可能并没有这方面的资源，这导致很多毕业生回到中小城市和农村后找不到与专业相关的工作。这种就业机会的不均衡会将人们吸引到大城市中，形成大量的计算机技术劳动力涌向大城市的现象。

因此，计算机改变着人们的生活，同时也塑造着新的社会文化形态，并充当着促使这种新的社会文化形态诞生的手段。乌格朋（Ogburn）在 1933 年提出了关于技术效应的一些原则，其中有两点可以用来总结计算机的发展对文化和社会的影响：一项发明往往会产生扇形的向、四周扩散的效应；发明会产生互相跟随的链式反应。计算机作为 20 世纪最伟大的发明之一，它所带来的社会效应也如车轮的辐条般辐射到社会的各个方面。

|1.6 本章小结 |

在源远流长的文明长河中，人类对于计算的追求从来没有间断过。本章通过许多案例试图带领读者走近人类计算的发展历程。不管是最初的手指计数、算盘、计算尺，还是后来的各种机械计算器乃至发展到今天的计算机，都是从当时的社会文化中孕育出的人类智慧的产物。人类社会的发展促进了计算的发展，而计算的发展又为人类社会更进一步的发展打下了基础。

为了满足人们日益增长的需求，基于材料和科技的不断进步，计算机经历了一代又一代的变革与创新，包括电子管计算机时代、晶体管计算机时代、中小规模集成电路计算机时代，以及大规模、超大规模集成电路计算机时代，最终成为我们司空见惯且不可缺少的 PC。然而时光不会在此刻停留，人类的文明将不停地书写新篇章。随着时光的流逝，计算机一定会不断发展迭代，一代又一代的新计算机，会为人们提供更多便利与机遇，人类也将一代又一代地传承下去，将计算和计算机文明不断发扬光大。

第 2 章

软件的历史

在了解了计算机的发展简史之后，本章简要介绍软件的历史。互联网时代，人们可以用计算机进行购物、学习、娱乐等活动，这一切都离不开软件。软件是计算机的"思想"，没有软件的计算机就像没有唱片的留声机、没有磁带的录音机或没有光盘的光驱。没有软件，计算机只是一台不能发挥作用的机器。走进一个大型的计算机商场，你将看到满架的软件，包括编辑个人简历的软件、管理小型业务的软件、教外语的软件、教养生的软件、把你带入虚拟世界的迷宫游戏软件等。

软件可以支持计算机执行特定的任务，告诉计算机如何与用户交互及如何处理用户数据。例如，作曲软件首先通过计算机为用户显示音乐五线谱，并让用户通过键盘或合成器输入音符；然后，告诉计算机如何将这些输入转换成电子信号并通过扬声器播放。在使用计算机的过程中，人们可以浏览计算机商店或计算机软件目录，以寻得使生活更惬意和更有趣的软件。

任何软件产品的诞生都离不开一个基本要素，那就是计算机编程语言。计算机编程语言可谓软件的灵魂，它是软件文化的内在体现，伴随着软件的发展一同成长。图 2-1 展示了 Windows 操作系统家族的部分版本。接下来我们将带领读者共同了解计算机编程语言和软件发展史等相关内容。

图 2-1　Windows 操作系统家族

｜2.1　软件的定义｜

软件是一系列按照特定顺序组织的计算机数据和指令的集合，一般分为系统软件和应用软件。软件并不只包括可以在计算机（这里的计算机是指广义的计算机）上运行的计算机程序，与这些计算机程序相关的文档一般也被认为软件的一部分，可以说软件就是程序加文档的集合。另外，软件也泛指社会结构中的管理系统、思想意识形态、思想政治觉悟、法律法规等。

国标中对软件的定义为与计算机系统操作有关的计算机程序、规程和规则，以及可能相关的文件、文档及数据。

世界知识产权组织发布的《保护计算机软件示范条例》对计算机软件的定义是：计算机软件是程序以及解释和指导使用程序的文档的总和。

｜2.2　编程语言的发展｜

编程语言（Programming Language）发展到今天已经走过了半个多世纪，如果追溯到世界上第一个编写计算机程序的人洛夫莱斯，那么编程语言发展已近两个世纪。洛夫莱斯曾在 1860 年尝试为巴贝奇研制的机械式计算机编写程序。尽管失败了，但洛夫莱斯的名字却永远载入了计算机发展的史册。编程语言走到今天，从二进制机器指令到符号化语句，从低级到高级，不断发展。目前，普遍认为编程语言的发展经历了 5 代，下面将一一介绍。

2.2.1　第一代语言：机器语言

早期的计算机编程都是在穿孔纸带上通过穿孔实现的，这便是机器语言，如图 2-2 所示。机器语言与计算机硬件密不可分，它直接使用二进制代码 0 和 1 表示指令，构成指令集，计算机可以直接识别并执行这些指令。早期的计算机设计者通过计算机的硬件结构赋予计算机可操作的功能。

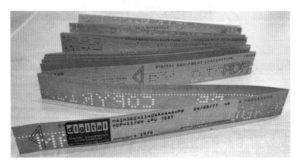

图 2-2　早期的计算机编程

机器语言的优点是灵活、可直接执行、速度快等。但由于不同型号的计算机所承载的机器语言各不相同，用一种型号的计算机的机器语言编写的程序，不能在另一种型号的计算机上执行，这就造成编程人员必须熟记所用计算机的全部指令代码及代码的含义，而且在手动编写程序时，编程人员不仅要自己处理每条指令和每一项数据的存储分配及输入输出，而且要记住编程过程中每一步所使用的工作单元所处的状态，这无疑是一项十分烦琐、工作量巨大的工作，往往编程花费的时间要比实际运行的时间高出几十倍甚至几百倍。再者，由于编写的程序全是由二进制 0 和 1 组成的指令代码，直观性差，极易出错，所以现在除了经严格训练的计算机生产厂家的专业人员外，绝大多数的程序员已经不再学习和使用机器语言了。机器指令如图 2-3 所示。

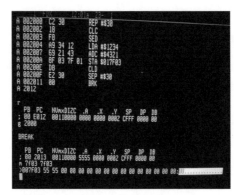

图 2-3　机器指令

2.2.2　第二代语言：汇编语言

在通用电子数字计算机 UNIVAC 问世前，计算机编程一直使用机器语言。前面提到了机器语言不易读懂，编程人员通过检查穿孔纸带来判断程序是否无误是一件非常痛苦的事情。于是，人们开始寻求一种能够让编程人员轻松、便捷地编写程序的方式。1952 年，美国人约翰·莫奇利（见图 2-4）和格雷丝·霍珀（Grace Hopper，见图 2-5）研发出第一种比较接近自然语言（英语）的计算机语言——汇编语言 Flow-Matic。莫奇利前文已提及，他和埃克特合作，创建了一家电子数学计算设备设计制造公司，并于 1946 年和 1951 年分别设计生产了 ENIAC 和 UNIVAC。霍珀是美国海军准将和计算机科学家，也是世界上最早的程序设计师之一、最早的女性程序设计师之一。1943 年，在第二次世界大战期间，霍珀加入了美国海军后备军；1951 年，加入了埃克特 - 莫奇利计算机公司，参与开发 UNIVAC 计算机。霍珀在海军服役期间，被分配到开发 Mark 计算机程序的部门，之后又为 Mark-Ⅱ 进行编程和维护。在一次维护 Mark-Ⅱ 计算机时，她发现一只飞蛾夹在继电器中致使机器无法正常工作，之后她将这只飞蛾的残骸贴在研发记录簿上（见图 2-6），说她发现了一个"bug"，造成计算机停止运作。此后，在这个部门中，凡是任何引起计算机停止运作的错误，都被称为 bug，找出并调试错误则称为 debug，这成为日后计算机程序错误的名称起源。

图 2-4　约翰·莫奇利

图 2-5　格雷丝·霍珀

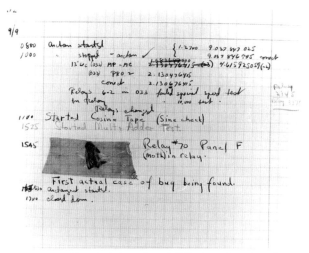

图 2-6　第一次被发现导致计算机出现错误的飞蛾

　　汇编语言采用的是一些符合人们日常使用习惯、由语言和数字符号组合成的计算机指令，便于编程人员理解和使用，可以有效提高编程速度、检查程序问题。但需要说明的是，计算机并不能直接识别并运行利用汇编语言编写的程序，还需要一种将汇编语言翻译成机器语言的程序，即汇编器。

2.2.3　第三代语言：高级语言

　　汇编语言的出现，对计算机编程来说是一个极大的进步，但是汇编语言对计算机硬件仍然具有很高的依赖性。不同型号的计算机，需要使用不同的汇编语言及汇编器，这对计算机程序的发展是极为不利的。人们又在试图寻找一种让世界上的各种计算机都能使用的通用语言，这便是高级语言。由于本书篇幅有限，且在几百种高级语言中，只有极少数被广泛应用，本节只选取具有历史意义的典型高级语言加以介绍。

1. FORTRAN 语言

　　1954 年 11 月 10 日，IBM 公司一位名叫约翰·巴克斯（John Backus，见图 2-7）的年轻人在 IBM 704 计算机上发明了一种计算机编程语言——FORTRAN 语言。巴克斯出生在美国的一个富裕家庭，在二战期间入伍，因在军队表现良好，退役后被保送到医学院学习，然而他对医学不感兴趣，自行转到哥伦比亚大学攻读数学专业，并于 1949 年毕业后来到了 IBM 公司任职。1953 年，巴克斯建议在 IBM 704 计算机上开发一种新型的计算机编程语言，这一建议虽然遭到公司顾问冯·诺依曼的反对，但是公司上层还是同意了巴克斯的建议，于是巴克斯成立了研发小组。研发之初，在设计语言的结构时，还比较顺利，但后来在设计将语言结构转换成计算机可识别的机器语言的编译器时，遇到了很大的困难。他们研究和分析了霍珀设计的 Flow-Matic 汇编语言的汇编器，从中学习了很多东西，并将其应用到了 FORTRAN 语言的编译器中。FORTRAN 语言最大的优点是不受计算机硬件限制，可跨计算机型号运行，程序运行速度快。由于它的语法结构更接近自然语言，标准化程度更高，便于交流，因此人们将其称为高级语言。这种语言非常方便数学公式的表达，更多地被应用在科学计算领域。最早使用 FORTRAN 语言的是西屋电气公司。1974 年 4 月，该公司在利用 FORTRAN 语言进行飞机设计的流体力学计算时，发现了其编译器有大量的错误，巴克斯小组花费了 6 个月时间将全部错误修改完毕，一个完善的 FORTRAN 语言编译器终于问世。

图 2-7　约翰·巴克斯

　　巴克斯因设计了第一个高级语言，受到了计算机软件业的欢迎和推崇。他本人因此获得了美国全国科学奖章、图灵奖和美国最高科学奖，被称为 FORTRAN 之父。

　　FORTRAN 语言的问世在计算机界引起了巨大轰动，谱写了计算机史上划时代的篇章。它使程序开发从低级的汇编语言中走出，进入高级语言时代，改变了编程人员的编程手段，在航空航天领域大显身手，工程界和科学界都为之鼓舞。FORTRAN 语言的出现孕育了计算机软件业，在 FORTRAN 语言的调试过程中，COMT Ⅱ、IPL 和 IT 等高级语言相继问世，计算机高级语言进入了一个蓬勃发展的时代。

2. ALGOL 语言

　　ALGOL 语言是算法语言（Algorithmic Language）的简称，这种语言是面向计算过程描述的，也就是面向算法描述的。它是世界上第一个结构化语言，语言风格严谨，具有扎实的理论基础，并采用了形式化语法规则进行描述。1958

年，ALGOL 语言由 IBM 公司的一个研发小组开发。同年，在瑞士苏黎世召开的国际商业和学术计算机委员会上，国际计算机协会（Association of Computing Machinery，ACM）小组和当时联邦德国的应用数学和力学协会把他们关于算法表示法的建议综合为一，形成了 ALGOL 58[先命名为国际代数语言（International Algebraic Language，IAL），后来改称 ALGOL 58]。1959 年，IBM 公司在 IBM 709 计算机上运行了 ALGOL 程序。1960 年 1 月，图灵奖获得者艾伦·佩利（Alan Perlis）在巴黎举行的由全世界一流软件专家参加的研讨会上，发表了《算法语言 ALGOL 60 报告》。随后，荷兰人艾兹赫尔·戴克斯特拉（Edsger Dijkstra）实现了第一个 ALGOL 60 语言编译器。1962 年，佩利又对 ALGOL 60 进行了修正。图 2-8 所示为 ALGOL 60 委员会成员。

图 2-8　ALGOL 60 委员会成员（来源：斯坦福大学官网）

ALGOL 语言与 FORTRAN 语言相比有两个明显的优势。一个是在编程语言中首次使用了局部变量。FORTRAN 语言只能使用全局变量，一个变量在整个程序中只能有一个意义，局部变量则是指一个变量在一个程序的不同段落中具有不同的意义。另一个是采用了递归这种程序设计思想。递归可以将一个问题分解成若干个小问题，在各个小问题都解决后，就可以得到整个问题的答案。FORTRAN 语言的设计者巴克斯对 ALGOL 语言也做出了一定的贡献，他在 ALGOL 语言的语法设计中使用了当时最新的研究成果——上下文无关文法形式体系。1959 年 6 月，联合国教科文组织在巴黎召开了关于 ALGOL 语言的大会，会上交流了巴克斯这方面的论文，遗憾的是，由于论文提交日期超过了会议要求的截止日期，这篇论文未被收录到论文集。

　　丹麦数学家彼得·诺尔（Peter Naur，见图 2-9）阅读了巴克斯的论文后大受启发，对巴克斯提出的描述语言语法的方案进行了仔细审阅和修改，使之完善，从而诞生了计算机界著名的巴克斯 - 诺尔范式（Backus-Naur Form，BNF），这个范式被写入了《算法语言 ALGOL 60 报告》中。在《算法语言 ALGOL 60 报告》出版之前，编程语言通过说明性的使用手册和编译代码本身描述，而非通过正式的定义描述。通过使用 BNF 来定义语法，可使得语言简洁、有力、清晰。长达 17 页的《算法语言 ALGOL 60 报告》展示了对编程语言的全面定义，方便将编程语言用于计算机之间、计算机与人类之间以及人类之间的交流。诺尔也因在定义 ALGOL 60 这种编程语言方面的先驱性工作获得了 2005 年度的图灵奖。

　　ALGOL 语言的产生，对计算机发展具有重大意义。前图灵奖得主戴克斯特拉把 ALGOL 60 的发展描述为"一个绝对的奇迹"，认为其代表"计算科学"的诞生，因为 ALGOL 60 首次将自动计算变为可能。

3. LISP 语言

　　1958 年，约翰·麦卡锡（John McCarthy，见图 2-10）发明了一种适用于人工智能的计算机编程语言——LISP 语言。1927 年 9 月 4 日，麦卡锡出生于美国波士顿。1948 年，麦卡锡在加州理工学院攻读数学专业时，出席了该校主办的一个研讨会，有幸聆听了冯·诺依曼关于自复制自动机的学术报告，这激发了他对智能领域的研究兴趣。1949 年，他在普林斯顿大学数学专业攻读博士学位时，受冯·诺依曼的鼓励，第一次尝试在机器上模拟人工智能，研制具有人类智能的机器。1955 年，他联合克劳德·埃尔伍德·香农（Claude Elwood Shannon，信息论创立者）、马文·明斯基（Marvin Minsky，人工智能大师，《心智社会：从细胞到人工智能，人类思维的优雅解读》的作者）、罗彻斯特（Rochester，IBM 计算机设计者之一），发起了达特茅斯项目（Dartmouth Project），得到了洛克菲勒基金会的资助。这个项目不仅是人工智能发展史上的一个重要事件，还是计算机科学史上的一座里程碑。1956 年，麦卡锡首次提出"人工智能"这一概念。为了实现这个概念，麦卡锡首先研究了编程语言和人工智能之间的关系。他认真研究了符号处理的方法，总结并归纳出利用表进行逻辑推理的许多优点，例如表可随着逻辑扩展、收缩和重组等。然而，他在使用 FORTRAN 语言改进版处理人工智能问题时却遇到了麻烦，因为 FORTRAN 语言不支持递归，不利于问题的解决。于是，麦卡锡决定自己设计一种全新的可以处理表的编程语言——LISP 语言，在整个程序中，所有的数据、数据结构、句子结构都由表来表示。凭借这种语言，麦卡锡开启了他一生的人工智能之旅，并被誉为"人工智能之父"。LISP语言的两大特点是"递归"和"求值"，LISP 语言的设计思想也被 ALGOL 60 编程语言以及后来出现的高级语言所借鉴。

图 2-9 彼得·诺尔

图 2-10 约翰·麦卡锡

　　LISP 语言的特点不仅有助于解决人工智能的核心问题，而且其精巧的表机制进一步简化了 LISP 语言的程序设计。因此，LISP 语言自发明以来，被广泛应用于数学中的微积分计算、定理证明、谓词演算、博弈论等领域。图 2-11 所示为 LISP 语言的机器原型，现收藏于麻省理工学院人工智能实验室。LISP 和 Prolog ［Prolog 是由英国伦敦大学的罗伯特·安东尼·科瓦尔斯基（Robert Anthony Kowalski）提出并由法国艾克斯－马赛大学的考尔麦劳厄（Colmerauer）所领导的研究小组在 1973 年首先实现的逻辑式语言］并称为人工智能的两大语言，它们对人工智

图 2-11 LISP 语言的机器原型

能的发展具有十分深远的影响。

4. COBOL 语言

COBOL 语言诞生于 1959 年 5 月，由美国五角大楼委托霍珀主持研制。霍珀以早年设计的汇编语言 Flow-Matic 为基础，将 COBOL 语言设计为一种适用于商业级数据处理的编程语言。COBOL 语言采用了大量的英语词汇和句型，运算更加简单，有着极强的数据结构描述功能。由于它的语法更接近英语语法，因此简单易学，非计算机专业人员也极易掌握。1960 年，COBOL 语言的第一版 COBOL-60 正式发布，在短时间内风靡欧美国家，被称为世界上第一个商用编程语言。图 2-12 所示为 COBOL 程序代码示例。

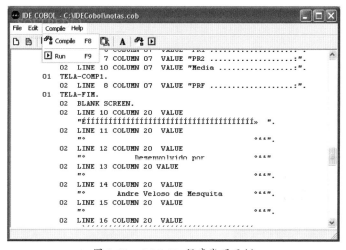

图 2-12　COBOL 程序代码示例

在诞生后的 50 多年间，COBOL 语言被不断地修改、完善和标准化，目前已发展为具有多种版本的庞大语言，在财会工作、统计报表、计划编制、情报检索、人事管理等数据管理及商业数据处理领域得到广泛应用。

由于 COBOL 语言在商业领域具有坚实的基础，而且 COBOL 语言主要应用于银行、金融和会计行业等非常重要的商业数据处理领域，因此，即使对于具有丰富经验的 IT 公司来说，使用其他高级语言重新编写已使用 COBOL 语言编写的可靠应用软件也是不实际的，从商业角度上看也是不可行的，而且还要花费很长的时间。所以，只要大型计算机存在，COBOL 语言就不会消失，即使是对计算机界产生巨大影响的"千年虫"问题也没有改变 COBOL 语言的命运。

5. BASIC 语言

BASIC 语言是由美国达特茅斯学院的托马斯·库尔茨（Thomas Kurtz，见图 2-13）与约翰·凯梅尼（John Kemeny，见图 2-14）于 1964 年 5 月 1 日正式发布的。BASIC 的英文全称是"Beginner's All-purpose Symbolic Instruction Code"，从名称的中文含义"适用于初学者的多功能符号指令码"便可知研发这种语言的初衷是让更多毫无计算机编程基础的人员可以方便地使用编程语言进行程序设计。在 1956 年的一次计算机学术交流会上，库尔茨和凯梅尼首次提出了这种编程语言的设想。他们吸取了 FORTRAN 和 ALGOL 等语言的优点，采取会话形式编程。这样使得 BASIC 语言语句简洁，语法简单，人机对话方便，极易上手。这种全新风格的编程语言让程序设计不再是计算机专业人士的专利，普通人稍加培训便可开始计算机程序设计。BASIC 语言采用解释方式，使用的是解释器，而不是编译器，这样可以减少对内存的占用，但是也带来了一个缺点，就是其运行起来要比使用编译方式的 FORTRAN、ALGOL 等语言慢许多。

图 2-13　托马斯·库尔茨

图 2-14　约翰·凯梅尼

BASIC 语言还与软件业的巨头微软公司有着一段渊源。20 世纪 70 年代，还在哈佛大学读书的比尔·盖茨（Bill Gates）与伙伴保罗·艾伦（Paul Allen）一起为 Altair 8800 计算机设计了 Altair BASIC 解释器。盖茨与艾伦所开发的

BASIC 语言版本就是后来的 Microsoft BASIC，也是 MS-DOS 操作系统的基础，MS-DOS 操作系统正是微软公司早期获得成功的关键。

6. Pascal 语言

Pascal 语言由瑞士苏黎世联邦理工学院的尼古拉斯·沃思（Niklaus Wirth，见图 2-15）于 1968 年 9 月开始设计、于 1970 年正式推出，是世界上第一个结构化语言。它的名称是为了纪念 17 世纪法国著名哲学家和数学家帕斯卡。它的语言风格源于 ALGOL 语言，具有严格的结构化形式，数据类型丰富完备，程序运行效率高，查错能力强。由于 Pascal 语言是一种自编译语言，这使它的可靠性大幅提高，又因 Pascal 语言语法简洁、程序结构严谨，许多学校在计算机编程语言教学中都会使用，Pascal 语言一出世就受到了广泛关注，迅速地从欧洲传到美国，这是高级编程语言发展史上的重要里程碑。沃思一生还撰写了大量有关程序设计、算法和数据结构的著作。沃思因在计算机方面的卓越贡献，获得了 1984 年度的图灵奖。

图 2-15　尼古拉斯·沃思

7. C 语言

C 语言的出现，最早要追溯到 1963 年英国剑桥大学设计的组合程序设计语言（Combined Programming Language，CPL），它是在 ALGOL 语言基础上进行改进的，可以对计算机硬件进行直接控制，但缺点是规模较大，不易使用。1967

年，剑桥大学的马丁·理查兹（Matin Richards）对 CPL 语言进行了简化，设计出了 BCPL 语言，这种语言可读性好，同样可以对计算机硬件进行操作。美国贝尔实验室的肯·汤普森（Ken Thompson，见图 2-16）在拿到 BCPL 语言的副本后，再次对 BCPL 语言进行了简化，于 1970 年推出更加简单并且可以对硬件进行操作的 B 语言（"B" 取自 "BCPL" 的第一个字母），但是它过于简单，功能有限。1972 年，贝尔实验室的丹尼斯·里奇（Dennis Ritchie，见图 2-17）在 B 语言的基础上进行重新设计，于 1973 年推出了 C 语言（"C" 取自 "BCPL" 的第二个字母）。这种语言较 B 语言功能更强大，可直接对硬件进行操作，数据类型丰富，并引入了指针概念，提高了程序的执行效率。C 语言既有高级语言的可读性和通用性，又有汇编语言可控制和操作计算机硬件的特点，因此深受广大编程人员欢迎，在软件开发、科学计算、系统软件编写、二维及三维图形绘制、单片机和嵌入式系统开发等领域应用广泛，至今仍风靡全球。

图 2-16　肯·汤普森

图 2-17　丹尼斯·里奇

2.2.4　第四代语言：领域特定语言

前面介绍的机器语言、汇编语言和高级语言都是跨领域的通用计算机语言。本章介绍第四代语言——领域特定语言（Domain Specific Language，DSL）。1985 年，美国召开了全美第四代语言研讨会，借此契机，许多著名的计算机科学家开始对第四代语言展开全面研究，第四代语言也顺理成章地进入了计算机科学的研究范畴。

　　DSL 比较正式的定义是由世界级软件开发大师马丁·福勒（Martin Fowler，见图 2-18）给出的。他在他的著作 *Domain Specific Language* 中将 DSL 定义为一种针对特定领域、语言表达受限的计算机程序设计语言。在这个定义中，他强调了 DSL 的 4 个核心特征：DSL 是计算机程序设计语言（Computer Programming Language），可以使用 DSL 指示计算机实现某些功能；DSL 具有语言性（Language Nature），无论

图 2-18　马丁·福勒

采用什么样的表示形式，都应该具有语言表达的特性——连贯性；DSL 的表达是受限的（Limited Expressive），仅提供了某个特定领域所需语言的最小集合表达，即它仅需支持某个特定领域，不必具有像通用编程语言那样全面、宽泛的表达能力，所以无法只用 DSL 构建整个软件系统；DSL 只关注特定领域（Specific Domain Focus），虽然它只在某个特定领域可以使用，但是在这些特定领域上，它比通用的编程语言更加便捷、高效，也正是因为如此，才能展现它相对于通用的编程语言所具有的优势。

　　依据 DSL 的特征，可以将其分成 3 类：外部 DSL、内部 DSL 和语言工作台。外部 DSL 可以视为一种全新的、独立的语言，它不同于应用系统所使用的语言，通常采用自定义语法，并配备对应的语法解析器和编译器，例如正则表达式等。内部 DSL 可以看作通用编程语言依据某种规定的编码规范所形成的特殊使用形式。与外部 DSL 相比，它不需要专门的语法解析器和编译器，而是直接使用宿主语言（某通用编程语言）的语法解析器和编译器。内部 DSL 不仅简单，还可以省去单独开发语法解析器和编译器的工作。不过，因为内部 DSL 依赖另一种语言，所以它的效率不高，而且通常会因为依赖宿主语言而受到限制。语言工作台是一种特殊的集成开发环境（Integrated Development Environment，IDE），它不仅可以作为使用者编写 DSL 的开发环境，还可以用来定义和构建 DSL 的结构。所以，它是一个建立、定义和使用 DSL 的特殊平台。

接下来，着重介绍一些常用的 DSL。

1. LaTeX

LaTeX 是一种基于 TeX 的排版系统。TeX 由美国计算机学家唐纳德·欧文·克努特（Donald Ervin Knuth，见图 2-19）开发。克努特最早开始自行开发 TeX，是因为当时的计算机排版技术十分粗糙，已经影响到他的著作《计算机程序设计艺术》的印刷质量。他以典型的黑客思维模式，自行开发了排版软件 TeX。TeX 虽然功能强大，但是很难使用。于是，美国计算机学家莱斯利·兰波特（Leslie Lamport，见图 2-20）在 TeX 的基础上开发出了 LaTeX。LaTeX 是当今世界上最流行和使用最为广泛的 TeX 宏集。利用这种格式，即使使用者没有排版和程序设计的知识基础，也可以充分利用由 TeX 提供的强大功能，在几天甚至几小时内生成很多具有图书印刷质量的排版文档。LaTeX 遵循呈现与内容分离的设计理念，以便作者可以专注于他们正在编写的内容，而不必注意其呈现效果。在准备 LaTeX 文档时，作者使用章（Chapter）、节（Section）、表（Table）、图（Figure）等简单的概念指定文档的逻辑结构，并让 LaTeX 负责这些结构的格式和布局。因此，LaTeX 鼓励从内容中分离布局，同时仍然允许在需要时进行手动排版。这类似于允许许多文字处理器全局定义整个文档的样式。总之，LaTeX 是一种可以进行排版和渲染的标记语言。

图 2-19　唐纳德·欧文·克努特　　　　　图 2-20　莱斯利·兰波特

2. MATLAB

MATLAB 的全称为矩阵实验室（Matrix Laboratory），它是由美国 MathWorks 公司出品的商业数学软件，其图标如图 2-21 所示。20 世纪 70 年代末到 80 年代初，时任美国新墨西哥大学教授的克利夫·巴里·莫勒（Cleve Barry Moler，见图 2-22）为了让学生更方便地使用 LINPACK 及 EISPACK（需要通过 FORTRAN 编程来实现，但当时学生们并无相关知识），独立编写了第一个版本的 MATLAB。这个版本的 MATLAB 只能进行简单的矩阵运算，例如矩阵转置、计算行列式和特征值，分发出大约两三百份副本。1984 年，杰克·利特尔（Jack Little）、莫勒和史蒂夫·班格特（Steve Bangert）合作成立了 MathWorks 公司，正式把 MATLAB 推向市场。MATLAB 最初是由莫勒用 FORTRAN 编写的。利特尔和班格特花了约一年半的时间用 C 语言重新编写了 MATLAB 并增加了一些新功能，同时，利特尔还开发了第一个系统控制工具箱，其中一些代码到现在仍然在使用。C 语言版的面向 MS-DOS 的 MATLAB 1.0 在美国拉斯维加斯举行的 IEEE 决策与控制会议（Conference on Decision and Control）上正式推出，但第一份订单只售出了 10 份副本。1992 年，学生版 MATLAB 面世；1993 年，Microsoft Windows 版 MATLAB 面世；1995 年，Linux 版 MATLAB 面世。截至 2020 年，根据 MathWorks 公司的数据，目前世界上 180 多个国家和地区的超过 400 万工程师和科学家在使用 MATLAB 和 Simulink。

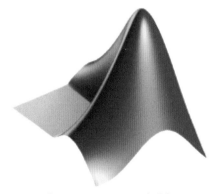

图 2-21　MATLAB 的图标

图 2-22　克利夫·巴里·莫勒

MATLAB 中使用的语言是 MATLAB 语言，它是一种交互性的数学脚本语言的语法与 C/C++ 的语法类似。它支持包括逻辑（Boolean）、数值（Numeric）、文本（Text）、函数柄（Function Handle）和异素数据容器（Heterogeneous Container）在内的 15 种数据类型，每一种类型都定义为矩阵或阵列的形式（零维至任意高维）。MATLAB 语言主要用于算法开发、数据可视化、数据分析以及数值计算等。由于 MATLAB 中有数量众多的附加工具箱，因此 MATLAB 语言还可以用来进行影像处理、深度学习、信号处理与通信、金融建模和分析等。另外，MATLAB 还配有 Simulink 软件包，能够提供可视化开发环境，常用于系统模拟、动态系统开发、嵌入式系统开发等方面。

3. XML

XML 全称为可扩展标记语言（Extensible Markup Language）。XML 的前身是标准通用标记语言（Standard General Markup Language，SGML），是 IBM 公司从 20 世纪 60 年代就开始发展的标准化后的通用标记语言（General Markup Language，GML）。GML 中有两个重要的概念，即文件中能够明确地将标记与内容分开，所有文件标记的使用方法均一致。1978 年，美国国家标准学会（American National Standards Institute，ANSI）将 GML 加以整理和规范，发布了 SGML。1986 年起，SGML 被 ISO 采用（ISO 8879），并且被广泛地运用在各种大型的文件计划中。但是，SGML 是一种非常严谨的文件描述法，导致其过于庞大和复杂（标准手册就有 500 多页），使用者难以理解和学习，这影响了它的推广与应用。同时，万维网联盟（World Wide Web Consortium，W3C）也发现了超文本标记语言（Hypertext Markup Language，HTML）的问题：首先，HTML 不能完全解决所有类型内容（例如影音文档、化学公式、音乐符号等其他形态的内容）的表达问题；其次是性能问题，HTML 需要下载整份文件，才能开始对文件做搜索；最后，HTML 的扩展性、弹性、易读性均不佳。为了解决以上问题，专家们使用 SGML 精简制作，并依照 HTML 的发展经验，开发出一种使用规则严谨，但是描述资料简单的语言——XML。XML 是在这样的背景下诞生的——为了有一个更中立的方式，让客户端自行决定要如何消化、呈现由服务端提供的信息。XML 从 1995 年开始出现雏形，随后其开发者向 W3C 递交提案，并在 1998 年 2 月发布 XML 1.0。XML 是一种标记语言。标记指计算机所能理解的信息符号。通过标记，计算机之间可以处理包含各种信息的文章等。定义这些标记时，既可以选择国际通用的标记语言（如 HTML），也可以使用像 XML 这样由相关人士自由决定的标记语言，这就是语言的可扩展性。与 HTML 不同的是，XML 用来传送及携带数据，不用来表现或展示数据，HTML 则用来表现或展示数据，所以 XML 的用途集中于说明数据是什么，以及携带数据。它主要有 3 个应用场景：富文档（Rich Document）、元数据（Metadata）和配置文档（Configuration Document）。富文档属于以文件为主的 XML 技术应用，XML 用于自定义文件描述并使其更丰富。元数据属于以资料为主的 XML 技术应用，XML 用于描述其他文件或网络资讯。在配置文档中，XML 主要描述软件设置的参数，图 2-23 所示就是一个简单的 XML 配置文档。XML 被广泛用于跨平台的数据交互，主要针对数据的内容，通过不同的格式化描述手段（XSLT、CSS 等）完成最终的形式表达，如生成对应的 HTML、PDF 或者其他格式的文件。

```xml
<?xml version="1.0" encoding="UTF-8"?>
<stus>
    <stu>
        <name>张三</name>
        <age>18</age>
    </stu>
    <stu>
        <name>李四</name>
        <age>28</age>
    </stu>
</stus>
```

图 2-23　XML 配置文档的样例

4. VHDL

VHDL 的全称为超高速集成电路硬件描述语言（Very-high Speed Integrated Circuit Hardware Description Language），在基于复杂可编程逻辑器件、现场可编程逻辑门阵列和专用集成电路的数字系统设计中有着广泛的应用。VHDL 诞生于 1983 年，并于 1987 年被美国国防部和 IEEE 确定为标准的硬件描述语言（Hardware Description Language，HDL）。VHDL 可以用来描述电子电路（特别是数字电路）的功能与行为，可以在寄存器传输级、行为级、逻辑门级等对数字电路系统进行描述。随着电子设计自动化（Electronic Design Automation，EDA）工具的发展，自从 IEEE 发布了 VHDL 的第一个标准版本 IEEE 1076-1987 后，各大 EDA 公司都先后推出了支持 VHDL 的 EDA 工具。这使得 VHDL 可以被这些 EDA 工具识别，并自动转换到逻辑门级网表，因此，VHDL 可以被用来进行电路系统设计，并能通过逻辑仿真的形式验证电路功能。VHDL 强大的功能，使其在电子设计行业得到了广泛的认同。此后，IEEE 又先后发布了 IEEE 1076-1993 和 IEEE 1076-2000 版本。图 2-24 所示为用 VHDL 编写的触发器样例。

```
library ieee;                    --库声明
use ieee.std_logic_1164.all;     --包声明
entity test is                   --实体定义
  port(
       d    : in    std_logic;
       clk  : in    std_logic;
       q    : out   std_logic);
end test;
architecture trigger of test is  --结构体定义
  signal q_temp:std_logic;
begin
  q<=q_temp;
  process(clk)
  begin
    if clk'event and clk='1' then
      q_temp<=d;
    end if;
  end process;
end trigger;
configuration d_trigger of test is--配置，将结构体配置给实体，配置名为d_trigger
  for trigger
  end for;
end d_trigger;
```

图 2-24   用 VHDL 编写的触发器样例

5. SQL

SQL 的全称为结构化查询语言（Structured Query Language），在 20 世纪 70 年代初，由 IBM 公司的埃德加·科德（Edgar Codd）在一篇具有影响力的论文"一个对于大型共享型数据库的关系模型"中提出。1974 年，与科德在同一实验室工作的 D. D. 钱伯林（D. D. Chamberlin）和 R. F. 博伊斯（R.F. Boyce）在研制关系数据库管理系统（Relational Database Management System，RDBMS）时，研制出一套规范语言——英文结构化查询语言（Structured English Query

Language，SEQUEL)，并在 1976 年 11 月的 IBM Journal of R&D 上公布了新版本的 SEQUEL/2。1980 年，该语言改名为 SQL。1979 年，甲骨文公司首先提供了商用的 SQL，IBM 公司在 DB2 和 SQL/DS 数据库系统中也实现了 SQL。1986 年 10 月，ANSI 采用 SQL 作为 RDBMS 的标准语言（ANSI X3. 135-1986)，后被 ISO 采纳为国际标准。1989 年，ANSI 采纳了在 ANSI X3.135-1989 中定义的 RDBMS SQL，并将其称为 ANSI SQL 89，该标准替代 ANSI X3.135-1986 版本，被 ISO 和美国联邦政府采纳。目前，所有主要的 RDBMS 均支持某些形式的 SQL，大部分数据库至少遵守 ANSI SQL 89 标准。ANSI SQL 92 标准在交叉连接和内部连接的基础上，新增加了外部连接，并支持在 FROM 子句中写连接表达式，支持集合的并运算、交运算，支持 case（SQL）表达式，支持 CHECK 约束，支持创建临时表，支持游标以及事务隔离。

SQL 是一种具有特定目的的编程语言，用于管理关系数据流管理系统（Relational Data Stream Management System，RDSMS)，或在 RDBMS 中进行流处理。SQL 基于关系代数和元组关系演算，包括数据定义语言和数据操作语言。SQL 的功能包括数据的插入、查询、更新和删除，数据库模式的创建和修改，以及数据访问的控制等。SQL 是高级的非过程化编程语言，它允许用户在高层数据结构上工作。它不要求用户指定数据的存储方法，也不需要用户了解其具体的数据存储方法。它的界面能使底层结构完全不同的 RDBMS 和不同数据库之间都使用 SQL 进行数据的输入与管理。它以记录项目（Records）的合集（Set）即项集（Record Set）作为操作对象，所有 SQL 语句以接收的项集作为输入，以回传的项集作为输出。这种项集特性允许一条 SQL 语句的输出作为另一条 SQL 语句的输入，所以 SQL 语句可以嵌套，这使 SQL 拥有极大的灵活性和强大的功能。多数情况下，在其他编程语言中需要用一大段程序才可实现的一个单独事件，在 SQL 中只需要一条语句就可以被表达出来。这也意味着，在不特别考虑性能的情况下，用 SQL 可以写出非常复杂的语句。目前，SQL 已经成为应用非常广泛的数据库语言。图 2-25 所示为由 SQL 元素组成的一条数据集更新语句。

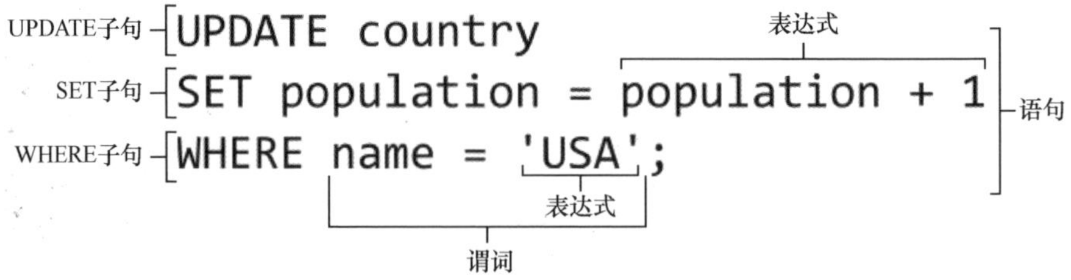

图 2-25　由 SQL 元素组成的一条数据集更新语句

6. HTML

1980 年，物理学家蒂姆西·伯纳斯－李（Timothy Berners-Lee，见图 2-26）在欧洲核子研究组织（European Organization for Nuclear Research，CERN）承包工程期间，为使 CERN 的研究人员使用并共享文档，提出并创建了原型系统 ENQUIRE。1989 年，伯纳斯－李在一份备忘录中提出了一个基于互联网的超文本系统。他规定了 HTML 并在 1990 年底写出了浏览器和服务器软件。同年，伯纳斯－李与 CERN 的数据系统工程师罗伯特·卡里奥（Robert Cailliau）联合为项目申请资助，但未被 CERN 正式批准。伯纳斯－李在个人笔记中列举了"一些使用超文本的领域"，并把百科全书列为首位。关于 HTML 的首个公开描述出现于一个名为 HTML Tags 的页面存档备份中，由伯纳斯－李于 1991 年底提及。它描述了 18 个元素，包括 HTML 初始的、相对简单的设计。除了超链接标签外，HTML 的其他设计都深受 CERN 内部一个以 SGML 为基础的文件格式 SGMLguid 的影响。这些元素中仍有 11 个存在于 HTML 4 中。伯纳斯－李认为 HTML 是 SGML 的一个应用程序。1993 年，互联网工程任务组（Internet Engineering Task Force，IETF）发布了首个关于 HTML 规范的草案"HTML"。该草案存于互联网档案馆，由伯纳斯－李与丹·康纳利（Dan Connolly）编写，其中包括用 SGML 文档类型定义来定义语法。该草案于提出后 6 个月后过期，不过值得注意的是其对 NCSA Mosaic 浏览器嵌入在线图像的自定义标签的认可，这反映了 IETF 把标准立足于成功原型的理念。同样，戴夫·拉吉特（Dave Raggett）在 1993 年末提出了一项与 HTML 竞争的互联网草案——"HTML+"，其中包括了一些新的功能，如表格和填写表单。在"HTML"和"HTML+"的草案 1994 年初到期后，IETF 成立了一个 HTML 工作组，并于 1995 年完成了

"HTML 2.0"的制定，旨在第一个成为后续 HTML 标准的依据。虽然有 IETF 的主持，但 HTML 标准的进一步发展因利益竞争而停滞。自 1996 年起，HTML 规范一直由 W3C 维护，并由商业软件厂商出资。不过在 2000 年，HTML 成为国际标准（ISO/ IEC 15445-2000）。HTML 4.01 于 1999 年末发布，进一步的勘误版本于 2001 年发布。2004 年，网页超文本应用技术工作小组（Web Hypertext Application Technology Working Group，WHATWG）开始开发 HTML 5，并于 2008 年交付，于 2014 年 10 月 28 日完成标准化。

　　HTML 是一种用于创建网页的标准标记语言。HTML 也是一种基础技术，常与 CSS、JavaScript 一起被众多网站用于设计网页、应用程序以及移动应用程序的用户界面。网页浏览器可以读取 HTML 文件，并将其渲染成可视化网页。HTML 描述了网站的结构和语义，以及线索的呈现方式，这使之成为一种标记语言而非编程语言。HTML 元素是构建网站的基石。HTML 允许嵌入图像与对象，并且可以用于创建交互式表单，它被用来结构化信息（如标题、段落和列表等），也可用来在一定程度上描述文档的外观和语义。HTML 的语言由角括号标注的 HTML 元素（如 <html>）组成，浏览器使用 HTML 标记和脚本来诠释网页内容，但不会将它们显示在页面上。图 2-27 所示为使用 HTML 编写的文档样例。HTML 可以嵌入如 JavaScript 等脚本语言，它们会影响 HTML 网页的行为。网页浏览器也可以引用 CSS 来定义文本和其他元素的外观与布局。W3C 作为维护 HTML 和 CSS 标准的组织，鼓励人们使用 CSS 替代一些用于样式和布局的 HTML 元素。

图 2-26　蒂姆西·伯纳斯－李

图 2-27　使用 HTML 编写的文档样例

7. UML

UML 的全称为统一建模语言（Unified Modeling Language），是非专利的第三代建模和规约语言。UML 是一种开放的语言，是用于说明、可视化、构建和编写正在开发的、面向对象的、软件密集系统的开放语言。UML 展现了一系列最佳工程实践，这些最佳工程实践在对大规模、复杂系统进行建模方面，特别是在软件架构层次方面已经被验证有效。UML 由格雷迪·布奇（Grady Booch）、伊瓦尔·雅各布森（Ivar Jacobson）与詹姆斯·朗博（James Rumbaugh）于 1994 年至 1995 年间，在 Rational 公司开发，又于 1996 年得到进一步发展。UML 集成了对象建模技术和面向对象程序设计的概念，将这些概念融合为单一、通用、可以广泛使用的建模语言。UML 并不是一个工业标准，但它正在对象管理组织的主持和资助下，逐渐成为工业标准。对象管理组织之前曾经呼吁业界向其提供有关面向对象的理论及实现方法，以便实现一种严谨的软件建模语言（Software Modeling Language）。很多业界的领袖亦真诚地回应对象管理组织，帮助 UML 成为业界标准。图 2-28 展示了各类 UML。

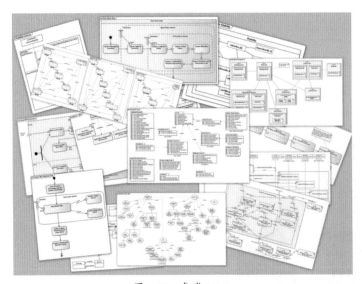

图 2-28　各类 UML

8. CSS

CSS 的全称为串联样式表（Cascading Style Sheets），又称层叠样式表、级联样式表、串接样式表、阶层式样式表等。它是一种用来为结构化文档（如 HTML 文档或 XML 应用）添加样式（字体、间距和颜色等）的计算机语言，由 W3C 定义和维护。截至本书成稿之日，该语言的最新版本是 CSS3，为 W3C 的推荐标准。CSS3 现在已被大部分现代浏览器支持，而下一个版本（CSS4）仍在开发中。CSS 不能单独使用，必须与 HTML 或 XML 协同工作，为 HTML 或 XML 进行装饰。本书主要介绍用于装饰 HTML 网页的 CSS 技术。其中，HTML 负责确定网页中有哪些元素，CSS 确定以何种外观（大小、粗细、颜色、对齐和位置等）展现这些元素。CSS 可以用于设定页面布局、页面元素样式，适用于所有网页的全局样式。CSS 可以零散地直接添加在要应用样式的网页元素上，也可以集中式内置于网页、链接式引入网页以及导入式引入网页。CSS 最重要的目标是将文件的内容与它的显示分隔开来。在 CSS 出现前，几乎所有的 HTML 文件内都包含文件显示的信息，比如字体颜色、背景样式、排列方式、边缘连线等都必须一一在 HTML 文件内列出，有时会重复列出。CSS 使文档作者可以将这些信息中的大部分隔离出来，简化 HTML 文件，将这些信息放在一个辅助的、用 CSS 编写的文件中。HTML 文件中只包含结构和内容的信息，CSS 文件中只包含样式的信息，如图 2-29 所示。

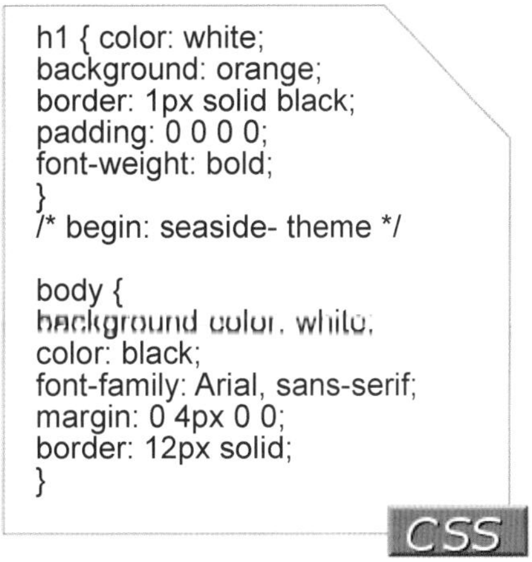

```
h1 { color: white;
background: orange;
border: 1px solid black;
padding: 0 0 0 0;
font-weight: bold;
}
/* begin: seaside- theme */

body {
background-color: white;
color: black;
font-family: Arial, sans-serif;
margin: 0 4px 0 0;
border: 12px solid;
}
```


图 2-29　CSS 文件

2.2.5　第五代语言：自然语言

尽管计算机语言经历了几代的发展，使用门槛也越来越低，但是，第四代语言离汉语、英语和西班牙语等人类使用的自然语言还有一段很长的距离。第五代语言的标准定义是：结合人工智能，允许机器直接与人类进行交流。目前，真正意义上的第五代语言尚未出现，有人把 LISP 语言和 Prolog 语言称为第五代语言，其实二者还远远达不到自然语言的标准。

针对人工智能所研究问题的特点和解决问题的方法的特殊性，为了能方便而有效地建立人工智能系统，需要发展专门的人工智能语言。

一般来说，人工智能语言应具备如下特点。

① 要有符号处理能力（非数值处理能力）。

② 适用于结构化程序设计，编程容易。（要有把系统分解成若干容易理解和处理的小单位的能力，从而既能较容易地改变系统的某个部分，又不破坏整个系统。）

③ 要有递归功能和回溯功能。

④ 要有人机交互能力。

⑤ 适合推理。

⑥ 要有把过程与说明式数据结构混合起来的能力，也要有辨别数据、确定控制模式的匹配机制。

传统方法通常把问题的全部知识通过各种模型表达在固定程序中，而人工智能解决问题时，往往无法把全部知识都表达在固定程序中，通常需要建立一个知识库（包含事实和推理规则）。程序根据环境、所给的输入信息以及所要解决的问题来决定自己的行动，所以它是环境模式制导下的推理过程。这种方法有极大的灵活性、极强的对话能力，有自我解释能力和学习能力。这种方法在解决一些条件和目标不大明确或不完备（不能很好地形式化，不好描述）的非结构化问题时比传统方法好，它通常采用启发式、试探式策略来解决问题。

虽然第五代语言距离成熟还有很长的路，但是目前正处于高速发展的时期，而且已经出现了一些阶段性的成果。从 2012 年至 2021 年，深度神经网络技术发展得十分迅猛，给很多领域带来了巨大的突破，其中包括计算机编程语言等相关领域。例如，在自然语言处理（Natural Language Processing）中，深度神经网络技术已经成为计算机的"耳朵"和"嘴巴"，它可以一定限度地使计算机具有从音频和文本中高效地抽取信息的能力。它在人们的生活中也有着广泛的应用，例如现在十分火爆的智能音箱和智能语音助手。本小节介绍 4 款常用的智能语音助手。

1. Siri

Siri 的全称为 Speech Interpretation & Recognition Interface，中文名称为语言

识别接口。Siri 诞生于 2007 年，2010 年被苹果公司以 2 亿美元的价格收购，最初以文字聊天服务为主，随后通过与全球著名的语音识别厂商 Nuance 合作，实现了语音识别功能。Siri 利用了目前特别热门的深度学习技术，包括卷积神经网络和长短期记忆网络。Siri 技术源自 DARPA 公布的 CALO 计划：开发一个让军方简化处理一些复杂事务，并具备学习、组织以及认知能力的数字助理，从数字助理衍生出的就是民用版软件 Siri。用户可以通过 Siri 查找信息、拨打电话、发送信息、获取路线、播放音乐、查找苹果设备等。可以说，苹果手机中的 Siri 开创了智能语音助手的先河。

2. Bixby

Bixby 是由三星公司开发的虚拟语音助手（见图 2-30）。2017 年 3 月 20 日，三星公司宣布了名为 "Bixby" 的数字语音助手。在 2017 年 3 月 29 日举行的 Samsung Galaxy UNPACKED 2017 活动期间，Bixby 与 Samsung Galaxy S8 和 S8+ 以及 Samsung Galaxy Tab A 一同推出。Bixby 代表着 S Voice 的一次重大重启。S Voice 是 2012 年随 Galaxy S Ⅲ 推出的三星语音助手应用程序，于 2020 年 6 月 1 日停产。2017 年 10 月，三星公司在美国旧金山举行的年度开发者大会上发布了 Bixby 2.0。Bixby 2.0 已在三星公司的所有产品线中推出，包括智能手机、电视和冰箱等。另外，三星公司允许第三方使用三星开发人员套件为 Bixby 开发应用程序。

图 2-30　Bixby 的图标

3. Cortana

Cortana 是由微软公司开发的虚拟语音助手，它使用必应搜索引擎，执行诸如设置提醒和为用户回答问题之类的任务。Cortana 的开发始于 2009 年，在 Cortana 早期工作中的一些关键研究人员包括微软公司的研究人员、软件开发商和用户体验设计师。为了开发 Cortana，开发团队采访了个人助理。这些采访造就了 Cortana 的许多独特功能，包括"笔记本"功能。最初，Cortana 只是用作代号，后来 Windows Phone 的 UserVoice 网站上的请愿书证明 Cortana 很受欢迎，因此该代号最终成为正式名称。在 2014 年 4 月的 BUILD 开发者大会上，微软公司首次演示了 Cortana。2015 年，微软公司宣布在 Xbox One 上推出 Cortana。2017 年，微软公司与亚马逊公司合作将 Alexa 和 Cortana 相互集成，从而允许 Alexa 或 Cortana 的用户通过命令召唤对方。此功能预览版于 2018 年 8 月发布。Cortana 用户可以说"嘿，Cortana，打开 Alexa"，而 Alexa 用户可以说"Alexa，打开 Cortana"，以召唤对方。2019 年 1 月，微软公司首席执行官萨蒂亚·纳德拉（Satya Nadella）表示，他不再将 Alexa 和 Siri 视为 Cortana 的直接竞争对手。不过遗憾的是，在 2020 年 1 月 31 日，微软公司在某些市场（包括英国、澳大利亚、德国、墨西哥、中国、西班牙、加拿大和印度）删除了 Cortana 移动应用程序。微软公司于 2021 年 3 月 31 日完全从 iOS 和 Android 应用商店中删除了 Cortana。

4. 亚马逊 Alexa

亚马逊 Alexa 简称 Alexa，是由亚马逊公司开发的虚拟语音助手，最早用于亚马逊 Echo 智能扬声器以及由亚马逊 Lab126 开发的 Amazon Echo Dot、Amazon Studios 和 Amazon Tap 扬声器上。2014 年 11 月，亚马逊公司宣布了 Alexa 的诞生。开发人员之所以选择 Alexa 这个名称，是因为它与 X 的发音有相似之处，这有助于提高它的识别度。2015 年 6 月，亚马逊公司宣布推出 Alexa 基金，该基金计划向专注语音控制技能和技术的公司投资。截至本书成稿之日，Alexa 基金已投资了 2 亿美元，投资的公司包括 Jargon、Ecobee、Orange Chef、Scout Alarm、Garageio、Toymail、MARA 和 Mojio。2017 年 1 月，首届 Alexa 会议在美国田纳西州纳什维尔举行，这是 Alexa 开发人员和发烧友的独立聚会。后续会议以声音项目（Project Voice）的名义进行，并有主旨演讲嘉宾，例如亚马逊 Alexa 的教育主管保罗·卡青格（Paul Cutsinger）。在拉斯维加斯举行的 Amazon Web Services re：Invent 会议上，亚马逊公司宣布了 Alexa for Business，并为应用程序开发人员提供了为其应用程序付费的附加功能。2018 年 5 月，亚马逊公司宣布将 Alexa 纳入由 Lennar Corporation 建造的 35 000 套新房屋中。2018 年 11 月，亚马逊公司在多伦多的伊顿中心开设了首家以 Alexa 为主题的快闪店，展示了家庭自动化产品与智能扬声器的结合使用。除了在美国各地的商场上架展示外，亚马逊公司还在图书市场出售 Alexa。2018 年 12 月，Alexa 被内置到 Anki Vector 中，这是 Anki Vector 的第一个主要更新。尽管 Anki Vector 于 2018 年 8 月发布，但它是当时唯一搭载先进技术的家用机器人。2019 年 4 月，亚马逊公司宣布 Alexa 与 Bose、Intelbras 和 LG 公司合作，将业务扩展到巴西市场。图 2-31 为商店中展示的 Alexa。

图 2-31　商店中展示的 Alexa

语音助手等相关产品，不仅在一定程度上解放了人们的双手，还使人们和计算机交流的方式越来越多样化，同时也大大降低了计算机的使用门槛和使用难度。这意味着计算机可以更好地用于服务老人、小孩和残疾人等。虽然目前的智能语言助手仍然存在很多缺陷和不足，但是相信在不久的将来，真正的智能语音助手一定会出现，这也将推动计算机编程语言不断前进。

2.3　软件的发展

软件产业发展到今天经历了 5 个时代，分别是：第一代，软件产品的孵化；第二代，软件产品的诞生；第三代，独立的企业解决方案出现；第四代，大众软

件时代；第五代，互联网增值软件独领风骚。本节对这 5 个时代分别进行详细
介绍。

2.3.1 第一代（20 世纪 50 年代）：软件产品的孵化

这个时期还没有出现真正意义上的商业软件，第一批独立于卖主的软件公司
仅是为个人客户开发、定制解决方案的专业软件服务公司。在美国，软件的发展
过程是通过几个大软件项目推进的，这些项目先是由美国政府，后来是由几家美
国大公司认购的。这些大型项目为第一批独立的美国软件公司提供了重要的学习
机会，并使美国成为早期软件业发展的主角。

1. 程序员的大学

（1）SAGE 系统

半自动地面防空（Semi-Automatic Ground Environment，SAGE）系统，也称
赛其系统，开发于 1949—1962 年。这是世界上第一个超大型计算机项目，研发
开支达到 80 亿美元。20 世纪 50 年代初，美国为了自身的安全，在其本土北部
和加拿大境内，建立了 SAGE 系统（见图 2-32）。SAGE 软件开发计划成为当时
软件工程开发中最"崇高"的事业之一。当时美国程序员的数目大约为 1200 人，
其中约 700 人在为 SAGE 系统的项目工作。

图 2-32 建立 SAGE 系统

美国在加拿大边境地带设立了警戒雷达，警戒雷达可首先将天空中飞机的目

标方位、距离和高度等信息通过雷达录取设备自动保存下来，并转换成二进制的数字信号，然后通过数据通信设备将信号传送到北美防空司令部的信息处理中心。北美防空司令部信息处理中心的数台大型计算机自动地接收这些信号，经过数据处理后不仅可以计算出飞机的飞行航向、飞行速度和飞行的瞬时位置，还可以判别出是否为入侵的敌机。信息处理中心将这些经数据处理后的信息迅速传送到空军和高炮部队，使他们有足够的时间为战斗做准备。在 SAGE 系统中，雷达录取设备将采集到的飞机目标信息自动传送到通信设备，信息处理中心的大型计算机自动地接收通信设备传送来的信息。这种将计算机技术与通信技术结合的方法在人类的历史上还是第一次，因此也可以说是一种创新。没有将计算机技术与通信技术结合的尝试，也就不会有当今世界的计算机网络。

（2）SABRE 飞机票预订系统

20 世纪 60 年代，为应对航空业的激烈竞争，美国航空公司和联合航空公司各自推出了名为 SABRE 和 APOLLO 的飞机票预订系统。这两个系统给两家航空公司带来了极大的利润，几乎使他们垄断了主要的机票销售渠道。

1954 年，美国航空公司要求 IBM 公司开发 SABRE 飞机票预订系统（简称 SABRE 系统，见图 2-33），该系统使用半自动业务研究环境。这是第一个由工业界资助的软件项目，雇用了大约 200 名软件工程师、耗资约 3000 万美元，于 1964 年完成。从那时起，SABRE 系统逐渐发展成了一个拥有 3 万多家旅行社、300 多万在线客户的网络系统。该

图 2-33 SABRE 飞机票预订系统

系统使计算机有史以来第一次通过网络连接，让世界各地的人们能够输入数据、处理信息请求和展开业务。同时，该系统使整个旅行业发生了革命性变化，标志着当时用于买卖旅行服务的综合系统发展的开端。

SABRE 系统源自 1953 年举行的一次会议。IBM 公司年轻的销售员布莱尔·史密斯（Blair Smith）登上从洛杉矶飞往纽约的美国航空公司航班去参加培训。他与身边的一个人攀谈起来，而那人正是美国航空公司总裁 C. R. 史密

斯（C. R. Smith）。当时，机票预订都是先用笔记录在卡片上，再将卡片保存在卡片盒内。随着业务的发展，机票信息累积量巨大。布莱尔·史密斯知道，美国航空公司有一台旧计算机，该计算机只能追踪飞机上预订的座位和剩余座位数量，而不能记录是谁预订了这些座位。

布莱尔·史密斯回忆："我告诉 C. R. 史密斯，我回去要学习和使用一种计算机，这种计算机不仅要保证可用性，还要能够记录乘客的姓名、路线，以及电话号码等信息。C. R. 史密斯先生对此非常感兴趣。他取出一张卡片，在背面写下了一个特殊电话号码。他说：'现在，布莱尔，你在学习结束后，可以到拉瓜迪亚机场的预订中心看一下。到时候，你给我写一封信，告诉我应该怎么做。'"

在培训时，布莱尔·史密斯见到了 IBM 公司的 CEO——托马斯·沃森（Thomas Watson），并将这次对话的情况告诉了他。沃森告诉布莱尔·史密斯按照美国航空公司总裁的要求去做，参观预订中心，写信提出建议并向自己发送一份。布莱尔·史密斯建议由 IBM 公司和美国航空公司共同开发项目，创建一个飞机票预订系统，后来 C. R. 史密斯采用了这个建议。

SABRE 系统的建造过程借鉴了 IBM 公司建造 SAGE 系统的经验。最初，SABRE 系统只配备了两台 IBM 7090 计算机，但这两台计算机仅在同一个地点运行，即纽约的布赖尔克利夫马诺（Briarcliff Manor）。1964 年底，这个新系统每小时处理的订票交易量达到 7500 次。在旧的手动卡片系统中，处理一个预订交易的平均时间是 90 分钟，SABRE 系统将这个时间缩至几秒。

20 世纪 60 年代中期，SABRE 系统成为最大的私有实时数据处理系统，其规模仅次于美国政府的系统。《财富》杂志在 1964 年的一篇文章中报道了 SABRE 系统的惊人能力。文章写道："对于致电或前往美国航空公司订票柜台进行订票的洛杉矶乘客，在他请求预订座位的最后一个字和代理答复的第一个字之间的 2/5 秒内，他已经成为这套价值 3000 万美元的计算机装置的受益人，不仅提前一年预订了正确的航班，而且一旦系统登记了他的姓名，就将追踪他在旅程中的每一步——包括订餐、租车或者转机预订，直至他到达目的地。"

SABRE 系统为美国航空公司带来了巨大的竞争优势，这迫使其他航空公司也开始建立自己的预订系统。大部分航空公司都选择了与 IBM 公司进行合作。

1976 年，美国航空公司将 SABRE 系统推广到旅行代理机构，这样，乘客通过旅行代理机构就可以直接订票。当时，这个先进的系统可以存储 100 万张机票的票价。1985 年，美国航空公司建设了 easySABRE 系统，使消费者能够通过互联网或 CompuServe 服务在线访问。一年后，SABRE 系统团队再次取得了突破，在业内推出了第一个收入管理系统，帮助美国航空公司从售出的每张机票中获得最多的收入，该管理方法在今天仍被广泛使用。10 年后的 1996 年，SABRE 系统团队开发的 Travelocity 网站上线。2000 年，SABRE 系统团队从美国航空公司脱离，自立门户，成为 SABRE 公司。

上述整个过程的每个阶段，SABRE 系统都为人们提供了很多第一次的体验，计算机能够即时处理交易、同步余票和价格、追踪客户的能力，是 20 世纪 90 年代迅猛发展的电子商务业务的基础。

目前，SABRE 公司仍是全球旅行技术产品和服务的领先提供商。SABRE 系统每天 24 小时、每周 7 天不间断地运行，每秒处理 42 000 多笔交易。每天，全球有 57 000 多个旅行代理机构登录 SABRE 系统。

SAGE 和 SABRE 系统都成了"程序员的大学"，在美国的早期软件业中拥有至高无上的地位。此后，许多参与相关研发的程序员散布全国，用在这些大项目中学到的知识创立了他们自己的公司。由于欧洲或亚洲没有类似的大型软件项目，因此这些早期的大型软件项目使得美国的软件业在整个世界独占鳌头。

2. "老枪"雷明顿－兰德公司与早年"蓝色巨人"IBM 公司

雷明顿－兰德公司的经营者詹姆斯·兰德（James Rand）出生于一个企业家庭，他的父亲经营的公司生产银行账簿。兰德在大学毕业后曾在多家办公设备公司当推销员，几年后回到父亲的公司。在父亲的公司里，他发明了一种相当于现今计算机数据库的卡片式可视文档系统 Kardex，并申请了专利。但在销售策略上，他与父亲产生了分歧，于是他成立了一家名为 Kardex 的公司，几年后这家公司上市并获得了巨大成功。随后几年，兰德大量兼并公司并成立了雷明顿－兰德公司，他父亲的公司也参与其中。20 世纪 20 年代末期，雷明顿－兰德公司成为生产多种产品的公司。20 世纪 30 年代初中期，雷明顿－兰德公司在办公设备市场方面一直以其打字机和机械式加法器产品与 IBM 公司展开强有力的竞争。随着时代的推移和技术的发展，雷明顿－兰德公司错过了 20 世纪 30 年代办公设备企业的两大发展机会：采用电动穿孔卡片制表机技术和在办公设备销售上采用租赁方式。20 世纪 40 年代，雷明顿－兰德公司在与 IBM 公司的竞争中败北。收购埃克特－莫奇利计算机公司是雷明顿－兰德公司在发展办公设备方面重振旗鼓的重大策略。通过这次收购，雷明顿－兰德公司进入了新型的计算机市场，在办公设备的生产和销售方面有实力与 IBM 公司一决雌雄。之后的事实证明了兰德这步棋的正确性和远见卓识，这为他的公司在计算机产业化的历史上写下了重要的一笔，也使他的老竞争对手 IBM 公司大为震惊并及时调整了产品方向。

雷明顿－兰德公司在收购埃克特－莫奇利计算机公司后立即投入了大量资金，全力开展计算机的研究和制造工作，完善和改进了各项工程措施，这大大加快了 UNIVAC 的开发速度。第一台 UNIVAC（见图 2-34）于 1951 年 6 月 14 日研制成功。这台 UNIVAC 在交付给美国人口统计局后，美国人口统计局用它成功地处理了 1950 年美国的人口普查数据，得到了各界人士的好评。这标志着计算机走进了实用阶段，已从实验设备发展为具有多种用途的实用装置。雷明顿－兰德公司在其广告词中写道"UNIVAC 将把商业带进电子时代"（见图 2-35），这充分反映了 UNIVAC 应用领域的扩大。

图 2-34　雷明顿－兰德公司制造的 UNIVAC

真正让世人对计算机另眼相看的是第二台 UNIVAC，这台计算机参与了 1952 年美国总统大选的统计工作。它在工作中的非凡表现使人们开始认识到计算机的巨大作用。UNIVAC 成了"大明星"，家喻户晓。雷明顿－兰德公司也因此出名，在那个年代，雷明顿－兰德公司就是电子计算机的代名词。

图 2-35　雷明顿－兰德公司当年营销 UNIVAC 的广告（来源：卡内基梅隆大学官网）

雷明顿－兰德公司的 UNIVAC 在计算机领域的成功，尤其是它在美国人口统计局人口统计方面和 1952 年美国总统大选选票统计方面的完美表现，大大触动了当时计算统计领域的老大——IBM 公司的神经。虽然 IBM 公司曾与哈佛大学合作开发过 MARK-I 型机，且自主开发过机械电子计算机"程序选择式电子计算机"，但实际上 IBM 公司对电子计算机方面的开发和应用还不是很重视。一方面，由于 IBM 公司的制表机、打孔机在计算统计市场居于领导地位，为其获得了丰厚的利润，事业的辉煌遮住了老沃森（见图 2-36）和 IBM 人的眼睛，钝化了他们的市场敏锐力，未能发现电子计算机的广阔前景和市场潜力；另一方面，电子计算机刚开始主要用于科学计算，老沃森认为它不会冲击商业计算领域，且造价高、无商业利益可获。

虽然早在 1946 年，ENIAC 的庞大和笨重给小沃森（见图 2-37）留下了很差的印象，但一个偶然的机会让小沃森改变了对电子计算机的偏见，意识到了电子计算机的商业前景，从而开始在 IBM 公司开展电子计算机事业，这也奠定了 IBM 公司后续事业愈加辉煌的基础。那是在参观完 ENIAC 几个星期后，小沃森很随意地走进了设在公司总部一楼的专利开发室，看到了一种被工程师称作乘法器的新型设备。这种新型设备由电子管组成，结构简单，外观简洁，有 1 米多高，外壳看上去像一只箱子。它与 IBM 公司的高速打孔机相连，通过穿孔卡把要计算的数据输入便可进行两数的乘法，计算速度很快。打孔机输入数据的时间占计算时间的 9/10，乘法器运算的时间占计算时间的 1/10。这种乘法器的计算演示刺激到了小沃森，他决定将其投放市场。在征得了父亲老沃森的同意后，经过了几个月的准备，小沃森于 1946 年 9 月在报纸上大做广告，广告占了报纸整整一个版面。他给这款设备起名为 IBM 603，宣称 IBM 公司研制成功了世界上第一台商用电子乘法器。广告得到了广大用户的响应，IBM 603 电子乘法器大受欢迎，以每月 350 美元的租金出租给用户，一下子出租了 100 多台。IBM 603 电子乘法器代表着 IBM 公司的一个新起点，由此 IBM 公司进入了电子计算机行业。

图 2-36　托马斯·沃森（老沃森）　　图 2-37　小托马斯·沃森（小沃森）

　　1953 年 4 月，IBM 公司举行了一场隆重的发布会，推出了 701 型计算机。会上邀请了 150 名一流的科学家和商界领袖参加，其中包括被誉为"原子弹之父"

的罗伯特·奥本海默（Robert Oppenheimer）和被称为"计算机之父"的冯·诺依曼。奥本海默在致辞中称"IBM 701 型计算机是人类终极智慧的贡献"。1954年春天，IBM 公司在电子计算机方面的实力已接近雷明顿－兰德公司，大有并驾齐驱之势。

雷明顿－兰德公司在计算机领域取得了领先地位后，没有采取长驱直入的策略，其力量继续分散到电动剃须刀、工业电视系统、打卡机等产品上，因此，其计算机产品的交货时间常常延迟。与此形成鲜明对比的是，IBM 公司严谨的工业流水线生产能力和灵活的商业促销能力正逐渐发挥出来。

IBM 公司大步赶了上来。首先，IBM 公司狂揽人才，不但从美国东海岸的麻省理工学院招收毕业生，而且从美国西海岸的加利福尼亚大学（简称加州大学）、斯坦福大学聘请人才。发现美国西海岸的人才留恋当地的良好环境不愿离开后，IBM 公司甚至在当地成立了一个实验室来招揽他们。IBM 701 型计算机推出一年后，IBM 702 型计算机面世，该机型在技术上已开始超越雷明顿－兰德公司的新产品。

随后，可满足不同客户需求的 IBM 704、IBM 705 型计算机相继面世。当雷明顿　兰德公司还在大型机领域打转时，IBM 公司决定适时开发中型计算机，其中型计算机以较高的性价比赢得了市场的掌声。

IBM 公司当时的技术研发团队中虽然没有像埃克特、莫奇利那样的天才级人物，但也招揽了一批一流人才。这些人才没有那些天才的孤傲和不合群，因而能融入 IBM 公司的销售文化氛围中。从 IBM 公司的产品命名中就可以看出，IBM 公司不采用 ENIAC、UNIVAC 那样晦涩的称号，而直截了当地用 IBM 701、IBM 702、IBM 650 等系列序号，这符合当时商业客户的口味。

当时 IBM 公司的计算机是模块化的，即计算机由一系列可以随意组装的箱子组成，箱子的尺寸正好适合标准电梯的大小。除了运输较容易外，模块化组装便于改动，可根据客户的不同要求而改变。而雷明顿－兰德公司的产品还是像10 年前计算机诞生时的那样——以很大的一整块方式呈现。

雷明顿－兰德公司在 IBM 公司的压力下，渐现颓势。1955 年，它与航海设备厂商斯佩里公司合并，成立了斯佩里－兰德公司。1956 年，IBM 公司取代斯佩里－

兰德公司，成为哥伦比亚广播公司预测美国总统大选结果的计算机提供商。

3. 中小型软件项目开发公司填补空缺

大型计算机生产商虽然能为大客户开发大型软件，但是没有足够的资源为中等规模的客户开发软件。第一批软件开发企业填补的正是这个市场空缺。

1955 年，甚至在"软件"这个术语尚未被创建出来的时候（它首次被使用是在 1959 年），两位 IBM 公司的前员工创立了计算机惯用法公司（Computer Usage Company，CUC，见图 2-38），它被认为世界上第一家独立于卖主的软件服务公司。这家公司利用 4 万美元作为创业资金，第一个项目来自加利福尼亚州的研究公司，完成于 1955 年，实现了一个可以模拟石油流动的程序。CUC 接着为保险及零售连锁公司开发软件，所有这些都是在一定时间内为不同客户分别定制的。不久，其他人加入该公司，1959 年，CUC 有了 59 名员工，1960 年，CUC 上市。1967 年末，CUC 在全国有 12 个办事处，700 多名员工。

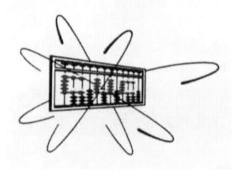

图 2-38 CUC 的图标

不久，其他企业开始追随 CUC 的脚步。弗莱彻·琼斯（Fletcher Jones）和罗伊·纳特（Roy Nutt）于 1959 年创立了计算机科学公司（Computer Sciences Corporation，CSC，见图 2-39）。1963 年，CSC 是世界上最大的独立计算机服务公司，同年在纽约证券交易所上市，成为首家上市的 IT 服务公司。一直到 1997 年，CSC 仍是全球最大的软件服务公司之一，年度总收入为 63 亿美元。

该时期成功成立的其他公司有 1959 年成立的应用数据研究公司、1962 年成立的电子数据系统（Electronic Data Systems，EDS，见图 2-40）公司、1962 年成立的加州分析中心公司（California Analysis Center Incorporated，CACI）、1965 年成立的基恩（Keane）公司，以及 1963 年成立的管理美国科学（Management Science America，MSA，它在 20 世纪 70 年代初的一次破产之后将其重点转向了软件产品）公司。

图 2-39　CSC 的图标　　　　　　　图 2-40　EDS 公司的图标

20 世纪 60 年代初，专业软件服务公司迅速发展。20 世纪 60 年代中前期，软件服务迅速发展，计算机的速度、尺寸和数量都有了巨大的改善。全世界形成了对软件如饥似渴的环境，计算机生产商们将自己的大部分软件开发项目转包出去。比如，CUC 有一支 20 人的队伍为 IBM System/360 系统的软件工作，而 CSC 是霍尼韦尔（Honeywell）公司的一个主要的软件承包商。1965 年，在美国大约有 45 个大软件承包商，有些承包商雇用的程序员超过了 100 名，年收入达到 1 亿美元。在它们下面是无数小软件承包商，这些承包商往往只有几个程序员。1967 年，据估计美国有 2800 家软件承包商。相比之下，欧洲落在了后面，几家大软件承包商终于在 20 世纪 50 年代和 20 世纪 60 年代发展起来了。但总体上，比美国滞后了几年。

2.3.2　第二代（20 世纪 60 年代）：软件产品的诞生

在第一批独立软件服务公司成立约 10 年后，第一批软件产品出现了。它们被专门开发出来重复销售给一个以上的客户。20 世纪 60 年代，传统的思维认为不能单靠卖软件赚钱。所以第一批软件产品是定制的，或者免费发送。它为每个客户专门编写，或者由计算机生产商分发。比如，IBM 公司有一个包含在其 IBM 1401 计算机里供保险公司使用的程序统一化普通功能（Consolidated Functions Ordinary，CFO）软件包。CFO 软件包在 1964 年被广泛接受，成为当时最成功的保险业软件。当时，大多数计算机经理不相信会存在一个有意义的软件产品市场。但是有几个企业家不同意，他们相信可能存在为多次使用而编写的软件，这种软件能被重复出售给数百个客户。

1. 第一个软件专利和第一个软件许可证协议

1964 年，硬件生产商 RCA 找到了 1959 年由 7 名程序员创立的应用数据研究（Applied Data Research，ADR）公司——第一家软件产品公司，要求他们开发一个可以在程序里形象地表示设备的逻辑流程的流程图程序。最终，这个程序成为第一款真正意义上的软件产品，不但一次又一次地重复销售给许多客户，还促使了一家围绕软件产品的开发和营销而组织的公司的诞生。由于 RCA 对这个程序没有兴趣，ADR 公司试图通过直接向 RCA 501 计算机的 100 个用户发放许可证来收回大约 1 万美元的最初投资，但只有两个用户以销售价 2400 美元购买了该程序。ADR 公司后来改变了策略，为 IBM 1401 计算机、后来又为 IBM System/360 系统重写了程序，获得了巨大的成功。在几年里，数千台 IBM 计算机使用了 ADR 公司的软件。ADR 公司在 1965 年发布了一款软件产品 AUTOFLOW，该软件可以自动产生程序流程图，最终卖出了数千套。AUTOFLOW 的诞生标志着软件业从此走向产品化。

早在 1962 年 3 月，3 名 Ramo-Wooldridge 公司的员工创立了 Informatics 公司，这是一家以一款名为 Mark Ⅳ 的软件产品的开发而著名的公司。Mark Ⅳ 是世界上第一款数据库产品。

Informatics 公司是一家普通的软件承包公司，成立于 1962 年。1964 年，Informatics 公司认识到计算机主机制造厂商在数据库方面非常薄弱，因而数据库产品有市场机遇，于是用了 3 年的时间，花费了大约 500 万美元开发了 Mark Ⅳ。当 Mark Ⅳ 在 1967 年上市时，关于软件产品的定价还少有先例，它的 30 000 美元的售价让那些习惯了获得不需额外付款的软件的计算机用户惊呆了。1968 年底，它只勉强取得了成功，卖出了 44 件产品，然而其在与 IBM 公司松绑之后得到快速发展。1969 年春，Mark Ⅳ 的安装数达到 170 个，1970 年达到 300 个，1973 年达到 600 个。Mark Ⅳ 有自己的产品周期，甚至有自己的用户团体——Ⅳ League。直到 1983 年，历经 15 年，Mark Ⅳ 成为世界上最成功的软件产品之一，其销售量达到 1 亿多美元。Informatics 公司面临的主要挑战之一是确定将什么费用包含在售价之中。受到 IBM 公司将大量客户服务费用包含在其计算机的售价之中的政策的影响，Informatics 公司最初提供免费的产品维护和升级服务。

但 4 年后，Informatics 公司看到了这些服务的真正成本并开始给它们标价。

注意到市面上软件产品未经授权而复制的情况后，ADR 公司和 Informatics 公司都在寻找一种方法以保护软件产品的所有权。戈茨（Goetz）是 ADR 公司的产品经理，他决定为 AUTOFLOW 申请一项专利，这是历史上第一个被接受的关于软件的专利申请。这是一个转折点，标志着软件开始作为产品而不是服务被人们接受。Informatics 公司同时完善一个软件许可证协议，它给了客户使用软件的永久许可，但程序代码的所有权仍属于 Informatics 公司。这成为软件业的主流模式，直至今天还在使用。

这些 20 世纪 60 年代的软件产品先驱奠定了今天仍然存在的软件基础，涵盖了软件产品的基本概念（定价、维护以及法律保护手段），更进一步地证实了软件项目和软件产品是两个不同的行业。但是，当时软件产品业还处在幼年。到 1970 年，软件产品销售额也不超过 2 亿美元。

2. IBM System/360

IBM System/360（S/360，见图 2-41）是 IBM 公司于 1964 年推出的计算机系统。S/360 的问世代表着世界上的计算机有了一种共同的语言，它们都共用代号为 OS/360 的 OS（Operating System，操作系统）。让单一 OS 适用于整个系列的产品是 S/360 成功的关键，实际上 IBM 公司目前的大型系统便是此系统的后裔。S/360 是第一个行业标准系统，IBM 公司为庞大的软件业奠定了基础。从 1969 年到 1971 年，S/360 拥有大约 80% 的市场份额。对 IBM 公司来说，S/360 无疑是一棵"摇钱树"，它为公司带来了总共 260 亿美元的收入和 60 亿美元的利润。尽管已有行业标准，但当时大多数软件还是由 IBM 公司开发——免费且和硬件包含在一起。

1960 年，IBM 公司已成为计算机界的巨头。自 1950 年 IBM 公司开始研制和销售计算机以来的 10 年间，其营业额猛增了 9 倍，已有数千台 IBM 计算机广泛应用在金融、政府、国防和科研等领域。这些月租金高达 2000 美元到 5 万美元的计算机为 IBM 公司带来了每年约 20 亿美元的收入。IBM 公司也已成功实现了从真空管技术向晶体管技术的过渡。在股市上，IBM 公司的股票是最优秀的股票之一。

图 2-41　S/360

　　IBM 公司的总裁小沃森并没有感到多大的喜悦。小沃森知道在这些繁荣表面下隐藏的危险真相：就在计算机的市场需求日益增长时，IBM 公司却停滞不前。尽管公司营业额还在以每年 20% 的速率增长，但利润额却不断下降。营业额的增长也注定会减缓，因为竞争厂家正在不断推出性价比更高的计算机系统，以期夺走 IBM 公司的市场份额。

　　在 1960 年，IBM 公司的销售目录中共有 8 款晶体管计算机和一些真空管计算机，另外还有 6 款晶体管计算机正在开发中。这些计算机互不相干，它们使用不同的内部结构、处理器、程序设计软件和外部设备，功能和性能也不同。这不是 IBM 公司一家的现象，而是 1960 年计算机界公司的普遍现象。

　　计算机界开始出现用户抱怨的情况。如果用户的业务发展了，势必需要换一台更强大的计算机。但这是件很麻烦的事，不仅需要更换计算机本身，还需要更换外部设备，重新编写程序，既费时又费钱。很多用户对 IBM 公司强迫他们不断改写程序提出抗议，因为他们把时间都浪费在这些低水平的重复劳动上。尤其麻烦的是，当时大部分应用程序都是用汇编语言写的，程序的移植工作量很大。

　　更让用户愤怒的是，好不容易把程序移植到一台更昂贵、号称速度提高 1 倍的 IBM 公司的计算机上后，程序实际的运行速度并没有提高 1 倍，只提高了

10%，用户的各种优化都不起作用。IBM 公司内部知道其中的原因，这是因为技术人员还没有来得及将外部设备优化，以匹配这种高速计算机，用户必须再等上半年。

由于不同的机型需要不同的零部件，生产人员不得不疲于奔命，制造很多种小批量的零部件产品。仅库存管理和质量控制就耗费了大量精力和成本。技术人员的士气也受到了影响。大部分技术人员都在做低水平的重复劳动。比如一台磁带机被设计出来后，技术人员必须做大量的改造工作。而这些改造工作没有任何创新或技术增值，只是把同一台磁带机与各种机型匹配，再没有比低水平的重复劳动更能打击技术人员的士气的了。市场部门也在发出警示，这么多机型互相争夺市场，但在技术上又互不相容，很不利于 IBM 公司统一市场形象和开展市场推广工作。

毫无疑问，IBM 公司的研究开发落后了。小沃森知道，IBM 公司的最大优势在于系统整体化、全局优化的能力。公司在研究开发、生产、市场、销售等各个方面都有丰富的资源和杰出的人才，只要管理层给员工指明正确的方向，并组织好核心队伍，IBM 公司就能凝聚出巨大的能量，迅速推出主导市场的产品，这种全局优化的能力是其他厂家不具备的。但那时 IBM 公司的部门各自为政，在与其他厂家竞争之外还有内部的相互竞争。

小沃森找来负责开发和生产的副总裁文森特·利尔森（Vincent Learson），命令他尽快找出答案。小沃森从市场部门了解到，IBM 公司的现有产品还能在市面上挣扎两年左右，因此必须在两年之内推出高增值的新产品，重振 IBM 公司的雄风，他授予利尔森获取全公司所有信息以及动用全公司所有资源的权限。

小沃森当时肯定没有想到，他的决定对计算机界此后 40 年的历史会产生革命性的影响，至今未衰。利尔森受命后做的第一件事是全面调查 IBM 公司在研发、生产和市场方面的现状。1961 年 5 月，调查结果出来了。坏消息是，全公司所有部门正在开发的产品中，没有任何一个能解决小沃森的问题。好消息是，有一部分技术人员，尤其是一些研究人员和大型计算机的开发骨干提出了一种"计算机家族"的概念，可以解决小沃森的问题。但是，这是一种全新的、革命性的概念，从来没有人尝试过。这些技术人员心里对"计算机家族"的可行性完全没有底。但他们知道，要在1962年完成"计算机家族"的开发是不可能的，最起码也要到1964年。利尔森采取了两个措施：第一，命令计算机事业部调整规划，将现有产品的销售寿命延长到1964年；第二，命令他的核心队伍将"计算机家族"的研究作为第一优先。

到了1961年10月，他的核心队伍仍然对可行性没有达成一致意见，但认为可行的意见占了上风。利尔森感到必须采取更果断的措施。他从核心队伍中抽出研究人员、技术主管和市场主管共计13名，组成了一个特别工作组，限令他们在年底前必须提出一个"计算机家族"的总体方案。为了让工作组全力投入，他把工作组全体人员集中到康涅狄格州的一个旅馆封闭攻关。

1961年12月28日，经过工作组两个月的紧张工作，一份题目很不起眼的文件《处理机产品——SPREAD工作组的最后报告》诞生了。这就是后来赫赫有名的S/360的总体方案。

工作组的成员后来领导了S/360的设计和工程实施工作。他们中的一些人对计算机技术后来的发展发挥了重大的作用，工作组组长鲍伯·埃文斯（Bob Evans，见图2-42）后来成了IBM公司负责技术的副总裁。工作组成员吉恩·阿姆达尔（Gene Amdahl，见图2-43）是计算机体系结构理论中"阿姆达尔定律"（该定律是指系统中对某个部件采用更快的执行方式所能获得的系统性能的改进程度，取决于这种执行方式被使用的频率，或所占总执行时间的比例）的提出者。工作组成员弗雷德里克·布鲁克斯（Frederick Brooks）则发现了软件开发的"布鲁克斯定律"（见图2-44）。

图2-42 鲍伯·埃文斯

图2-43 吉恩·阿姆达尔

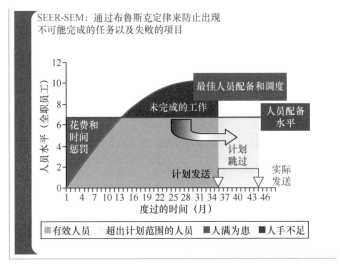

图 2-44 布鲁克斯定律

无论从哪个角度看，S/360 的总体方案都是一个令人惊叹的作品。凡是要设计计算机硬件或软件的工作人员，尤其是需要撰写产品定义报告的技术或市场人员，都可从中受益。由于它对计算机发展的深远影响，这份文件已载入史册，感兴趣的读者可在《IEEE 计算机历史年鉴》杂志中查到。该总体方案有如下特点。第一，文字非常精练、简洁，组织结构非常清晰，同时又很准确和全面，在 20 页的篇幅中包含了丰富的内容。不仅技术人员，管理人员和市场人员也很容易看懂。这份报告与现在常常看到的那种洋洋洒洒、废话连篇、漏洞百出的产品报告形成鲜明的对比。第二，该报告是面向市场和技术创新的完美结合。它完成了 4个目标：定义一个全新的计算机产品线；制定该产品线的设计、工程实施、程序设计工作中必须遵守的几十条规则；制定新产品的推出计划，尤其是推出时间；提出管理和监控机制，以保证方案的实施。

这种新计算机产品后来被取名为 IBM System/360，即 IBM S/360。之所以叫360，有两种说法：一种说法是该系统有 360 种用途；另一种说法是该系统就像360 度的圆，涵盖所有应用。以前 IBM 公司的计算机中，一小部分机型支持科学计算应用，大部分机型则专用于商业应用。S/360 的总体方案指明要同时支持科学计算、商业应用和信息处理。IBM 公司的野心是用 S/360 取代市面上的所有计算机，包括 IBM 公司自己的 8 款计算机。

除了通用性外，S/360 的最大特点是"计算机家族"概念。该家族所有的计算机系统都有相同的"体系结构"，即从汇编语言和外部设备的角度看，这些家族的成员都是一样的，技术术语称之为相互兼容。兼容性意味着所有的家族成员都有同样标准的指令系统、地址格式、数据格式和与外部设备相连的接口。这样，当用户从一台计算机升级或降级为另一台时，应用程序和外部设备不用做任何改动，运算环境完全一样，只是性能和价钱不同。IBM 公司的技术人员也不用为每台机器开发专用的系统软件和外部设备。

为了满足不同用户的性价比需求，S/360 第一批推出了 5 档机器。这 5 档机器的体系结构完全一样，只是在性能上存在较大差异，相邻两档机器的计算速度相差 2 ～ 5 倍。用"A 是否大于 B"这种比较运算作为基准测试程序，这 5 档机器的运算时间分别是 200 微秒、75 微秒、25 微秒、5 微秒和 1 微秒。也就是说，S/360 的运算速度最高可达每秒 100 万次。

S/360 的另一个特点是将体系结构的定义和实现分开，让技术人员以后有充足的创新空间，在设计和工程实施中可以充分发挥聪明才智。工作组有意将制定的规则分为 3 类：第一类是诸如地址格式和数据格式这样事关全局的重要内容，工作组做了强硬、明确的规定；第二类是不需要在总体方案中细化的内容，工作组做了较笼统但可检查的规定；第三类是鼓励性规则，技术人员可以在一定条件下跳出规则的限制进行创新，比如，工作组希望所有产品都使用一种名为"微程序"的新技术，但如果技术人员能用别的方法实现同样的功能，且能证明该方法比微程序的性价比高出 33% 以上，也可以不用微程序。

2.3.3 第三代（20 世纪 70 年代）：独立的企业解决方案出现

强大的企业解决方案提供商在 20 世纪 70 年代出现。IBM 公司给软件与硬件分别定价的决定再次证实了软件业的独立性。在随后的岁月中，越来越多的独立软件公司破土而出，为所有不同规模的企业提供新产品——可以看出这些产品超越了硬件厂商所提供的产品。最终，客户开始从硬件公司以外的卖主处寻找它们的软件来源并确定为其付钱。

1. IBM 公司的分拆决定促进了独立软件公司的发展

20 世纪 60 年代末，IBM 公司再次加速了独立软件业的发展。1969 年 6 月 23 日，IBM 公司宣布从 1970 年 1 月起将软件与硬件分开定价。尽管无从知晓这个决定的背后是反托拉斯法（反垄断法，是国际或涉外经济活动中，用来控制垄断活动的立法、行政规章、司法判例以及国际条约的总称）的压力还是商业战略，但它对正在成长的软件业的影响是巨大的。虽然软件产品在 1969 年以前就已经出现了，但 IBM 公司的软、硬件"分拆"策略使独立软件公司开发和营销他们的产品变得更容易了。自此，客户需要为软件付钱，即使这些软件来自其硬件卖主。保险业的软件应用市场是被 IBM 公司分拆决定改变的第一批对象中的一员。1969 年以前，保险公司必须开发自己的解决方案，或者使用 IBM 公司与硬件捆绑在一起的 CFO'62。这给独立软件公司留下了极少的空间。但是，在 IBM 公司宣布分拆决定后，新的独立软件公司几乎是即刻兴起。例如，Cybertek 计算机产品公司的团队（包含一名 IBM CFO'62 编程成员）于 1969 年组建，又如 Tractor 计算机公司成立于 1969 年，拥有 Life 70（一个可与 IBM 公司产品竞争的统一化功能系统）。

20 世纪 70 年代，早期的数据库市场是最活跃的。1972 年以来，无数软件包已由独立软件公司开发出来。正如 1972 年的一份软件目录所反映的情况，这些软件大多为保险业所用。大多数其他行业仍然依赖与硬件一起供应的软件。但是，这种情形很快就被改变了，一个重要原因是独立数据库公司的出现。数据库系统在技术上很复杂，而且几乎所有行业都需要它。但自从有了计算机生产商提供的系统并非完善的论断之后，独立的软件公司开始进驻数据库市场，使其成为 20 世纪 70 年代最活跃的市场之一。

Cullinane 公司是第一批最成功的公司之一，由一名前 IBM 公司数据库专家约翰·卡林南（John Cullinane，见图 2-45）创立于 1968 年。Cullinane 公司是新软件产品市场典型的"年轻人"，它完

图 2-45　约翰·卡林南

全是产品导向的，并不进行软件承包或提供计算机服务。作为新软件产品公司的典型，Cullinane 公司由精通技术且与风险资金接触的企业家组成。1973年，Cullinane 公司开发了综合数据库管理系统（Integrated Database Management System，IDMS）——一款针对 IBM 公司主机的基于网络模型的数据库系统。该公司之后开始销售 IDMS，并于 1978 年成为历史上第一家公开上市的软件公司。

与此同时，欧洲的软件公司也开始进驻数据库市场。1969 年，德国达姆施塔特的应用信息处理研究所的 6 名成员创立了 Software AG 公司。该公司开发并出售其可改写的数据库系统，即一个有弹性的数据库管理系统。1972 年，该公司进入美国市场，此后不久，就开始在全世界销售它的主打产品。紧接着，其他软件公司也跟了上来。在这个市场中扮演重要角色的公司有 Cincom 系统公司（成立于 1968 年）、计算机联合公司（以下简称 CA 公司，成立于 1976 年）、甲骨文公司（成立于 1977 年）和 Sybase 公司（成立于 1984 年）。早期这些公司通过在商业杂志上刊登广告和直接邮寄的方式为它们的产品做广告。在这些公司中，CA 公司独树一帜，有着独特和成功的公司战略，是第一批确定了合并和收购策略并将其作为公司战略的大公司之一。CA 公司的所有行动都瞄准获得"拥有很大销量的产品"（而不是最有能力）的技术。到 1987 年，CA 公司收购了 15家公司，包括用 6.29 亿美元收购了那时世界上第二大的软件公司 Uccel。

到 1992 年，CA 公司成了少数转向 PC 软件新市场的传统企业软件供应商之一。当时，尽管大软件服务公司继续向客户提供定制应用的服务，但可以感觉到对标准企业应用程序套装的需求在不断增长。标准化意味着软件开发者在为一些常见的任务（如会计收支、工资、订单和物资管理）编制软件时，就不需要总是从草图开始了。1972 年春天，5 名前 IBM 公司的员工成立了 SAP 公司。这 5 名员工相信依靠一个可以被许多公司使用的新产品，可以更快、更便宜地开发软件。8 年后，SAP 公司的收入达到 6000 万美元，已拥有 77 名员工；此外，德国100 家大规模工业企业中的 50 家是 SAP 公司的客户。当 SAP 公司上市时，其收入大约为 2 亿美元，大约有 1000 名员工。到今天，SAP 公司有了 R/3 产品，成为这个分支市场的领导者。Bann 公司，一家由詹·巴恩（Jan Bann）和保罗·巴恩（Paul Bann）两兄弟于 1978 年创立的荷兰顾问公司，有着与 SAP 公司相似

的成功经历。该公司在 1982 年发布了它的第一款
企业解决方案产品，后来又大量投资，树立了一
个非欧洲的标准。1996 年，它拥有 3.88 亿美元的
资产。除 CA 公司、SAP 公司外，成功的软件公司
还有由拉里·埃利森（Larry Ellison，见图 2-46）
于 1977 年成立的数据库公司，也就是甲骨文公司。

　　在 20 世纪 80 年代和 90 年代，许多企业解决
方案提供商从大型计算机专有的操作系统平台转向
诸如 UNIX、IBM OS/2 和微软 Windows NT 等新的
平台。这个转变通常使这些公司从使用它们自己的

图 2-46　拉里·埃利森

软件中获得了暴利。PeopleSoft 公司是一个新的企业解决方案公司。该公司由戴
夫·达菲尔德（Dave Duffield）和肯·莫里斯（Ken Morris）于 1987 年成立。达
菲尔德和莫里斯是从 Integral 系统公司走出来的两位软件工程师。他们看到了基
于 PC 的人力资源管理系统（Human Resource Management System，HRMS）软
件的潜力。PeopleSoft 公司通过收购拓展了许多的垂直功能市场（诸如健康保健
和财务服务），使自己成为传统企业解决方案供应商中一个值得认真对待的竞争
者。同时，大多数网络公关系统（Electronic Public Relationsystem，EPR）公司
严重依赖合作者们来改进它们的产品。这些合作者们通常在一次大规模的系统安
装中获得 2 ～ 6 倍于 EPR 卖家的收入。这样，两者都能从 20 世纪 90 年代以来
的巨大市场增长中有所获益。在 EPR 合作者的阵营里（特别是大会计公司），一
种相当活跃的合并在 20 世纪 80 年代和 90 年代发生了。1987 年毕马威公司的合
并及 1998 年普华永道公司的合并，似乎是全球范围内专业软件服务工业化的一
个信号。

2. 数据库市场的争夺战

　　很早以前，人们就很重视对信息或数据的收集和保存。从 19 世纪末到 1952
年，美国的人口普查一直都先使用穿孔卡片来记录每个人的情况，再通过卡片制
表机统计人口情况。计算机在问世之初的一个重要用途就是处理信息，经典的例
子就是前文提到的用 UNIVAC 统计美国总统选举的选票，最后得出了正确的结

果。人们对计算机开始寄予厚望，希望计算机能够完成数据的管理工作。20 世纪 60 年代，一些科学家为满足这个需求开始研究怎样利用计算机来存储和检索数据，这就是数据库技术的开始。

最早出现的是一种叫作网状数据库的数据库管理系统软件。在这种数据库中，数据以记录为单位进行存储，每一项记录都与其相关记录关联，形成了一张错综复杂的关系网，就像一张蜘蛛网。最早研制出成型网状数据库管理系统的是美国通用电气（GE）公司的查尔斯·威廉·巴赫曼（Charles William Bachman）课题组，之后 GE 公司于 1964 年在大型机上推出了集成数据存储库（Integrated Data Storage，IDS）系统。自此，网状数据库管理系统在 20 世纪 70 年代以后得到了迅速发展，许多公司开发了数据库系统产品，最有名的一些系统是 Univac 公司的 DMS 1100 数据库系统、霍尼韦尔公司的 IDS Ⅱ 数据库系统、惠普公司的 IMAGE 数据库系统、Cullinane 公司（后改名为 Cullinet 公司）的 IDMS。Cullinet 公司凭借 IDMS 成为当时世界上最大的独立软件公司，于 1984 年创下了 1.84 亿美元的销售额纪录。

1970 年 6 月，IBM 公司的研究员科德发布了一种新模型——关系模型，这种模型是从集合论中的关系概念发展出来的。自此，一种被称为关系数据库的理论得以诞生。以后的一段时间，科德继续研究和丰富这种理论，该理论在计算机界产生了巨大的影响。当时，许多科学家正忙于以网状数据库为模型建立数据库的标准规范，新理论的产生对此造成了较大的冲击，于是一场关于数据库技术的辩论在科德和巴赫曼间展开，辩论的结果是关系数据库理论占了上风。关系数据库能解决使用网状数据库时所面临的困难——需要给出路径才能得到需要查询的记录。但在当时这只是一种理论，与实现它还有一定的距离。许多公司开始了对关系数据库的研究工作以期获得这方面的技术领先权，并凭此获得利润。霍尼韦尔公司是较早开展这项工作的公司之一，它最早开发出了商业化的关系数据库系统产品。1976 年 6 月，霍尼韦尔公司推出了关系数据库，并将其命名为多关系数据库（Multics Relational Data Store，MRDS）。MRDS 是用 PL/1 语言编写的，采用了科德的关系模型，可在多任务操作系统中运行，定义数据库和结构时使用了命令式接口。

IBM 公司作为第一家提出关系模型的公司，当然也不会落后。IBM 公司组织了一个 40 人的研究小组，开发这种关系数据库系统。开发之初，这款数据库系统被命名为 R 系统，R 是英文 "Relation" 的第一个字母。开发时的第一步工作就是开发一种能实现这种数据库系统的语言，小组成员将该语言命名为结构化英语查询语言，简称 SEQUEL；后来得知有一家英国飞机公司注册了此商标后，又改名为 SQL。1974 年，SQL 开发成功，它可以完成定义、操作、查询和控制等一系列功能，方便了计算机使用者与计算机之间的沟通。SQL 的首战告捷确实让研究小组为之振奋，但他们不敢有丝毫的松懈，因为他们知道加州大学伯克利分校也有一支开发队伍正在进行着关系数据库系统的开发。这支队伍由一群教授组成，牵头人是迈克尔·斯通布雷克（Michael Stonebracker），两支开发队伍的人彼此都很熟悉。教授们在研究了科德的关系数据库理论后，觉得很有前途，于是相约开发一个此类型的数据库产品，此项目得到了政府的支持。教授们给自己的数据库产品命名为 Ingres 系统，他们也开发了一种查询语言（QUEL）。很快，IBM 公司的研究小组于 1977 年建成 R 系统并将其投入使用。但是，IBM 公司此时的信息管理系统（Information Management System，IMS）正在热卖，为公司赚了许多钱，公司不愿过早推出 R 系统，怕影响 IMS 的销量。再加上 IBM 公司的官僚体制，R 系统投入市场还需时日。但这并不妨碍 IBM 公司的研究小组发表自己的研究成果。他们在许多杂志上公开介绍 R 系统的工作原理，在专业会议上宣读论文来介绍 R 系统。

一家名为软件开发实验室的小公司注意到了这个信息。该公司于 1977 年 8 月在圣克拉拉挂牌成立，创立人是 3 名程序设计人员，他们是拉里·埃利森、鲍勃·迈纳（Bob Miner）和爱德华·奥茨（Edward Oates），如图 2-47 所示 [图中除了此 3 人，还有布鲁斯·斯科特（Bruce Scott）]，他们就是甲骨文公司的联合创始人。这 3 人原来都是安佩克斯公司的职员，安佩克斯公司主要生产音频和视频设备。当时，安佩克斯公司正在开发一个万亿位的存储系统，并将其命名为"甲骨文"，这 3 人正为这个系统编写程序，其中埃利森最具有领导才能。埃利森于 1944 年 8 月 17 日出生于美国曼哈顿东南部的一个农村，从小寄居在芝加哥的姑妈家。1962 年，18 岁的埃利森考入了伊利诺伊州立大学，两年后被学校勒令退学。之后进入芝加哥大学学习，在此期间他学会了计算机编程。由于对学校的学习不感兴趣，埃利森离开学校去了加州大学伯克利分校，成为一名计算机系统程序员。虽然埃利森换过不少公司，但是工作基本上都与 IBM 公司的计算机相关，这让他对 IBM 公司的大型机的使用和编程有相当丰富的经验。埃利森在安佩克斯公司工作时认为万亿位存储系统没有前途，于是跳槽到了另一家公司，并被聘为负责系统开发的副总裁。当时，这家公司正要开发一种新型的数据存储和检索设备，这项开发的工作量非常大，必须考虑外包，于是埃利森决定创办自己的公司。他找到了在安佩克斯公司工作的两位同事——迈纳和奥茨，由他们出面办公司，接下这项外包任务，3 人共同赚钱，于是有了软件开发实验室公司。

图 2-47 （从左往右）爱德华·奥茨、布鲁斯·斯科特、鲍勃·迈纳、拉里·埃利森

1978 年 12 月 1 日，他们把公司的办公地搬到了硅谷的中心地带，租用了一间近 300 平方米的办公室。这一带交通方便、风景优美，四周居住的都是有钱人，房租昂贵。这时软件开发实验室公司只有 5 人，这样的一个小公司租用如此豪华的办公室在一般人看来实在是太铺张浪费了，但埃利森有他自己的想法。搬完家后他们给自己的公司重新取了一个名字，叫关系软件股份有限公司（RSI）。他们找到了 SQL 的描述和规范说明，对其进行研究，最后埃利森决定利用这一出色的语言在 DPD-11 机上开发数据库。几个月后，公司的第一版关系数据库软件问世了，他们给它命名为甲骨文，这个名字正是他们在安佩克斯公司时开发的万亿位存储系统项目的名字。

2.3.4　第四代（20 世纪 80 年代—20 世纪 90 年代中）：大众软件时代

PC 的出现促进了一种全新的软件的诞生，即基于 PC 的、向大众市场提供的产品——客户大众软件。这就要求软件公司具有极其不同的营销和销售方法。其中，1969 年由施乐公司创立的帕洛阿尔托研究中心（Xerox PARC），用突破性的革新，诸如黑白屏幕、位映射显示、按钮、激光打印机、字处理器和网络，为 PC 革命奠定了基础。在 PARC 工作的科学家有些后来为苹果公司或微软公司工作，或者创立了他们自己的公司。

1975 年，作为第一批 PC 之一的 Altair 8800，由新墨西哥州阿尔伯克基的一家小公司——微型仪器遥感系统（MITS）公司公布并通过邮购订单进行销售。而功能更加完备的苹果 II 型计算机，于 1977 年上市。

1979 年，丹·布里克林（Dan Bricklin）和鲍勃·弗兰克斯顿（Bob Frankston）为苹果 II 型计算机开发了 VisiCalc（这是第一款电子表格程序），以及"王牌应用程序"，但这两款程序都未能成为持久的 PC 标准平台。

然而，1981 年 8 月 12 日发布的 IBM PC，却成为了领先的平台。有了 IBM PC，一个全新的软件时代开始了，它代表了真正独立的软件业的诞生。毫无疑问，微软公司是这个时代最成功和最有影响力的软件公司。

1. 操作系统

微软公司由盖茨和艾伦这对伙伴于 1975 年创立，1981 年成为有限公司，1986 年公开上市。IBM 公司在 1981 年决定将 PC 操作系统的开发权外放给微软公司，这为这个位于雷德蒙德的公司后来的巨大成功奠定了基础。具有讽刺意味的是，微软公司甚至没有开发 PC 的核心能力，而是从西雅图计算机产品公司买来相关技术。在这场世纪交易中，微软公司仅仅花费了 5 万美元。微软公司的 MS-DOS，以及后来的 Windows，成为领先的市场标准，并为微软公司提供和强化了在 PC 市场中的地位，提升了收入。

实际上，微软公司当时并没有操作系统产品，但盖茨迅速从一家极有创新意识的小公司买来了一个名为 86-DOS 的操作系统，并借鉴 CP/M 的优点对 86-

DOS 进行了改进。然后，盖茨向 IBM 公司开出了极有诱惑力的合作条件，即微软公司完全配合 IBM 公司和英特尔公司的硬件标准和规格，特别设计 PC-DOS 操作系统，每台计算机收取不到 50 美元的授权费。IBM 公司大喜过望，双方一拍即合。

令人称奇的是，微软公司并未因这笔巨额交易的成功而被套牢在 IBM 公司的战车上，成为替 IBM 公司架桥铺路的马前小卒。IBM 公司原以为，他们可以任意摆布二十多岁的盖茨，结果却替他人做了嫁衣。在律师家庭长大的盖茨对复杂的商业合同法知之甚详、驾轻就熟，在他的一再坚持下，微软公司不但幸运地保留了 PC-DOS 的独占权，而且可以授权其他硬件厂商使用基于 PC-DOS 略作修改而成的 MS-DOS。盖茨在这场交易中神机妙算、洞察先机，使微软公司在双边合作中占据了免费搭车、灵活自主、左右逢源的优越地位，为微软公司未来的腾飞埋下了成功的种子。1981 年，IBM 公司正式推出其 PC，即 IBM PC。凭借着计算机巨人的赫赫威名和营销网络，IBM PC 一时畅销全世界，全球计算机厂家争先恐后地为 IBM PC 开发应用软件，因而与应用软件紧密相关的微软 DOS 不费吹灰之力便成为软件产业的行业标准。苹果公司的 Macintosh 操作系统因与 DOS 标准不兼容，只能眼睁睁地看着大好机会丢失。数字研究公司的 CP/M 操作系统虽然起初比微软公司的 DOS 1.0 略胜一筹，但用户要额外花高价购买，所以绝大多数用户宁愿使用已预装好的 DOS 1.0。这样，盖茨以"吃小亏占大便宜"的商业原则，将 DOS 1.0 与 IBM 公司的计算机搭配，低价出售，使微软公司一起步就进入了高速发展之路。

IBM PC 占领市场后，因供不应求、价格较贵，给生产 IBM 兼容型计算机的一些小公司留出了可乘之机。康柏（Compaq）、戴尔（Dell）等厂家凭借小公司的冲劲和弹性，抢先推出使用英特尔微处理器和预装微软 MS-DOS 的 PC。号称与 IBM 公司计算机百分百兼容的 386 计算机，对 IBM 公司的霸主地位造成了严重威胁，使 PC 市场呈现出群雄争霸的局面。IBM 公司因机构庞大、步调缓慢，在群雄混战中一败再败，PC 产品逐渐无人问津。苹果公司则因 1994 年才授权其他硬件厂商使用 Macintosh 操作系统制造兼容型计算机，不但痛失抢占操作系统市场份额的良机，还因独木难撑而逐渐濒临破产。IBM 公司节节溃败，却没有对依靠其发家的微软公司造成任何负面影响。同时，IBM 公司的兼容型计算机的销量增长惊人，促使微软公司 DOS 家族的行业标准的地位空前稳固，用不着广告和市场营销，其市场占有率不费吹灰之力便自动剧增。DOS 的功能不断丰富，版本不断升级换代，售价逐年提高，全球计算机厂商预装 DOS 的授权费像海水涨潮般滚滚而来，使微软公司（见图 2-48）进入了一种坐地收银、赢家通吃的梦幻境界。

图 2-48　微软公司大厦

后来微软公司推出了高级终端操作系统 Windows NT，以进驻企业解决方案市场。新的 IBM 平台吸引了大量新软件应用程序的创业者，大多数 PC 软件分支迅速被新来者占据了主导地位。成功的新来者包括 Adobe、Autodesk、Corel、Intuit、Novell 等。

2. 电子表格处理软件

1982 年，米奇·考波尔（Mitch Kapor，见图 2-49）创立了 Lotus 公司，并设计了电子表格处理软件 Lotus 1-2-3（产品信息页面见图 2-50），这助力 IBM PC 成为商业用户的选择。Lotus 1-2-3 在 IBM PC 及其兼容机上的应用最终取得了巨大的成功，甚至很多用户都是冲着 Lotus 1-2-3 才去购买 IBM PC 的，正如 VisiCalc 之于苹果 Ⅱ 那样。和其他很多科技公司一样，Lotus 公司最终也逃避不了"辅助系统综合症"——先入

图 2-49　米奇·考波尔

市的热门产品很快会被更优秀的产品取代。也许是 Lotus 1-2-3 过于出色，Lotus
公司此后发布的包括 Symphony 以及 Jazz 在内的电子表格处理软件显得令人失望，
之后 Lotus 公司更是彻底放弃了创新。

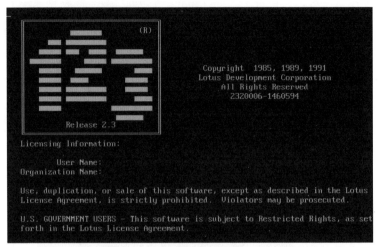

图 2-50　Louts 1-2-3 的产品信息页面

　　同样是在 1982 年，微软公司推出了它的第一款电子表格处理软件——
Multiplan，并在 CP/M 系统上大获成功。但在 MS-DOS 上，Multiplan 败给了
Lotus 1-2-3。这个事件促使了 Excel 的诞生。

　　1985 年，第一款 Excel 诞生，但它只适用于 Mac 系统。1987 年 11 月，第一
款适用于 Windows 系统的 Excel 诞生了（它与 Windows 环境直接捆绑，在 Mac
中的版本号为 2.0），而 Lotus 1-2-3 却迟迟不能适用于 Windows 系统。到了 1988
年，Excel 的销量超过了 Lotus 1-2-3，这使得微软公司占据了 PC 软件业的领先位
置。此后大约每两年，微软公司就会推出新的版本来扩大自身的优势。

3. 文字处理系统

　　说起文字处理领域，不得不提及王安公司。王安公司在 1971 年通过成功开
发 2000 型小型机进入了小型机市场，之后一直致力于开发和销售新型产品，提
高竞争能力。1976 年，王安（见图 2-51）看中了文字处理机市场，当时的文字
处理机市场基本上由 IBM 公司一手掌控。当时的文字处理系统内装有文字处理
软件，该软件一次只能处理来自一台终端的文字信息，其他终端只能处于等待状

态，在进行文件编辑时仅是逐行进行，工作效率极低。王安看到了现有文字处理系统的问题，决定开发专用的文字处理系统。经过公司技术人员的努力，王安公司的文字处理机（见图 2-52）于 1976 年 6 月问世，取名为文字处理系统（Word Processing System，WPS）。这种文字处理机内部装有微处理器芯片和阴极射线管，并利用文字处理软件实现文字处理功能，供使用者对屏幕上出现的文字进行全屏幕的修改、调整和移动，且具有提示错别字和打印任意份数文件的功能。WPS 一在计算机交易会上露面就引起了人们的关注，王安公司的展台前排起了长队，人们争先恐后地观摩这种新型的文字处理机。良好的性能和使用的便捷性使得王安公司的 WPS 深受文字处理人员（如作家和秘书）的青睐，他们纷纷订购，以替代原有的打字机，公司也因此获得了丰厚的利润。王安公司借助该文字处理机和 1978 年推出的微机及屏幕显示系统等产品，挤进了《财富》杂志评选出的 100 强企业行列。1980 年，王安公司的营业额高达 30 亿美元，在美国计算机企业收入排行中排第 11 位，王安本人也收获了 16 亿美元的财富，成为当时美国第五大富翁。

图 2-51　王安

图 2-52　王安公司的文字处理机

4. Novell——LAN 界的微软

Novell 公司是最早涉足网络操作系统的公司，其总裁雷蒙德·努尔达（Raymond Noorda，见图 2-53）领导 Novell 公司在网络操作系统历史上留下了辉煌的一页，还领导了 Novell 公司与微软公司的抗衡与较量。

提到 Novell 公司的发展历史，就不能不提到大名鼎鼎的 NetWare 操作系统（见图 2-54）。1983 年，Novell 公司推出了 NetWare 操作系统，该操作系统在网络操作系统市场曾雄霸一方，占到约 70% 的份额。NetWare 操作系统的版本很多，具有代表性的主要有 NetWare 3.11 SFT Ⅲ、NetWare 3.12、NetWare 4.1、NetWare 4.11、IntranetWare 以及 NetWare 5、NetWare 6 等。NetWare 操作系统的优点包括对网络硬件要求低、兼容 DOS 命令、应用环境与 DOS 相似、有丰富的应用软件支持、技术完善可靠、在无盘工作站组建方面具有优势等。

图 2-53　雷蒙德·努尔达

图 2-54　NetWare 操作系统

在介绍 Novell 公司之前，需要先介绍 3Com 公司。在微机出现的前几年，用户大多是对立用户，即用户的计算机间不能互通消息。个人微机只为了满足个人娱乐（比如游戏）、学习、文字处理、日常管理和简单的工业控制等需求。商业企业（比如银行）使用的联网计算机系统无一例外是由中央主机加外部终端构成的，即所有的计算都由中央主机完成，而外部终端不过是输入和显示设备。中央主机采用分时操作系统，同时为众多终端用户服务。在 20 世纪 80 年代之前，没有人打算用微机取代大型计算机。

但是，就在 1979 年，发生了一件在当时没有引起人们关注但对后来计算机发展有深远影响的事。那一年，施乐公司举世闻名的帕洛阿尔托研究中心的几个发明了以太网（Ethernet）的科学家创办了 3Com 公司，开发出以太网的适配器（Adapter），俗称网卡。虽然 3Com 公司最早是为 IBM 和 DEC 等公司的大小型中央主机设计网络适配器的，但是，随着微机的普及，3Com 公司很快就将生意扩展到了主机领域。

到了 20 世纪 80 代中期，IBM PC/AT 及兼容的个人微机在很多任务中已经能取代原有 DEC PDP 和 VAX 等小型机的地位，而且微机的性价比比小型机的高 1 个数量级以上。如果能将微机联网，共享数据和硬件资源，它们就可以取代小型机。遗憾的是，微机在最初设计时根本没有考虑资源共享，也完全没有网络功能。3Com 公司的以太网服务器和适配器弥补了微机的这一不足，解决了联网问题，使得资源和数据可以被集中管理，所有的计算、存储和输出由小型机完成。这样处理的优点是信息可以共享，缺点是成本非常高，对于一个几十人的小型企业，基本上用不起 VAX 小型机加终端的计算机系统。在 20 世纪 80 年代中期，一个有 20～40 个用户的 VAX 系统需要花费近 200 万元人民币。除了硬件的投入，小型机还需要专门的机房和管理人员，这些管理人员必须经过硬件公司的培训。虽然小型机速度较快，但是它的计算速度摊到每个用户上并没有优势。小型机是整个系统的中心，如果它出现了任何问题，整个系统都会无法工作。微机联网后，在很多时候可以替代小型机。

在这样一个被称为微机 LAN 的系统中，有一台网络服务器。这台网络服务器通常是一台高性能的微机，当然也可以是小型机或工作站，它的主要功能是管理网络和存储共享的数据并为微机之间交换数据进行桥接。计算基本是在微机上完成的，部分不愿意共享的文件也可以保存在本地微机上。由于每台微机具有独立性，即使网络服务器出了问题，微机也可以单机工作。虽然每台微机不如小型机快，但几十台微机的总计算能力超过小型机。而且，与能够实现同样功能的系统相比，微机 LAN 要便宜得多，在 20 世纪 80 代中期，这样一个有 40 台微机的系统，其硬件投入只有六七十万元人民币。而且，微机 LAN 系统不需要专门的管理人员，运营成本也低。总体来看，这种基于微机 LAN 的计算机系统与小型机相比，在大多数应用中优点多于缺点。所以，从 20 世纪 80 年代中期开始，微机 LAN 代替小型机系统成为不可逆转的趋势，这也是 DEC 公司后来关门的原因。3Com 公司虽然研发出了微机 LAN，但是该公司目标不明确，它的业务涉及网络适配器、网络服务器以及网络操作系统，实际上是以硬件为主、软件为辅。

3Com 公司创立于 20 世纪 80 年代初，那时计算机行业最挣钱的业务还是硬件，3Com 公司仍然习惯性地以硬件为主，买下了生产掌上个人助理系统 PalmPilot 的母公司 USRobotics。由于以太网的标准是公开的，3Com 公司的适配器在生产上没有难度。而以太网的网络服务器实际上就是一个高端 PC，任何 PC 厂商都可以生产。因此，在 3Com 公司出现后，各种兼容的网卡和网络服务器就出现了，这个时候微机 LAN 市场像微机市场一样混乱且竞争激烈。其实，微机 LAN 中最关键的技术是网络操作系统。在这方面也需要一个类似微软的公司来进行统一，Novell 公司便顺应历史潮流，承担起使命。Novell 公司诞生于 1979 年，但是它成为网络公司并且改名为 Novell 是 1983 年的事，这时，3Com 公司已经是微机 LAN 方面的老大了。Novell 公司进入网络领域后目标一直很明确——专攻操作系统。如果说 3Com 公司在微机 LAN 领域的地位有点儿像苹果公司在微机领域的地位，那么 Novell 公司可以对标微软公司。

Novell 公司研发了一款网络操作系统，对标微软公司的 DOS。它采用和微软 MS-DOS 同源的 DR-DOS，因此它实际上可以完全独立于微软公司的软件运行，同时又和微软公司的 DOS 兼容。虽然 Novell 公司后来也买了一家网卡公司做硬件，但是它的业务重心一直放在网络操作系统上。随着 Novell 公司的网络操作系统在微机 LAN 领域越来越流行，它处在了一个和微软公司同样有利的位置：不管用户使用哪一个品牌的 PC 和网络硬件，都可以使用 Novell 公司的操作系统。Novell 公司的网络操作系统不仅安装容易，而且建立 LAN 的工程也简单到非专业人员看着说明书就可以完成。很快，Novell 公司的网络操作系统在 LAN 上就像 DOS 在微机上一样普及。从 20 世纪 80 年代到 90 年代初期，Novell 公司的发展一帆风顺，很快超过了 3Com 公司，而且后来，它几乎垄断了整个微机 LAN 操作系统的市场，其营业额（9 亿美元）接近微软公司的营业额（11 亿美元）。因为微机联网已经成了一种趋势，而且微机 LAN 与基于 UNIX 服务器、工作站和 TCP/IP 的网络相比在中小企业中更有前景，所以 Novell 公司很有可能成为另一个微软公司——它可能垄断企业级的操作系统市场。在接下来的 5 年中，Novell 公司的营业额以每年 20% 的增长率增长。到 1995 年，Novell 公司的营业额超过 20 亿美元，相当于微软公司同年营业额 40% 的水平。

Novell 公司在整个 20 世纪 80 年代都非常成功，其通过侵略性地按成本价销售昂贵的以太网网卡来扩展初期市场；20 世纪 90 年代，Novell 公司几乎在任何需要网络的公司中形成了垄断地位。Novell 公司以市场领导者的姿态开始在其顶级 NetWare 作业平台上建设服务。这些服务扩展了 NetWare 在某些产品上的能力，如 Novell 多协议路由器、GroupWise 与 BorderManager。20 世纪 90 年代后期，由于公司策略的失误，NetWare 的市场份额日趋缩小。如今，Novell 公司仍然是一家重要的软件公司，并收购了许多小公司，特别是在 2003 年收购了 SUSE 公司后，它开始转向 Linux 相关产品的研发，包括 SUSE Linux Enterprise Server、SUSE Linux Enterprise Desktop、SUSE Linux Enterprise Real Time、SUSE Linux Enterprise Thin Client 等。

5. 个人财务软件 Quicken

Intuit 公司是这个时代的另一个市场新秀，其由斯科特·库克（Scott Cook）和汤姆·普罗克斯（Tom Proulx）于 1983 年创立。该公司于 1984 年发布了其个人财务软件 Quicken（见图 2-55），如今它仍然以其产品引领着市场。总之，20 世纪 80 年代，软件业以每年 20% 的增长率发展着。美国相关公司的总年收入在 1982 年增长到 100 亿美元，在 1985 年达到 250 亿美元。

图 2-55　Quicken 软件

20 世纪 80 年代，微软公司除了对浏览器没有足够的认识之外，对个人财务软件潜在的商机也认识不足，这给了默默无闻的 Intuit 公司生存的机会。Intuit 公司因此得以有足够的时间开发个人财务方面的软件，拓宽市场并积累经验。1989 年，微软公司认识到问题的出现，于是想用收购的办法轻而易举地占领个人财务软件领域，但微软公司提出的兼并提议竟然被 Intuit 公司否决了。于是，微软公司下决心用自己的产品——Money 软件打压 Intuit 公司的产品。一场强与弱的竞争就这样开始了。

形势对 Intuit 公司来说是严峻的，当时 Intuit 公司只有 50 名雇员，年销售

额为 1900 万美元，而且它开发的 Windows 版 Quicken 也不如微软公司的 Money
软件，当时有多少人看好 Intuit 公司亦未可知。但最后的结果是，到 1993 年
Intuit 公司仍然保有 60% 的个人财务软件市场的占有率，而微软公司却束手无策。
Money 软件由于设计人员的经验不足而导致设计周期过长，Intuit 公司就利用经
验的优势缩短产品升级的周期以打击微软公司。另外，微软公司并没有全力以赴
地夺取 Intuit 公司的市场。表面上，微软公司拥有强大的编程队伍，但就个人财
务软件领域来看，1994 年，Intuit 公司有 1000 多名雇员专职于个人财务软件和
相关软件的研究，微软公司专门从事该领域的雇员仅有约 60 人。微软公司的触
角伸得太广了，这也是它存在的另一个问题——力量太过分散。

1995 年，微软公司再一次提出要收购 Intuit 公司。这一次，Intuit 公司的股
东们同意了这个提议。他们希望通过企业被收购而获得微软公司的投资，并利用
微软公司庞大的国际分销网分得好处。微软公司则希望获得 Intuit 公司开发的已
占有个人财务软件市场近 70% 份额的 Quicken 软件。然而，美国政府担心收购
完成后，微软公司会独霸全美的个人财务软件市场，从长远来看，这反而会损害
社会整体效益，于是美国政府执意向法院起诉，最终导致了这场交易的流产。

2.3.5 第五代（20 世纪 90 年代中至今）：互联网增值软件独领风骚

互联网的崛起提供了无限联网容量，开创了一个新的时代。尽管大多数软件
公司仍然面临着多个不同标准和平台共存的挑战，但软件业也许会迎来新的商业
机遇。在这个时代，对互联网的发展做出了巨大贡献的公司就包括网景公司。

1. 网景公司问世

詹姆斯·克拉克（James Clark）和马克·安德森（Marc Andreesen，见图 2-56）
在 1994 年创立了网景公司。此前两年，安德森已经开发了 Mosaic。Mosaic 是一
款互联网浏览器，它的 GUI 从根本上简化了用户在互联网中的操作。网景公司
成长得几乎同新技术一样快——在成立 16 个月后就上市了。两年后，网景公司
已在全世界范围内雇用了 2000 多名员工。这家公司的发展步伐在很大程度上代
表了互联网行业的发展步伐。

图 2-56　詹姆斯·克拉克和马克·安德森

　　1993 年，美国伊利诺伊州的伊利诺伊大学的国家超级计算机应用中心（National Center for Supercomputing Applications，NCSA）发布了一款浏览器，名为 Mosaic，在当时大受欢迎。Mosaic 的出现是点燃后来互联网热潮的火种之一。1994 年 4 月 4 日，开发 Mosaic 的关键人物安德森和专注于计算机绘图的高性能计算机制造公司 Silicon Graphics（简称 SGI，中文译文是"视算科技"或"硅图"）公司的创始人克拉克在美国加利福尼亚州设立了马赛克通信公司（Mosaic Communications Corporation）。马赛克通信公司成立后，由于伊利诺伊大学的 NCSA 拥有 Mosaic 的商标版权，并且伊利诺伊大学已将技术转让给望远镜娱乐（Spyglass Entertainment）公司，开发团队必须彻底重新撰写浏览器代码。1994 年 10 月 13 日，开发团队开发的浏览器 Mosaic Netscape 0.9 发布，虽然仍是 Beta 版，但获得了重大成功，成为当时最热门的浏览器之一。为了避免和 NCSA 的商标产生拥有权问题，马赛克通信公司随后更名为网景通信公司（Netscape Communications Corporation），简称网景公司。同年 12 月 15 日，网景浏览器 1.0 正式版发布，软件改名为网景导航者（Netscape Navigator，见图 2-57）。网景导航者以共享软件的方式贩卖，因为功能追加得很快，所以当时市场占有率极高。经历后续版本用户的不断积累，网景公司成为当时浏览器市场占有率第一的公司。

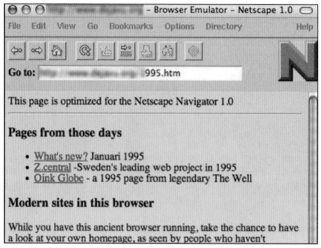

图 2-57　网景导航者

随后，网景公司首次公开募股，获得巨大成功。原本网景公司的股价为每股
14 美元，但因一个临时决定，其股价倍增至每股 28 美元。第一天收市时，网景
公司的股价升至每股 75 美元，其"首日获利"几乎是创纪录的。1995 年，网景
公司的收入每季度上升 1 倍。

2. 浏览器大战

随后，网景公司更是多次尝试开发一种能让用户通过浏览器操作的网络应用
系统。这引起了微软公司的注意，微软公司担心网景公司可能威胁到微软公司的
操作系统和应用程序市场，于是在 1995 年从望远镜娱乐公司（见图 2-58）买下
了 Mosaic 的授权，以此为基础开发了 Internet Explorer（简称 IE），进军浏览器
市场，双方的竞争就此展开。网景公司的网景导航者与微软公司的 IE 之间的竞
争，后来被称为"浏览器大战"。1995 年以前，网景导航者是互联网浏览器的绝
对标准，虽然它的正式版要收费，但是评估版是免费的。尽管微软公司从 1995
年 8 月开始发布 IE 1.0，但真正被市场认可的是 1997 年 10 月发布的 IE 4.0。这
款浏览器比网景导航者更好地遵守了 W3C 提出的互联网标准，并能够提供一些
诸如 MP3 播放之类的功能。自此以后，IE 以破竹之势发展，再加上微软公司以
巨大的财力、人力作为后盾，网景导航者终于在 1998 年被以 48 亿美元的价格出
售给了美国在线（American Online，AOL）公司。而后，网景导航者被 AOL 公

司变成了它的互联网服务提供商（Internet Service Provider，ISP）业务的门面。
至此，网景浏览器的核心团队成员已经全部离队，在"浏览器大战"的第一回
合中，微软公司大胜。然而，事情并没有就此结束。1998 年，网景公司公开了
它的浏览器源代码，并将该浏览器重新命名为 Mozilla，且对全部程序进行了重
写。2002 年，网景公司发布了 Mozilla 的第一个版本。2004 年，基于 Mozilla 源
代码的 Firefox（火狐）首次登台，拉开了第二次"浏览器大战"的序幕。此时，
微软公司的浏览器市场份额已经从最高点的 96% 下降到了 85%，这主要是因为
Firefox 的强烈市场攻势。于是，微软公司再次应战，迅速提前了 IE 7.0 的发布日
期，并用来与 Firefox 抗衡。图 2-59 所示为此次大战的一种形象比拟。

图 2-58 望远镜娱乐公司

图 2-59 浏览器大战

3. 网络搜索引擎的市场角逐

搜索引擎是指根据一定的策略、运用特定的计算机程序从互联网上搜集信
息，在对信息进行组织和处理后，为用户提供检索服务，将用户需要的相关信息
展示给用户的系统。搜索引擎包括全文索引、目录索引、元搜索引擎、垂直搜索
引擎、集合式搜索引擎、门户搜索引擎与免费链接列表等。

互联网发展早期，以雅虎为代表的网站分类目录查询非常流行。网站分类目
录由人工整理、维护，精选互联网上的优秀网站简要描述，并将其分类放置到不
同目录中。用户查询时，通过一层层的单击来查找自己想找的网站。也有人把
这种基于目录的检索服务网站称为搜索引擎，但从严格意义上讲，它并不是搜索
引擎。

1990 年，加拿大麦吉尔大学计算机学院的师生开发了 Archie 搜索引擎。当时，万维网还没有出现，人们通过文件传送协议（File Transfer Protocol，FTP）来共享和交流资源。Archie 能定期搜集并分析 FTP 服务器上的文件名信息，提供查找分散在各个 FTP 主机中的文件的服务。用户必须输入精确的文件名进行搜索，Archie 能够告诉用户使用哪个 FTP 服务器可以下载该文件。虽然 Archie 搜集的信息资源不是网页（HTML 文件），但其工作方式和搜索引擎的基本工作方式是一样的：自动搜集信息资源、建立索引、提供检索服务。所以，Archie 被公认为现代搜索引擎的鼻祖，图 2-60 所示为谷歌视频中介绍的当时的 Archie。

图 2-60　谷歌视频中介绍的当时的 Archie 搜索引擎

Excite（见图 2-61）的历史可以回溯到 1993 年 2 月，当时美国斯坦福大学的 6 个大学生的想法是用 Excite 分析字词关系，以对互联网上的大量信息做更有效的检索。到 1993 年中期，Excite 已得到投资者的大力支持，后来一个供网站管理员在自己网站上使用的搜索引擎版本发布了，该版本被叫作 Excite for Web Servers。

图 2-61　Excite 的图标

1994 年 4 月，斯坦福大学的两名博士，美籍华人杨致远（Jerry Yang，见图 2-62）和戴维·菲洛（David Filo，见图 2-63）共同创办了搜索引擎雅虎（Yahoo!，见图 2-64）。随着访问量和收录链接数的增长，雅虎目录开始支持简单的数据库搜索。因为雅虎的数据是手动输入的，所以它不能真正被归为搜索引擎，事实上它只是一个可搜索的目录。因为雅虎中收录的网站都附有简介信息，所以雅虎的搜索效率明显提高。雅虎几乎成为 20 世纪 90 年代因特网的代名词。

图 2-62　杨致远　　　　　　　　图 2-63　戴维·菲洛

图 2-64　雅虎搜索引擎

　　1995 年，一种新的搜索引擎形式出现了——元搜索引擎（Meta Search Engine）。用户只需提交一次搜索请求，该请求会由元搜索引擎转换处理后提交给多个预先选定的独立搜索引擎，并集中各独立搜索引擎返回的所有查询结果，处理后再返回给用户。

　　第一个元搜索引擎是由华盛顿大学硕士埃里克·塞尔伯格（Eric Selberg）和奥伦·埃齐奥尼（Oren Etzioni）开发的 MetaCrawler（见图 2-65）。元搜索引擎的名字非常好听，但实际搜索效果始终不理想，所以没有哪个元搜索引擎有过强势地位。

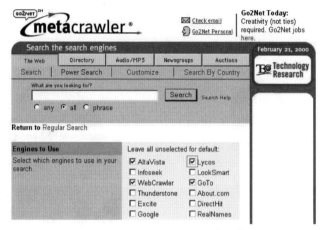

图 2-65　MetaCrawler 元搜索引擎

1995 年 9 月 26 日，加州大学伯克利分校的助教埃里克·布鲁尔（Eric Brewer）和博士保罗·高蒂尔（Paul Gauthier）创立了 Inktomi 搜索引擎。1996 年 5 月 20 日，Inktomi 公司成立，该公司基于 Inktomi 搜索引擎的技术开发了 HotBot 搜索引擎（见图 2-66）。HotBot 声称每天能抓取 1 千万页以上的索引，拥有远超过其他搜索引擎的搜索能力。HotBot 大量运用 cookie 来存储用户的个人搜索喜好设置。

图 2-66　HotBot 搜索引擎

1995 年 12 月，DEC 公司正式发布了 altavista 搜索引擎（见图 2-67）。altavista 是第一款支持自然语言并实现了高级搜索语法（如 AND、OR、NOT 等关系操作符在搜索条件里的应用）的搜索引擎。用户可以用 altavista 搜索新闻组（Newsgroup）的内容并从互联网上获得文章，还可以搜索图片名称中的文字，搜索 Java applets，搜索 ActiveX Data Objects。altavista 声称是第一个支持用户自己向网页索引库提交或删除统一资源定位符（Uniform Resource Locator，URL）的搜索引擎，并能在 24 小时内上线。altavista 最有趣的新功能之一是搜索出的所有链接都指向对应的 URL 网站。关于面向用户的界面，altavista 也做了大量革新。它在搜索框区域下方放置了 "tips"（实用的提示），以帮助用户更好地输入搜索式，这些 tips 经常更新，在搜索过几次之后，用户会看到很多他们可能从来不知道的有趣功能。这一系列功能逐渐被其他搜索引擎广泛采用。1997 年，altavista 发布了一个图形演示系统 LiveTopics，帮助用户从成千上万的搜索结果中找到自己想要的信息。

图 2-67　altavista 搜索引擎

1997 年 8 月，Northernlight 搜索引擎正式现身。它曾是拥有最大数据库的搜索引擎之一，它没有停止词，但拥有出色的时事新闻、7100 多部出版物组成的特别汇编、良好的高级搜索语法，且首次支持对搜索结果进行简单的自动分类。

1998 年 10 月之前，Google 搜索引擎只是斯坦福大学的一个名为 BackRub 的小项目。1995 年，博士拉里·佩奇（Larry Page）开始学习搜索引擎设计，并于 1997 年 9 月 15 日注册了域名 BackRub。同年底，在谢尔盖·布林（Sergey

Brin）和斯科特·哈桑（Scott Hassan）、阿兰·斯特拉姆伯格（Alan Steremberg）
的共同参与下，BackRub 开始提供演示版。1999 年 2 月，Google 搜索引擎完
成了从 Alpha 版到 Beta 版的蜕变，并把 1998 年 9 月 27 日认作自己的诞生日。
Google 搜索引擎以网页级别的 PageRank 算法为基础来判断网页的重要性，使得
搜索结果的准确性大大提升。谷歌公司的极客（Geek）文化氛围、不作恶（Don't
be evil）理念，为其赢得了极高的口碑和品牌美誉。2006 年 4 月，谷歌公司宣布
Google 的中文名称为"谷歌"，这是谷歌公司在非英语国家取的第一个名字。图
2-68 所示为 Google 涂鸦。

图 2-68　Google 涂鸦

　　Fast 公司创立于 1997 年，是挪威科技大学学术研究的产业化实践。1999 年
5 月，Fast 公司发布了自己的搜索引擎 alltheweb（见图 2-69）。Fast 公司创立的
目标是做世界上最大和最快的搜索引擎。alltheweb 搜索引擎的网页搜索可利用开
放目录专案（Open Directory Project，ODP）自动分类，支持 Flash 和 PDF 搜索，
支持多语言搜索，可以提供新闻搜索、图像搜索、视频搜索、MP3 搜索和 FTP

搜索，拥有极其强大的高级搜索功能。2003 年 2 月 25 日，Fast 公司的互联网搜索部门被 Overture 公司收购。

图 2-69　alltheweb 搜索引擎

1996 年 8 月，搜狐（SOHU）公司成立，主要制作中文网站分类目录，曾有"出门靠地图，上网找搜狐"的美誉。随着互联网网站数量的急剧增加，这种人工编辑的分类目录难以满足庞大的业务需求。搜狐于 2004 年 8 月创建独立域名的搜索网站"搜狗"（Sogou，见图 2-70），自称"第三代搜索引擎"。

图 2-70　搜狗搜索引擎

Openfind 公司创立于 1998 年 1 月，其技术源自台湾中正大学吴升教授所领导的 GAIS 实验室。Openfind 公司起先只做中文搜索引擎，鼎盛时期同时为三大著名门户网站（新浪、奇摩、雅虎）提供中文搜索引擎，但 2000 年后市场逐渐被百度公司和谷歌公司瓜分。2002 年 6 月，Openfind 公司重新发布基于 GAIS 30 Project 的 Openfind 搜索引擎 Beta 版，推出多元排序（PolyRankTM），宣布累计抓取网页数达 35 亿个，开始进入英文搜索领域。

2000 年 1 月，两位北京大学校友——超链分析专利发明人、前 Infoseek 资深工程师李彦宏与好友徐勇（加州大学伯克利分校博士后），在北京中关村创立了百度公司。2001 年 8 月，百度公司发布百度搜索引擎 Beta 版（此前百度公司只为其他门户网站如搜狐、新浪、Tom 等提供搜索引擎）。2001 年 10 月 22 日，百度公司正式发布百度搜索引擎，专注于中文搜索。

百度搜索引擎的其他特色包括百度快照、网页预览 / 预览全部网页、错别字纠正提示、MP3 搜索、Flash 搜索等。2002 年 3 月，闪电计划（Blitzen Project）开始后，百度搜索引擎的技术升级速度明显加快，后推出贴吧、知道、地图、国学、百科、文档、视频、博客、网盘等一系列产品，深受网民欢迎。2005 年 8 月 5 日，百度公司在纳斯达克上市，代号为 BIDU，开盘当日创下了 5 年以来美国股市新股上市当日涨幅最高纪录。图 2-71 所示为百度搜索引擎。

图 2-71　百度搜索引擎

2003 年 12 月 23 日，原慧聪搜索公司正式独立运作，成立了中国搜索公司。2004 年 2 月，中国搜索公司发布桌面搜索引擎——网络猪 1.0。2006 年 3 月，网络猪更名为 IG（Internet Gateway）。

2005 年 6 月，新浪公司正式推出自主研发的搜索引擎爱问。

2007 年 7 月 1 日，全面采用网易公司自主研发技术的有道搜索，合并了原来的综合搜索和网页搜索。有道网页搜索、图片搜索和博客搜索为网易搜索提供服务。其中，网页搜索使用了网易自主研发的自然语言处理、分布式存储及计算技术；图片搜索首创具有拍摄相机品牌、型号，甚至季节等分类条件的高级搜索功能；博客搜索与同类产品相比具有抓取全面、更新及时的优势，提供了"文章预览""博客档案"等创新功能。

4. 亚马逊公司——电子商务兴起

惠普公司和苹果公司是在汽车车库创立的，创造了著名的车库创业神话，在美国家喻户晓，不断鼓舞着年轻人走上创业的道路。20 世纪末，又一个车库创业神话诞生了，人们对它津津乐道，它就是年轻人杰夫·贝索斯（Jeff Bezos，见图 2-72）在车库创立的亚马逊公司。贝索斯在 1964 年 1 月 12 日出生于一个古巴移民家庭，他的父亲在 20 世纪 60 年代初移居美国并供职于埃克森美孚石油公司。贝索斯从小就喜欢科学，他喜欢捣鼓东西，这培养了他极强的动手能力。1986 年，贝索斯从美国名校普林斯顿大学毕业后，很快就进

图 2-72　杰夫·贝索斯

入纽约一家新成立的高科技公司。两年后，贝索斯跳槽到一家纽约的银行信托公司，管理价值 2500 亿美元的计算机系统，25 岁时便成了这家银行信托公司有史以来最年轻的副总裁。1990 年至 1995 年，贝索斯与其他人一起组建了世界上最先进、最成功的套头基金交易管理公司，1992 年成为该公司最年轻的资深副总裁。

1994 年，贝索斯偶然进入一个网站，看到了一个数字——2300%，它代表着互联网使用人数每年以这个速度在增长。当时西雅图的微软公司已经逐渐长大了，贝索斯看到这个数字后，眼里放光，希望自己能像微软公司的盖茨一样，在 IT 行业取得成功，成为网络浪尖上的弄潮儿。

贝索斯先列出了 20 多种商品，再逐项淘汰，精简为图书和音乐制品，最后他选定了先卖图书。图书特别适合在网上展示，而且美国作为出版大国，当时拥有约 130 万种图书、20 万～ 30 万种音乐制品；图书发行行业市场空间较大，当时的年销售额为 2600 亿美元，但其中拥有 1000 余家分店的美国最大连锁书店（也是全球第一大书店）的年销售额也不过仅占 12%。

几周后，贝索斯踏上创业之路。他通知搬家公司，自己一旦在科罗拉多州、俄勒冈州或华盛顿州这 3 处选定地方后即刻通知他们，之后便匆匆上路西行。他让妻子负责开车，自己用笔记本计算机匆匆起草了一份商业计划，又迫不及待地用移动电话联络筹集启动资金。

1995 年，贝索斯从纽约搬到西雅图。他之所以选定西雅图，是因为这里有

现成的技术人才，而且十分靠近大型渠道分销商 Ingram 图书部门的俄勒冈州仓库。贝索斯用 30 万美元的启动资金，在西雅图郊区租来的车库中，创建了全美第一家网络零售公司——亚马逊公司。贝索斯之所以用世界第一大河流的名称来命名自己的公司，是希望它能成为图书公司中名副其实的"亚马逊"。

在起步阶段，为了让亚马逊公司在传统书店如林的竞争压力中站稳脚跟，贝索斯花了约 1 年的时间来建设网站和数据库。同时，他对网络界面进行了人性化的改造，实现了令客户舒适的视觉效果，方便客户选择服务，当然更要方便客户对 110 万册可选书目进行选择。而在设立数据库方面，他更是小心谨慎，花在软件测试上的时间，就达 3 个月。时间证明了贝索斯的做法极其正确。凭着这些优势，1995 年 7 月，亚马逊公司正式打开了"虚拟商务大门"。

从一开始，亚马逊公司就面临着众多挑战，其中最大的挑战就是来自传统图书行业巨人巴诺书店的竞争。即使亚马逊公司不想与之争夺市场，也不得不面对针锋相对的局面，因为巴诺书店强烈抗拒一个凭空产生的、"虚幻生存"的对手夺取自己的市场。从另一个方面来说，这是一场传统与现代的文化和理念的对抗。

在这场对抗中，亚马逊公司的优势渐渐凸显。首先，亚马逊公司是最便宜的书店之一，天天都在打折，几乎是全世界最大的图书折扣卖家，消费者有多达 30 万种书目可以进行购买并获得折扣优惠。的确，亚马逊公司与传统书店的经营模式不同，少了中间商的抽成分利，促使其销售的图书或其他商品有着较平实的价格。当然，也有另外少数的几家书店价格更便宜，但差价很小。因为最便宜并不是最重要的，重要的是这里的便宜书既多又方便购买，消费者不再愿意为了一点小小的差价去别处寻找，从而只选择了亚马逊公司。

此外，亚马逊公司提供了比传统书店方便、快捷的服务模式以及全面、详细的书目。在业马逊公司网站购书时，因为有强人的技术支持，消费者在搜索图书后 3 秒之内即可得到回应，这大大节省了消费者的时间。与当时巴诺书店最多可以提供 25 万种书目的现状相比，通过网络，亚马逊公司可以提供 250 万种的海量书目。贝索斯说："如果有机会把亚马逊公司所提供的书目以书面的方式印刷出来，其大概相当于 7 本纽约市电话簿的分量。"

响应速度也同样体现在库存货物信息的更新方面。亚马逊公司除了 200 种畅销书品种存在库存外，其他品种几乎不存在库存。即使是这个数量的库存，亚马逊公司更新信息的频率还是让人吃惊。有数据显示，亚马逊公司每年更新库存达150 次之多，而巴诺书店不过三四次。这个数据不仅反映了亚马逊公司的速度，还反映了它的销量。

贝索斯是互联网上货真价实的革新者。亚马逊公司拥有 3 万个"委托机构"，这些"委托机构"在各自的网站，为亚马逊公司推出的图书进行二度推荐。当上网的访客在它们的网站上以点选的方式购买推荐的图书时，这些"委托机构"可以向亚马逊公司索取 15% 的佣金。

同时，贝索斯还协助构建了一个以购物网站为中心的互联网社区。这个社区的内容每天都会更新，同时还提供了"读者书评"和"续写小说"的服务。贝索斯是第一个在网络上推行这种应用模式的人，仅这两项小创新至少为亚马逊公司增加了近 40 万名顾客。

但是，贝索斯没有停下扩充和革新的脚步。简单地说，贝索斯的目标定位可以归纳为"大，还要再大"这几个字。贝索斯的经营已经不限于书籍了，他要建立一个最大的网络购物中心。

通过这一系列努力，亚马逊公司破茧为蝶，逐渐强大起来，贝索斯的眼光也放得更远。1998 年 3 月，亚马逊公司开通了儿童书店，虽然这时的亚马逊公司已经是网上最大、最出名的书店了，但贝索斯继续以他的理论引导着亚马逊公司向更远大的目标发展。1998 年 6 月，音乐商店开张；7 月，与 Intuit 个人理财网站及精选桌面软件合作；10 月，打进欧洲大陆市场；11 月，加售录像带与其他礼品；1999 年 2 月，买下药店网站股权，并投资药店网站；3 月，投资宠物网站，同期成立网络拍卖站；5 月，投资家庭用品网站。

2000 年 1 月，亚马逊公司与网络快运公司达成了一项价值 6000 万美元的合作协议，使用户订购的商品在 1 小时之内就能送上门。这一系列举措产生的直接结果就是，亚马逊公司的客户数量突破了 1500 万。在这个过程中，亚马逊公司已经完成了从纯网上书店向网上零售商的身份变更，在这些成绩背后，人们看到的是亚马逊公司不断地扩张、再扩张。而在这个阶段，亚马逊公司的股票价格上升了 50 多倍，公司市值最高时达到 200 亿美元。

时间到了 2002 年 7 月，人们期望中的经济复苏和 IT 回暖都没有出现。世通公司因为财务丑闻而宣布破产保护，全球电信业一片惨淡，互联网业却风景独好。一大批上市的互联网公司都开始正式摆脱"赤字"生涯，迈向健康的盈利之路。雅虎、eBay、亚马逊等主要的互联网公司都公布了超出预期的业绩，其商业模式在经受了严厉的质疑后，稳固地立住了脚跟。

贝索斯承认，自己在 1994 年所做的预期完全是错误的，因为他低估了电子商务的力量。"我们最初的商业计划，是预期在 2001 年实现 7000 万美元的销售收入和 400 万美元的运营利润。"而在 2001 年，亚马逊公司的收入达到 30 亿美元，是最初预期的约 45 倍。图 2-73 所示为亚马逊的图标。如今的亚马逊公司是"财富 500 强"之一，成为全美最大的网络电子商务公司。

图 2-73　亚马逊的图标

当所有人都还不知道电子商务是什么的时候，贝索斯已经用自己的行动解释了什么是电子商务。亚马逊是互联网时代的第一个电子商务品牌。1995 年 7 月，亚马逊还只是个小网站，但到了 2000 年 1 月，亚马逊公司的市价总值已经达到 200 亿美元，是老对手巴诺书店的 8 倍。5 年不到的时间，亚马逊公司以惊人的成长速度创造了网络神话。

互联网技术和容易使用的图形化万维网浏览器提供了全新的应用和服务机遇。新公司几乎每天都在诞生，为电子商务提供软件解决方案的公司是其中之一。许多企业家抓住了这个机遇，成立了此类新公司，如 BroadVision、ICAT、Intershop 通信公司、OpenMarket 等。同样，年轻的专业服务公司也抓住了这个契机。但是，互联网不仅是软件业创造奇迹的地方，通信、媒体和消费电子业同样被卷入其中。这给互联网带来了新的面貌，引发软件业和其他行业彼此兼顾并共存的挑战，这是互联网的另一个奇迹。如今，平台、编程语言和强大的关键标准已共同存在，通常相互牵扯且需要平行处理，这些强大的标准里有大型机系统所用的 MVS 和 OS/390、中型机系统和 PC 所使用的 UNIX、NT 和 Windows，以及嵌入式软件的微软 CE 等。

|2.4　本章小结|

需求决定一切，需求推动了文明的进步，而软件文化也是在人们的需求中产生与不断发展的。软件从具有单一的计算功能开始，不断拓展、不断完善，发展为具有文字处理、电子表格、娱乐等新的服务功能的强大工具。同样，伴随着人们需求的增加和软件的发展，编程语言也在稳步前进，从机器语言到汇编语言，再到高级语言。语言的进步，让软件的开发变得更加简单快捷，促进了软件规模化的发展，也促进了软件的优化和进化。

当人们向往整个世界可以在信息领域成为"地球村"，突破地域和时间的限制，实现全球化的即时交流和合作时，互联网诞生了。互联网增值软件给人们的生活带来了不同凡响的影响力和冲击力，甚至颠覆了传统的生活和工作模式，成为当今信息时代不可或缺的载体。各种新颖的网络服务模式不断涌现并走进人们的生活中，使人们的生活与网络密不可分。同时，软件企业的诞生与发展也给软件文化添上了精彩的一笔，软件企业对软件的革新起到了推波助澜的作用，为整个软件业带来了新的需求和机遇。本书第 3 章将详细介绍软件的分类。

第 3 章

软件的分类

　　人类需求的增加和科技的发展，使得世界各国的软件业发展迅猛，软件已深入国防、教育、航空航天、医药、服务等各个领域，产生了种类繁多的不同软件产品。众所周知，当事物发展到一定规模时，相应地，复杂性也会逐步提高，有的呈现出指数级增长的态势。人们为了对复杂性进行有效控制，便对事物进行分类。

　　软件的分类也是一种文化。"一千个读者眼中就有一千个哈姆雷特"，从不同的角度看待软件就会产生不同的分类。图 3-1 所示为软件分类"横看成岭侧成峰"的独特文化。

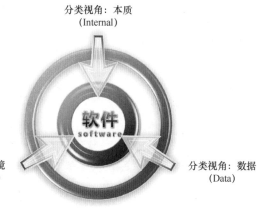

图 3-1　软件分类

　　通过图 3-1 可以看到，从不同的视角看待软件，就有不同的分类。至于具体采用什么分类方法，可谓各执己见。本书中关于软件的分类方法，重点参考了国际标准 ISO/IEC TR 12182-2015《系统和软件工程——IT 系统分类框架和 IT 软件应用指南》中对软件的定义和我国标准《计算机软件分类代码表》中的有关规定，统筹人们习以为常的软件认识方式，本着利于读者理解和学习的目的确定。

　　第 1 章和第 2 章已经介绍了计算机及软件的历史和发展情况，本章介绍软件的分类，这是本书的重点内容，大体可分为系统软件、应用软件以及处于二者之间的中间件这三大部分，重点介绍具有代表性和特色的实例。限于篇幅以及软件产品的丰富性、多变性和飞速发展，本章无法对所有的软件进行详细叙述，做不到逐一细化讲解。希望本章的内容能够成为读者了解软件的起点和线索，使读者对软件有更多的期待和好奇。在本章内容的基础上，读者可以涉猎软件相关的其他专业书籍和在线学习资源，进一步提高对软件的认识程度。

|3.1　系统软件|

　　系统软件通常是指控制和协调计算机及外部设备、支持应用软件开发和运行的软件，是无须用户干预的各种程序的集合，主要功能是调度、监控和维护计算机系统，负责管理计算机系统中各种独立的硬件，以使它们协调工作。系统软件使得计算机使用者和其他软件将计算机当作一个整体而不需要关注底层的每个硬件是如何工作的。事实上，系统软件目前没有明确的定义，它涉及的范围在不同标准下也不相同。本章综合了国内外不同的分类标准，将系统软件分为操作系统、数据库系统、驱动程序、编程开发工具和程序编译工具这 5 个类别。下面就这些类别的功能及作用进行概要介绍。

3.1.1　操作系统

1. 操作系统基础知识

　　计算机能否同时运行 10 个应用程序？计算机能不能上网？计算机可以在运行了大型游戏后继续可靠运行吗？这些问题，都需要由计算机的操作系统来回答。操作系统是计算机系统中发生的所有活动的总控制器，所以它是决定计算机兼容性和平台的重要因素之一。图 3-2 所示为操作系统在计算机体系中所处的位置。

　　操作系统是用户与计算机之间的"桥梁"，同时也是计算机硬件与其他应用软件之间的"桥梁"。操作系统的功能包括管理计算机系统的

图 3-2　操作系统在计算机体系中的位置

硬件、软件及数据资源，控制程序运行、改善人机交互体验、为其他应用软件提

供支持等，可使计算机系统的所有资源最大限度地发挥作用，提供各种形式的用户界面，为用户提供一个好的工作环境，为其他软件的开发提供必要的服务和相应的接口。实际上，用户是不用直接接触操作系统的底层逻辑的，操作系统管理着计算机硬件资源，并按照应用程序的资源请求，为其分配资源，如划分 CPU 时间、开辟内存空间、调用打印机等。

操作系统的种类相当多，各种设备安装的操作系统或简单或复杂。按应用领域划分，操作系统主要有 3 种：桌面操作系统、服务器操作系统和移动设备操作系统。图 3-3 所示为 Mac OS X 操作系统各系列的安装盘。

下面选取操作系统中的"元老"级产品——磁盘操作系统（Disk Operating System，DOS）、微软公司的 Windows 系统、UNIX/Linux 操作系统、苹果公司的 macOS 操作系统

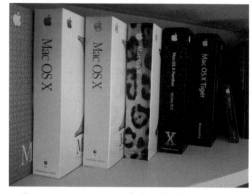

图 3-3　Mac OS X 操作系统各系列的安装盘

以及移动设备操作系统中的 Android 系统和 iOS 系统来进行详细介绍。

2. DOS

DOS 是 PC 中一类单用户、单任务的操作系统。从 1981 年至 1995 年的 15 年间，DOS 在 IBM PC 兼容机市场中占据着举足轻重的地位。而且，若是把部分以 DOS 为基础的 Windows 版本，如 Windows 95、Windows 98 和 Windows Me 等都算进去的话，DOS 的商业寿命至少可以算到 2000 年。

DOS 家族包括 MS-DOS、PC-DOS、DR-DOS、FreeDOS、PTS-DOS、ROM-DOS、JM-DOS 等，其中以 MS-DOS 最为著名。虽然这些系统常被简称为"DOS"，但几乎没有系统单纯以"DOS"命名（只有 20 世纪 60 年代的 IBM 大型主机操作系统以此命名）。此外，有几款与 DOS 无关、在非 x86 的微机系统上运行的磁盘操作系统的名称中也有"DOS"，而且在专门讨论该机器的场合中也会被简称为"DOS"（例如 AmigaDOS、AMSDOS、Apple DOS、Atari DOS、Commodore DOS、CSI-DOS、ProDOS、TRS-DOS 等），但这些系统与 DOS 可执行文件以及

MS-DOS 应用程序接口（Application Program Interface，API）并不兼容。

　　DOS 是一种以命令方式工作的操作系统，它提供的是命令行式的字符用户界面（人与计算机之间的交流主要通过文字或文本进行）。DOS 设置了许多键盘命令，只要熟悉这些命令的功能和用法，用户就可以直接用键盘输入这些命令。用户每发出一条命令，操作系统随即执行，并向用户显示一定的反馈信息。例如，用户若希望查看硬盘上存有哪些文件，在 DOS 的管理之下，只需要用键盘输入 dir 命令，计算机便会把文件目录排列显示在显示器上。图 3-4 所示为在一台计算机上输入 dir 命令后显示的部分结果，图 3-5 所示为 MS-DOS 3.5 英寸安装软盘及安装手册，图 3-6 所示为放置于 IBM 原装软盘驱动器中的 DOS 5.25 英寸开机磁片。

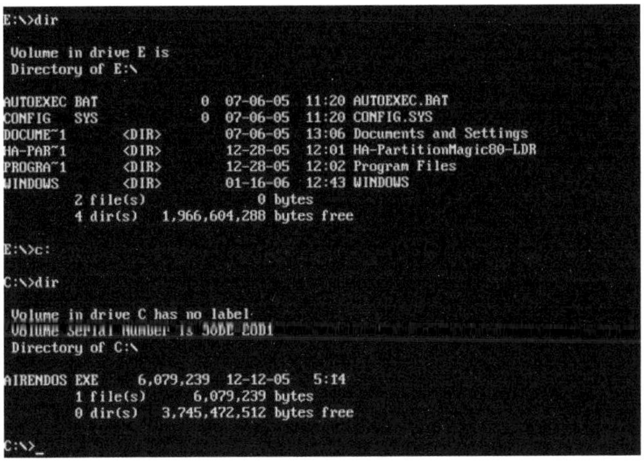

图 3-4　在 DOS 上执行 dir 命令

图 3-5　MS-DOS 3.5 英寸安装软盘及安装手册

图 3-6　DOS 5.25 英寸开机磁片

在 DOS 中，每个命令都对应着一小段计算机能够执行的程序，而计算机执行一个命令不过是按预先准备好的这一段程序去完成一项或几项特定的任务。下面以 MS-DOS 为例，简述 DOS 的发展史。

DOS 是 IBM PC 及其兼容机使用的操作系统。在 DOS 之前，一些计算机的操作系统使用内部 BASIC 编程语言，而另外一些使用 Digital Research 公司开发的 CP/M 操作系统（该公司提供了 DR-DOS）。微软公司于 1979 年为 IBM PC 开发了 MS-DOS，当时，该公司为不同计算机开发了与 BASIC 相似的编程语言。1980 年，IBM 公司正在设计最早的 IBM PC，并请微软公司为其新型机开发多种编程语言，CP/M 成为 IBM 公司新型机的操作系统。在微软公司为 IBM PC 设计语言的过程中，尽管微软公司改进了 IBM PC 的语言和应用程序设计，但是他们认识到，开发 PC 操作系统才是努力的方向，但没有足够的时间从头开始。为解决这个问题，微软公司购买了用于 8086 处理器的操作系统 86-DOS，该处理器与最早的 IBM PC 中的 8086 处理器非常相似。

（1）DOS 1

以 86-DOS 操作系统为基础，微软公司开发了 MS-DOS 1.0，该操作系统在 1981 年和最早的 IBM PC 一起公布于世。DOS 1.0 不支持分层目录，所有的文件访问都必须通过文件控制块（File Control Block，FCB），这项技术沿袭自 CP/M。DOS 1.0 支持两类执行文件：COM 及 EXE。COM 文件的所有格式与 CP/M 的可执行文件相似并且受限于代码、数据和堆栈所用的 64 KB 内存空间。此外，DOS 1.0 引入了文件批处理（Batch），图 3-7 所示为 DOS 批处理的过程截图。最早的 IBM PC 只有 64 KB 内存，非常有限，为降低使用的内存容量，需要使用命令处理器（COMMAND.COM）。DOS 1.0 将命令处理器分为常驻部分和暂驻部分，后者在执行程序期间可被其他 DOS 程序覆盖。当程序运行结束时，常驻部分检测暂驻部分，如果有必要，常驻部分将其从磁盘中重新装载到内存中。在微软公司为 IBM 公司提供 DOS 时，IBM 公司对 DOS 的命名为 PC-DOS，这也说明 DOS 与 IBM PC 的关系密切。

（2）DOS 2

1982 年，微软公司发布了 DOS 的第二个版本，该版本被微软公司称为 MS-

DOS 1.25，被 IBM 公司称为 PC-DOS 1.1。该版本支持双面软盘驱动器。早期的单面软盘驱动器仅能访问保存在单面软盘上的信息。为了减少磁盘的使用次数，有的用户购买了可翻面的磁盘，这种磁盘可在两面存放信息。除支持双面磁盘外，DOS 1.1 还纠正了某些在 DOS 1.0 中发现的错误，并且提供了程序员工具 EXE2BIN.exe。

图 3-7　DOS 批处理的过程

最早的 IBM PC 是基于软盘的系统，使用软盘驱动器 A 和 B，不支持当时非常昂贵的硬盘。当 IBM 公司发布支持 10 MB 硬盘的 IBM PC XT 计划时，微软公司开发了新的用于 DOS 的文件系统。DOS 1.0 和 DOS 1.1 不支持分层目录，而对于硬盘，这样的目录是必需的。

当时，UNIX 已开始流行分层目录结构了。于是，微软公司选择开发与小型机 UNIX 操作系统相似的分层目录结构。由于文件控制块不支持用于存储目录路径名所需的空间，因此微软公司保留了文件控制块并使 DOS 2.0 基于文件句柄管理文件。DOS 使用文件句柄的一个好处是能够实现重定向功能（这也是 UNIX 的一个功能）。通过 DOS 2.0，IBM PC 获得了成功。DOS 和 CP/M 操作系统一起成为可选的操作系统。由于 PC 的流行，很多硬件生产厂家开始开发基于 PC 的产品。为帮助这些厂家汇集真正的设备驱动程序，DOS 2.0 提供了可安装设备驱动程序，且首次引入了 CONFIG.SYS 预配置文件。为提供多任务的简化格式，

DOS 2.0 提供了诸如 GRAPHICS 及 PRINT
这样的内存驻留程序。在 DOS 2.0 之后，微
软公司又发布了 MS-DOS 2.01，该版本支持
国际字符集。IBM 公司还推出了寿命较短
的 IBM PC Junior（简称 IBM PCjr，见图 3-8）
计算机。为支持 IBM PCjr，微软公司又开
发了 PC-DOS 2.1。后来，微软公司又将这
两个最后的 DOS 版本结合在一起，推出了
MS-DOS 2.11。1983 年，微软公司发布了
MS-DOS 2.25，该版本包括故障定位功能并
支持扩展 ASCII 字符集。

（3）DOS 3

1984 年，IBM 公司发布了 80286 IBM
PC AT，该机型使用了 1.2 MB 的大型软盘

图 3-8　IBM PCjr

驱动器并在 COMS 芯片中保存了计算机的设置信息。1984 年是计算机网络的酝
酿期，虽然 LAN 的广泛应用还是将来的事，但很多 DOS 3.0 系统已经成型，可
支持网络。DOS 3.1 成功支持了 LAN，虽然 DOS 2.0 中用文件句柄代替了文件控
制块，但还有一些现有的程序仍然使用文件控制块。为避免在网络程序中过多地
使用文件控制块，DOS 3.1 允许每次打开 4 个文件控制块。如果程序打开第 5 个
文件控制块，网络服务器或 SHARE 命令将关闭最先打开的文件控制块。DOS 3.1
增加了 CONFIG.SYS FCBS 项，还引入了 JOIN 及 SUBST 虚拟命令。1986 年，
微软公司发布了支持 3.5 英寸软盘驱动器的 DOS 3.2，在其中加入了 REPLACE
以及 XCOPY 命令。1987 年，IBM 公司发布了 PS/2 系列计算机，且为支持
PS/2，发布了 DOS 3.3。除支持 PS/2 外，DOS 3.3 还引入了 5 个命令：CALL、
APPEND、KEYBCHCP、NLSFUNC 以及 FASTOPEN。至此，DOS 3.3 成为应用
最广泛及最流行的 DOS 版本。事实上，因为 DOS 3.3 的工作性能很好，今天很
多用户仍在运行 DOS 3.3。DOS 3.3 的主要不足是其仅支持不大于 32 MB 的磁盘
分区。

（4）DOS 4

1988 年，微软公司发布了 DOS 4.0。该版本突破了 32 MB 磁盘分区的限制。在 DOS 4.0 中，磁盘分区容量可达 512 MB。此外，DOS 4.0 提供了菜单驱动的 Shell 程序，允许用户用菜单选择文件，或用鼠标选择文件。DOS 4.0 还引入了 MEM 命令，该命令不仅允许用户显示其计算机常规内存的容量，还可显示扩充内存及扩展内存的容量。与此同时，DOS 4.0 还修改了多个命令以更有效地使用内存。为弥补初期的 DOS 4.0 的一些缺陷，微软公司发布了 DOS 4.01，但事实上大多数用户和很多厂家并没有将系统升级至 DOS 4。

（5）DOS 5

1987 年，PC 的革命演变为 LAN 的革命：全美各地的办公室开始将 PC 连接在一起以共享信息。但是，这场革命未持续太长时间。由于许多程序（包括 DOS）不能在 640 KB 以上的内存地址运行，某些情况下，用户需要扩充内存。1990 年，微软公司成功地推出了拥有友好用户接口的 Windows。在 Windows 中，新的用户可以更快地学习如何使用计算机，而有经验的用户则可通过同时运行多个程序来提高效率。1990 年，其他工具软件以"被 DOS 遗忘的应用程序"的名义开辟了新的市场。1991 年，微软公司发表了 DOS 5.0，这是对最早的 86-DOS 进行约 10 年改进的结果。DOS 5.0 的寻址空间不仅支持常规内存、扩充内存及扩展内存，而且具备在高内存区块中运行 DOS、加载设备驱动以及内存驻留程序等保留内存的能力。DOS 5 不仅使用了更多更强大的菜单驱动 Shell 程序取代 DOS 4 中相应的命令，还允许用户快速重新调用前面使用过的命令，并像一个小的快速批处理文件一样定义内存驻留宏。为向所有用户提供磁盘应用程序，DOS 5 提供了恢复误删除文件的命令，并允许用户在意外执行格式化磁盘操作后重建磁盘。最后，为了跟上硬盘容量增加的速度，DOS 5 支持高达 2 GB 的磁盘分区。

（6）DOS 6

1993 年初，微软公司发布了 DOS 6。DOS 6 在 DOS 5 的基础上进一步扩充了以前用户必须从其他软件公司购买的软件功能。首先，DOS 6 提供了 INTERLNK 以及 INTERSVR 应用程序，这些程序使得便携式计算机可以很容易地与台式计算机交换文件。后来，许多新推出的计算机都配有电源管理芯片，以控制电源的使用，该芯片支持高级电源管理（Advanced Power Management，APM）。DOS 6 提供了 POWER 命令，使得 DOS 可以控制该芯片。DOS 6 还提供了检查并清除病毒的程序以及整理磁盘的实用程序。为帮助用户配置自己的系统，DOS 6 引入了建立基本配置菜单 CONFIG.SYS 的选项。在发布 DOS 6 之前，微软公司发布了用于工作组的 Windows 版本和基于网络的 Windows 版本。该版本允许用户共享数据、发送及接收电子邮件，以及远程打印文件。为了帮助用户在不运行 Windows 时也可以得到这些功能，DOS 6 提供了 NET 命令。同时，DOS 6 提供了强大的磁盘压缩软件，使用户能够轻松地提升硬盘的存储能力。

之后数年，MS-DOS 跟随着计算机技术和网络技术的发展，进行了相关功能的升级和更新。2000 年 9 月，微软公司发布了 MS-DOS 8.0，这是 MS-DOS 的最后一个版本。总之，DOS 操作系统服务了数代 PC 用户，在近 20 年的生命里拥有过无数的使用者，创造了计算机操作系统的一个神话。

3. Windows

Windows 操作系统最早的 1.0 版本诞生于 1985 年，那时鼠标还没有被人们广泛接受。历史证明，微软公司是对的。经过将近 30 年的发展，到 2013 年底，Windows 6.3 已经诞生，也就是人们常说的 Windows 8.1；到 2015 年 7 月底，Windows 10（见图 3-9）诞生了。Windows 操作系统一直吸引着全世界的目光，而微软公司的创始人盖茨也凭借 Windows 操作系统在 31 岁便成为亿万富翁，并且多年来蝉联世界首富。这不禁使人好奇，Windows 操作系统究竟是一个什么样的法宝？

图 3-9　Windows 10

　　盖茨在 20 世纪 80 年代曾立下微软公司的企业愿景：每个家庭都有一台 PC，每台 PC 上面都运行着微软公司的 Windows 操作系统。今天，环视我们周围，盖茨当年的梦想已然成真，微软公司也从 1975 年成立时的小公司变成全球软件行业的龙头。

（1）初识 Windows

　　Windows 是由微软公司开发的视窗操作系统，于 1985 年问世。目前，全世界超过 80% 的 PC 上都运行着 Windows 操作系统。Windows 的名字取自显示器上的一个个方块工作窗体，每个窗体显示着不同的文件和程序。应用多窗口、图标、菜单和联机帮助等技术，用户可以借助鼠标和键盘等输入工具，在可视化的环境下进行各种操作，这便是 GUI，也称窗口系统。图 3-10 展示了从 Windows 98 开始，历代 Windows 操作系统的桌面。

　　在问世之初的早期版本中，Windows 仅是能在 MS-DOS 上运行的桌面环境。从 Windows 98 开始，Windows 的后续版本逐渐发展成为完全独立的操作系统。经过几十年的发展，Windows 逐渐占据了 PC 操作系统的绝大部分市场。现在的 Windows 可以在不同的环境下运行，主要涉及 PC、移动设备、嵌入式工业控制等领域。

图 3-10　历代 Windows 操作系统的桌面

（2）DOS 和 Windows 的区别

DOS 和 Windows 各版本的比较见表 3-1。

表 3-1　DOS 和 Windows 各版本的比较

功能特点	DOS	Windows 3.1	Windows 9.5	Windows 95、Windows Me	Windows NT	Windows 2000	Windows XP	Windows 2003	Vista	Windows 7	Windows 8、Windows 8.1	Windows 10
GUI	×	×	×	×	×	×	×	×	×	×	×	×
Luna 接口	×	×	×	×	×	×	√	√	√	√	×	×
Windows Aero 或桌面窗口管理器	×	×	×	×	×	×	×	×	√	√	√	√
Windows Flip 3D	×	×	×	×	×	×	×	×	√	√	×	×
Metro UI	×	×	×	×	×	×	×	×	×	×	√	√
支持 DOS 软件	√	√	√	√	×	×	×	×	×	×	×	×
支持 Windows Store 应用程序	×	×	×	×	×	×	×	×	×	×	√	√
内置驱动程序数	—	—	1000+	3000+	—	—	10 000+	—	28 000+	—	—	—
系统核心	DOS	DOS	DOS	DOS	NT 3.1/3.5/3.51/4.0	NT 5.0	NT 5.1	NT 5.2	NT 6.0	NT 6.1	NT 6.2/6.3	NT 10.0

Windows 操作系统的发展经历了纯 16 位版本、16 位和 32 位混合版本、纯 32 位版本和纯 64 位版本。纯 32 位版本的 Windows（Windows NT 架构操作系统）并非以 DOS 为基础。以 DOS 为基础的操作系统使用的命令行界面为传统的 COMMAND.COM，而 Windows NT 及其派生版本则是使用 cmd.exe 作为命令行界面。当然，cmd.exe 中也移植了 DOS 的许多命令。

（3）Windows 16 位版本

早期的 Windows 系统是 16 位版本，主要包括 Windows 1.0（发布于 1985 年）、Windows 2.0（发布于 1987 年）及 Windows/286。Windows 1.0 还称不上真正意义上的操作系统，它仅仅是一款基于 DOS 的应用程序。但是，它拥有自己的可执行文件格式，并且可以为应用程序提供设备驱动程序（如计时器、打印机、鼠标、键盘以及声卡），已经具备了操作系统的雏形。图 3-11 所示为 Windows 1.0 的界面。

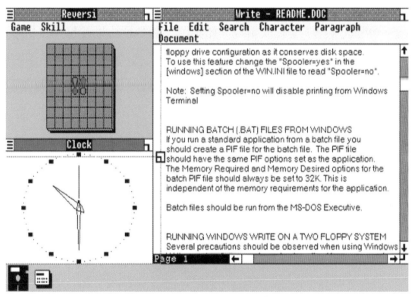

图 3-11　Windows 1.0 的界面

微软公司通过 Windows 1.0 向用户展示了鼠标的强大功能，用户可以在 Windows 1.0 上用鼠标完成大部分操作。Windows 1.0 的另一个重大突破是用户可以同时开启多个程序，并可以在各个程序之间灵活切换，这种并行的理念为人称道。微软公司自 1987 年推出了 Windows 2.0 后，进入了快速发展的轨道。"控制面板"第一次出现在 Windows 2.0 中。

硬件的发展使得 PC 的功能越来越强大，其强大的处理器可以支持更完美的GUI。1990 年 5 月 22 日，微软公司推出了 Windows 3.0，它被公认为首款在真正意义上取得成功的 Windows 操作系统版本。

（4）Windows 16 位和 32 位混合版本

这个版本仅是 Windows 16 位版本的升级版本，仍然需要依赖 16 位的 DOS基础程序才能运行，还算不上是真正意义上的 32 位操作系统，其架构因为使用了 DOS 代码，所以与 16 位 DOS 相同。尽管内核还是单核心，但该系统引入了部分 32 位操作系统的特性，具有一定的 32 位操作系统的处理能力。这个版本包括 1995 年发行的 Windows 95、1996 年和 1997 年发行的 Windows 95改进版、1998 年发行的第一版 Windows 98，以及发行于 1999 年和 2000 年的Windows 98 改进版。Windows 98 的 3 个版本最终发展成为 Windows Me。值得注意的是，Windows 95 中首次出现开始菜单、任务栏，以及每个窗口中的最小化、最大化和关闭按钮。同时，Windows 95 还支持 TCP/IP 提供的因特网的访问功能，可以说拉开了操作系统与互联网相融合的时代的序幕。Windows 98 是最后一个基于 DOS 的 Windows 版本，它引导用户逐渐从 16 位操作系统向 32位操作系统过渡。

（5）Windows 32 位版本

这个版本的 Windows 称得上是真正的 32 位操作系统，它是基于 WindowsNT 架构的操作系统。与依赖 DOS 基础程序的 16 位和 32 位混合的 Windows 9x不同，基于 Windows NT 架构的操作系统是完整且独立的操作系统，是为了满足更高性能的市场需求而研发的。这个系列包括 Windows NT 3.1（发布于 1992年）、Windows NT 3.5、Windows NT 3.51、Windows NT 4.0、Windows 2000（NT 5.0）、Windows XP、Windows Vista、Windows 7、Windows 8、Windows 8.1 和Windows 10。Windows Server 2003 也有 x86 版本，包括 Windows Server 2003 R2 DataCenter Edition（32 位 x86）、Windows Server 2003 R2 Enterprise Edition（32位 x86）、Windows Server 2003 R2 Standard Edition（32 位 x86） 等。Windows

2000 是一款具有可中断、图形化特点的面向商业环境的操作系统，为具有单一处理器或对称多处理器的 32 位英特尔 x86 计算机而设计。Windows XP 是一款稳定性很高的系统。2014 年 4 月 8 日，这款自 2001 年 10 月发布以来服役了 13 年的操作系统正式退役。Windows XP 的火爆使得微软公司连续发布了该款操作系统包括嵌入式版本在内的针对不同市场的多个版本，而这样的多版本与高销量使得 Windows XP 在 Windows 8、Windows 10 时代依然随处可见。随着处理器架构的升级，微软公司甚至推出了 64 位的 Windows XP。除此之外，Windows Vista、Windows 7、Windows 8 和 Windows 8.1 均同时有 32 位的 x86 版本与 64 位的 x64 版本。

Windows 10 是微软公司研发的新一代跨平台及设备应用的操作系统。2015 年 7 月 29 日起，Windows 10 全面开启推送。在正式版本发布的 1 年内，所有符合条件的 Windows 7、Windows 8.1 用户都可以免费升级到 Windows 10，用户也可以通过 Windows Update 来更新至 Windows 10。而 Windows Phone 8.1 则可以免费升级到 Windows 10 Mobile。对于所有升级到 Windows 10 的设备，微软公司都将为其提供永久生命周期的支持。Windows 10 发布了 7 个发行版本，分别面向不同用户和设备。

2015 年 11 月 12 日，Windows 10 的首个重大更新 TH2（版本 1511）发布，所有 Windows 10 用户均可用 Windows Update 进行更新。随之而来的常规更新依次是版本 1607、版本 1703、版本 1709 等，一直到 2022 年 4 月更新到版本 22H1。

2020 年 5 月，微软公司表示："从 Windows 10 版本 2004 开始，所有新的 Windows 10 操作系统都必须使用 64 位版本，并且微软公司将不再为原始设备制造商（Original Equipment Manufacturer，OEM）发布 32 位版本。"也就是说，未来购买的任何预装 Windows 10 操作系统的计算机都将运行 64 位版本。这是因为 32 位处理器时代基本结束，32 位版本也将慢慢被替换，直到最终彻底退出历史舞台。

（6）Windows 64 位版本

64 位版本最早在中小型计算机上实现，主要用于一些 UNIX 系列的操作系统。在英特尔和惠普公司合作研制的 IA-64（代号为 Itanium 2）64 位处理器推出后，出现了此处理器上的 64 位 Linux 及微软公司的 Windows 操作系统（基于 IA-64 的 Windows XP 64 位版本）。之后，AMD 公司推出了 64 位的 x64 架构 CPU，该架构很快就在 Linux 平台上得到了支持，微软公司也迅速提供了 64 位版本的 Windows XP 操作系统（全称为 Windows XP Professional x64）。如上所述，Windows 系列操作系统的多个版本已同时支持 32 位和 64 位。

64 位操作系统的设计初衷是满足机械设计和分析、三维动画制作、视频编辑和创作，以及科学计算和高性能计算应用程序等领域中需要大量内存和高浮点计算性能的客户需求。简单来说，64 位操作系统是高科技人员使用本行业特殊软件的运行平台，而 32 位操作系统是为普通用户设计的。

64 位操作系统的优势还体现在系统对内存的控制方面。由于地址使用的是特殊的整数，因此算术逻辑部件（Arithmetic and Logic Unit，ALU）和寄存器可以处理更大的整数，也就是更大的地址。比如，Windows Vista（64 位操作系统）支持多达 128 GB 的内存和多达 16 TB 的虚拟内存，而 32 位 CPU 和操作系统最大仅支持 4 GB 内存。

64 位操作系统只能安装在 64 位计算机上（CPU 必须是 64 位的）。同时需要安装 64 位常用软件以达到 64 位操作系统的最佳性能。32 位操作系统则可以安装在 32 位（32 位 CPU）或 64 位（64 位 CPU）计算机上。当然，若把 32 位操作系统安装在 64 位计算机上，则恰似"大马拉小车"，64 位计算机的性能就会大打折扣。

要了解 32 位和 64 位操作系统的差别，首先要了解 CPU 的架构技术。通常，x86 和 x64 的标志可以在计算机硬件上看到，其实这是两种不同的 CPU 架构，x86 代表 32 位操作系统，x64 代表 64 位操作系统。那么，32 位和 64 位中的"位"又是什么意思呢？相对于 32 位技术而言，64 位技术的"64 位"指的是 CPU 通用寄存器（General-Purpose Register，GPR）的数据宽度为 64 位，64 位指令集就是运行 64 位数据的指令集合，即处理器一次可以运行 64 bit 数据，即理论上 64 位操作系统的性能会比 32 位操作系统提高 1 倍。

目前，虽然 64 位操作系统已经非常普及了，但是仍然有较多软件是 32 位的，这是因为 32 位软件安装在 64 位操作系统上时，能够在 64 位操作系统的兼容层中运行，这与运行在 32 位操作系统上的情况大致相同。但尽管如此，64 位软件实际上是优于 32 位软件的，因为它们能够直接访问更多的内存，正如前面所说的，64 位操作系统的处理器一次可以运行 64 bit 数据。

4. Linux/UNIX

Linux 和 UNIX 是两款有着千丝万缕联系的操作系统，二者最大的区别是：前者是开源代码的新型自由商业软件，而后者是对源代码实行知识产权保护的传统商业软件。二者间的不同体现在用户对前者有很高的自主权，而对后者只能被动地适应；这种不同还体现在前者的开发处在完全开放的环境之中，而后者的开发处在黑箱之中，只有相关的开发人员才能够接触到产品的原型。

（1）UNIX 的诞生与发展

1965 年，贝尔实验室等 3 个研究组织进行了一项研究计划，目的是为大型机开发一款名为 Multics 的操作系统。后来，该计划由于种种原因没能进行下去。但是在 1969 年，曾经参与该计划的贝尔实验室的汤普森和里奇开发出了一款名为 UNIX 的操作系统。

UNIX 诞生在 DOS 之前，至今仍有广泛的应用。起初，UNIX 应用于小型机，而现在该系统的应用从大型机到微机无处不在。UNIX 的高可移植性为其广泛应用发挥明显的作用。实际上，UNIX 核心程序中 90% 的代码都是用 C 语言编写的，这也是使用高级语言编写操作系统的首次尝试。

AT&T 公司在 UNIX 的开发上沿着商用计算方向不断前进。20 世纪 70 年代中期，汤普森回到了他的母校——加州大学伯克利分校，把 AT&T 开发的 UNIX 第六版移植到了 PDP-11/70 机上。伯克利分校成立了专门研究和开发 UNIX 的部门，开发了第一个 UNIX 的伯克利软件发行（Berkeley Software Distribution，BSD）版，并于 1978 年推出了第二个发行版（2BSD）。之后，UNIX 的发展就出现了两个版本，一个是 AT&T 版，另一个是 BSD 版。

1979 年，AT&T 公司开发出了 UNIX 第七版，市面上开始出现以 UNIX 为操作系统的计算机。微软公司在 1980 年推出了 UNIX 的微机版本 Xenix，将 UNIX 推向了微机。随着版本更迭，AT&T 公司又开发了加入许多 BSD 版特性的 UNIX

System Ⅴ，希望可以促使业界以该公司的 UNIX 版本作为标准。但是当时许多厂家以 BSD 版为基础开发自己的 UNIX 变种，导致市面上出现多种差异很大的 UNIX 版本。到 1993 年，全世界已经有大约 24 种 UNIX 版本了。

（2）现在主要的 UNIX 版本

① AIX：IBM 公司的 UNIX，该版本根据 SVR 2（已经颁布 SVR 3.2）以及一部分 BSD 版延伸而来，加上各种硬件的支持，具备特有的系统管理功能。

② 386BSD：又名 Jolix，是基于 BSD 版的类 UNIX 操作系统，由比尔·乔利兹（Bill Jolitz，见图 3-12）和他的妻子琳内·乔利兹（Lynne Jolitz，见图 3-13）开发，1992 年发布了第一个版本。它可以在基于 Intel 80386 的 PC 上运行，支持 POSIX。

图 3-12 比尔·乔利兹　　　　　图 3-13 琳内·乔利兹

③ FreeBSD：FreeBSD 1.x 从 386BSD 0.1 而来，FreeBSD 2.x 是用 4.4BSD Lite 改写的。

④ HP-UX（HP）：旧系统从 SVR x 发展而来，现在是 SVR 2（4.2BSD）的延伸，目前是 10.x 版本。

⑤ Linux（x86）：遵从 POSIX、SYSV 及 BSD 的扩展。

⑥ OSF/1（DEC）：DEC 对 OSF/1 的移植。

⑦ SCO UNIX（x86）：SVR 3.2，是目前影响力较大的 PC UNIX。

⑧ SunOS（680x0、Sparc、i386）：根据 4.3BSD，包含许多继承自 System V 的功能和特性。

⑨ Ultrix（DEC）：是 4.2BSD 的演化版本，并继承了一部分 4.3BSD。

⑩ Xenix（x86）：英特尔硬件平台上的 UNIX，以 SVR 2 为基础，由微软公司推出，在我国使用较广泛。

图 3-14 所示为 UNIX 操作系统产品的进化史。

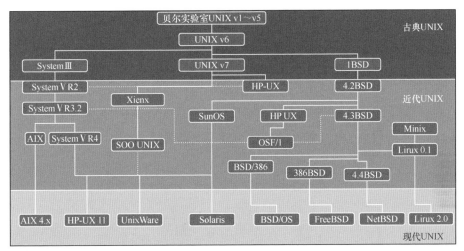

图 3-14　UNIX 操作系统产品的进化史

UNIX 的发展为软件领域带来了许多积极的影响，比如 C 语言及之后 C++ 等类 C 的语言和脚本语言的大量应用，促使 TCP/IP 下的 Socket 编程成为网络编程的主流，甚至催生出一款将免费和商业完美结合的操作系统——Linux 操作系统。

（3）Linux 的诞生与发展

莱纳斯·贝内迪克特·托瓦尔兹（Linus Benedict Torvalds，见图 3-15）是一名芬兰学生，他在学习中使用了类似 UNIX 的 Minix 操作系统，对 Minix 进行了改进并加入了新的功能。1991 年 8 月，他推出了 Linux 第一版。他在一个论坛上分享了这项成果，有人看到了这个软件并开始分发。很快地，Linux 成为了一款功能相对完备的操作系统。Linux 是按照公开的 POSIX 标准编写的，其中大量借鉴了自由软件

图 3-15　莱纳斯·贝内迪克特·托瓦尔兹

基金（Free Software Foundation）成员编写的 GNU 软件，同时 Linux 本身也是用 GNU 软件构造而成的。

在 Linux 诞生前，市面上存在两大阵营的操作系统。一个阵营是以 IBM 公司的 AIX、Sun Soft 公司的 Solaris 等为主的 UNIX 操作系统，它们占据了高端、部分中低端服务器和工作站操作系统市场；另一个阵营是微软公司的 Windows 操作系统，它占据了部分中低端服务器、工作站操作系统和绝大部分 PC 市场。Linux 的出现令人眼前一亮，同时它自由软件的身份也为其发展和完善带来了很大的空间。

需要强调的是，1995 年 1 月，鲍伯·扬（Bob Young，见图 3-16）创办了 Red Hat（小红帽），其以 GNU/Linux 为核心，集成了 400 多个开放源代码的程序模块，是被冠以品牌的 Linux，即 Red Hat Linux。Red Hat Linux 是 Linux 发行版（图标见图 3-17），后来开始在市面上发售，因而创造了一个新的经营模式。1996 年 6 月，Linux 2.0 发布，其内核大约有 40 万行代码，并可以支持多个处理器。当时的 Linux 已经进入了实用阶段，全球大约有 350 万人使用。此后 20 多年里，Linux 不断发展，目前已成为操作系统市场的重要产品之一。

图 3-16　鲍伯·扬

图 3-17　Red Hat Linux 的图标

（4）中国的红旗 Linux

红旗 Linux 的图标如图 3-18 所示。20 世纪 90 年代，我国政府认识到，我国应该拥有自己独立的操作系统和应用软件系统。于是中国科学院软件研究所开始研制基于 Linux 的自主操作系统，并于 1999 年 8 月发布了红旗 Linux 1.0，最初主要用于与国家安全相关的重要政府部门。

图 3-18　红旗 Linux 的图标

红旗 Linux 在发展初期势头很猛。1999 年 10 月 20 日，服务器版 1.0 正式上市。2000 年 3 月，红旗 Linux 与当时的康柏公司签署联合声明，发布了红旗 Linux ISV 计划，着手推动更多的应用软件开发商将其解决方案移植到红旗 Linux 平台上；4 月，红旗 Linux 与英特尔、软件行业协会成立了 Linux 技术支持中心；6 月，中国科学院软件研究所和上海联创投资管理有限公司共同组建了北京中科红旗软件技术有限公司。2001 年 4 月，IBM、惠普等厂商开始在其服务器系列中预装红旗服务器产品；6 月，红旗安全服务器通过公安部计算机信息系统安全产品质量监督检验中心的安全认证，达到国标第三级；12 月，北京中科红旗软件技术有限公司中标北京市政府桌面操作系统产品正版软件采购计划，微软公司在此次竞标中失利，几乎同一时间，红旗企业级服务器 3.0 系列推出，开始进入企业市场。2003 年 5 月 7 日，甲骨文（中国）公司与北京中科红旗软件技术有限公司宣布建立战略伙伴关系，并推出了共同开发的红旗数据中心服务器版 4.0；同年 6 月，红旗 Linux 得到英特尔公司的认证，成为英特尔安腾 2（Itanium 2）处理器和超线程技术的支持厂商之一。

在成长过程中，红旗 Linux 一度在全球拥有众多的合作伙伴，包括 BEA、CA、戴尔、EMC、惠普、IBM、英特尔、NEC、甲骨文、SAP、Sybase、Symantec、方正、浪潮、联想、实达、曙光、TCL、同方等。红旗 Linux 与这些伙伴密切合作，致力于打造一个稳定、可靠、安全、开放的新型企业计算平台。红旗 Linux 的产品也逐步做大做强，其发行版包括桌面版、工作站版、数据中心服务器版、HA 集群版和红旗嵌入式 Linux 等。红旗 Linux 一度成为我国较大、较成熟的 Linux 发行版之一，用户广泛分布在邮政、教育、电信、金融、保险、交通、运输、能源、物流、媒体和制造等各个行业。

然而，正当我们为我国拥有自己的 Linux 操作系统而倍感欣慰的时候，2014

年 2 月 10 日，北京中科红旗软件技术有限公司贴出清算公告，称由于经营发生严重困难，董事会于 2013 年 12 月 13 日决议即日解散公司，并成立清算委员会进行公司清算。伴随着这张公告，这家成立 14 年之久的国产操作系统厂商的发展历史就此画上句号，令人扼腕叹息，倍感遗憾。

5. macOS

（1）macOS 简介

Mac OS X、Mac OS 8、Mac OS 9 及 System v X.X 是一系列运行于苹果公司 Macintosh 系列计算机上的操作系统版本。macOS 是第一个在商用领域取得成功的 GUI 系统，其桌面如图 3-19 所示。

苹果公司 Macintosh 系列计算机的设计灵感最初来自施乐公司 PARC 的 Alto 计划。史蒂夫·乔布斯（苹果公司的创始人之一，见图 3-20）曾在 PARC 前工程师的安排下进入 PARC，当他看到 Alto 计算机完全图形化的界面和用鼠标灵活输入的操控方式后，深感震惊。在此之后，乔布斯就成为 GUI 的忠实粉丝，决心开发一套类似的计算机系统。

图 3-19　macOS 桌面

图 3-20　史蒂夫·乔布斯

macOS 可以分成两大系列。

第一个系列是陈旧且已不被支持的 Classic Mac OS，该系统搭载在 1984 年销售的首部 Mac 及其后续产品中，最终版本是 Mac OS 9。在 Mac OS 7.6.1 以前用"System v X.X"来称呼。

第二个系列是新的 OS X，它结合了 BSD UNIX、OpenStep 和 Mac OS 9 的元素。该系统的底层基于 UNIX，其代码被称为达尔文（Darwin），实行的是部分开放源代码。

（2）Mac OS X 的发展过程

① 科普兰：科普兰曾被看作苹果公司的下一代操作系统，是 Classic 操作系统（最高至 Mac OS 9）的"接班人"。Mac OS 7.5 的代号是莫扎特（Mozart），因此用作曲家阿龙·科普兰（Aaron Copland）的名字来命名下一代操作系统。Classic Mac OS 存在运行不稳定、受系统崩溃困扰、没有内存保护模式的问题，这些问题直接影响着机器功能。科普兰的设计解决了这些问题，例如采取内存保护模式以及多任务处理。科普兰项目开始于 1994 年，但由于 1996 年 8 月苹果公司购买了 NeXT 公司的 NEXTSTEP 操作系统，科普兰项目被废弃，最终被 Mac OS X 代替。

② Taligent：Taligent 来自词语"Talent"（天才）和"Intelligent"（智能的）的结合，它是现代的基于目标的操作系统。苹果公司自 20 世纪 90 年代开始研发 Taligent，旨在取代 Classic Mac OS 操作系统。Taligent 后来发展成一家和 IBM 公司合资的独立公司，以便与微软公司的 Cairo 和 NeXT 公司的 NEXTSTEP 操作系统竞争，但 20 世纪 90 年代末，这家公司被解散。

③ NEXTSTEP/BeOS：NEXTSTEP 操作系统由 NeXT 公司开发，以 Mach（卡内基梅隆大学开发的操作系统内核）和 BSD（UNIX 的衍生系统）为基础，具有比较先进的 GUI。BeOS（Be Operating System）是 Be 公司最初为美国 AT&T 公司的计算机设计的，但是后来被修改，以在自己公司的 PowerPC 处理器上运行，随后它被再次修改，以便在苹果计算机上运行，期待可以被苹果公司购买（或者授权给苹果公司），成为下一代 Mac 的操作系统。

当时，苹果公司的首席执行官吉尔·阿梅利奥（Gil Amelio，见图 3-21）很希望购买 Be 公司。Be 公司的首席执行官提出了 4 亿美元的收购价格，但苹果公司能给出的最高金额为 1.25 亿美元，交易失败。苹果公司董事会最终决定 NEXTSTEP 是更合适的选择，并且同意在 1996 年以 4 亿美元收购 NeXT 公司。

苹果公司收购 NeXT 公司的举动促使苹果公司联合创始人乔布斯回到苹果公司。1995 年，在和当时的首席执行官约翰·斯卡利（John Sculley，见图 3-22）

进行了公开的权力竞争后，乔布斯重新掌权。至此，以 UNIX 为基础的 NEXTSTEP 操作系统成为 Mac OS X 操作系统的基础。

图 3-21　吉尔·阿梅利奥

图 3-22　约翰·斯卡利

④ Mac OS X：苹果公司自 1996 年收购 NeXT 公司后便加快了新操作系统的研发。2000 年 1 月 6 日，乔布斯在旧金山 2000 年 MacWorld 大会上当众演示了 Mac OS X，它最明显的特征便是 Aqua 用户界面。毫无疑问，Aqua 备受青睐，它的圆弧形曲线、反变形的边缘、阴影，以及透明度都为操作系统带来了新的面貌，这是 Mac 用户之前从没见到过的。乔布斯的新系统发布演讲获得了雷鸣般的掌声和热烈的欢呼声。

Mac OS X 是一款全新的操作系统，具有和过去苹果计算机安装的操作系统完全不同的架构。它的核心是 BSD 和 UNIX 的源代码，通过命令行即可使用系统级功能，这是以前的 Mac 用户从未体验过的。苹果公司免费发布了这款操作系统的核心和命名为"Darwin"的开放资源软件。

Mac OS X 的很多设计旨在使它更加稳定，并防止崩溃。内存保护模式和抢占式多处理技术支持 Mac OS X 同时运行多个应用程序。如果一个应用程序瘫痪，其他应用程序不会受影响，更不会导致整个系统瘫痪。苹果公司还为研发人员安装了一套新的程序工具，其中最主要的是一个名为 Xcode 的集成开发环境，可提供支持几种现代编程语言的编译器。

Mac OS X 在 2012 年更名为 OS X，又在 2016 年 6 月更名为 maxOS。截至

本书成稿之日，新版本 macOS Ventura 已于 2022 年 6 月 6 日发布。

（3）macOS Big Sur 的特点

① 设计：macOS Big Sur 有着全新的用户界面，苹果公司称它是自 Mac OS X 推出以来较大的一次设计更新。它提供了一种宽敞的设计，能够使导航更加便捷，同时设计了 Dock 中的图标，使其与苹果公司的生态系统更一致，并保留了 Mac 的个性。

② 消息中心：消息中心加入了新的设计，例如用户可以将喜欢的对话固定在消息列表的顶部，更好地管理重要的对话（见图 3-23）。新的群组消息功能也简化了用户与家人、朋友和同事的互动。除此之外，用户也可以自定义一些小工具，比如使用气球、创建和自定义 Memoji 等。

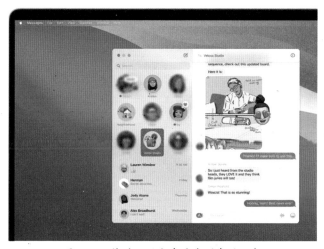

图 3-23　将对话固定在消息列表的顶部

③Safari浏览器：Safari浏览器是macOS内置的浏览器，在macOS Big Sur中，它的标签页经过了重新设计，可以显示更多标签页。同时，它还对隐私保护进行了优化，用户可以自行选择在何时以及在哪个网站上使用Safari浏览器扩展，并且密码监控等工具不会透露用户的密码信息。

④ 地图：地图 App 加入了探索世界的功能，也就是说既可以发现精彩景点和活动，又可以 360°全方位观景，还可以自定义旅游指南与家人、朋友共享等。

6. 移动设备操作系统

移动设备操作系统包括工业控制领域的嵌入式操作系统，例如嵌入式 Linux、Windows CE、Windows XP Embedded、Windows Vista Embedded、VxWorks、μco/s-Ⅱ、QNX、FreeRTOS、Enea OSE，以及消费电子产品领域的操作系统，例如 iOS、Android、Windows Mobile、Symbian（塞班）、WebOS 等。同时，国产的移动设备操作系统也跟随时代所需不断发展。2019 年 8 月 9 日，华为公司在东莞举行华为开发者大会，正式发布鸿蒙操作系统（HarmonyOS）。2023 年，华为鸿蒙操作系统已升级到 3.1 版本，备受各界关注。表 3-2 对部分移动设备操作系统的参数进行了比较。

表 3-2　部分移动设备操作系统的参数比较

操作系统	基于其他系统	内核类型	开源性	CPU 指令集	首次发布时间	开发公司或组织
Symbian	EPOC	微内核	是	ARM、x86	1994 年	Symbian Foundation
Windows Mobile	Windows CE	混合型	否	ARM、MIPS、x86、SuperH	2000 年 4 月	微软
BlackBerry	无	未知	否	ARM	1999 年	RIM
iOS	Darwin	混合型	否	ARM	2007 年 1 月	苹果
Android	Linux	宏内核	是	ARM	2008 年 10 月	谷歌
Palm	无	未知	否	ARM	1996 年	Palm
WebOS	Linux	宏内核	部分	ARM	2009 年 6 月	惠普
MeeGo	Linux	宏内核	是	x86、ARM	2010 年 5 月	英特尔、诺基亚

（1）移动设备操作系统和桌面操作系统的关系

移动设备操作系统和桌面操作系统具有许多相似的功能，如调度处理器资源、管理内存、加载程序、管理输入输出和建立用户界面。但因为移动设备常常用于处理较简单的任务，所以移动设备操作系统要略显简单。

由于移动设备操作系统很小，它可以存储在只读存储器上。因为不需要将操作系统从硬盘加载到随机存储器（Random Access Memory，RAM）中，所以移动设备操作系统几乎可以在设备开启时立刻可用。移动设备操作系统可以提供内嵌的触摸屏操作、手写输入、无线网络连接和蜂窝通信等功能。

（2）Android 系统

Android 系统是基于 Linux 内核的开源软件平台和操作系统，主要用于移动设备，如智能手机和平板计算机。该系统尚未有正式的中文名称，可采用我国通常的称法——安卓。Android 系统最初由安迪·鲁宾（Andy Rubin）开发，主要用于手机。2005 年 8 月，Android 系统由谷歌公司收购注资，在 2007 年 11 月 5 日正式公布。接着，谷歌公司与 84 家硬件制造商、软件开发商及电信运营商组建开放手机联盟（Open Handset Alliance），共同研发改良的 Android 系统。随后，谷歌公司以 Apache 开源许可证的授权方式，发布了 Android 系统的源代码。第一部 Android 智能手机 T-Mobile G1 发布于 2008 年 10 月 22 日。Android 系统随后逐步扩展市场，在 2011 年第一季度，Android 系统在全球的市场份额首次超过 Symbian 系统，跃居全球第一。2012 年 11 月的数据显示，Android 系统在全球智能手机操作系统的市场占有率约为 76%，在我国的市场占有率约为 90%。2013 年 9 月 24 日是 Android 系统正式发布 5 周年，全世界采用这款系统的设备数量已经达到 10 亿台。2017 年 3 月，Android 系统的全球网络流量和设备数量超越 Windows 系统，正式成为全球第一大操作系统。截至 2020 年 4 月，根据 StatCounter 的统计，除了美国、加拿大、英国、挪威、丹麦、瑞士、科索沃、日本和澳大利亚外，在其他所有国家和地区的手机操作系统市场中，都是 Android 系统占据了最高的份额。图 3-24 所示为 Android 系统的图标和界面。

图 3-24　Android 系统的图标和界面

Android 系统在初次发布时，就设计了下拉通知系统，而苹果公司的 iOS 系统另外花费了 3 年才设计出一套足够有效的信息分流方式。Android 系统的下拉通知系统和丰富的桌面小部件支持一直传承到后续的版本。之后升级的 Android 1.6 Donut 不仅对系统界面进行了微调，还首度支持码分多路访问（Code Division Multiple Access，CDMA），这让亚洲的运营商看到了商机。更重要的是，Donut 能够在多种不同的屏幕分辨率下运行，具有很强的"分辨率独立性"。2009 年 10 月 26 日，Android 2.1 Éclair 闪亮登场，众所周知的"谷歌导航"就是在这个版本中发布的（将在本书第 4 章进行介绍）。2010 年 5 月 20 日，谷歌公司正式发布了代号为"Froyo"（冻酸奶）的 Android 2.2。之后谷歌公司马不停蹄，于同年年底发布了 Android 2.3，也就是广为人知的 Android "Gingerbread"（姜饼）。2011 年 2 月 3 日，谷歌公司发布了专用于平板计算机的 Android 3.0，代号为"Honeycomb"（蜂巢）。10 月 19 日，谷歌公司与三星公司在中国香港发布了 Android 4.0，代号为"Ice Cream Sandwich"（冰淇淋三明治）。之后，从 2012 年 6 月至 2013 年底，谷歌公司相继发布了 Android 4.1 ~ Android 4.4 共 4 个版本，随后从 2014 年以来，每年发布一个版本，目前最新的版本为 Android 13。Android 自诞生以来，根植于科技进步和用户需求，紧追时代的脚步。它的进化势如破竹，不可小觑。

（3）iOS 系统

iOS 是由苹果公司开发，运行于 iPad、iPhone 和 iPod touch 等设备上的移动操作系统。与同是由苹果公司开发的 Mac OS X 操作系统相似，iOS 也是基于 Darwin 的类 UNIX 商业操作系统。2007 年 1 月 9 日，苹果公司在 MacWorld 大会上发布了该系统。该系统最初的设计仅针对苹果公司出品的 iPhone，当时名为 iPhonc OS，后来逐渐应用在 iPad、Applc TV 等设备上。iPhone OS 1.0 的功能还比较少，人们现在熟知的苹果应用商店是在 iPhone OS 2.0 才集成进去的。在 2010 年的 MacWorld 大会上，苹果公司正式宣布将 iPhone OS 更名为 iOS。2011 年，iOS 5.0 发布，增加了 iCloud 以提供备份功能。2013 年，iOS 7 发布，系统整体设计风格转为扁平化，去掉了所有仿实物的设计。iOS 8 于 2014 年 9 月 17 日正式发布。2015 年 9 月 16 日，iOS 9 取代 iOS 8 正式推出，随后 iOS 10 于 2016 年

9 月 14 日发布，其主要提供了新的交互模式、新的交互中心和增强的 iMessage 等。后续的 iOS 11 正式版于 2017 年 9 月 20 日推出，iOS 12 于 2018 年 9 月 17 日正式向全球发布，增强现实（Augmented Reality，AR）、Siri 等应用在 iOS 12 中都有大幅升级。iOS 13 于 2019 年 9 月 20 日正式推出，更新了黑暗模式、街景地图等。iOS 16 于 2022 年 9 月 12 日正式发布，在使用接口上进行了重大更新，其主画面允许放置小部件并能够自动分类。图 3-25 所示为 iOS 演化过程中的部分界面。

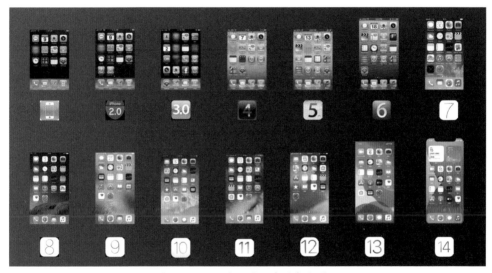

图 3-25　iOS 演化过程中的部分界面

3.1.2　数据库系统

与操作系统相比，数据库系统的产生要晚很多。从 20 世纪 60 年代末到 70 年代初，数据库技术日益成熟，具有了坚实的理论基础。1969 年，IBM 公司开发了基于层次结构的数据库系统——IMS，这是数据库系统诞生的标志之一。接下来，简要介绍数据库系统的基础知识和分类情况。

1. 数据库系统基础知识

（1）数据库系统的产生

数据库系统是计算机应用系统中的一种专门用于管理数据资源的系统，也可以说是一些相互关联的数据以及一组使得用户可以访问和修改这些数据的程序的集合。

早期处理数据的方法就是使用人们熟知的"文件系统"，即在处理时先将数据处理的过程编写成程序文件，然后按照程序的要求将处理的数据制作成数据文件，最后由程序文件调用这些数据文件。这样的处理方法看似容易理解，但是随着计算机技术的发展和数据量的不断膨胀，其弊端逐渐显露出来。这种方法带来了数据不便于移植、重复信息多、空间浪费、更新困难等种种问题，成为数据库系统发展的直接驱动力。

数据库系统与文件系统的不同之处在于它立足于数据本身的管理，而不从具体的应用程序出发。在数据库系统中，所有的数据都保存在数据库中。数据库系统将数据库中的数据进行科学的组织，与各种应用程序或应用系统建立接口，以便其使用数据库中的数据。举个例子，银行的某个部门需要保存所有客户及其储蓄账户的信息。倘若采用在计算机上存储数据文件的方式来管理，用户需要通过系统的各种应用程序来操作数据文件，比如处理某账户的开户、存款、查询余额等相关应用程序，这些应用程序是由系统程序员根据银行的需求编写的。但是如果该银行决定开设支票账户，系统程序员就必须建立新的永久性文件来保存该银行的所有支票账户信息，那么这些账户在遇到问题时就需要编写新的应用程序来处理，比如账户透支。社会在进步，需求在增加，越来越多的数据和应用程序被加入系统中。

但是如果银行现在还是以类似于上述例子的方法管理数据，账户安全则无法得到保障。数据库系统的产生，使所有应用程序都可以通过访问数据库的方法获取所需数据，实现数据资源的共享。数据库系统则给用户提供数据的抽象视图，隐藏关于数据存储和维护的某些细节。根据数据管理需求，数据库系统通常分为3个部分：数据库、数据库管理系统和数据库管理员。其中，数据库管理系统负责各种数据的维护、管理工作，使得数据管理工作变得方便快捷。图3-26列举了几种常用的数据库软件。

（2）数据库系统的特点

数据库系统的特点主要体现在以下3个方面。

图 3-26 几种常用的数据库软件

① 结构化。

数据库系统实现了整体数据的结构化，这是数据库系统最主要的特点之一。"整体""结构化"体现在数据库中的数据不再仅针对某个应用，而是面向全组织；既是数据内部的结构化，也是整体的结构化，数据之间有联系。

② 共享性。

数据库系统的共享性体现在数据的共享性高、冗余度低、易扩充等。因为数据是面向整体的，所以数据可以被多个用户、多个应用程序共享使用，可以大大降低数据冗余度，节约存储空间，避免数据之间的不相容与不一致。

③ 独立性。

数据独立性高，包括数据的物理独立性和逻辑独立性。物理独立性意味着数据在磁盘上的存储由数据库管理系统管理，数据库不需要处理用户的应用程序，只需要处理数据的逻辑结构，这样当数据的物理存储结构改变时，对用户的应用程序不会造成影响。逻辑独立性是指用户的应用程序与数据库的逻辑结构是相互独立的，即使数据的逻辑结构改变了，用户的应用程序也可以不改变。

数据与应用程序相互独立，把数据的定义从应用程序中分离出去，存取数据由数据库管理系统负责，简化了应用程序的编制，大大减少了维护和修改应用程序的工作量。

独立性还体现在数据的统一管理和控制方面。数据库的共享是并发（Concurrency）共享，即多个用户可以同时存取数据库中的数据，甚至可以同时存取数据库中的同一份数据。

因此，数据库管理系统必须提供以下几个方面的数据控制功能：数据的安全性保护、数据的完整性检查、数据库的并发访问控制和数据库的故障恢复等。

新技术的发展会对数据管理提出新的要求，数据库系统会随之进行适应性的设计和改进，具有新的特点，到时上述特点或许会被赋予新的含义，也可能产生新的概念。

（3）数据库系统产生概述

下面简单回顾一下数据库系统的历史。第一批商用数据库系统出现在 20 世纪 70 年代后期，由文件系统演变而来。这个时期的数据库管理系统主要应用在那些数据中包含很多很小的数据项并且需要许多查询和更新的场合，比如飞机票订票系统、银行系统、公司记录等。这些早期的数据模型和系统具有一个很明显的不足，即不支持高级语言的查询。

1970 年，埃德加·科德（见图 3-27）发表了有关关系数据库系统的论文，他提出，在关系数据库系统中，系统用一种被称为"关系"的表来组织数据。在数据库底层，为了保证快速查询，数据结构可能变得很复杂。但是，由于数据库支持高级语言的查询，用户不用再关心底层的数据结构，因而提高了数据管理的效率。

图 3-27　埃德加·科德

随着大规模和高并发的社会化网络服务（Social Networking Service，SNS）平台 Web 2.0 纯动态网站的风靡，关系数据库的发展明显跟不上 Web 2.0 的发展。2010 年，非关系型数据库开始在众多追求高性能的 Web 站点上活跃。

（4）数据库系统的应用

数据库系统的应用非常广泛，它的应用领域包括银行业、航空业、金融业、零售业、电信业、制造业、科研教育业等。

在银行业，从本书上文举的例子可以看出，数据库系统可以存储客户的基本信息、信用评价、账户信息、存款信息、贷款信息以及银行的交易记录等。

航空业作为最早使用数据库系统的行业之一，数据库系统的作用不可估量，单单是庞大的订票信息和航班信息管理就是一项巨大的工程。

在金融业，数据库系统主要用于存储实时的市场数据，如股票、债券、基金等金融产品的持有、交易信息。在此基础上，客户能够方便、快捷地进行联机交易，公司也能够流畅运转。

数据库系统在零售业中的应用主要包括管理日常的销售数据、跟踪实时订单、管理产品推荐表单、实时评估产品、管理客户信息和交易记录等。

数据库系统在电信业、制造业的应用也非常广泛，电信业中客户的通话记录、账单、网络信息的管理，以及制造业中的供应链管理、物流管理等，都离不开数据库系统。

另外，在科研教育业，学校中师生信息的存储和汇总、各部门员工信息的存储、各类科研和教育相关数据的分类等，都离不开数据库系统。数据库系统已经成为当今企事业单位不可缺少的组成部分。

2. 层次数据库系统

层次数据模型的提出，是为了模拟按层次组织的事物。层次数据库系统是按记录来存取数据的，层次数据模型中最基本的数据关系是层次关系，它代表两个记录之间一对多的关系，也叫作双亲子女关系（Parent-Child Relationship，PCR）。数据库系统中有且仅有一个记录无双亲，称为根节点。其他记录有且仅有一个双亲。在层次数据模型中，从一个节点到其双亲的映射是唯一的，所以对于每一个记录（除根节点外），只需要指出它的双亲，就可以表示出层次数据模型的整体结构。层次数据模型是树状的，是商品数据库系统中最早使用的数据模型。

层次数据库系统提供了多种存储结构，每种存储结构有着自己对应的数据存取方法，这使得层次数据库系统可以进行高效的数据存取。常用的层次数据库系统的存储结构可以分为层次顺序（Hierarchical Sequential，HS）和层次直接（Hierarchical Direct，HD）两类。在此基础上，根据是否采用索引技术，存储结构还可以进一步细分。

著名的层次数据库系统是 IMS，这是 IBM 公司研制的最早的大型数据库系统产品，于 20 世纪 60 年代末发布，在当时被广泛应用于银行、军事等领域，甚至被用来管理阿波罗登月计划（见图 3-28）的数据。国内层次数据库系统的研发也取得了成功，我国第一款层次数据库系统，也是我国第一款自主开发的产品化数据库系统为 SKGX。该系统由中国科学院周龙骧研究员领导的小组在 1980 年完成并发布，于 1982 年 8 月在国产 DJS100 系列机上完成产品化，得到了业界认可。

图 3-28　阿波罗登月计划（来源：美国国家航空航天局）

层次数据模型能够自然、直观地描述一对多的层次关系，读取数据高效、快速。虽然不能使用关系数据库系统模型的 SQL 进行查询，但是由于层次数据库系统模型的结构和 XML 的结构类似，该类数据库可以很方便地应用于电子商务领域。IMS v9 增加了对 Java 工具和 Web Sphere 工具的支持，IMS v10 中加入了开放式交易访问管理（Open Transaction Manager Access，OTMA）功能。IMS 的成本逐渐降低，在小型机上的部署也越来越容易，作为 IBM 公司数据库系统的核心产品，其在很多领域都得到很好的应用，拥有超过世界上 95% 财富的 1000 强公司在使用 IMS，管理着 1500 万亿字节的重要商业数据。

尽管层次数据库系统有很多优点，也有着很好的应用前景，但是层次数据模型的缺点也很明显，特别是它很难表示生活中常见的非层次的联系。因此，网状数据库系统的出现就显得非常必要了。

3. 网状数据库系统

网状数据库系统采用网状数据模型作为数据的基本模型。网状数据模型是一种比层次数据模型更具有普遍性的模型，它去掉了层次数据模型的限制，允许多个节点没有双亲节点，也允许一个节点有多个双亲节点，此外它还允许两个节点之间有多种联系（称为复合联系）。由网状结构分解成的若干棵二级树结构，被称为"系"（Set），可用来描述网状数据模型。系是两个或两个以上的记录之间联系的一种描述。在一个系类型中，有一个记录处于主导地位，被称为系主，其他记录则被称为成员。系主和成员之间的联系是一对多的联系。系是在访问数据库时应该遵循的存取路径，系值中的记录在存储器中是用指针联系起来的。因此，网状数据模型可以更直接地描述现实世界，能够很容易地实现现实世界中各种各样的复杂关系，受到了用户的欢迎。

1964 年，查尔斯·威廉·巴赫曼（Charles William Bachman，见图 3-29）等人在美国通用电气公司开发了第一个网状数据库系统集中数据库（Integrated Data Store，IDS）。IDS 奠定了网状数据库系统的基础，并在当时得到了广泛应用。1969 年，网状数据模型由隶属美国数据系统语言委员会（Conference on Data System Language，CODASYL）的数据库任务组（Data Base Task Group，DBTG）提出。该任务组于 1971 年提出了里程碑式的网状数据库系统报告，通常被称为 DBTG 报告。网状数据库系统在当时产生了很大的反响，巴赫曼也因为主持设计

图 3-29　查尔斯·威廉·巴赫曼

和开发了 IDS 系统并促成网状数据库标准的制定被公认为"网状数据库之父"。20 世纪 70 年代和 80 年代，曾经出现过大量的网状数据库系统产品，如 Cullinet 公司的 IDMS、Univac 公司的 DMS1100、霍尼韦尔公司的 IDS/2、惠普公司的 IMAGE、Burroughs 公司的 DMSII 等。网状数据库在 20 世纪 70 年代和 80 年代非常流行，在数据库产品中占主导地位，而且对后来的关系数据库技术的发展也产生了重要的影响。

下面着重介绍 DMS1100，该系统是安装在 Univac 公司出品的 1100 系列计算机上的大型数据库系统，于 1974 年正式投入运行。该系统应用在大型机上，

是目前世界上公认的优秀数据库系统之一。DMS1100 数据库系统具有独立于物理设备的物理结构，并且最大限度地开发了操作系统的能力。值得一提的是，该系统还实现了查询语言，这在网状数据结构方面是一个比较大的突破。

网状数据库系统的缺点同样明显：该系统的结构比较复杂，且随着需求的复杂化，数据库的结构就会变得越来越复杂。该系统的数据库操作语言烦琐，数据的独立性较差。这一系列缺点都催生了关系数据库系统。

4. 关系数据库系统

关系模型是目前一种重要的数据模型。关系数据库系统采用关系模型作为数据的组织方式。

1970 年，美国 IBM 公司的研究员埃德加·科德，在 *Communications of the ACM* 上发表了题为"大型共享数据库数据的关系模型"（A Relational Model of Data for Large Shared Data Banks）的论文，首次提出了数据库系统的关系模型，开创了数据库关系方法和关系数据理论的研究，为数据库技术奠定了理论基础。科德因杰出的工作于 1981 年获得图灵奖。

20 世纪 70 年代是关系数据库理论研究和原型开发如火如荼的时代。其中，以 IBM 公司开发的数据库管理系统 System R 和加州大学伯克利分校研制的 Ingres 为典型代表。经过大量高层次的研究和开发，关系数据库研究者们取得了一系列的理论和应用成果，主要如下。

① 给出了人们一致接受的关系模型的规范说明。研究了关系数据库理论，主要包括函数依赖、多值依赖、连接依赖、范式等，奠定了关系模型的理论基础。

② 研究了关系数据语言，包括关系代数、关系演算、SQL 及按例查询（Query by Example，QBE）等。这种描述性语言与网状和层次数据库系统中数据库语言的风格截然不同，易学易懂，深受用户喜爱，为 20 世纪 80 年代的数据库语言标准化打下了基础。

③ 研制了大量的关系数据库系统的原型，攻克了系统实现中的查询优化、并发控制、故障恢复等一系列关键技术。它不仅丰富了数据库系统的实现技术和数据库理论，更重要的是，它促进了关系数据库系统产品的发展和广泛应用。

关系数据库是以关系模型为基础的。关系模型不仅简单、清晰，而且以关系代数作为语言模型，以关系数据理论作为理论基础。因此，关系数据库系统具有形式化基础好、数据独立性强、数据库语言非过程化等特色，使得程序员的工作效率大为提高。

20 世纪 80 年代末以来，计算机厂商推出的数据库系统几乎都支持关系模型，非关系系统的产品也大都加上了关系接口。

关系模型提出以后，研究人员对其进行了深入的理论研究和原型系统开发。随着关键技术的突破、性能的不断提高、SQL 的标准化和应用开发工具的丰富和完善，关系数据库系统逐步取代了网状和层次数据库系统，成为主流数据库系统和社会信息化的基础，其产品发展也经历了 4 个阶段。

第一阶段：20 世纪 70 年代。以 IBM 公司的 System R 和加州大学伯克利分校的 Ingres 系统为代表。这个时期的研究奠定了关系模型的理论基础，给出了关系模型的规范说明；基本突破了查询优化、并发控制和故障恢复等关键技术，使关系数据库系统的性能能够与网状数据库系统、层次数据库系统媲美；研究了关系数据语言，包括关系代数、关系演算、SQL、QBE 等。

第二阶段：20 世纪 80 年代。各种商用关系数据库系统产品不断涌现，如 IBM DB2、Oracle、Sybase、DEC RDB 等。ANSI SQL 和 SQL 89 的发布标志着 SQL 成为关系数据库语言的国际标准，各种关系数据库产品纷纷向标准靠拢。

第三阶段：20 世纪 90 年代。随着数据库应用领域的不断拓宽和其他类型数据库技术的发展，关系数据库系统一方面在数据完整性和安全性管理方面有了较大改善，另一方面吸收了相关领域的研究成果，丰富和发展了关系数据库系统的概念、功能和技术，扩展了如多媒体数据管理、对象数据管理、决策支持等新功能。此外，许多关系数据库产品还支持分布式数据库或并行数据库的特性。

第四阶段：21 世纪初至今。随着互联网的迅速发展，关系数据库系统得到了更为广泛的应用。关系数据库所需要管理的数据源更加丰富，特别是对于 Web 半结构化数据的管理，数据库产品开始融合诸如 XQuery 等 XML 查询语言标准。随着应用需求的驱动，关系数据库在大数据、海量数据管理、数据集成、移动数据管理、网格数据管理、自然语言查询、搜索引擎支持和数据挖掘等方面继续深化和拓展。表 3-3 对关系数据库系统技术信息进行了比较。

表 3-3 关系数据库系统技术信息比较

关系数据库系统	维护者	首次发行日期	较新的稳定版	软件授权协议
PostgreSQL	PostgreSQL Global Development Group	1989 年 6 月	15.1	BSD
4th Dimension	4D s.a.s	1984 年	v19.LTS	专有
Adaptive Server Enterprise	Sybase	1987 年	16.0	专有
Apache Derby	Apache	2004 年	10.16.1.1	Apache License
DB2	IBM 公司	1982 年	11.5	专有
DBISAM	Elevate Software	—	4.25	专有
ElevateDB	Elevate Software	—	1.01	专有
Firebird	Firebird Foundation	2000 年 7 月	4.0.2	Initial Developer's Public License
Informix	IBM 公司	1985 年	14.10.FC5	专有
HSQLDB	HSQL Development Group	2001 年	2.6.0	BSD
H2	H2 Software	2005 年	1.4.200	Freeware
Ingres	Ingres 公司	1974 年	11.0	GPL 与专有
InterBase	CodeGear	1985 年	2020	专有
MaxDB	MySQL AB、SAP AG	—	7.7	GPL 或专有
SQL Server	微软公司	1989 年	2019	专有
MonetDB	The MonetDB Developer Team	2004 年	Oct2020-SP2	MonetDB Public License v1.1
MySQL	MySQL AB	1996 年 11 月	8.0.31	GPL 或专有
NonStop SQL	Hewlett-Packard	1987 年	SQL/MX 3.4	专有
Oracle	甲骨文公司	1979 年 11 月	21c	专有
Oracle Rdb	甲骨文公司	1984 年	7.4.1.0	专有
OpenEdge	Progress Software Corporation	1984 年	12.3	专有
OpenLink Virtuoso	OpenLink Software	1998 年	7.2.7	GPL 或专有
Pervasive PSQL	Pervasive Software	—	v14.11	专有
Pyrrho DBMS	佩斯利大学	2005 年 11 月	6.2	专有
SmallSQL	SmallSQL	2005 年 4 月	0.21	LGPL
SQL Anywhere	Sybase	1992 年	17	专有
SQLite	D. Richard Hipp	2000 年 8 月	3.34.1	Public Domain
Teradata	Teradata	1984 年	17.00	专有
Valentina	Paradigma Software	1998 年 2 月	10.6.3	专有

5. 新一代数据库系统

从前文的介绍中可以看出，层次数据库系统、网状数据库系统、关系数据库系统的应用主要是面向商业支持和事务处理应用领域的数据管理。然而，随着用户应用需求的增加、数据库应用领域的扩大以及多媒体技术的不断发展，人们对数据库提出了更高的要求。数据库技术与通信技术、人工智能技术等结合，会使数据库系统的发展继续向前不断迈进。

20 世纪末以来，许多新的数据库系统涌现出来，如面向对象数据库（Object-Oriented Database，OODB）系统、分布式数据库系统、多媒体数据库系统、模糊数据库系统、并行数据库系统等。由于这些数据库系统之间有的联系十分紧密，有的则是关系数据库系统与新技术的结合，本书不做细分，统一归类于新一代数据库系统。下面介绍面向对象数据库系统和分布式数据库系统。

新一代数据库系统中的面向对象数据库系统就是面向对象的程序设计技术与数据库技术相结合的产物，它的数据库管理系统可以实现面向对象功能。截至本书成稿之日，面向对象数据库系统还没有明确的定义，这里不进行详细阐述。目前市面上已经有一些面向对象数据库系统，如 Versant Object Database、Gemstone、ObjectStore、ONTOS 等。图 3-30 所示为部分采用面向对象数据库系统的公司。

图 3-30　部分采用面向对象数据库系统的公司

Versant 公司的面向对象数据库系统为 Versant Object Database。计算机辅助设计（Computer-Aided Design，CAD）和计算机辅助制造（Computer-Aided

Manufacture，CAM）中有大量的零部件设计，相关数据如果用关系数据库来表示会非常复杂。Versant 公司的产品的目的就是实现对内在十分复杂的业务模型的控制，比如交通运输网络、电信基础设施等。它可以在大规模数据条件下保持较高性能。

面向对象数据库系统也存在缺点，那就是缺乏统一的标准。如今，人们采用关系数据库系统来扩展面向对象的能力方式，并以此实现对象关系数据库（Object Relational Database，ORDB），这类数据库技术比较成熟，支持抽象数据类型（Abstract Data Type，ADT）和用户定义类型（User-defined Type，UDT），并实现了面向对象的特性，如继承和引用。对象关系数据库产品也比较多，如Oracle8i、CA-Ingres 及 DB2-5 以上版本。

分布式数据库系统是分布式技术与数据库技术结合的产物。分布式数据库系统有两种：一种是物理上是分布的，但逻辑上是集中的；另一种是物理上和逻辑上都是分布的，由于组成该系统的各子数据库系统是相对"自治"的，这种系统可以容纳多种不同用途的、差异较大的数据库，比较适用于大范围内数据库的集成。分布式数据库系统的概念很复杂，本书以客户－服务器（Client/Service，C/S）架构为例进行简要介绍。从广义上理解，C/S 架构也是一种分布式结构，因为在 C/S 架构中，一个数据处理任务至少是分布在两个不同的部件上完成的。支持 C/S 架构的分布式数据库系统很多，其中典型的有 Sybase Replication Server。

多媒体数据库系统也是当前最受关注的数据库系统之一，但它和分布式数据库系统以及面向对象数据库系统在范围上有很多重叠，加之目前通用型的多媒体数据库系统还不太成熟，本书也不做详细介绍。

6. 非关系数据库系统（NoSQL）

非关系、分布式数据存储的快速发展得益于 Web 2.0 的发展，Web 2.0 网站对高读写性、高可扩展性、高数据量的要求使得关系数据库难以适应。因此2009 年，NoSQL 被提出。NoSQL 最常见的解释是"Non-relational"和"Not only SQL"，截至本书成稿之日，尚无统一的说法。

在 Web 应用中，读写实时性和事务一致性不需要很高，关系数据库事务管理就成了数据库高负载下的一个沉重负担。而且 SNS 类型的 Web 2.0 网站对复杂的SQL 查询，特别是多表关联查询几乎没有需求，由于数据量太大往往只做单表的主键查询或者简单条件的分页查询，这使得关系数据库的 SQL 被弱化。非关系数据库特别是键值数据库（Key-Value Database）因此蓬勃发展起来。

这些 NoSQL 数据库，有的是用 C/C++ 编写的，有的是用 Java 编写的，还有的是用 Erlang 实现的。按照性能，这些 NoSQL 数据库大致可以分为以下 3 类。

（1）满足极高读写性能需求的键值数据库：Redis、Tokyo Cabinet、Flare。

（2）满足海量存储需求和频繁访问需求的面向文档的数据库：MongoDB、CouchDB。

（3）满足高可扩展性和高可用性的面向分布式计算的数据库：Cassandra、Voldemort。

虽然分为以上 3 类，但是几乎所有的 NoSQL 数据库都具有易扩展、大数据量下读写性能高、数据模型灵活和高可用性的优势。

实际上，2009 年提出"NoSQL"概念的是一名 Rackspace Cloud 公司的员工，因此该公司在 NoSQL 的发展中扮演着早期引领者的角色，该公司的数据库产品 Cassandra 也一直保持着较高的关注度。

美国一家本地服务网上交易市场 Thumbtack 用雅虎云服务基准（Yahoo! Cloud Serving Benchmark，YCSB）的升级版作为标准来测试 NoSQL 数据库的性能。本书选择其中最大吞吐量的测试结果，图 3-31 所示为 2013 年 MongoDB、Cassandra 等 4 个数据库共 5 个版本最大吞吐量的比较情况。

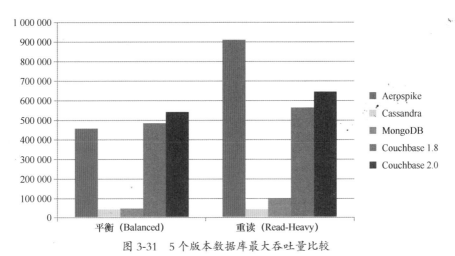

图 3-31　5 个版本数据库最大吞吐量比较

3.1.3 驱动程序

1. 驱动程序基础知识

截至本书成稿之日，"驱动程序"这个术语还没有唯一且准确的定义。就最基本的意义而言，驱动程序是一个软件组件，可让操作系统和设备彼此通信。设备驱动程序（Device Driver），简称驱动程序（Driver），是一种允许高级（High Level）计算机软件（Computer Software）与硬件（Hardware）交互的程序，这种程序创建了一个硬件与硬件或硬件与软件沟通的接口，是经由主板上的总线（Bus）或其他沟通子系统（Subsystem）与硬件形成连接的机制，这样的机制使得硬件设备（Device）上的数据交换成为可能。例如，当一个应用程序需要读取某个设备中的某些数据时，应用程序就会调用由操作系统实现的功能函数，此时操作系统再调用由驱动程序实现的函数。驱动程序知晓如何与硬件沟通，它从硬件设备中获取数据并返回给操作系统，操作系统再将数据返回给应用程序。

依据计算机架构与操作系统的不同，驱动程序可以是 8 位（8 bit）、16 位（16 bit）、32 位（32 bit）、64 位（64 bit）的，这是为了调和操作系统与驱动程序之间的依存关系。例如，在 Windows 3.11（16 位）操作系统时代，大部分驱动程序是 16 位的，到了 Windows XP（32 位）操作系统时代，大部分驱动程序是 32 位的（微软公司提供了 Windows Driver Model 实现驱动程序），而 64 位的 Linux 或 Windows Vista 平台，就必须使用 64 位的驱动程序。Linux 操作系统中的驱动程序通常指设备驱动程序，与之相关的设备包括字符设备、块设备和网络设备 3 类。这些都是系统启动运行环境所必需的设备，与 Windows 中的基本输入输出系统（Basic Input/Output System，BIOS）相似。

微软公司对驱动程序的概念做了进一步的扩展。微软公司认为并非所有驱动程序都必须由涉及该设备的公司编写，设备可以根据已经发布的硬件标准来设计驱动程序；并非所有驱动程序都直接与设备通信，它们只将请求传递至堆栈下方的驱动程序；某些筛选器驱动程序遵守并记录有关输入 / 输出请求的信息，但不主动参与这些请求。微软公司将仅在内核模式下运行的组件称为软件驱动程序。

由于微软公司将驱动程序的定义扩展至驱动程序开发以及操作系统内核的相关知识，本书暂不讨论，仅讨论设备驱动程序。

2. 主机设备驱动程序

在 Windows 操作系统中，需要为主板、光驱、显卡、声卡等设备安装一套完整的驱动程序，而 CPU 和内存不需要驱动程序便可使用。这是因为，CPU 和内存对于一台 PC 来说是必不可少的，所以早期的设计人员将这些硬件列为 BIOS 能直接支持的硬件。换句话说，上述硬件安装后就可以被 BIOS 和操作系统直接支持，不再需要安装驱动程序。但是对于其他的硬件，例如网卡、声卡、显卡等，则必须要安装驱动程序，不然这些硬件就无法正常工作。图 3-32 展示了主机设备中网络适配器的驱动程序状态。

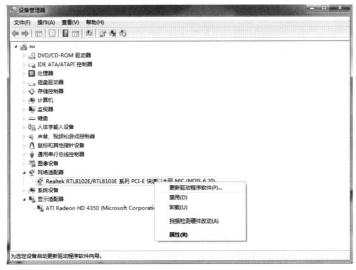

图 3-32　主机设备中网络适配器的驱动程序状态

3. 外部设备驱动程序

如果主机需要外接其他硬件设备，就需要安装相应的驱动程序，如外接游戏硬件要安装手柄、方向盘、摇杆、跳舞毯等的驱动程序，外接打印机要安装打印机的驱动程序，上网或接入 LAN 要安装网卡、调制解调器（Modem）甚至综合业务数字网（Integrated Service Digital Network，ISDN）、非对称数字用户线（Asymmetric Digital Subscrible Line，ADSL）的驱动程序。绝大多数键盘、鼠标、硬盘、软驱、显示器和主板上的标准设备都可以用 Windows 自带的标准驱动程序来驱动，当然其他特定功能除外。如果需要在 Windows 系统中的 DOS 模式下使用光驱，则需要在 DOS 模式下安装光驱的驱动程序。多数显卡、声卡、网卡等内置扩展卡和打印机、扫描仪、外置调制解调器等外部设备都需要安装与设备型号相符的驱动程序，否则无法发挥其部分或全部功能。图 3-33 展示了 PC 中常见的外部设备。

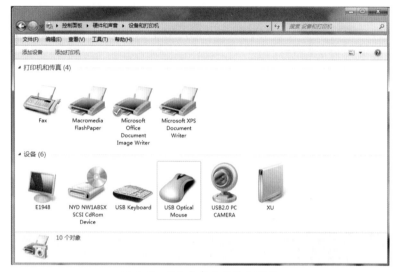

图 3-33　PC 中常见的外部设备

3.1.4　编程开发工具

1. 说明式语言的开发工具

说明式语言主要关注计算机要做什么，其开发工具可分为函数式语言的开发工具、逻辑式（基于约束的）语言的开发工具、基于模板语言的开发工具等。

（1）函数式语言的开发工具

典型的函数式语言有 LISP/Scheme、ML、Haskell、Sisal 等。其中，LISP 的使用最为广泛，它的相应开发工具有 DrRacket 等。

DrRacket 是常用的开发工具，原名为 PLT Scheme，适用于从脚本到应用程序开发，包括 GUI、Web 服务器等。它包含了支持编译器的虚拟机、创建独立的可执行程序的工具、Racket Web 服务器以及具有丰富而全面的功能库，适合初学者和专家编程。DrRacket 还具有语法高亮显示、调试、单步执行等功能。图 3-34 所示为 DrRacket 的安装界面。

图 3-34　DrRacket 的安装界面

（2）逻辑式（基于约束的）语言的开发工具

典型的逻辑式（基于约束的）语言有 Prolog、VisiCalc、Excel、Lotus 1-2-3 等。Prolog（Programming in Logic）是一种逻辑编程语言，正式诞生于 1972 年，以逻辑学理论为基础。Prolog 在北美洲和欧洲被广泛使用。日本政府曾经为了建造智能计算机而用 Prolog 开发 ICOT 第五代计算机系统。最初的 Prolog 被用于自然语言的研究，现在它已经被广泛应用于人工智能领域。Amzi! Prolog 是 Prolog 目前为止最好的视窗版本，由 Amzi! 公司开发，其他的还有 Visual Prolog、SWI-Prolog、Turbo Prolog、B-Prolog、Strawberry Prolog、SICStus Prolog 等。图 3-35 所示为 Amzi! Prolog+Logic Server IDE 的界面。

其实，Excel 的应用程序可视化基础（Visual Basic for Applications，VBA）也是一种编程语言，用过 Excel 的读者也许会有些吃惊。打开 Excel 的时候常会有关于宏的提示，这就是 VBA 的基础。如果读者经常在 Excel 中重复某项任务，可以用宏自动执行该任务。图 3-36 展示了一个与平常使用的 Excel 不同的 VBA

编辑界面。

图 3-35 Amzi! Prolog+Logic Server IDE 的界面

图 3-36 VBA 编辑界面

（3）基于模板的语言的开发工具

典型的基于模板的语言有可扩展样式表语言（eXtensible Stylesheet Language，

XSL）、可扩展样式表转换语言（eXtensible Stylesheet Language Transformation，XSLT）。W3C 发展 XSL 的初衷主要是对基于 XML 的样式表语言的需求。XSLT是一种对 XML 文档进行转换的语言，XSLT 中的"T"代表英语中的"转换"（Transformation）。它是 XSL 规范的一部分。常用的开发工具有 Visual Studio 和XMLSpy 等。下面对 XMLSpy 进行介绍。

　　XMLSpy 是一个由 Altova 公司提供的用于 XML 工程开发的集成开发环境。它是一个 XML 编辑器，能够结合其他软件对 XML 及文本文档进行编辑和处理、进行 XML 文档（比如与数据库之间）的导入导出、在某些类型的 XML 文档与其他文档类型间进行相互转换、关联工程中不同类型的 XML 文档、利用内置的XSLT 1.0/2.0 处理器和 XQuery 1.0 处理器进行文档处理，甚至能够根据 XML 文档生成代码。图 3-37 所示为 XMLSpy 的编辑页面示例。

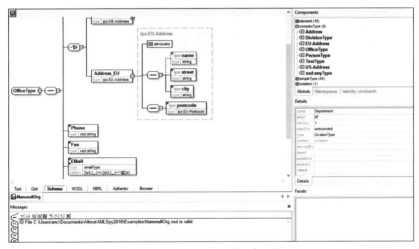

图 3-37　XMLSpy 的编辑页面

2. 命令式语言的开发工具

　　命令式语言关注的是计算机应该如何去做，其开发工具可以分为冯·诺依曼式、脚本式和面向对象式 3 类。

　　（1）冯·诺依曼式语言的开发工具

　　典型的冯·诺依曼式语言有 C 语言、Ada、FORTRAN 等。C 语言是一种通用的、过程式的编程语言，在前文已有详细描述。C 语言编译器普遍存在于

UNIX、MS-DOS、Windows 及 Linux 等各种操作系统中，它的设计影响了许多后来的编程语言，例如 C++、Objective-C、Java、C# 等。

早期的 C 语言开发环境是 Borland Turbo C，它是一套由 Borland 公司开发的 C 语言的集成开发环境与编辑器软件，1989 年，其最后一个版本 Turbo C 2.0 问世。图 3-38 所示为 Turbo C 2.0 的界面。

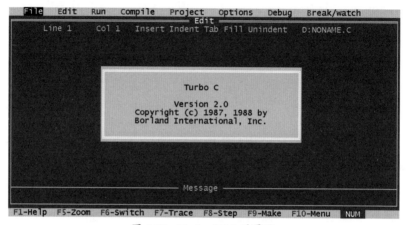

图 3-38　Turbo C 2.0 的界面

在 UNIX、Linux 系统中通常使用 Emacs、Vim 等编辑器，使用 GNU 编译器集合（GNU Compiler Collection，GCC）编译源文件。GNU（GNU's Not UNIX 的缩写，一款类 UNIX 的操作系统）官网上对 Emacs 的描述是这样的：Emacs 是一个可扩展、可定制的文本编辑器。图 3-39 所示为 Emacs 的界面。

Emacs 支持 Windows 等操作系统。但是由于 Emacs 用到大量的第三方工具，这些工具在 Windows 下很难部署，导致用户体验和程序运行都难以令人满意。因此，为了发挥 Emacs 应有的作用，开发者很少在 Windows 系统下使用 Emacs。常用的 Emacs 的第三方工具如 w3m 等在 UNIX 系统下安装非常方便。

（2）脚本式语言的开发工具

典型的脚本式语言有 Perl、PHP、Python、JavaScript、Ruby、TCL、AWK、csh、bash 等。

Perl 常用的开发工具有 ActivePerl、ActiveState Perl Dev Kit Pro、DzSoft Perl Editor、EngInSite Perl、JPerl、OptiPerl、Perl Express 等。

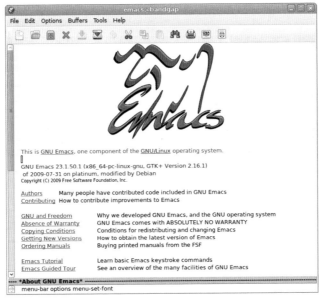

图 3-39　Emacs 的界面

Python 常用的开发工具有 IDLE、Codimension、Spyder、Jython、eric 等。

JavaScript 常用的开发工具有 Akshell、Spket、iXEdit、WebStorm、Aptana Studio 3 等。

接下来，简要介绍几个集成开发环境。

首先是 Aptana Studio，它是一个基于 Eclipse 的开源集成式 Web 开发环境，支持 HTML5、CSS3、JavaScript 以及 Ruby 中 Rails、PHP 和 Python 的开发。它最广为人知的是功能强大的 JavaScript 编辑器和调试器。Aptana Studio 可以支持多种 AJAX 和 JavaScript 工具箱，具有 JavaScript 代码编辑和调试功能。随着苹果公司 iPhone 的发布，Aptana 也推出了 iPhone 集成开发功能，同时还支持 Adobe 公司的 RIA 产品 AIR 的开发环境。图 3-40 所示为 Aptana Studio 3.4.2 版本的界面，从界面上来看其界面和 Eclipse 相像。

IDLE 是 Python 自带的集成开发环境，由 Python 创始人吉多・范・罗苏姆（Guido van Rossum，见图 3-41）使用 Python and Tkinter 创建，要使用 IDLE 必须安装 Python and Tkinter。除此之外，IDLE 还有针对 Python 的编辑器、类浏览器和调试器，具有自动缩进、彩色编码、命令历史和单词自动完成等功能。

图 3-42 是 IDLE 的界面，风格简约。

图 3-40　Aptana Studio 3.4.2 版本的界面

图 3-41　吉多·范·罗苏姆

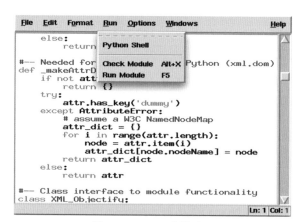

图 3-42　IDLE 的界面

　　Perl Express 是 Windows 环境下 Perl 语言的集成开发环境，是一款独特又强大的集成开发环境，囊括程序员用来编写和调试 Perl 程序的多种工具。Perl Express 设计的定位既针对有经验的高级 Perl 开发人员，又考虑了新手。从 2.5 版本开始，Perl Express 取消了所有使用限制，成为一款免费软件。图 3-43 所示为 Perl Express 的界面。

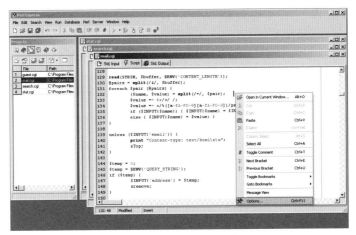

图 3-43　Perl Express 的界面

（3）面向对象式语言的开发工具

典型的面向对象式语言有 C++、Smalltalk、Object-C、Eiffel、Java 等。提起 C++ 的集成开发环境，几乎所有的程序员都会第一时间想起 Microsoft Visual Studio。Microsoft Visual Studio 是微软公司的开发工具包系列产品，它可以用于创建 Windows 平台下的 Windows 应用程序和网络应用程序，也可以用于创建网络服务、智能设备应用程序和 Office 插件。利用 Microsoft Visual Studio 所写的目标代码适用于包括 Microsoft Windows、Windows Mobile、Windows CE、.NET Framework、.NET Compact Framework 和 Microsoft Silverlight 及 Windows Phone 在内的微软平台。作为一款不断发展的集成开发环境，Visual Studio 经历了漫长的演变。

1997 年，微软公司发布了 Visual Studio 97，包含面向 Windows 开发使用的 Visual Basic 5.0、Visual C++ 5.0，面向 Java 开发的 Visual J++ 和面向数据库开发的 Visual FoxPro，还包含创建 DHTML（Dynamic HTML，动态 HTML）所需要的 Visual InterDev。其中，Visual Basic 和 Visual FoxPro 使用单独的开发环境，其他的开发语言使用统一的开发环境。

1998 年，微软公司发布了 Visual Studio 6.0。所有开发语言的开发环境版本均升至 6.0 版本。

2002 年，随着 .NET 口号的提出与 Windows XP 的发布，微软公司发布了 Visual Studio. NET（内部版本号为 7.0）。同时，微软公司引入了建立在 .NET

框架上（1.0 版本）的托管代码机制以及一门新的语言 C#（读作 C Sharp），Microsoft Basic 进化成面向对象的 Microsoft Basic .NET，之前的 Visual J++ 也变为面向 .NET Framework 的 Visual J#。

2003 年，微软公司对 Visual Studio 2002 进行了部分修订，以 Visual Studio 2003 的名称发布（内部版本号为 7.1）。Visio 作为使用统一建模语言（Unified Modeling Language，UML）架构的应用程序框架被引入，同时被引入的还有移动设备支持和企业模版。.NET Framework 也升级到了 1.1 版本。

2005 年，微软公司发布了 Visual Studio 2005。尽管该版本仍然是面向 .NET Framework 的，但 ".NET" 字眼已经从各种语言的名字中被抹去。

2007 年 11 月，微软公司发布了 Visual Studio 2008。

2010 年 4 月 12 日，微软公司发布了 Visual Studio 2010 以及 .NET Framework 4.0。

2012 年 9 月 12 日，微软公司在西雅图发布了 Visual Studio 2012。

2013 年 11 月 13 日，Visual Studio 2013 发布。

2015 年 7 月 20 日，Visual Studio 2015 发布。

2016 年 11 月 16 日，Visual Studio 2017 RC 版发布。

2019 年 4 月 2 日，Visual Studio 2019 发布，可下载后离线安装，界面如图 3-44 所示。

2022 年 8 月 9 日，Visual Studio 2022 发布，该版本为当前最新稳定版。

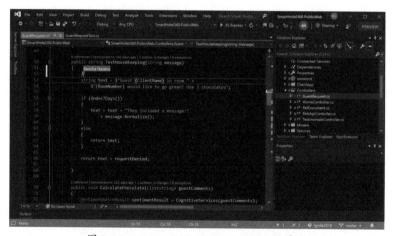

图 3-44　Microsoft Visual Studio 2019 的界面

　　Object-C 是由 C 语言衍生出的语言。该语言继承了 C 语言的特性，是一种扩充 C 语言的面向对象编程语言。它主要用于 Mac OS X 和 GNUstep 这两个系统中。本书第 3.1.1 小节已介绍过 macOS，搭载 macOS 的苹果计算机以高性能和高价位独领风骚。作为封闭的操作系统，macOS 需要特殊的开发环境，于是苹果公司向开发人员提供了非开源的集成开发环境 Xcode，用于开发 Mac OS X 的应用程序。

　　从 2003 年 Xcode 1.0 的正式发布，到 2023 年 6 月 1 日 Xcode 14.3.1 的正式发布，Xcode 经历了 20 个年头的发展。Xcode 的启动界面如图 3-45 所示。

图 3-45　Xcode 的启动界面

　　Java 是面向对象语言的一个标杆。Java 的开发环境也很多，比如 Sun 公司的 NetBeans 和著名的跨平台自由开发环境 Eclipse。图 3-46 所示为 NetBeans 的启动界面。

图 3-46　NetBeans 的启动界面

Eclipse 最初主要用于 Java 语言开发，但是众多插件的支持使其同样可以作为其他计算机语言（如 C++ 和 Python）的开发环境。Eclipse 最初是由 IBM 公司开发的替代商业软件 VisualAge for Java 的下一代 IDE，2001 年 11 月被贡献给开源社区，现在它由非营利软件供应商联盟 Eclipse 基金会（Eclipse Foundation）管理。表 3-4 所示为 Neon（4.6）之前的 Eclipse 版本，每个发行版本在 9 月（SR1）和次年 2 月（SR2）分别发布两个服务版本。Neon（4.6）及其之后的版本通常在 6 月发布，并在 9 月（*.1）、12 月（*.2）和 3 月（*.3）发布后续更新版本，如表 3-5 所示。自 2018 年 9 月发布以来，发布频率从每年发布一个年度主要版本加上 3 个更新版本（或服务版本）变为以 13 周为周期发布滚动版本，截至本书成稿之日已从 2018 年 12 月 19 日的 2018-12（4.10）版本更新到 2023 年 6 月 14 日的 4.28.0 版本。图 3-47 所示为 Eclipse 的界面。

表 3-4 Neon（4.6）之前的 Eclipse 版本

版本代号	平台版本	主要版本发行日期	SR1 发行日期	SR2 发行日期
Callisto	3.2	2006 年 6 月 26 日	—	—
Europa	3.3	2007 年 6 月 27 日	2007 年 9 月 28 日	2008 年 2 月 29 日
Ganymede	3.4	2008 年 6 月 25 日	2008 年 9 月 24 日	2009 年 2 月 25 日
Galileo	3.5	2009 年 6 月 24 日	2009 年 9 月 25 日	2010 年 2 月 26 日
Helios	3.6	2010 年 6 月 23 日	2010 年 9 月 24 日	2011 年 2 月 25 日
Indigo	3.7	2011 年 6 月 22 日	2011 年 9 月 23 日	2012 年 2 月 24 日
Juno	3.8 及 4.2	2012 年 6 月 27 日	2012 年 9 月 28 日	2013 年 3 月 1 日
Kepler	4.3	2013 年 6 月 26 日	2013 年 9 月 27 日	2014 年 2 月 28 日
Luna	4.4	2014 年 6 月 25 日	2014 年 9 月 25 日	2015 年 2 月 27 日
Mars	4.5	2015 年 6 月 25 日	2015 年 9 月 22 日	2016 年 2 月 24 日

表 3-5 Neon（4.6）之后、2018 年 9 月之前的 Eclipse 版本

版本代号	平台版本	主要版本发行日期	9 月（*.1）	12 月（*.2）	3 月（*.3）
Neon	4.6	2016 年 6 月 22 日	2016 年 9 月 28 日	2016 年 12 月 21 日	2017 年 3 月 23 日
Oxygen	4.7	2017 年 6 月 28 日	2017 年 9 月 27 日	2017 年 12 月 20 日	2018 年 3 月 21 日
Photon	4.8	2018 年 6 月 27 日	2018 年 9 月 19 日	—	—

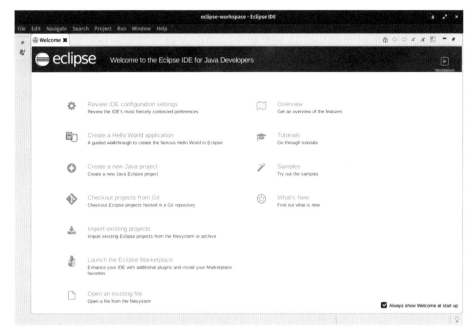

图 3-47　Eclipse 的界面

许多软件开发人员都熟悉高级语言，但是高级语言要变成能被计算机识别和接受的机器码，这中间需要经历好几个环节。本书 3.1.5 节将介绍程序编译工具。

3.1.5　程序编译工具

1. 汇编器

汇编器（Assembler）通过将汇编指令符号转换为操作码（Operation Code），同时解析符号名为存储位置，来创建目标代码。该目标代码就是机器码，需要经连接器（Linker）生成可执行代码才可以执行，其中符号解析是汇编器的关键部分。与高级语言的编译器相比，汇编器简单得多。最早的汇编器出现在 20 世纪 50 年代，很多现代汇编器都支持指令调度优化。Linux 环境下使用最频繁的汇编器是 GNU 汇编器（GNU Assembler，GAS），因为它是 GCC 的默认后端，是 Binutils 的一部分。

前文提到计算机最早使用的语言是机器语言，即计算机各项操作是由 "0" 和 "1" 组合的不同数码串（机器指令）来完成的。这种语言较难记忆、程序难编、易出错、调试困难、通用性差。随着时间的推移、计算机技术的发展，更复杂的问题需要使用计算机去解决，新的思想产生了，那就是用容易记忆的缩写符号来代替繁杂的机器码。这些与英文单词相似的缩写，具有明确的意义，代表机器指令的操作码、操作数、操作地址、寄存器名等。这就形成了符号语言，下面给出用符号语言编写的一段程序。

MOV	AL, DATA1	；取第一个数据
MOV	AH, DATA2	；取第二个数据
ADD	AL, AH	；求和
MOV	RLT, AL	；保存
HLT		；停机

这些具有一定意义的符号通常被称为汇编执行指令和汇编伪指令。机器不能直接识别使用汇编语言编写的程序。汇编器的作用便是先将汇编语言程序翻译成机器语言程序，再由计算机执行。将汇编语言程序翻译成机器语言程序的过程称为汇编过程。

不同型号的计算机由于使用的汇编语言程序不同，因而使用的汇编器也不同，但汇编的原理、方法与技巧是一致的。

2. 编译器

高级语言方便编写、阅读、交流和维护。机器语言是计算机能直接解读、运行的。编译器（Compiler）是将汇编语言或高级语言源程序（Source Program）作为输入，将其翻译成目标语言（Target Language）的等价程序。源程序一般使用高级语言编写，如 Pascal、C、C++、C#、Java 或汇编语言，而目标语言是机器语言的目标代码（Object Code），有时也称作机器码（Machine Code）。

编译器可以用来生成在与编译器本身所在的计算机和操作系统（平台）相同的环境下运行的目标代码，这种编译器又叫作本地编译器。另外，编译器也可以用来生成在其他平台上运行的目标代码，这种编译器又叫作交叉编译器。交叉编译器在生成新的硬件平台时非常有用。"源代码到源代码编译器"是指用一种高级语言代码作为输入，输出的也是高级语言代码的编译器。例如，自动并行化编译器经常采用一种高级语言代码作为输入，转换其中的代码，并用并行代码对它进行注释（如 OpenMP）或者用语言构造进行注释（如 FORTRAN 的 DOALL 指令）。

20 世纪 50 年代早期，编译器由霍珀创立。当时，编译被称为自动程序设计（Automatic Programming），而且人们对它能否成功都持有怀疑态度。如今，程序设计语言的自动编译已经得到了认可，形成了一套比较成熟的、系统化的理论和方法，开发出了众多可编译程序的语言、环境和工具。

前文提到过世界上第一个具有现代意义的编译器——FORTRAN 编译器是在 20 世纪 50 年代中期研制成功的。它为用户提供了一种面向问题、与机器基本无关的源语言。FORTRAN 为了与汇编语言竞争，通过执行一些相对比较有挑战性的优化来实现产生高效机器码的功能。FORTRAN 这类与机器无关的语言证明了需要编译的高级程序设计语言的生命力。它的成功为之后出现的大量的高级语言和相应的编译器奠定了基础。

编译器通常会把诸如 Java、C 等这样的程序设计语言代码翻译为可执行的机器语言指令。然而，编译器技术还拥有更加广泛的应用。例如，像 TeX 和 LaTeX 这样的文本格式化语言实际上也是编译器，它们将文本和格式化命令编译成详细的排版命令。PostScript 语言是由多种程序生成的，但实际上它也是一种程序设计语言，可将打印机和文档预览工具进行编译和执行，产生一种可阅读的文档格式；还有一种交互式系统，如 Mathematica，把程序设计和数学应用结合起来，用符号和数字形式来解决深奥的问题。该系统非常依赖编译器技术，并用它处理问题的规约、内部表示和解答。Verilog 和 VHDL 等超大规模集成电路设计语言，使用硅编译器（Silicon Compiler）的标准单元设计某个超大规模集成电路的布局和构成，这与普通编译器理解和遵守某种特定机器语言的规则一样。硅编译器在设计电路时也需要理解和遵守某个给定电路的设计规则。此外，在很多面向文本命令集的程序中，例如操作系统的命令和脚本语言及数据库系统使用的 SQL 中，都或多或少会用到编译器技术。

3. 解释器

解释器（Interpreter），又称直译器，是一种计算机程序，能够一行一行地直接转译并运行高级语言代码。解释器是与编译器不同的另外一种语言处理器。

第一个解释器是由史蒂夫·拉塞尔（Steve Russell，见图 3-48）在 20 世纪 50 年代基于 IBM 704 机器码写成的 LISP 解释器。解释器不会一次把整个程序转译出来，而是像一位"中间人"，每次运行程序时都要先将其转成另一种语言再运行，因此解释器的程序运行速度比编译后的程序要慢很多。

Python、PHP、JavaScript、Perl、Scheme 一般是使用解释器执行的。如果一个平台上拥有这些语言的解释器，只需要将程序置于这个平台上就可直接运行。微软公司的 Basic 语言使用的也是解释方式，在用该语言完成编写后不需要编译、链接等步骤即可执行。一些语言如 C、C++、Java 等，既具有解释器

图 3-48   史蒂夫·拉塞尔

又具有编译器。本书前文介绍了很多编程开发工具，在这里介绍一种 C++ 解释器，它就是 Cint。单从名字上看，Cint 的功能就是解释并执行 C++ 代码。Cint 目前的解析范围覆盖了大部分标准 C++ 的脚本环境，可以快速载入并解析超过 6 万行代码。它还有一个开发者都颇为关注的特性，就是可以混合使用编译代码。

如前文所述，Scheme 是一种编程语言，可以将它动态地引入静态应用程序中的解释器有多种，比如 DrScheme、Guile 等。Guile 是 GNU 项目的官方扩展语言，于 1995 年问世，它的可扩展性非常出众，可以解释 Scheme 脚本，不仅可以将 Scheme 脚本动态地绑定到已经编译完成的 C 程序中，从而为 Scheme 脚本的编写提供动态配置性，还可以在 Scheme 脚本中集成编译好的 C 程序。DrScheme 同样也是很优秀的解释器，图 3-49 所示为一种 Scheme 解释器——DrScheme 的界面。

解释器与编译器的区别在于读入源代码进行词法分析、语法分析和语义分析之后的过程。编译器在语义分析后，选择先将语义存储成一种中间语言，再选择对应的后端将其编译成机器语言及可执行程序。解释器则是在语义分析以后直接执行代码。当然，这会导致一段程序在解释器中运行时可能会被编译多次，所以解释器的效率比较低。Java、C# 是两种预编译的语言，运行之前需要先手动将

源代码编译成中间代码，再在解释器中执行，与单独使用解释器相比，效率要高许多。

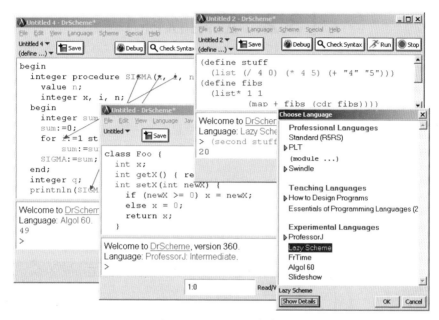

图 3-49　DrScheme 的界面

解释器也有自己的优点。解释器不需要像编译器那样生成机器码，所以它具有很大程度上的"机器无关性"。只要解释器的开发语言在机器上获得支持，那么只需在该机器上重新编译解释器即可使用。由于 LISP、Scheme 支持动态对象类型，Ruby 等语言甚至允许系统自身动态地修改类型，编译器很难在符号含义发生变化的情况下将源代码直接翻译成机器码，所以解释器在这种情况下就具有很大优势。

使用解释器的另一大优点在程序开发过程中显得尤为重要。用解释器来运行程序的确会比直接运行编译过的机器码更慢，但是相对来说，"直译"比经过编译再运行要快很多。当程序员的开发过程处于雏形化阶段或者撰写试验性代码的阶段时，解释器的这个优点就显得非常珍贵，因为程序员在编辑代码后再直接编译的过程中会发现错误，程序在执行的过程中可以被很快地修改，而不需要像编译器那样在编译运行后才可以修改，这节省了大量的时间。

| 3.2   应用软件 |

1996 年，3 个刚服完兵役的以色列年轻人聚在一起，发明了比电子信箱更快捷的、能够直接传递信息的软件，这就是 ICQ［早期的聊天工具，是 "I seek you"（我寻找你）的意思］。ICQ 一经推出就风靡全球，然而由于语言单一和技术简单，其他国家各自本土的同类软件逐渐占据了大量的市场份额。以我国国内软件市场为例，1999 年 2 月，腾讯公司自主研发了基于互联网的即时通信（Instant Messenger，IM）工具 OICQ，后更名为腾讯 QQ，从此其用户规模迅速增长。ICQ 和 OICQ 的初始登录界面如图 3-50 所示。

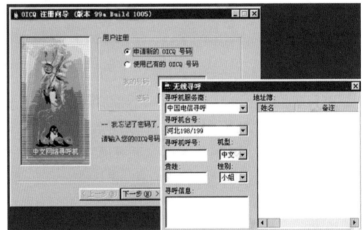

图 3-50   ICQ 和 OICQ 的初始登录界面

当时，几乎每个人不论采用什么操作系统，都会选择安装腾讯 QQ。其实，腾讯 QQ 只不过是万千应用软件中的一款。除此之外，每天浏览大事小事新鲜事的浏览器、处理文档表格的办公软件、闲暇之余玩的电子游戏等应用软件都在人们的生活中起到了不可或缺的作用。

让我们一起来看看"上班族"一天的生活：在上班路上阅读手机新闻，在办公室里收发邮件，在会议室里用演示文稿汇报，下班吃饭时智能化点餐……所有这些工作都依靠强大的应用软件来完成。

由于智能手机的普及以及物联网等各种技术的发展，本书按照软件运行的设备类型将应用软件分为主机软件、移动终端软件和嵌入式软件。实际上，移动终端软件也可以看作嵌入式软件，但是本书认为嵌入式软件更有其应用的专业性，而移动终端软件往往是各种通用软件的载体，因此本书将两者分开讨论。另外，主机软件和移动终端软件实际上具有一定的通用性，但是它们的应用场景不同，移动终端软件的交互性弱而移动性强，主机软件的交互强而移动性弱，因此主机软件和移动终端软件的侧重点也不一样，本书同样将它们分开讨论。正像"姹紫嫣红三春晖，赏心悦目百事兴"所描述的那样，应用软件方便了人们的生活，给人们的生活增添了色彩。

3.2.1   主机软件

1. 办公软件

如今的办公软件可以进行文字处理、表格制作、幻灯片制作、简单数据库处理等许多方面的工作。

随着人口的增长和科技的进步，人们的生活节奏日益加快，大量的数据统计、工作记录、总结汇报等占用了人们很多工作时间。有需求就有动力，大量的办公软件如雨后春笋般出现，随之带来了办公文化的数字化变革。

当今社会令人耳熟能详的办公软件有微软 Office 系列、金山 WPS 系列、永中 Office 系列、红旗 2000 RedOffice 系列、协达 CTOP 协同 OA 系列、致力协同办公 OA 系列等。可以看到，办公软件的应用范围很广，大到社会统计，小到会议记录。数字化的办公离不开办公软件的鼎力协助，这也是现代社会办公文化的一个重要特征。

目前，办公软件朝着操作简单化、功能精细化等方向发展。现在市面上的办公软件可以粗略地分为两类：讲究大而全的 Office 系列和专注深化某些功能的小型办公软件。除此之外，政府用的电子政务系统、税务用的税务系统、企业用的协同办公软件等，这些都是办公软件，办公软件不局限于传统的打字制表类软件。

云计算时代，组织级的协同办公软件已经成为办公软件应用的主流，主要应用于网络办公、电子政务、协同商务等领域。创立于复旦大学的协达软件，是我国市场中产品竞争力一流的协同办公软件，其产品同时被用友、金蝶官方 OEM 代理，市场覆盖率高达 70%。

提到办公软件，相信很多人都不会忘记金山 WPS 系列软件。早在 1998 年 3 月 10 日，《光明日报》就刊登过一则新闻，新闻中有这么一段话，"电子工业部日前召开新一代中文字处理系统——金山 WPS97 软件的演示会。电子部有关领导共 200 余人出席了此次演示会。与会者高度评价了 WPS 对民族软件业的贡献。"

从 1989 年 WPS 1.0 问世到本书编写之时，历经多年奋战而不倒的金山 WPS 如今收获了辉煌，也收获了风雨。2008 年《羊城晚报》刊登的"求伯君：从未放弃与微软办公软件之争"中这样评价 WPS："在求伯君的心目中，他已经不仅仅是在做一款能够让公司谋生的软件，而是在做中国软件从业者的'骨气'。正如一位资深人士所评价的那样：无论如何，能够与微软缠斗 20 年还没有倒下，这本身就是一个奇迹。"

纵观整个中国软件市场，WPS 系列软件的确称得上是一个传奇。图 3-51 所示为 WPS 早期在 DOS 环境下的 1.2 版本，图 3-52 所示为 WPS 在 Windows 环境下的若干版本。

图 3-51 DOS 环境下的 WPS 1.0 版本

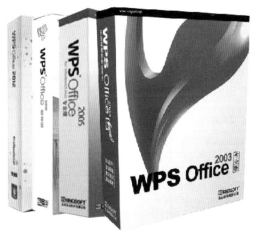

图 3-52　Windows 环境下的 WPS 版本

除了金山 WPS 系列外，中国还有一些 OA 软件广泛应用于国内外的各类企业。图 3-53 所示为协达协作通 P6 的登录界面。

图 3-53　协达协作通 P6 的登录界面

表 3-6 所示为我国使用的主流办公软件的相关性能参数比较。

表 3-6　国内主流办公软件相关性能参数比较

主要性能	MS Office 2010	WPS	永中
文件格式	*.docx	*.wps	*.eio
输出 PDF	支持	支持，PDF 文件权限设置	支持，PDF 文件权限设置
批注	普通批注	普通批注	普通批注、手动批注
字体	Windows 字体	Windows 字体	Windows 字体、永中字体
文件转换 （8 MB 的文件）	Office 文档直接打开	3 ～ 4 秒	3 秒

续表

主要性能	MS Office 2010	WPS	永中
打开文档速度 （8 MB 的文件）	Office 文档直接打开	3 秒	3 秒
界面	与 Office 2003 区别大	基本类似 Office 2010	类似 Office 2003，有特色
占用资源	66 MB 内存	53 MB 内存	34 MB 内存
系统支持	Windows	Windows	Linux、Windows
宏	支持	不支持	支持
功能集成	分别进行文字处理、电子表格处理、幻灯片处理	分别进行文字处理、电子表格处理、幻灯片处理	在统一界面进行文字处理、电子表格处理、幻灯片处理
文档显示	单独程序打开	选项卡式	树形结构
格式	—	对 Office 文档解析正常	对 Office 文档解析正常，字体稍模糊
安装文件	580 MB	38 MB	173 MB

办公软件其实有多种分类方法，可以按平台进行分类，也可以按品牌进行分类。从简简单单的文字处理工具到纷繁复杂的办公操作，办公软件的种类不断丰富，涉及的领域也越来越广泛。可见软件文化在给人类文化带来巨大影响的同时，软件分类的不同也会给软件文化自身带来新的意蕴。自带设备办公（Bring Your Own Device，BYOD）这个词在 2005 年被提出，经过数年的发展，于 2012 年被美国平等就业机会委员会承认。在这期间，智能手机、平板计算机以及电纸书的出现和普及使得办公软件应用平台出现了差异。在 2007 年前，能使用办公软件的平台都是桌面计算机，因此办公软件所适用的操作系统大概只有 Windows、Mac OS X 和 Linux 这 3 种；在 2007 年后，随着移动互联网科技的发展，手机开始逐渐具备计算机的功能，办公软件开始出现在各类手机操作系统中。应用于移动端的办公软件将在 3.2.2 节中介绍。

2. 游戏软件

提起游戏，相信很多人会想起小时候玩的陀螺、跳格子等；提起电子游戏，很多人会想起风靡 20 世纪 80 年代的红白机、小霸王。图 3-54 所示为 1983 年的"任天堂"红白机，在这上面有经典的游戏《超级玛丽》《魂斗罗》等。红白机的生命周期长达 20 年，共计售出 6000 多万台，这还不包括各种各样的复制品。任天堂技术开发员上村雅之说过："我很感激红白机，但从某种角度来说，它也是我今生最可怕的敌人，因为没人能弄清楚，为什么这些特定硬件组装在一起，会成为一台如此畅销的机器。"本书认为，这是因为红白机已经成为游戏文化的新符号。对游戏界而言，红白机

图 3-54 1983 年的"任天堂"红白机

带来了一大批新的游戏，或者说产生了一个新的游戏类别。

时间推进到现在，有很多游戏流传了一代又一代，《最终幻想》《古墓丽影》《暗黑破坏神》等非常经典的游戏都成为游戏文化的符号。通常，人们把将各种程序和动画效果结合的软件产品称作"游戏软件"。

实际上，人们在网络上经常看到的大型 3D 网络游戏和网页游戏（WebGame）等都是通过将 3ds Max、MAYA、Flash 等动画软件和 Java、C++、Visual Basic 等程序语言结合而开发出来的，所以称为游戏软件。在长期以来的游戏文化的影响下，人们很自然地将游戏软件分为单机游戏、网络游戏、网页游戏。

（1）单机游戏

单机游戏（Singe-Player Game）指仅使用一台计算机或者其他游戏平台就可以独立运行的电子游戏。区别于网络游戏，它不需要专门的服务器便可以正常运行，部分单机游戏也可以通过 LAN 进行多人对战。单机游戏是游戏玩家不连入互联网即可在自己的计算机上玩的游戏，模式多为人机对战。但是随着网络的日益普及和盗版的兴起，为了防止盗版、方便提供后续内容下载服务、方便用户多人联机对战等，越来越多的单机游戏也开始需要互联网的支持。大部分单机游戏都包括一机多人、IP 直连和 LAN 对战等"多人游戏"模式。游戏文化在逐渐发展，单机游戏也在不断加强多人模式和添加网络元素，所以游戏的分类界限变得越来越模糊，这体现了"文化影响分类，分类促进文化"。

下面介绍一款经典的单机赛车游戏——《极品飞车》（*Need for Speed*），《极品飞车》是由美国艺电（Electronic Arts，EA）公司出品的著名赛车类游戏，游

戏试图在爽快的赛车竞速和逼真的车辆设计上找到平衡点，因而这款游戏在世界车迷心目中有着不可替代的地位。

《仙剑奇侠传》系列也是一部经典的单机游戏力作，由大宇资讯股份有限公司（简称"大宇资讯"或"大宇"）发行。《仙剑奇侠传》系列的故事以中国古代仙妖神鬼传说为背景，以武侠和仙侠为题材，迄今已发行了 7 款单机角色扮演游戏、1 款经营模拟游戏、3 款网络游戏和 12 款网络社交游戏。该系列首款作品发行于 1995 年 7 月，荣获无数游戏奖项，还被众多玩家誉为"旷世奇作"，初代及三代还相继于 2004 年和 2008 年被改编成电视剧。《仙剑奇侠传》系列与同公司的《轩辕剑》系列并称"大宇双剑"，均被公认为华人世界的两大经典角色扮演游戏系列。《仙剑奇侠传》系列成功地将游戏文化和中国传统文化融合在一起，可谓是游戏软件中的佼佼者。

（2）网络游戏

网络游戏（Online Game）又称在线游戏，简称网游，指以互联网为传输媒介，以游戏运营商服务器和用户计算机为处理终端，以游戏客户端软件为信息交互窗口，旨在实现娱乐、休闲、交流和取得虚拟成就的具有可持续性的个体性多人在线游戏。通过定义可以看出，网络游戏的形式是互联网多人在线，而其接入游戏需要使用客户端，这就与不需要使用客户端的网页游戏形成了对比。

（3）网页游戏

网页游戏又称 Web 游戏、无端网游，简称页游，是基于 Web 浏览器的网络在线多人互动游戏。玩家无须下载客户端，只需打开网页，等待一段时间即可进入游戏，计算机配置在网页游戏中的重要性不如在客户端游戏中那样重要，最重要的是网页游戏的关闭或者切换极其方便。网页游戏是快餐文化的产物，是游戏软件的一个新类别。

网页游戏市场鱼龙混杂，由腾讯公司运营的《英雄之城》在口碑和效益上都表现得可圈可点。该游戏由苏州市蜗牛电子有限公司开发。玩家在应用市场下载游戏的时候通常会发现，在游戏的分类一栏中有"战争策略""角色扮演""动作射击""冒险解谜"等字眼。这也不失为一种很不错的分类方式，让玩家看一眼就明白这款游戏的主题。但是这种分类方式的弊端是显而易见的，很多游戏具有不同的主题，如《英雄之城》这款游戏就含有多种当前流行的游戏元素，比如战争策略、角色扮演、模拟经营，这就造成了分类的困难。特别是如今计算机硬件配置越来越高，计算机游戏也在不断朝多元素方向发展，所以采用游戏主题的分类方法就显得比较不准确。不过在嵌入式系统中，由于移动设备的硬件局限性，大多数游戏还是以提供单一元素为主，以保证游戏的流畅性。所以，本书在讲解嵌入式系统下的移动游戏软件分类时，采用以游戏主题为主的分类方式。

3. 安全软件

根据人们对安全软件功能的不同需求，安全软件可以分为杀毒软件、辅助性安全软件、反流氓软件和加密软件等。安全软件可以用来保护计算机不受恶意软件和未经授权的侵入等一切已知的对计算机有危害的程序代码的入侵，同时也可以辅助人们管理计算机安全。安全软件的质量决定了病毒查杀的效果，决定了人们是否能够在尽情享受网络生活带来的方便与快捷的同时，安心地操作自己的个人账户。

安全软件主要以预防为主，防治结合。下面介绍安全软件的详细分类，每一种安全软件都是为应对某种特定的安全威胁而开发的。

（1）杀毒软件

杀毒软件又称反病毒软件，它能够查找已知的计算机病毒、特洛伊木马等对计算机有危害的程序代码并将它们根除。最早的杀毒软件应该是于 1983 年推出的 McAfee，其所属公司是微软公司唯一的反病毒合作伙伴。在我国，KILL 是最早出现的杀毒软件，1989 年 7 月由公安部计算机管理监察局监察处病毒研究小组推出，当时的版本是 6.0，该版本可以检测和清除当时在国内出现的 6 种病毒。其他的主流杀毒软件还有 G Data、百度杀毒、360 杀毒、卡巴斯基安全部队、小红伞、瑞星杀毒软件、金山毒霸、Microsoft Security Essentials、诺顿等。

作为保卫系统的重要软件，杀毒软件的质量和性能是用户关注的焦点，因此针对杀毒软件有一个重要测试，即能力测试。目前权威的能力测试有 VB100、AV-C、AV-test 等。

（2）辅助性安全软件

这类软件的主要功能是清理垃圾、修复漏洞、查杀木马等，比如百度卫士、

360 安全卫士、金山卫士、瑞星安全助手、Advanced SystemCare 等。

（3）反流氓软件

这类软件的主要功能是清理流氓软件，保护系统安全，如 Nawras PC Supervisor、BleachBit、恶意软件清理助手、超级兔子、Windows 清理助手等。

（4）加密软件

这类软件主要通过对数据文件进行加密，防止信息外泄，以确保信息资产的安全。加密软件按照实现的方法可分为被动加密软件和主动加密软件。截至本书成稿之日，市面上的驱动层透明加密技术仍是最可靠、最安全的加密技术之一。

4. 多媒体应用软件

多媒体文件通常指计算机可以处理的图像、音乐、视频等媒体文件。无论人们对多媒体的认识如何，多媒体作为当今人们认识外部世界的主要窗口，就像交通工具一样是人们生活中不可或缺的部分。回顾多媒体的发展，其每一次进步，都与软件有着密不可分的关系。多媒体应用软件的每一次创新都会给多媒体文化，甚至人类的生活和文化带来不可估量的影响。

软件开发水平的提高促使多媒体应用领域不断拓宽。多媒体在文化教育、技术培训、电子图书、观光旅游、商用及家庭娱乐等人类生活的各个方面都展现出了独特的优势。在这些领域的某些方面，多媒体技术已经成为核心技术。多媒体技术将图像、视频、音乐等媒体素材按照大众最能接受的方式生动地展示给广大用户。而要做到这一切，多媒体应用软件是必不可少的。

多媒体应用软件主要是指一些创作工具或多媒体编辑工具，包括文字编辑软件、绘图软件、图像处理软件、动画制作软件、音频处理软件以及视频处理软件。概括来说，这些软件分别属于多媒体播放软件和多媒体制作软件。

（1）多媒体播放软件

大多数用户使用多媒体播放软件收听、收看多媒体节目。常用的多媒体播放软件有 Windows XP 操作系统自带的 Windows Media Player、苹果公司的 QuickTime Player（见图 3-55）等。此外，还有 Real Player、Daum PotPlayer、KMPlayer、RealOne Player v2.0、ALLPlayer、DAPlayer、豪杰超级解霸、金山影霸等。

图 3-55　QuickTime Player 界面

（2）多媒体制作软件

多媒体制作软件包括文字编辑软件、图像处理软件、动画制作软件、音频处理软件、视频处理软件、多媒体创作软件等。

① 文字编辑软件：如 Word、WPS 等。

② 图像处理软件：如处理位图图像的 Photoshop、处理矢量图形的 CorelDRAW 等。

③ 动画制作软件：一类是绘制和编辑动画的软件，如 Animator Pro（平面动画制作软件）、3ds Studio Max（三维动画造型软件）、Cool 3D（三维文字动画制作软件）、Poser（人体三维动画制作软件）；另一类是动画处理软件，如 Animator Studio（动画处理加工软件）、Premiere（电影影像与动画处理软件）、GIF Construction Set（网页动画处理软件）、After Effects（电影影像与动画后期合成软件）。图 3-56 所示为 3ds Max 包装外观。

④ 音频处理软件：通常分为 3 类，第一类是声音数字化软件，如 Easy CD-DA Extractor（把光盘音轨转换为 WMA 格式的数字音频文件）、Real Jukebox（在互联网上录制、编辑、播放数字音频信号）；第二类是声音编辑软件，如 GoldWave（数字录音、编辑、合成软件）、Cool Edit Pro（声音编辑处理软件）；

第三类是声音压缩软件，如 L3Enc（将音频数据压缩为 MP3 格式的文件）、WinDAC 32（把光盘音轨转换并压缩成 MP3 格式的文件）。图 3-57 所示为 Cool Edit Pro 的操作界面。

图 3-56 3ds Max 包装外观

图 3-57 Cool Edit Pro 的操作界面

⑤ 视频处理软件：这类软件的作用是对摄像机、电影电视录像机等采集的影视资料进行整理，或者直接进行视频设计。常见的视频处理软件有 Windows

XP 自带的 Movie Maker、Adobe 公司的 Premiere Pro（见图 3-58）、Ulead 公司的
VideoStudio、Pinnacle 公司的 Studio 等。

图 3-58　Premiere Pro CS6 中文版的启动界面

⑥ 多媒体创作软件：这类软件的作用是在
完成多媒体素材的采集、编辑后，通过创作平
台把多种素材集成在一起。常见的多媒体创作
软件有 PowerPoint（演示软件）、Authorware
（创作软件）等。图 3-59 所示为 Macromedia
Authorware 7 的包装外观。

5. 浏览器软件

作为检索和展示互联网信息资源的工具，
浏览器已经成为互联网时代一种必不可少的应
用软件了。即使是在应用软件层出不穷的现在，
浏览器的重要性依然不可忽视，它显然垄断了

图 3-59　Macromedia Authorware 7
的包装外观

互联网的入口。一时之间，浏览器市场硝烟四起，IE、Firefox、Chrome 等在全
球市场互相争夺；在中国市场上，则出现了遨游、搜狗、QQ、360 等浏览器，
足见浏览器对于互联网的重要性。

　　根据 StatCounter Global Stats 公布的 2021 年 10 月至 2022 年 10 月的全球浏览器市场份额的数据（见图 3-60），Chrome 浏览器在全世界浏览器的市场份额中独占鳌头。

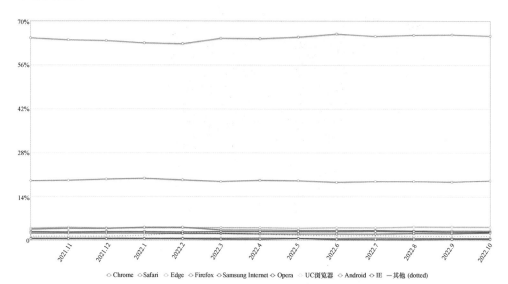

◇Chrome ◇Safari ◇ Edge ◇Firefox ◇Samsung Internet ◇Opera 　 UC浏览器 ◇ Android ◇IE —其他 (dotted)

图 3-60　StatCounter Global Stats 公布的浏览器市场份额数据（2021 年 10 月—2022 年 10 月）

　　Chrome（见图 3-61）是由谷歌公司开发的免费网页浏览器，它基于一些开源项目撰写，包括谷歌公司的 Chromium 项目以及苹果公司的开源引擎 WebKit 等，它致力于提升浏览器的稳定性、速度、安全性，并且设计了简单、有效的用户界面。在用户体验方面，Chrome 具有不易崩溃、速度快、界面简洁、搜索简单、标签灵活、使用安全等优势，受到了用户的喜爱。截至 2021 年 1 月，Chrome 浏览器在全球桌面浏览器中已达 63.63% 的市场占有率。

图 3-61　Chrome 的开始页面

市场占有率仅次于 Chrome 浏览器的是 Safari 浏览器，它由苹果公司研发，内置于 macOS 系统（参见 3.1.1 节）。它同样使用 WebKit 浏览器引擎作为内核，也具有速度快、界面简洁、使用方便等特点。图 3-62 所示为 Safari 的使用界面。

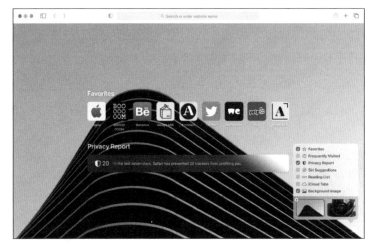

图 3-62　Safari 的使用界面

其他诸如 Firefox、Opera、UC 等浏览器也占据了一定的市场份额，但是与 Chrome 和 Safari 相比，是目前比较小众的浏览器。

6. 行业应用软件

行业应用软件可以简单地定义为具有该行业独立特征领域知识的应用管理软件，它是面向客户集成应用的管理软件，是最接近客户的一类软件。社会上存在各种各样的行业，它们也有各自的软件，因此行业应用软件种类繁多，这里仅介绍教育和金融行业的行业应用软件。

教育软件是软件的一个分支，是软件在教育、教学方面的具体表现，与其他软件有所不同，它既包含软件所有的特征，也包含学习、教育的特征。教育软件是对学习者进行教育的信息智能化的工具，因此不同的用户对教育软件有着不同的期望和需求。

"教与学"是教育活动的核心，其他皆为其提供支持。教育文化深入软件文化之中，构成了软件文化的一个重要组成部分。教育软件通常分为教育管理软件、教学软件和教育辅助工具软件。这是一种根据使用人群和软件主要功能不同而产生的分类方法。

　　教育管理软件是教育主管单位和学校进行信息采集、管理、交流的辅助工具，通常有学籍管理、教学管理、人事管理、教学评估等多种功能。例如现在教育部门通常使用的教学质量评估系统和教学资源管理系统等，学校使用的排课系统和教务系统等也都属于这一类。

　　教学软件是应用于学校、培训机构和家庭中教师授课、家长辅导、学生自学等场合的软件，使用人群有教师、学生和学生家长，例如在线考试系统、外语学习软件、电子教室系统。图 3-63 所示为红蜘蛛多媒体网络教室软件包装外观。

图 3-63　红蜘蛛多媒体网络教室软件包装外观

　　教育辅助工具软件通常是应用于教育行业的服务软件，通常是定制软件，比如专用的实验模拟工具和校园即时通信工具。

　　金融软件是社会科学和自然科学有机融合的创新文化建设的重要实例，目前是软件企业的主要业务，市场巨大且国际水平不高，仍有巨大的发展空间。

　　由于金融行业自身的特点，行业应用软件在金融行业起步较早，发展较快，竞争也较激烈。2001 年，金融行业应用软件市场已经占到应用软件市场的一半左右。目前，金融行业应用软件主要有 3 种，即银证类软件、证券交易管理软件和开放式基金系统软件。

　　随着金融行业信息化步伐的加快，行业应用软件的需求正处于平稳上升阶段，目前行业应用软件是中国软件市场增长的主要力量，金融行业应用软件市场的发展前景广阔。

随着网络化服务工作的开展和银行新业务的不断推出，银证类软件在相对较短的时间内得到了广泛应用，如"银证通"，它将大鹏证券与银行双方的计算机系统相互联结，使投资者能够通过证券公司交易系统进行证券买卖，并通过投资者在银行开立的储蓄账户完成资金清算。这项业务是中国建设银行于 1998 年 4 月推出的。

证券交易管理软件的国内厂商主要有恒生、金证、新利、金仕达、顶点等。

在开放式基金系统软件方面，国内主要有恒生、奥尊、东软等公司。目前，恒生公司几乎占领了开放式基金系统软件市场的半壁江山。

3.2.2　移动终端软件

实质上，移动终端是一类嵌入式设备，但是由于其具有通用性、普及性，且相应的应用软件非常多，因此本书将移动终端软件单独划分为一类。对于专业性更强的嵌入式软件，本书将在第 3.2.3 小节进行介绍。这里，移动终端指的是具有多种应用功能的智能手机以及平板计算机，而移动终端上的应用软件往往强调的是愉悦的交互体验和方便的使用方式。具体来说，由于目前移动终端的交互设备与主机相比更受限，比如存在显示屏小、没有鼠标、键盘小等问题，因此需要减轻用户的认知负担、简化使用方式、显示重点内容、优化交互流程等。本小节按照移动终端应用的特点，只为读者列举部分典型的移动终端软件。

1. 移动办公软件

在移动互联网时代，各种价格公道、功能强大的移动终端在人们的生活中无处不在，尤其以智能手机和平板计算机为主。人们在日常工作中也需要用到形形色色的移动办公软件。当然，除移动终端外的其他平台上也有出色的办公软件，比如 3.2.1 节中介绍的办公软件。实际上，办公软件在 PC 上用得更多，人们往往使用 PC 来对文件进行编辑、处理。在移动终端因为使用 I/O 设备不方便，人们往往仅使用移动办公软件来查看文件。因此，二者实际上还是有区别的。下面，以 Android 平台上的 Office 办公软件为例向大家介绍移动办公软件。

目前主流的移动办公软件有 Documens To Go、WPS Office、Picsel Smart Office、ThinkFree Office、Quickoffice Pro、OliveOffice、Polaris Office 等。按照能够兼容的平台的不同，它们可以划分为 iOS 平台上的软件、Android 平台上的软件和黑莓等其他平台上的软件，而按照支持的格式划分又会产生另一种分类结果。按照兼容的平台划分软件，用户和开发人员就会更多地关注软件平台的兼容性，如果全部办公软件都能够兼容当前所有移动终端设备，那么这条分类标准就不存在了，这也是分类文化的奇妙之处。

Documents To Go 的整体色调是彰显沉稳的蓝灰色，非常符合办公软件商务感的特色。而且这种色调比较柔和，不会给人刺眼的感觉。该软件的初始界面基本采用列表形式，单击不同的功能栏可进入二级页面。在进入二级页面时，工具栏会以动态方式显现。作为为数不多的国产办公软件之一，WPS Office 的初始界面更加简洁，只由界面上部的工具栏和其下面的编辑浏览窗口组成，单击工具栏内的功能按钮，才会出现第二级工具栏。其他移动办公软件大同小异，这里不再一一介绍。图 3-64 所示为 Documents To Go 和 WPS Office 的初始界面。

图 3-64　Documents To Go 和 WPS Office 的初始界面

2. 手机游戏

等公交、排长队、坐地铁时，如果说什么东西最能打发时间，可能要数游戏了。游戏可以按照游戏客户端的不同分为单机游戏、网页游戏和网络游戏。不论是用浏览器接入互联网还是用客户端接入互联网，不论是联网互动还是单机畅玩，游戏已经深入人们的生活。如果按照游戏主题分类，那么游戏大致可以分为角色扮演、动作射击、模拟飞行、冒险解谜、体育运动、休闲益智、策略经营、桌游卡牌、赛车竞速、音乐节奏等。下面重点讨论一些典型的手机游戏，并按照不同的分类方法来说明各类游戏的特点。

Gameloft 公司出品了游戏《地牢猎手》。在该游戏中，玩家通过扮演游戏剧情中的某个角色参与游戏，因此将该游戏归类于角色扮演游戏。该游戏不仅支持单人游戏模式，还支持玩家对玩家（Player versus Player，PvP）多人对战模式。

Gameloft 公司是世界著名的开发并发行基于移动设备的视频游戏的制作公司。它开发的《孤侠魅影》（*Shadow Guardian*）是一款融合了动作、冒险、解谜及第三人称射击的冒险游戏。游戏中，玩家置身于神秘古老的埃及场景中完成惊险刺激的任务。对于这个游戏，按照游戏客户端的分类方法，可以将其分类到单机游戏中。

在手机游戏中，不得不提到一款现象级手机游戏《王者荣耀》。它是由腾讯公司天美工作室研发的多人在线竞技游戏。2020 年 11 月，《王者荣耀》的日均活跃用户数为 1 亿人，成为全球第一个日均活跃用户数达"亿"量级的游戏产品。它不仅吸引了传统的多人在线战术竞技游戏（Multiplayer Online Battle Arena，MOBA）玩家，还由于其具有移动终端的特性，让大批未曾接触过团队竞技的用户感受到它的乐趣，它甚至在某种层面上成为一种社交手段。基于《王者荣耀》的 PvP 多人竞技的特点，按照游戏客户端的分类方法，可以将其分类到网络游戏中。

实际上，《王者荣耀》这种团体竞技游戏还是有一定的入门门槛的，比如要熟悉一些英雄的操作、技能和游戏机制，因此它的玩家群体有一定的局限性。但是提起休闲益智游戏，几乎每个拥有智能手机的人都玩过。2009 年底发行的第一版《愤怒的小鸟》及 2010 年初发行的第一版《水果忍者》，都曾经风靡一时，在世界范围内具有很大的影响力。

3. 移动社交软件

WhatsApp 是一款即时聊天软件，该软件的功能非常强大，可以让用户跨平台实时发送消息。

2014 年 2 月，WhatsApp 已拥有超过 4.5 亿名活跃用户，而在 9 个月前，WhatsApp 刚刚宣布它有 2 亿名活跃用户。仅仅 9 个月的时间，这一数字就突破了 4.5 亿，也就是说，每天有超过 100 万名用户安装 WhatsApp 并开始聊天。

个人通信从 Pony Express、Telegraph、航空邮件发展至电话和电子邮件，而 WhatsApp（见图 3-65）正跟随这样的发展趋势，成为当今个人通信的"旗手"。

每当提及 WhatsApp，人们必然提及另一款移动社交软件，那就是 WeChat（微信），它是国产软件的翘楚（见图 3-66）。

图 3-65　WhatsApp 的图标

图 3-66　微信的图标

其实在微信之前，黑莓平台已有了 BlackBerry Messenger。该应用可以让用户非常便捷地与好友进行文字、表情信息的交流，并且可以分享图片、音乐、视频等文件。这些功能极大地方便了用户，但仅限于黑莓平台，因此 Kik Messenger 诞生了。3 个月后，Talkbox——一款以语音录制和语音传输为基础，以用户对话和消息推送为核心服务的移动社交产品，受到了广泛关注。微信就在这种背景下诞生了。经过数年的发展，如今的微信几乎囊括上述软件的所有功能，堪称一枝独秀。

最早的微信客户端是在 Talkbox 发布 3 天之后发布的。那时的微信仅能够进行即时通信、分享照片、修改头像，哪怕说它仅是腾讯 QQ（简称"QQ"）的复制品都不恰当，因为它远没有那时的 QQ 功能强大。当时，互联网上一度充斥着"微信何去何从"这类主题的文章。

从 2011 年 1 月到 2011 年 4 月，微信仅积累了不到 500 万用户。2011 年 5 月，微信加入了与 Talkbox 相似的语音对讲功能，用户数量有了明显的增长。2011 年国庆日，微信发布了其 3.0 版本，其中加入了众所周知的"摇一摇"功能，可谓"摇"爆了微信的用户增长量，让微信具备了明显的社交元素，出现在了"社交应用"分类当中，从此开启了巅峰之路。随着定位的转变，腾讯公司逐渐拓宽了微信的应用范围，发现了新的领域，也打开了前进之门。

QQ 是由腾讯公司开发的一款基于互联网的即时通信软件。QQ 支持在线聊天、视频聊天以及语音聊天、点对点断点续传文件、共享文件、网络硬盘、自定义面板、QQ 邮箱等多种功能，并可与移动通信终端通过多种通信方式相连。它是腾讯软件家族的第一款即时通信软件。

1999 年 2 月，腾讯公司正式推出第一款即时通信软件——"OICQ"，后改名为 QQ。QQ 在线用户由 1999 年的 2 人（马化腾和张志东）到现在已经发展到数亿人，同时在线人数超过 1 亿人，是我国目前使用最广泛的聊天软件之一。图 3-67 所示为 QQ 的图标。

QQ 凭借其合理的设计、良好的应用、强大的功能、稳定高效的系统运行，赢得了用户的青睐。QQ 的前身 OICQ 模仿 ICQ［早期聊天工具，是"I seek you"（我寻找你）的意思］，OICQ 在 ICQ 前加了一个字母 O，意为"opening I seek you"，意思是"开放的 ICQ"，但被指侵权，于是腾讯公司创始人马化腾就

图 3-67　QQ 的图标

把 OICQ 改成了 QQ。除了名字变化，QQ 的图标几乎一直没有改变，始终是小企鹅。

到 2000 年，QQ 基本上占领了中国在线即时通信近 100% 的市场份额，已成为国内即时通信行业霸主。QQ 不仅是简单的即时通信软件，它与全国多家寻呼台、移动通信公司合作，实现了传统的无线寻呼网、全球移动通信系统（Global System for Mobile Communications，GSM）移动电话的短消息互联，是国内最流行、功能最强大的即时通信软件之一。由于 QQ 所积累的庞大用户基础，腾讯公司的其他产品也能够得到非常直接的用户来源，这是一种宝贵的、无形的财富。

3.2.3　嵌入式软件

嵌入式软件是嵌入式系统中的上层软件，它定义了嵌入式设备的主要功能和用途，并负责与用户进行交互。嵌入式软件是嵌入式系统功能的体现，如飞行控制软件、MP3 播放软件、电子地图软件等，一般面向特定的应用领域。由于用户在使用过程中对时间和精度的要求高，有些嵌入式软件需要特定嵌入式操作系统的支持。由于嵌入式软件涉及面广，大多应用于一些特定领域，比如航空航天、军事、矿业等，人们在日常生活中接触甚少，复杂程度较大，专业性强，因此，本小节对这类大型嵌入式软件不进行详细介绍，而主要关注与人们密切相关的几类嵌入式软件。

除了具有软件的一般特性外，嵌入式软件和普通的 PC 应用软件还有一定区别，下面介绍嵌入式软件的特点。

（1）规模较小

在一般情况下，嵌入式系统的资源是有限的，因此要求嵌入式软件必须尽可能地精简，多数的嵌入式软件都在几兆字节以内。

（2）开发难度大

由于嵌入式系统的硬件资源有限，嵌入式软件在时间和空间上都受到严格的限制，需要开发人员对编程语言、编译器和操作系统有深刻的了解，才有可能开发出运行速度快、占用空间少、维护成本低的嵌入式软件。嵌入式软件一般都要涉及底层软件的开发，并且嵌入式软件的开发也是直接基于操作系统的，这就要求开发人员具有扎实的软、硬件基础，能灵活运用不同的开发手段和工具，具有较丰富的开发经验。嵌入式软件的运行环境和开发环境比 PC 的环境复杂，其是在目标系统上运行的，而开发工作则是在另外的开发系统中进行的。嵌入式软件需先经调试无误后，再被放入目标系统中。

（3）实时性和可靠性要求高

具有实时处理能力是许多嵌入式软件的基本要求，这就要求软件对外部事件做出反应的时间必须短，在某些情况下还要求反应是确定的、可重复实现的。同时，嵌入式软件一定要在限定的时间期限之内完成对事件的处理，否则就有可能引起系统的崩溃。

航天控制、核电站、工业机器人等实时系统对嵌入式软件的可靠性要求是非常高的，一旦软件出了问题，其后果是非常严重的。

（4）软件固化存储

为了提高系统的启动速度、执行速度和可靠性，嵌入式系统中的软件一般都固化在存储器芯片或微处理器中。

嵌入式软件也可以细分为通用软件和行业应用软件。市面上常见的嵌入式软件有很多，包括浏览器软件、移动办公软件、手机游戏、移动社交软件等，已经形成了一种独特的文化。

嵌入式系统中的嵌入式软件是最活跃的力量，每种嵌入式软件均有特定的应用背景，尽管规模较小，但专业性较强。与通用计算机软件不同，嵌入式软件仅用于一个目的，它是专门为在特定设备上运行而创建的。下面按照不同嵌入式设备所实现功能的不同来介绍几种嵌入式软件的独特之处。

1. 数码相机软件

数码相机是一种典型的嵌入式设备，与传统相机通过光线引起底片上的化学变化来得到图像不同，数码相机利用电子感测器把光学影像转换成电子数据，从而得到可以供计算机处理的图像数据。数码相机的出现为人们带来了许多的便利，例如：与传统相机需要将底片冲洗后才能得到实体照片相比，数码相机中的电子照片可以通过网络进行传播；数码摄影即拍即得，能够查看照片是否令人满意，不满意可以重拍，而传统相机只有等到底片冲洗完成后才能查看照片质量；将数码照片输入计算机后，可以通过各种应用软件对其进行调整以得到最好的效果，而用传统相机拍摄的照片则不行。除此之外，数码照片还有易备份、易保存等特点。

由于具有以上优势，数码相机在短期内就得到了普及，而传统相机截至本书成稿之日，几乎在市面上绝迹了。

数码相机上的嵌入式软件实现的最基本功能包括捕获图像、存储图像数据并显示。图像数据以位图的形式进行存储和处理，当相机连接到计算机上时，能够传输到计算机中。随着人工智能技术的发展，拥有额外功能的智能数码相机也逐渐出现，其功能包括捕获场景细节、检测人脸等。

目前，数码相机的功能已经嵌入摄像头中，很多通用设备（如手机、计算机等）都具有数码相机功能，数码相机软件已经成为必不可少的嵌入式软件了。

2. 汽车中的嵌入式软件

当今社会，拥有汽车的人越来越多，人们对汽车的舒适度、安全性以及其他辅助功能的要求也越来越高。因此，用于辅助驾驶的汽车嵌入式软件的设计越来越重要。

在安全方面，车身电子稳定系统能够有效地防止汽车由于达到其动态极限而失控，提升了车辆的安全性和操控性。该软件利用安装在汽车上的传感器以及牵引力控制技术，通过不断检测传感器上传来的信号，确定汽车是否出现打滑等情况，如果出现，则对车轮进行制动来稳定汽车。

在车内娱乐方面，车载信息娱乐（In-Vehicle Infotainment，IVI）系统（见图 3-68）采用车载专用 CPU，使用车身总线系统和互联网，能够实现无线通信、音频播放、收集车辆信息等功能。其常见的应用场景包括当车辆开始倒车入库时，车载信息显示器上会显示车尾信息，防止碰撞，便于停车；当手机通过蓝牙连接到 IVI 系统时，可以使用车内播放器播放手机内的音乐等。

图 3-68　IVI 系统

未来，汽车中的嵌入式软件会越来越丰富，功能会越来越强大，比如目前世界范围内仍在大力开发的自动驾驶功能，能够利用雷达、GPS（Global Positioning System，全球定位系统）和计算机视觉等技术来感知环境、控制车辆行驶。

3. 机器人中的嵌入式软件

由于人工智能技术以及嵌入式系统的发展，各式各样的机器人层出不穷。它们通常指能够自动运行指定任务的人造机器设备，用以取代或辅助人类工作。这类设备一般是机电设备，由计算机程序控制。

在工业领域，工业自动化仍然是一个重要的问题，它能够大幅降低人力、物力成本，并且节约时间，对于经济发展能够起到重要的作用。在一些大型的工厂中，工业机器人的身影无处不在——我们可能会看到机械手在沿着装配线焊接汽车，也可能看到机器人在迅速排列计算机芯片。它们分别被设计了特定的嵌入式软件来完成特定的任务。

在物流行业，由于网络购物已经充分融入人们的生活，人们对物流速度与安全性的要求也越来越高，因此物流的自动化程度也越来越高。目前，很多物流公司都应用仓储物流机器人，使仓储中的工作简单快捷，以节省人力资源并提升效率。常见的物流机器人有智能搬运机器人，用于自动搬运物料作业；还有叉车式的自动引导车，用于精准定位并叉取货物；以及智能料箱拣选机器人，能够进行自动升降、抓取料箱并搬运的工作。

目前，由于高级精简指令集机器（Advanced RISC Machine，ARM）架构和各种电子设计自动化（Electronic Design Automation，EDA）工具的推进，嵌入式人工智能也在快速发展，能够更好地实现实时环境识别感知、人机交互和决策控制等。未来，机器人将会拥有更多的智能，能够代替人类完成更多的工作。在日本爱知县举行的 2005 年世博会上，Actroid 面世（见图 3-69）。这是一款人形机器人，其研发公司于 2011 年 10 月发布了 Actroid-F。

上述机器人主要由三大部分组成，即机械部分、传感部分和控制部分。其中，控制部分设计编写的嵌入式软件主要通过传感部分的传感器采集数据，根据数据来控制机器人，使其完成特定的功能。自从采用可编程控制器（Programmable Logical Controller，PLC）以来，工业控制软件就成为工业自动化密不可分的一部分，但在实际应用中，工业控制软件并不是孤立的，而是要与其他软件集成才能发挥应有的作用。所以，广义来讲，工业控制软件应该包括数据采集、人机界面、过程控制、数据库、数据通信等功能，其涵盖的内容也随着技术的发展而不断地丰富，从单纯的控制走向与管理融为一体的工厂信息化。

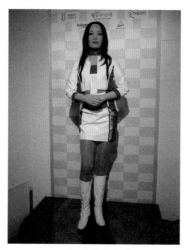

图 3-69　2005 年世博会上展示的机器人

工业控制软件的出现是伴随着计算机技术用于工业控制开始的，其开发经历了二进制编码、汇编语言编程、高级语言编程，进而发展到组态软件。采用 AutoCAD（见图 3-70）的工业控制软件可先直接在屏幕上设计过程控制流程图和电气原理系统图，再由计算机（工程师站）自动生成执行程序，这样就不要求控制工程师有很多计算机软件编程的知识和技巧，甚至可以说不需要从前严格意义上的软件设计工作，就可以完成工业控制软件的开发。这不仅使工业控制软件开发的质量和效率大大提高，还可以使控制工程师无须把大量的精力和时间耗费在烦琐的编程工作里，而可以把更多的注意力放在控制策略和工厂自动化的需求分析和研究中。尽管当前许多自动化系统的工业控制软件还是采用文本或专用图形的组态方式，但无疑采用 AutoCAD 将成为工业控制软件的主流。

过去大家总认为 PLC 适用于逻辑控制，分散型控制系统（Distributed Control System，DCS）适用于模拟量调节，各有特色。但技术发展证明，PLC 和 DCS 互相融合、渗透，二者的差别正日渐缩小。而且 PLC、DCS 与上位机的功能也在融合，过去只能在上位机实现的一些功能（如先进的控制策略），现在也能在 PLC 和 DCS 上完成。因此，这三者功能的融合也促进了工业控制软件向上位机功能转型，甚至向工厂信息化发展。

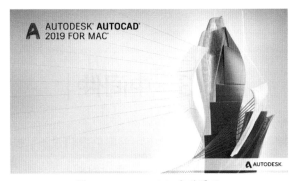

图 3-70　AutoCAD 启动界面

　　另外，当前的工业控制软件绝大多数是由各自动化系统设备制造商仅在其生产的自动化系统设备的硬、软件环境下开发的，是与自动化系统设备捆绑的专用软件。一座工厂中有各种不同的生产工艺和设备，工厂会根据不同的对象选用不同的自动化系统设备，如工业控制机、PLC、DCS 等。即使是同类的自动化系统设备，由于设备制造厂商不同，其工业控制软件也不相同，往往一个部门或一个人要同时了解和掌握几种本质或功能都基本相同的工业控制软件，这给软件的购买、集成、开发、维护带来了极大的不便，增加了人力资源的消耗和投资。

　　上述情况引发了控制工程师的思考：能否在广泛使用的 Windows 操作系统下开发出一种不受硬件制约，且适用于广泛自动化系统设备的工业控制软件。这样，用户可以根据不同的对象选择不同的自动化系统设备，软件的开发者和维护者则只需要熟悉一种或少数几种工业控制软件。于是，软 PLC、软 DCS 的思想和产品就诞生了。

　　20 世纪 90 年代，以 Wonderware 公司的 InTouch 为代表的人机界面可视化软件，开创了在 Windows 下运行工业控制软件的先例。现在，该软件已发展成为能提供从工厂底层操作人员开始的、具有自下而上层次结构的工厂信息系统。

　　归纳起来，工业控制软件的发展方向有如下特点。

　　① 集顺序控制、模拟量调节、计算功能于一体。

　　② 全面采用 AutoCAD 的编程技术。

　　③ 工业控制软件与工厂信息化有机结合。

　　④ 工业控制软件的通用化。

| 3.3　中间件 |

在当今数字化程度越来越高的社会中，形形色色的设备、操作系统层出不穷，开发人员也面临着用户对更强大、可靠、灵活和高效的应用程序的需求。为了满足这些需求，中间件应运而生，它能够促进创建更灵活和更可靠的应用软件。中间件是处于系统软件和应用软件之间的一类软件，即在操作系统之上、应用软件之下，使用系统软件来为应用软件提供服务的一种软件，用于管理和促进跨计算平台的应用软件之间的交互。它可以在应用软件之间通信，来达到资源共享、功能共享的目的。从应用软件的角度来看，中间件是一个服务层，其代替操作系统接口，如果接口能够保证平台的独立性，则达到了中间件的目的。比如，一些应用软件使用中间件后，只需一次开发，就能够跨越不同的操作系统（如 Android 和 iOS）。

实际上，中间件的概念早在 20 世纪 60 年代就被彼得·诺尔（Peter Naur）和布莱恩·兰德尔（Brian Randell）提出了，那时中间件仅仅指的是将新应用软件连接到旧的遗留系统的一种解决方法。现在，人们对于中间件的理解已经随着时间的推移改变了，它的定义取决于应用软件的上下文和技术堆栈中的抽象级别，从物理基础设施和网络组件到应用软件和用户界面都可以。应用软件开发人员将 API 下面的一切都视为中间件，网络专家认为 IP 以上的一切都是中间件。通常，中间件会扩展到网络之外的计算机、存储容量和其他与网络相关的资源上。在分布式系统中，中间件也是其基本构建块，它负责将客户机连接到服务器。中间件也可以被理解为一个分布平台，例如，作为一个协议或一个协议包，它位于比普通计算机通信更高的层上。

中间件所要解决的核心问题是集成专有应用软件、遗留应用软件以及它们的数据，这些应用软件在不同的硬件、软件平台上开发、分发和运行，目的也不同。目前，随着网络和分布式系统的出现，以及相关的跨公司和跨组织应用软件的日益复杂，很多中间件产品纷纷问世，构成了复杂的分布式应用软件开发的基础。

本节将中间件分为 3 类，即面向消息中间件、面向事务中间件和面向对象中间件。下面对这 3 个类别的中间件进行介绍和阐述。

3.3.1　面向消息中间件

面向消息中间件（Message-Oriented Middleware，MOM）指的是基于同步通信或异步通信的中间件，也就是提供消息传输功能的中间件。它以消息为载体，利用可靠的消息机制来实现不同应用软件之间的数据交换。它提供了一种构建分布式系统的方法，分布式进程通过消息队列或消息传递来交换消息并进行通信。一个 MOM 系统中的客户端能够发送或接收来自系统中其他客户端的消息，每个客户端也都连接到一个或多个充当消息发送和接收中介的服务器上，即客户端使用点对点的关系。下面介绍几种商业 MOM。

消息队列是消息的接收方和发送方之间的一个额外的组件，能够持久地保存消息，来用作缓冲以延长消息的生命周期。Microsoft Message Queuing（MSMQ）是微软公司实现的一种消息队列，它能够使在不同时间运行的应用软件通过异构网络和系统进行通信，而它们可能是短暂脱机的。也就是说，即使在不总是保持互联的情况下，MSMQ 也允许多服务器或者多进程通信，而 sockets 以及其他网络协议则要求一直保持直连。MSMQ 也支持可靠地传递消息，支持持久与非持久消息的传递，以及事务处理等。MSMQ 的 1.0 版本发布于 1997 年 5 月，支持的操作系统有 Windows 95、Windows NT 4.0 SP3、Windows 98 与 Windows Me。目前，Windows Server 2016 和 Windows 10 的操作系统中仍然包含 MSMQ。

消息代理是实现消息队列的中间流程，它可以管理一个工作负荷队列或消息队列，能够使发送方将消息发送到消息代理，而不需要知道接收方的详细信息，这意味着它能够减弱发送方和接收方之间的位置依赖关系。Apache ActiveMQ 是由 Apache 软件基金会开发的开源消息代理，它使用 Java 编写，支持 Java 消息服务（Java Message Service，JMS）1.1 版本，能够通过将应用软件之间的同步通信转换为异步通信来改变现有应用软件之间的网络连接。截至本书成稿之日，最新版本为 2022 年 9 月 2 日发布的 ActiveMQ 5.17.2。

Simple Queue Service（SQS）是亚马逊公司推出的一种分布式消息队列，它

支持通过 Web 应用软件以编程方式发送消息，以便在互联网上进行通信。SQS
旨在提供一个高度可伸缩的托管消息队列，该队列可以解决常见的生产者问题、
消费者问题或由于生产者和消费者之间的连接而引起的问题。它也具有消除管理
开销、消息传送可靠、保证敏感数据安全和弹性扩展高效等优势。图 3-71 所示
为 SQS 控制台。

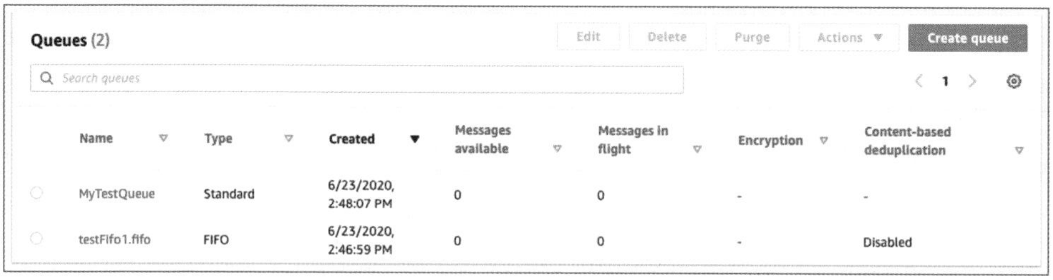

图 3-71　SQS 控制台

上述 MOM 的本质是一样的，它们的不同之处在于可能有不同的编程语言、
不同程度的扩展性以及不同的管理和备份功能。

3.3.2　面向事务中间件

面向事务中间件（Transaction-Oriented Middleware，TOM）指的是在分布式
环境中支持事务处理的组件，它支持异构主机之间的同步通信和异步通信，方便
服务器和数据库管理系统的集成，并且主要与分布式数据库应用一起使用。它的
功能主要有并发访问控制、事务控制、资源管理、安全管理故障恢复等。它主要
用于高性能处理环境，比如在在线交易等拥有大量客户的领域，TOM 能够支持
这种有大量客户进程的并发访问，并且具有可靠性高、拓展性强等特点。

事务处理（Transaction Processing，TP）监视器是最著名的 TOM 之一，它为
利用数据库的事务类应用软件提供解决方案，能够优化人们日常生活中的许多操
作，比如它通过连接几个航空公司系统来提供机票购买服务，提供了良好的性能
和可靠性。IBM 公司的用户信息控制系统（Customer Information Control System，
CICS）就是一种 TP 监视器，用于为程序提供在线事务管理和连接服务，它同样
支持快速、大量的在线事务处理。CICS 是最早的提供事务保护的分布式计算产

品，自 20 世纪 60 年代末出现至今，仍在被使用。

Microsoft Transaction Server（MTS）也是一种 TP 监视器，支持 LAN、互联网和互联网上的基于事务的应用软件。它包含一个简单的编程模型和基于分布式组件的服务器应用软件的执行环境。MTS 在 Windows NT 4.0 Option Pack 中首次亮相，Windows 2000 对 MTS 进行了增强，使 MTS 更好地与操作系统和组件对象模型（Component Object Model，COM）集成在一起，并使 COM 更名为 COM＋。COM＋将对象池、松散耦合的事件和用户定义的简单事务（补偿资源管理器）添加到了 MTS 的功能中。到了 Windows Server 2003 和 Windows Server 2008 操作系统，它们仍提供 COM＋。COM＋是利用微软公司开发分布式应用不可或缺的一个服务，所以 Microsoft .NET Framework 也提供 System.EnterpriseServices.dll 以支持 COM＋的开发。截至本书成稿之日，COM＋的版本为 1.5 版本（Windows、Windows Server 2003 之后的版本）。

Tuxedo 同样是一种 TP 监视器，它是一个事务处理系统，用于管理分布式计算环境中的分布式事务，也是可用于各种系统和编程语言的企业应用服务器。Tuxedo 最初由 AT&T 公司在 20 世纪 80 年代开发，后来在 2008 年被 BEA Systems 收购后成为甲骨文公司的软件产品，现在是甲骨文公司融合中间件的一部分。从 1.0 版本到 Oracle Tuxedo 12c（12.2.2）版本，Tuxedo 经过了很多扩展和增强。Tuxedo 在 4.0 版本中引入了应用软件到事务的监视接口（Application-to-Transaction Monitor Interface，ATMI）；在 5.0 版本中引入了 Domains 组件，用于联合 Tuxedo 应用软件以及处理应用软件间的事务；在 7.1 版本中引入了多线程和多上下文，使程序员能够编写多线程或多上下文的应用软件客户端和服务器，除此之外还提供了 XML 缓冲区支持；在 8.0 版本中引入了通用对象请求代理体系结构（Common Object Request Broker Architecture，CORBA）API。本书 3.3.3 节将详细介绍 CORBA。Oracle Tuxedo 12c（12.2.2）版本主要提供了分布式缓存功能，为 Tuxedo 应用提供了对分布式缓存的访问，除此之外，该版本将审计与 Oracle 平台安全服务（Oracle Platform Security Services，OPSS）进行了集成，也集成了 Oracle 访问管理器（Oracle Access Manager，OAM）等。图 3-72 所示为 Oracle Tuxedo 系统和应用软件监视器 Plus 12cR2 的安装界面。

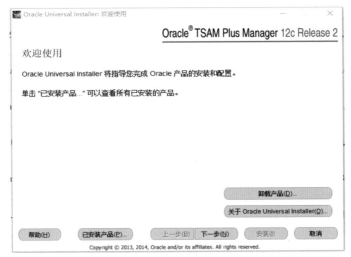

图 3-72　Oralce Tuxedo 系统和应用软件监视器 Plus 12cR2 的安装界面

3.3.3　面向对象中间件

　　面向对象中间件（Object-Oriented Middleware，OOM）是分布式计算技术和面向对象技术相结合的产物，它为分布式系统的开发提供面向对象的基本原则。也就是说，OOM 支持独立于操作系统和编程语言的分布式系统内对象之间的通信，它能够透明地在异构的分布计算环境中传递对象请求，比如客户机可以激活另一台主机上的服务器对象的操作。总而言之，OOM 使用面向对象编程的原则，比如通过引用和继承来识别对象的原则，适用于分布式系统的开发。

　　CORBA 是完善的面向对象的规范，其核心是对象请求代理（Object Request Broker，ORB），它定义了跨平台协议和服务。它的 1.0 版本在 1991 年由对象管理组织（Object Management Group，OMG）提出，1996 年发展到 2.0 版本，2002 年又发布了 3.0 版本。需要明确的是，CORBA 不是一个具体的产品，而是分布式对象中间件的不同组件、服务和协议的抽象规范，开发商需要保证它们严格遵循了 CORBA，才能使来自不同开发商的产品能够兼容并相互操作。目前，市面上已有很多遵循 CORBA 规范的产品。

　　The ACE ORB（TAO）就是 CORBA 的一个实现，它是免费的、开源的并且标准兼容的，是通过 C++ 实现的基于自适应通信环境（Adaptive Communication

Environment，ACE）的 CORBA。它具有 OOM 的特点，即可以用于分布式对象上的调用操作而无须考虑对象位置、使用的编程语言、操作系统、通信和互连协议以及硬件条件。除此之外，TAO 集成了网络接口、ORB 和中间件服务等，能够通过提供端到端解决方案来实现实时 CORBA，为实时应用提供支持。

VisiBroker 是用于开发、部署和管理分布式应用软件的综合 CORBA 环境，它完全支持 CORBA 3.0 的标准。它有 Java 版本和 C++ 版本，能够为 Java 和 C++ 构建、部署和管理分布式应用软件提供支持，基于 Java 的版本使用 Java 编写，可以在任何 Java 环境中运行，基于 C++ 的版本提供 ANSI C++ 接口，可以最大限度地实现源代码的可移植性。截至本书成稿之日，它最新的稳定版本为 2011 年 3 月发布的 8.5 版本。

本书 3.3.2 节中提到的 COM 是微软公司的一套面向 Windows 环境的组件对象接口标准，由一组构造规范和组件对象库组成。而分布式组件对象模型（Distributed Component Object Model，DCOM）由 COM 扩展而来，是 COM 的网络化版本，也就是能够允许客户端程序对象请求来自网络中另一台计算机的服务器程序对象，让 COM 软件通过计算机网络进行通信。它与 CORBA 是相互竞争的关系。

Java 远程方法调用（Remote Method Invocation，RMI）是 Java 的 API，能够让对象及其方法位于一台 Java 虚拟机（Java Virtual Machine，JVM）中，而这台虚拟机可以在远程计算机或本地计算机上运行。RMI 是太阳微系统公司在 Java 开发工具包（Java Development Kit，JDK）1.1 版本中实现的，是 JDK 的一部分，增强了 Java 开发分布式应用的能力。

表 3-7 对 CORBA、RMI 和 DCOM 进行了比较。

表 3-7　CORBA、RMI 和 DCOM 比较

比较项目	CORBA	RMI	DCOM
对象的实现	可以用多种语言	只能用 Java 语言	可以用 C++、Java、Delphi 等
客户端 / 服务器接口	客户端：stub 服务器：skeleton	客户端：stub 服务器：skeleton	客户端：proxy 服务器：stub
远程协议	IIOP	JRMP	ORPC
对象标识	对象引用（ObjRef）在运行时用作对象句柄	远程服务器对象被分配一个 ObjID 作为其标识符	接口指针用作远程服务器对象的唯一一标识符

续表

比较项目	CORBA	RMI	DCOM
目标定位与激活	ORB 用于定位对象，对象适配器用于激活	对象的位置和激活都在 JVM 上	使用服务控制管理器定位和激活对象
继承	在接口级别支持多重继承	在接口级别支持多重继承	支持多个对象接口
异常处理	在接口定义处抛出异常；异常处理由异常对象负责	在接口定义处抛出异常；异常通过网络被序列化并封送回来	异常被抛到 HRESULT 等待处；使用了错误对象，并且必须实现 ISupportErrorInfo 接口
垃圾收集	不执行通用的分布式垃圾收集	使用 JVM 中绑定的机制对远程服务器对象执行分布式垃圾收集	通过 ping 在网络上执行分布式垃圾收集

| 3.4 本章小结 |

本章介绍了系统软件和应用软件相关内容，二者在信息化社会中有效地提高了社会生产力，促进了社会的快速发展，甚至改变了人们日常工作、生活和思维的方式。系统软件作为可控制和协调计算机及其外部设备，支持应用软件开发和运行的软件，它将计算机操作人员和应用软件从计算机系统底层硬件中完全解放了出来。应用软件作为一种满足用户不同领域、不同问题应用需求而产生的软件，极大地拓展了计算机系统在各领域的应用范围，丰富了硬件的功能。由于篇幅所限，本章只介绍了操作系统、数据库系统、驱动程序、程序开发工具、程序编译工具、嵌入式应用软件、中间件等比较重要的软件类型。应用软件浩如烟海，本章只叙述了一些常用软件。

在本章的结尾，我们再看一下开篇讨论的问题——如何看待软件分类与软件文化？分类必须有一个统一的标准，而判断每个软件属于何种类别，就要明确软件的定位。随着时间的推移和功能的变化，软件的定位会发生改变，软件的分类就有了文化的社会性和阶段性。因此，本章所举实例只是各类软件中的冰山一角，仅起到抛砖引玉的作用，未尽之处还请读者参考其他书目。本书后续章节将深入介绍软件的应用。

第 4 章

软件的应用领域

　　本书第 3 章为读者呈现了一个异彩纷呈的软件世界，但是软件领域的广阔绝非一篇一章就可以完全展现。软件文化渗透了人们生活的方方面面，软件的应用在信息化高度发达的现代社会已经可以说是"无处不在"了。读完第 3 章的软件分类，相信读者已经对软件的丰富功能以及多样性有了很深刻的认识。然而，面对如此之多且纷繁复杂的软件，人们又难免产生一定的距离感。

　　应用，通常定义为按事物的需要以供使用。《宋书·袁豹传》中有"器以应用，商以通财"，可见应用的是"器"。"器"的含义则更加丰富，可以是工具的总称。应用软件在不同领域中就是以工具的身份出现，然而现在人们每每提到应用就自然而然地想到软件，应用甚至直接包含"器"的含义。足见随着软件的应用越来越广泛，软件文化也随之融入了人们的生活乃至思想。

　　软件的应用非常广泛，涉及生活的各个方面。这些软件到底对人们的生活产生了怎样的影响？对于推动工业生产的发展，这些软件扮演着怎样的角色？而对于作为人们生活基础的农业领域，软件又做出了怎样的贡献？本章将就这些问题展开讨论，主要分为在传统领域中的应用、在当代的应用和在未来探索中的应用 3 个方面，目的是帮助读者对软件的发展历程形成认识，同时对软件未来的发展空间予以展望。

　　本章将把软件在人们生活各个领域的应用序列化地呈现出来，让人们切身体会到：小到周边生活的点点滴滴，大到国家和社会的进步，软件都起到了举足轻重的作用。

| 4.1　软件在工业中的应用 |

　　软件在工业发展和工业制造过程中起到了重要作用，甚至成为技术潮流。工业所用软件中，有些属于通用软件，而有些比如工业控制软件则属于行业应用软件。本节介绍工业控制软件、数字化虚拟制造软件以及软件新技术的应用。

4.1.1　工业控制软件的应用

不论哪个行业，只要提及"工业自动化"这个词，让人首先想到的就是工业控制软件。工业控制软件得以发展，离不开工业计算机（Industrial Personal Computer，IPC）的应用和普及。IPC 主要是指专供工业界使用的 PC，可作为工业控制器使用。

IPC 的基本性能和相容性与同样规格的商用 PC 相差无几，但是 IPC 有更多的防护措施，以应对不同的环境，如饮料生产线控制、汽车生产线控制等，并且在恶劣的环境下需要运行稳定，具备防尘、防水、防静电等功能。IPC 并不要求具有当前最高效能，只求符合系统的要求，如工业环境中的可靠性与稳定性，否则用于生产线时，万一遇到宕机，很可能造成严重损失。因此，IPC 所要求的标准值都需要符合严格的规范与扩充性。

20 世纪 80 年代初期，美国 AD 公司就已推出了初期的 IPC（MAC-150），随后美国 IBM 公司正式推出了 IPC（IBM 7532）。目前，IPC 已广泛应用于通信、工业自动化、医疗、环保、航空及人类生活等各方面。

IPC 的大规模应用使得工业自动化的大范围实现成为可能，随着全球近年来以发展中国家为首的制造业转型的推进，企业对自动化的要求越来越高；工业领域生产线上种类繁多的控制设备和过程监控装置的逐渐普及，进一步推动了工业控制软件市场的发展。据 ARC 咨询集团估计，价值 65 亿美元的过程自动化系统已接近其使用寿命极限，工业控制软件市场前景广阔。

1. 监控组态软件的应用

数据采集与监控（Supervisory Control and Data Acquisition，SCADA）系统是一种工业控制软件。它是调度自动化系统中的重要组成部分，在石油行业中被称为 e 时代的管道"千里眼"。图 4-1 所示为典型的 SCADA 系统结构。

大致上，SCADA 系统会包括以下子系统：人机界面（Human Machine Interface，HMI）显示系统，方便操作员监控及控制程序；监控系统，可以采集数据，也可以提交命令监控程序的运行；远程终端（Remote Terminal Unit，RTU）控制系统，通过程序中使用的传感器采集数据并进行数模（Digital-to-

Analog，D/A）转换，将结果传送给监控系统；PLC，用作现场设备或者特殊功能的远程终端控制系统；通信网络用来提供监控系统及 RTU（或 PLC）之间传输数据的管道。

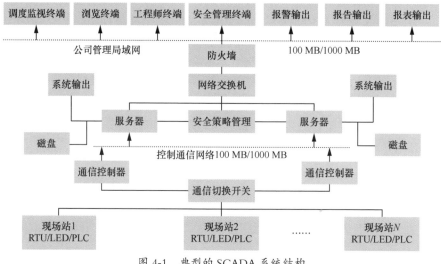

图 4-1　典型的 SCADA 系统结构

高质量的 SCADA 系统必须具有灵活性高、可靠性高和可扩展性高的特点，同时还应该具有开放的数据访问方式、轻松便捷的组态以及实用的数据分析控件。

SCADA 系统在工业领域的应用十分广泛。排水泵站要求必须及时把水送走，这就需要实现排水、井群、挡潮、排涝、引水等功能，还需要实现设备的自动化监控、集中调度管理，以及各种水情、工情数据的实时采集。为了既不改变排水泵站原有设备的构造，又保证工程师能够在远程进行管理，实现对现场程序的实时在线诊断、对现场动作的实时观察，这就需要应用 SCADA 系统的远程安全通信系统。图 4-2 所示为 SCADA 系统的拓扑结构。

该系统实现了数据监测功能、远程控制功能、报警功能、视频监视功能、权限管理功能。同时，该系统可以任意增加、减少所监控的泵站数量，预留与其他系统的通信接口。基于 PLC、上位机、变频器等设备组成的排水泵站控制和传动工业网络系统，很好地满足了排水泵站的整体监控和智能化需求。

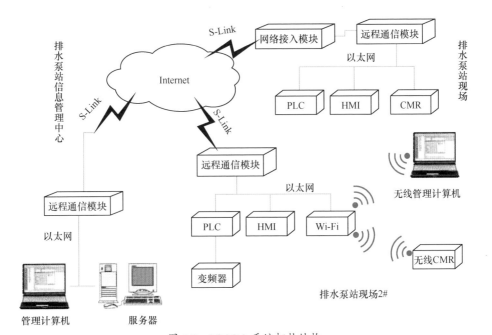

图 4-2　SCADA 系统拓扑结构
注：CMR 即 Control and Monitoring Router，控制和监控路由器。

　　SCADA 系统是能源产业自动化过程中重要的监控力量。石油化工生产过程具有易燃、易爆、有毒、有害的特点。为了保证长期的稳定生产，同时既保证国家利益又保护工人的身体健康，大量采用 SCADA 系统作为生产过程管理自动化控制系统成为一个趋势。在中国石油化工股份有限公司广州分公司，上位机系统的 SCADA 软件主要采用 Wonderware 公司的 InTouch 和西门子公司的 WinCC。下位机系统则是各主流厂家的各种型号的 PLC 控制系统。在该系统中，SCADA系统的操作模式主要有 3 种：远程操作、就地操作和自动操作。除了石油行业，其他能源行业也大都采用 SCADA 系统。上海大众燃气有限公司的 SCADA 系统由罗克韦尔公司提供，监控范围包括 3 个储配站、23 个数据采集站点，监测通信量为每分钟近 8 MB，需要形成完整的、相对独立的远程实时监测网络。图 4-3所示为石油化工油库的 SCADA 系统拓扑结构。

　　在传统金属和非金属矿业中，SCADA 系统同样是必不可少的。Argyle 钻石矿是全球最大的钻石矿之一，每年的钻石产量占全世界总产量的 70%。Argyle钻石矿从 1992 年开始采用 SCADA 系统，该系统基于 Windows 平台，其监测

30 000 个模拟量、16 000 个开关量、20 000 个报警、40 000 个历史趋势、10 000
幅显示画面，需要 50 个操作员站，数据平均更新频率为 1.7 秒一次。图 4-4 所示
为 Argyle 钻石矿 SCADA 系统的界面。

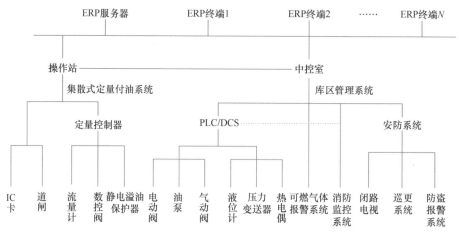

图 4-3　石油化工油库的 SCADA 系统拓扑结构

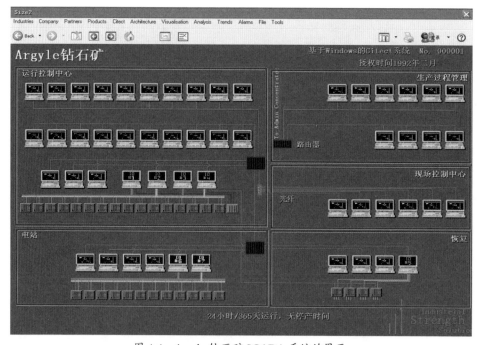

图 4-4　Argyle 钻石矿 SCADA 系统的界面

SCADA 系统的发展可以分为单体、分散式和网络化 3 代。在使用第一代 SCADA 系统的过程中，网络的概念并不明确，计算是由大型计算机进行的。SCADA 系统的开发没有考虑与其他系统连接，因此 SCADA 系统是一个单体系统，不具备与其他系统连接的能力。随着时间的推移，SCADA 系统的发展日渐成熟，但是其普及率以及企业的投资回报率仍然需要提高。德勤公司发布的报告中称，全世界的矿业企业应该尽可能多地利用 IT 优势。该公司认为，尽管很多矿业公司表现出创新的意愿，但未能在利用如数据分析法等后端技术，或在并购结束之后有效整合不同技术平台方面取得成功。为了在降低成本的同时改善运营效果，应当重新审视其 IT 策略，考虑投资 PLC、SCADA 系统、制造执行系统（Manufacturing Execution System，MES）、商业智能系统、数据分析法以及高级制造系统。这表明，SCADA 系统这一经历了长时间发展的系统仍有进一步发展的空间。

其实，SCADA 系统本身的缺点仍然非常明显，那就是安全性。SCADA 系统面临的安全威胁主要来自两个方面：第一是对控制软件的未授权访问；第二是通过网络数据包对主机的攻击。在供电企业中，SCADA 系统是最核心的运行系统，其在设计时充分考虑了有关安全性及验证的问题。但是，漏洞还是被发现了，1999 年 10 月，美国一名计算机黑客公然宣称，他将披露一份报告，其中详细介绍了如何入侵电力企业内部网络以及关闭美国 30 多个供电公司电力网的方法。如果仅是一名黑客宣称，还可以认为危言耸听，但是紧随其后美国的一个联邦调查机构也发出警告，认为"世界上任何一个地方的任何一个人，只需要一台计算机、一个调制解调器和一根电话线，就有可能造成大面积区域的电力故障"。2010 年 6 月，来自白俄罗斯的安全公司 VirusBlokAda 发现了一个名为震网（Stuxnet）的计算机蠕虫病毒，它攻击在 Windows 平台下运行的西门子 WinCC/PCS7 系统。这是第一个攻击 SCADA 系统的蠕虫病毒。

2015 年 12 月，位于乌克兰西部的一家电力公司遭遇停电事故。Havex 是一种远程访问木马，俄罗斯 APT（全称为 Advanced Persistent Threat，中文名称为高级持续性威胁，指隐匿而持久的计算机入侵）组织 Dragonfly（又名 Energetic Bear）于 2014 年首次被观察到用该木马攻击部署在能源部门组织中的 ICS/SCADA 系统。最初，Havex 被用于从受感染的系统和系统运行的环境中收集数据。2017 年，赛门铁克公司和其他公司报告观察到黑客在攻击中部署 Havex 恶意软件，旨在完全控制部分国家能源部门的操作系统。安全厂商确定这些攻击至少从 2015 年 12 月开始就一直在进行，并为攻击者提供对控制电力设施关键设备的系统的完全访问权限。美国政府在 2021 年 8 月的一份起诉书中指控一些国际黑客组织参与了攻击。起诉书显示，攻击者通过后门攻击了众多公司，包括电力传输公司、公用事业公司、石油和天然气供应商以及核电运营商。

2. 常用监控组态软件

常见的监控组态软件有 RSView32 和 Plantscape 等。RSView32 组态软件是由美国 Rockwell 公司生产的标准 PC 平台上的一种组态软件，它是以微软基础类库（Microsoft Foundation Classes，MFC）、COM 技术为基础，运行于 Microsoft Windows 9x、Windows NT 环境下的人机接口软件。该软件用 VBA Script 语言编写，是一种结构化程序，可方便地与其他 Windows 应用程序和数据库进行数据交换。此外，VBA 的用户程序也可以在 RSView32 中实现用户所需的特殊控制功能。另外，RSView32 可以使用数万个具有程序标准接口的 ActiveX 控件，其扩展功能十分强大，同时还支持对象链接与嵌入（Object Linking and Eembedding，OLE），能与 Microsoft Office 或 Back Office 这些产品完美统一。在制作中，该软件采用基于 MS Windows 标准的图形工具，能够编制、编辑及显示画面。图 4-5 所示为 RSView32 的演示系统。

Plantscape 组态软件是由霍尼韦尔公司开发的。该公司是一家多元化的先进制造企业。在全球，其业务涉及航空工业、建筑工业、汽车工业、机械工业、材料工业等多个行业，其工业控制技术也达到了世界领先水平。

Plantscape 组态软件是该公司的代表性产品，与 RSView32 相似，Plantscape 组态软件也基于 Windows NT 4.0 系统，应用了面向对象的技术，支持 ActiveX 控件和 OLE。Plantscape 组态软件的组态模式灵活、界面简洁、操作方便。它在通信功能、安全功能方面都有独特之处。图 4-6 所示为 Plantscape 组态软件的 PID 调节界面。

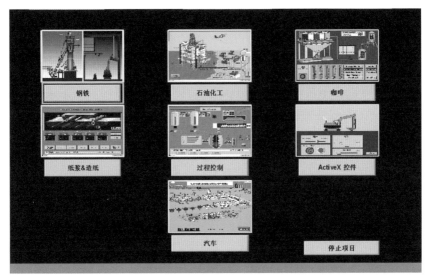

图 4-5　RSView32 的演示系统

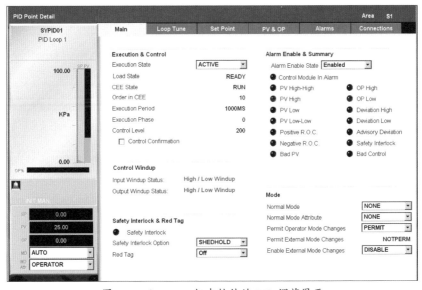

图 4-6　Plantscape 组态软件的 PID 调节界面

4.1.2　数字化虚拟制造软件的应用

由于经济全球化以及制造业成本上升等诸多原因，制造业将更多投资放到了高新技术上，以减小越来越大的人工成本压力。信息技术的发展带来了虚拟现实技术，该技术能够使人们置身于计算机产生的三维仿真模型的虚拟环境中。简单来讲，该技术可以创造和体验虚拟世界。毫无疑问，将这项技术应用于制造业，势必带来一场工业软件的变革。

虚拟制造可以在不消耗现实资源和能量的情况下对真实的场景进行仿真，在仿真中，它可以对制造系统中的五大要素（人、组织管理、物流、信息流和能量流）进行高度集成的全面仿真。可以称得上虚拟制造软件的有很多，例如 3ds Max、Unigraphics（UG）、Pro/Engineer、I-DEAS、Ansys、CATIA、Solid Edge、SolidWorks、ROBCAD 等。

ROBCAD 是国际上著名的机器人仿真软件，1986 年由以色列的 Tecnomatic 公司首先发布，直至本书成稿之日在工业生产中仍被广泛应用，是世界上最流行的机器人仿真软件之一。美国福特、德国大众、意大利菲亚特等多家汽车公司，以及美国洛克希德·马丁公司和美国国家航空航天局（National Aeronautics and Space Administration，NASA）都使用 ROBCAD 进行生产线的布局设计、工厂仿真和离线编程。2004 年，美国 UGS 公司并购了 Tecnomatix 公司，随后在 2007 年 UGS 公司又被西门子公司收购。

ROBCAD 在产品生命周期中主要作用于概念设计和结构设计两个前期阶段，其主要特点包括与主流的 CAD 软件（如 NX、CATIA、I-DEAS）无缝集成；实现工具工装、机器人和操作者的三维可视化；制造单元、测试以及编程的仿真。

ROBCAD 是一款集 3D 建模、工厂布局、资源管理等于一体的强大工程软件，具有线平衡分析、人因工程分析等功能，且可以输出能被各厂家（ABB、NACHI 等）机器人识别的离线程序。它可以帮助企业减少布局规划的工作量，提前发现工作失误，提高布局规划和生产的一次成功率和可靠性，降低生产成本，优化投资，缩短产品的上市时间。图 4-7 所示为 ROBCAD 在滚边压合中的实例。

虚拟制造软件在汽车工业中的应用非常广泛，图 4-8 所示为应用虚拟制造软件的汽车生产车间的示例。

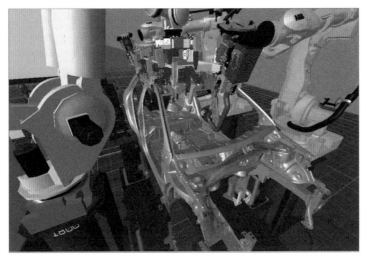

图 4-7 ROBCAD 在滚边压合中的实例

图 4-8 应用虚拟制造软件的汽车生产车间示例

　　3ds Max 已在本书第 3 章中做过简要介绍，本章不再赘述。与 ROBCAD 不同，Unigraphics 针对的是整个产品开发的全过程，从产品的概念设计到产品建模、分析和制造过程，为用户提供了灵活的复合建模模块。Unigraphics 是 Unigraphics Solutions 公司开发的功能强大的 CAD/CAM 软件，以下简称 UG。作为一流产品，UG 提供了全系列的工具，包括针对计算机辅助工业设计（Computer-Aided Industrial Design，CAID）的艺术级工具，并与功能强大的 CAD/CAM/CAE 解决方案紧密集成。UG 具有独特的知识驱动自动化（Knowledge

Driven Automation，KDA）功能，能够使产品和过程的知识集成在一个系统里。
图 4-9 所示为 Unigraphics NX7 的界面。

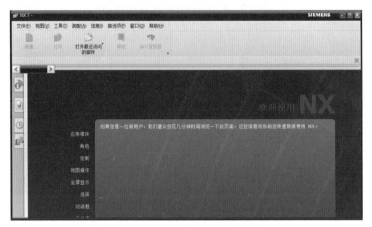

图 4-9　Unigraphics NX7 的界面

机械零部件具有结构复杂、参数烦琐等特点。特别是在化工设备的零部件设
计方面，工程技术人员需要翻阅大量的手册、图表，根据理论推导、经验总结进
行手动绘图，不仅精确度难以保证，绘制的过程中还要花费大量的人力和物力。
UG 的出现解决了这些问题，它使化学工业的零部件设计不再复杂烦琐，而是有
章可循，从而可将人力解放出来。UG 已发展成为当今世界最先进的计算机辅助
设计、分析和制造软件之一，使用范围覆盖航空航天、汽车、造船、通用机械和
电子等工业领域。图 4-10 所示为使用 UG 绘制的机器零部件。

图 4-10　使用 UG 绘制的机器零部件

　　ANSYS 软件是具有结构分析、热分析、电磁分析、流体分析等强大功能的大型通用有限元分析（Finite Element Analysis，FEA）软件。该软件采用 ANSYS 参数化设计语言（ANSYS Parametric Design Language，APDL），能与 AutoCAD、UG、SolidWorks、I-DEAS、Pro/Engineer 等多种 CAD 软件实现数据的共享和交换。该软件由世界上最大的有限元分析软件公司之一的美国 ANSYS 公司开发，是现代产品设计中的高级 CAE 工具之一。目前，ANSYS 仍是世界上著名的分析设计类软件。

　　ANSYS 主要包括 3 个部分：前处理模块、求解模块和后处理模块。前处理模块的功能有实体建模、网格划分和加载等；求解模块的功能有结构分析、流体动力学分析、电磁场分析、声场分析、压电分析等；后处理模块由显示处理结果的通用后处理模块和时间历程响应后处理模块组成。图 4-11 所示为 ANSYS 16.0 的界面。

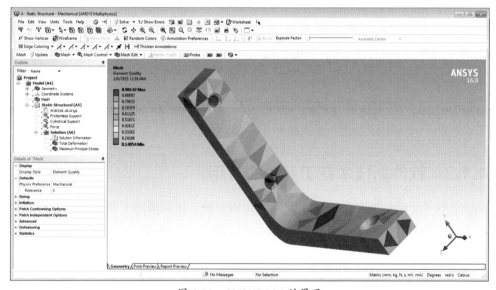

图 4-11　ANSYS 16.0 的界面

　　接下来，看一下 ANSYS 在铝工业和航空工业中的应用。材料的设计、热处理、铸造、轧制以及冲压成型等过程都离不开数值模拟这个重要手段。在铝工业中，数值模拟技术对于铝从电解到加工的整个过程都有巨大的作用。ANSYS 的前处理模块、求解模块和后处理模块的强大搭配使其作为研究分析的工具贯穿了铝的整个冶炼加工过程。

在铝电解过程中，ANSYS 能够帮助工程人员设计高效、节能的新型铝电解槽及其稳态电场模型。在铸造过程中，ANSYS 主要用于分析铸件稳态和瞬态温度场及应力场。在轧制过程中，ANSYS 主要用于分析温度场、流场和应力场这3 个相关联的场。

ANSYS 在航空工业中的应用更令人耳目一新。Raetech 公司利用 ANSYS Workbench 对 2021 年 12 月已经被美国联邦航空管理局停飞的 T-34 的承力结构件的铆钉连接部位的复杂结构进行了有限元分析。分析结果表明，T-34 并未达到寿命年限，仍可以继续飞行。

除了这些，ANSYS 还可以对飞机进行动力响应分析、整机模态分析、故障模拟分析、鸟撞模拟分析、机翼设计分析、高级流体动力学分析等。图 4-12 所示为 ANSYS 用于飞机高级流体动力学分析。

图 4-12　ANSYS 用于飞机高级流体动力学分析

ANSYS 还应用在机械与化工装备工业、汽车工业、船舶工业、智能机器人工业等多个行业中，在此由于篇幅所限不再详述。

4.1.3　软件新技术在工业中的应用

了解了工业领域最常用的工业组态软件和数字化虚拟制造软件的应用后，本节介绍工业领域中的前沿软件技术，主要介绍在工业领域中发展迅猛的 3D 打印技术。

3D 打印是一种以数字模型文件为基础，运用粉末状金属或塑料等可黏合材料，通过逐层打印的方式来构造物体的技术。

3D 打印自 20 世纪 80 年代后期被广泛应用于工业设计、建筑业、汽车工业、航空航天工业、医疗服务业等领域，取得了许多令人震惊的突破。2013 年 11 月，专注 3D 研发的 Defense Distributed 机构利用 3D 打印技术制作出了首支金属 3D 打印枪，该机构称其已经试射 50 发子弹。3D 打印技术预计在未来还会用于制造源代码开放的设备或其他领域科学研究的支持设备，如在生物工程领域进行器官制造等。

3D 打印技术在工业领域中主要用于快速成型和快速制造，主要目的是简化工业产品的制作流程，降低产品的制作成本。首先由 3D 设计人员通过犀牛（Rhino）、3ds Max、MAYA 等 3D 建模工具设计出三维模型，然后通过 3D 打印机分层打印。

与 3ds Max 相似，犀牛和 MAYA 等软件都是非常强大的三维建模软件，除此之外还有 XSI、LightWave、Softimage、Houdini 等软件。犀牛软件对计算机的配置要求并不像 MAYA 等老牌建模软件那样高，而且其本身的大小也不足百兆，与其他软件相比可以称得上"小巧玲珑"了。图 4-13 所示为犀牛软件的界面。

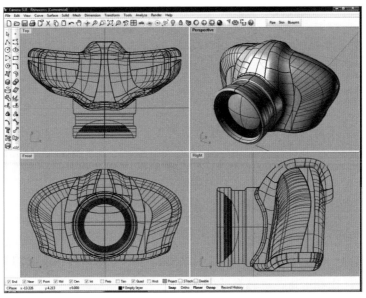

图 4-13　犀牛软件的界面

"2013 年世界 3D 打印技术产业大会"于 2013 年 5 月 29 日起在北京举行，为期 3 天。英国增材制造联盟主席格雷厄姆·特罗曼（Graham Tromans）认为，3D 打印技术在未来的工业应用中将发挥更大作用。3D 打印技术在工业中虽然应用比较广泛，但是由于其打印时间长、材料成本高等种种原因饱受争议。就目前的发展状况来看，3D 打印仍无法脱离传统加工工艺而独自参与大规模的工业生产。以金属工业为例，金属 3D 打印生产零部件时仍需与热加工相结合。至于打

印制作器官、食品等，目前还只是人们的设想。图 4-14 所示为 MakerBot 公司的
3D 打印概念图。

图 4-14　MakerBot 公司的 3D 打印概念图（来源：MakerBot 公司官网）

4.1.4　软件与工业 4.0

在实现"工业 4.0"过程中，打造智能工厂是非常重要的一环，即在生产设
备中广泛部署传感器，使其成为智能化的生产工具，从而实现工厂的监测、操控
智能化。在未来的智能工厂中，产品零部件本身附带相应信息，它们会根据自身
生产需求，直接与生产系统和生产设备"沟通"，传达生产过程所需的操作指令，
直至生产设备将产品生产出来。同时，在生产制造过程中，智能工厂可通过动态
配置生产资源，实现柔性生产，从而使制造过程的效率更高、资源的配置更加合
理，产品生产周期更短，更具个性化。

"工业 4.0"本质上是基于"信息物理系统"来实现"智能工厂"。在生产设
备层面，通过嵌入不同的物联网传感器进行实时感知，通过宽带网络和数据对整
个过程进行精确控制。在生产管理层面，通过互联网技术、云计算、大数据、宽
带网络、工业软件、管理软件等一系列技术构成服务互联网，实现物理设备的
信息感知、网络通信、精确控制和远程协作。为此，德国信息产业、电信和新
媒体协会（Bundesverband Informationswirtschaft，Tele Kommunikation and neue
Medien，BITKOM）与弗劳恩霍夫（Fraunhofer）应用研究促进协会共同发布的

研究报告中的一幅图描绘了德国"工业 4.0"涉及的技术（见图 4-15），可供我们参考借鉴。

从图 4-15 中可以看出，德国"工业 4.0"涉及的技术主要有五大方面：通过人机接口、虚拟现实技术等实现智能工厂，通过物联网、传感器等实现 CPS 和嵌入式系统，基于大数据与实时数据的云计算，基于移动通信与移动设备的健壮性网络，以及基于网络安全与数据保护的信息安全。

图 4-15　德国"工业 4.0"

注：CPS 即 Cyber Physical Systems，信息物理系统。

鉴于此，"工业 4.0"中的自动化设备、传感器、智能机器人、工业控制系统以及工业大数据等细分领域的发展情况势必给软件在工业中的应用带来变革，亟待持续跟踪和研究。

2022 年开始，新一代信息技术与制造业进一步深度融合，正在引发影响深远的产业变革，形成新的生产方式、产业形态、商业模式和经济增长点。各国都在加大科技创新力度，推动 3D 打印、移动互联网、云计算、大数据、生物工程、新能源、新材料等领域取得新突破。基于 CPS 的智能装备、智能工厂等智能制造正在引领制造方式变革；网络众包、协同设计、大规模个性化定制、精准供应链管理、全生命周期管理、电子商务等正在重塑产业价值链体系；可穿戴智能产品、智能家电、智能汽车等智能终端产品不断开拓制造业新领域，这些领域的变革和创新，与作为思维力支持的软件之间必然有着千丝万缕的关联。中国制造业转型升级和创新发展，以及新技术下的软件创新和革命，都迎来了重大机遇和挑战。

| 4.2 软件在农业中的应用 |

农业是通过培育动植物来生产食品及工业原料的产业。农业属于第一产业，研究农业的科学是农学。农业的劳动对象是有生命的动植物，获得的产品是动植物本身。利用动植物等的生长发育规律，通过人工培育来获得产品的各部门，统称为农业部门。农业提供的是支撑国民经济建设与发展的基础产品。

现代社会中，以计算机软件为主导的信息技术浪潮席卷全球，人类正经历着从工业社会到信息社会、从商品经济到知识经济、从现代农业到信息农业的转变，并逐步经历着思维方式、生产方式和生活方式的巨大变革。软件业的飞速发展和广泛应用渗透到农业发展的各个方面，软件在农业中的运用已构成一个完整的功能体系。本节以中国、美国、日本、英国为例，介绍软件与农业的融合。

4.2.1 软件在中国农业中的应用

信息技术在中国农业中的广泛应用，正促进农业管理、生产、销售以及农业科技、教育发生巨大变化，展现出广阔的应用前景，给这个产业带来了前所未有的发展机遇，极大地推动了农业的现代化进程，同时也给农业科技工作者迎接农业信息技术革命带来了挑战。

1. 中国农业信息化的发展概况

从 20 世纪 80 年代初开始，随着计算机技术的不断发展，计算机技术的农业应用逐步发展为一股潮流,广泛应用于作物生产、畜禽生产、农业机械、农产品加工、农业环境监测与控制、作物产量预测、农业病虫预报及农业信息服务等方面。计算机技术不仅给农业管理、生产和科研带来了高效益、高效率和高质量,自身还逐步形成了服务农业科技领域的特殊分支。当今,中国农业信息化已经从主要以科学计算、数学规划模型和统计方法应用为主,发展到包括农业自然资源数据处理、农业信息管理与推广服务、农业规划与决策,以及农业生产过程实时处理与控制等多个应用领域,计算机应用已渗透到农业各学科。中国已建成国家农业图书馆,拥有国家农业图书馆中外文科技文摘数据库、布瑞克农业数据库等,同时还引进了世界上几个主要的农业数据库,如联合国粮农组织的农业信息系统(Agricultural Information System,AGRIS)、美国国家农业图书馆的农业在线数据库(Agricultural OnLine Access,AGRICOLA)、英国国际农业和生物科学中心的国际应用生物科学中心(Center for Agriculture and Bioscience International,CABI)等,并正在建设全国农业科技信息网。中国农业信息研究所网络中心已建成,并与农业农村部、国家科学技术委员会、国际信息网联网,大大促进了中国农业科技及其推广事业的发展,使各级领导、农业科技人员通过计算机网络就能了解国内外科技动态、水平及趋势,掌握科研课题的设置及进展,了解农业科研成果的推广与应用,为研究项目的立意及合作提供了极为有效的手段,也使农民很容易得到需要的科技信息。随着网络的发展及网上智能化专家系统的建设,农民足不出户就可向专家进行咨询,这将极大地促进农业科技成果的转化。

2. 计算机信息技术在中国农业生产中的应用

农业农村部首次把计算机农业应用研究专题列入国家项目是从"七五"计划开始的,内容包括电子数据处理(Electronic Data Processing,EDP)、大型数据库的建立和管理信息系统(Management Information System,MIS)的开发等。各类专用系统大量开发,数学模型设计与编程、作物生产模型研究、模式栽培技术研究等在农业生产和管理中被广泛应用。建立各种类型的数据库是几十年来中国开展农业计算机应用的主要内容之一,这也符合中国计算机应用事业的发展需要。全国设定了几百个农村信息网点县,建立了县级农村资源经济信息与管理决策支持系统。截至本书成稿之日,部分数据库的功能经鉴定已达到国际先进水平，这些数据库的运行和服务都取得了一定的社会效益和经济效益。

现阶段，中国计算机信息技术在农业生产中的应用主要集中在 4 个方面：作物生产模拟模型、专家系统、农业生产实时控制系统和作物遥感估产技术。作物生产模拟模型的作用是利用专业知识和数学模型，通过计算机分析模拟作物的生长过程，协助解决多样化和不确定问题，中国已研制出水稻栽培计算机模拟优化决策系统、棉花生产管理模拟与决策系统、小麦生产管理计算机辅助决策系统、农业气候资源信息系统、作物产量气候分析预报系统、谷物贮藏干燥模拟模型等。专家系统是以知识为基础，在特定问题领域内能像人类专家那样解决复杂现实问题的计算机系统。农业生产实时控制系统主要用于灌溉耕地作业、果实收获、畜牧生产过程自动控制、农产品加工自动控制及农业生产工厂化。其中，畜牧生产过程自动控制可优化饲料配方，自动调节生产环境；农业生产工厂化（如集温室栽培）集现代生物技术、信息技术于一体，可以缩短作物的生长周期、节约土地。作物遥感估产技术可利用遥感与地理信息系统技术，实现耕地变化监测、棉花种植面积遥感调查等。上述成果的实用化极大地推动了中国农业生产管理的现代化、信息化发展。

3. 计算机信息技术在中国农业生产中的发展前景

信息时代的现代农业正向着"精确农业"的方向发展，基于计算机信息技术的发展与应用，通过传感器收集土壤植物数据，利用遥感技术提供农田作物的生长环境、生长状况信息，结合地理信息系统的地理数据管理功能，运用全球定位技术精确定位导向，通过专家系统优化决策和指令，实现智能农机的自动监控，如自动控制播种机、施肥机、喷药机、收获机及智能机器人，使其能够精确操作。各系统完全自动识别操作，可在无人监管的条件下 24 小时作业。由于"精确农业"条件下的农田管理精度针对的是土壤而不是田块，因而可依据作物生长状况、土壤肥力、作物病虫害的细块分布进行施肥、打药等农事活动，从而达到减少施肥量、用种量、施药量，提高产量和品质的目的。这将解决长期困扰农业工作者有关化肥农药对环境污染、作物高产高效的影响问题。随着中国市场的建立，农业各生产要素的信息，如自然资源信息、法规信息、市场信息、实用技术信息等，无论是对决策者还是对广大农民都是极为重要的。及时、准确、可靠、全面的信息是经营管理的根本依据。上至农业决策者下到农民，因信息不通而做出不正确的决策，在实际生产中经常出现，因而很有必要建成完备的农业宏观决策信息咨询系统及农业信息化服务体系。"九五"期间已经启动的农业与农村经济信息化的重点工程"金农工程"，正逐步使"农业信息快速路"与国家信息高速公路接轨。

2022 年，中国已经进入大数据和物联网蓬勃发展的时代，不少农场形成了相应的农业物联网结构。物联网模式在农业中的应用主要有以下几点：

（1）实时监测功能

物联网设备可在农业园区内实现自动信息检测与控制。太阳能供电系统、信息采集和信息路由设备使用无线传感传输系统，让每个基点都配置无线传感节点，每个无线传感节点可监测土壤水分、土壤温度、空气温度、空气湿度、光照强度、植物养分含量等参数，根据种植作物的需求提供各种声光报警信息和短信报警信息。

（2）远程控制功能

现场采集设备将采集到的数据通过有线网络、无线网络（如 5G 无线网络）传输到中控数据平台，用户从终端可以查看温室大棚现场的实时数据，并使用远程控制功能通过继电器控制设备或模拟输出模块对温室大棚自动化设备（如自动喷洒系统、自动换气系统、自动浇灌系统等）进行控制操作。

（3）查询功能

物联网设备可以查询温室大棚内植物生长环境状况，包括各种参数、光照强度以及历史数据等；也可以向温室大棚内的监控系统发送调度命令、调整设备运行状况，确保温室内为最适宜植物生长的环境。

（4）警报功能

警报功能系统主要是由无线墒情监测站、苗情监控摄像头、可视化自动虫情测报灯、灾情视频监控摄像机、预警预报系统、专家咨询系统、用户管理平台组成。用户可以通过移动终端和 PC 端随时随地登录自己专属的网络客户端，访问田间的实时数据并进行系统管理，对每个监测点的环境、气象、病虫状况、作物生长情况等进行实时监测。

物联网结合系统预警模型，能对作物进行实时远程监测与诊断，并获得智能化、自动化的解决方案，实现了作物生长的动态监测和人工远程精准管理，保证了农作物在适宜的环境条件下生长，提高了农业生产力，增加了农民收入。

4. 信息技术在中国农业应用中存在的问题与应对思路

（1）存在的问题

尽管信息技术在中国农业应用中的某些科研成果已经具有较高水平，但存在技术不配套、研究项目内容单一、目标分散、适应面窄等问题。同时，缺乏多学科专业综合应用研究；缺乏具有综合性、多项信息技术集成、多功能、智能化、网络化的应用成果；缺乏具有适用中国农业国情的二次开发农业系统信息工具；对上服务的农业信息软件较多，面向农户、面向生产的农业信息软件较少。究其原因，一方面，已建成的农业信息资源库数量和质量均不足以形成信息产业，存在规模小、门类少、联网水平低等问题，许多数据库只能供本部门使用，缺乏统一的数据标准；另一方面，由于农业信息地区之间差别很大，各地区的特定数据资源库没有很好地建立，很多省、市、县尚未建立起致力于本地农业信息的资源库，因而信息资源的建设远不能满足农业的需要。此外，与发达国家相比，中国在信息技术方面的资金投入相对不足，高层农业信息技术的开发缺乏人才，这也制约了信息技术在农业中的推广应用。

（2）应对的思路

当前，全球信息技术正朝着综合化、智能化、普及化的方向全方位发展。中国应针对自身的农业状况，以信息技术的二次开发（应用开发）为主，边开发边应用，重点加强实用信息化技术的应用推广，包括加强遥感技术、地理信息系统、全球定位系统在农业中的开发与应用，加强农业信息技术的综合和集成；应组织多学科的综合研究与开发，集成具有经济学家、农学家等专家功能的巨型综合专家系统，加强农业应用软件网络化、多媒体化及可视化研究，使农业信息技术可实现远程推广和远程教育。政府应承担起农业信息化的引导责任，同时积极发挥社会组织、广大农民及其他社会力量的作用，进行农业信息开发。从战略角度，政府应普及计算机与计算机知识，培育农业信息市场和信息产业，促进和完善信息体系，为信息技术在农业上的应用及推广提供良好环境。中国应加强对农业信息资源开发和利用的统一规划和指导，逐步建立并完善各级信息资源，建立标准和数据更新体系，加强数据更新技术的研究与应用。同时，加强信息市场的管理和立法，避免信息数据库的重复建设，提高数据库的网络化水平，增强数据的共享性。大力开发和利用各省、市、县等地区的农业数据库，加快地方农业信息化建设进程，建立区域网并与国内主干网、互联网接轨，实现农业技术人员、管理人员、农户入网。培养高级农业信息技术专门人才，以增强中国农业信息技术研究、开发力量，使农业信息技术按照"应用－试验－推广"的良性道路发展。

可以预见，随着计算机信息技术的发展及信息社会的到来，软件的应用必将促进我国农业生产与管理发生革命性变化，给我国农业发展带来难得的机遇。这将大幅度提高科技贡献率，改变农业效益的增长方式，提高资源利用率和劳动生产率，使农业走上高产稳产、低耗高效、"人－资源－环境－生产关系"相互协调的可持续发展道路。

4.2.2 软件在美国农业中的应用

美国是全球农业最发达的国家之一，工业革命早，农业生产集约化、自动化，农业经营产业化、组织化，农产品运作市场化、交易电子化，农业物流系统化，农业服务社会化、企业化，农业管理公开化、透明化。深入分析美国在农业生产、经营、管理和服务信息化方面的特色，对我国在这方面的建设具有借鉴意义。

美国作为世界电子信息产业大国，农业信息化是在信息技术和市场经济高度发达的背景下，是与整个社会的信息化同步发展的。美国政府以其雄厚的经济实力为基础，从农业信息网络建设、农业信息资源开发利用和农业信息技术应用等方面全方位地推进农业信息化建设，构建了以国家农业统计局、经济研究局、世界农业展望委员会、农业市场服务局和外国农业局五大政府信息机构为主体的国家、地区、州三级农业信息网，形成了完整、健全、规范的农业信息服务体系。

1. 美国农业信息化的发展情况及其特征

（1）美国农业信息化的发展情况

美国农业信息化起步于 20 世纪五六十年代。美国农业部统计数字显示，20世纪 50 年代，电视已基本在美国农村地区普及。1954 年，美国农村居民电话普及率为 49%，1968 年达到 83%。20 世纪七八十年代，电子计算机的商业化经营和实用化推广带动了美国农业数据库及计算机网络等方面的建设。1985 年，美国已有 8% 的农场主使用计算机处理农业生产工作，其中一些大农场已计算机化。2001 年，包括农业电子商务在内的全美电子商务营业额上升到 6153 亿美元，占当年全球电子商务营业额的 43.7%。2003 年，美国农业信息化强度高于工业 81.6%。约 2/3 的农户至少拥有一台计算机，每周平均两小时因农事需要而上网；约 1/3 的农户在调查中表示希望通过互联网出售农产品。2003 年以来，美国农业电子商务销售额每年以 25% 的速度增长，而同期全美的零售额增长速度仅为 6.8%。2007 年美国国家农业统计服务机构的数据表明，美国农场接入互联网的水平上升到 55%，从事在线交易农场工作的比例从 2003 年的 30% 上升到 2007 年的 35%。2015 年，美国约 20% 的农场用直升机进行耕作管理，很多中等规模农场和几乎所有大型农场都安装了 GPS。美国的农业发展了近十年，自 2020 年以来，美国在农业信息多媒体传播大众化、农业应用软件专业化、农业信息应用系统化的基础上，正大力开展农业科学的虚拟化研究，引领着世界农业信息化发展潮流。

（2）美国农业信息化的主要特征

美国农业信息化水平世界领先，很早就夯实了其农业强国的地位。仅占全美人口 2% 的美国农民，不仅养活了 3 亿多美国人，而且使美国成为全球农产品出口大国。美国农业每时每刻都直接或间接地受到信息影响，离开了准确、及时、权威的市场信息服务，美国农业将无所适从。所以，尽管有很多私人公司向社会发布市场信息，农业部仍然在全国建立了庞大的市场信息网络，构建了完善的农业信息服务体系，并进行严格的组织化与法治化管理。具体体现在如下方面。

① 信息化设施完善。美国政府已建成世界最大的农业计算机网络系统 AGNET，覆盖美国的 46 个州、加拿大的 6 个省和其他 7 个国家，连通美国农业部、15 个州的农业署、36 所大学和大量的农业企业。农民通过家中的电话、电视或计算机，就可获得网络中的共享信息资源。

② 组织化程度高。在美国，从联邦政府到各州、各县政府都十分注重加强农业信息工作的协调与管理，形成以农业部及其所属的国家农业统计局、经济研究所、海外农业局、农业市场服务局、世界农业展望委员会以及首席信息办公室等机构为主的信息收集、分析、发布体系。农业部与 44 个州的农业部门合作，设立了 100 多个信息收集办事处，以及相应的市场报告员，每天负责收集、审核和发布全国农产品信息，并将信息通过卫星系统及时传到全国各地的接收站，最

后，通过广播、电视、计算机网络和报纸传递给公众。

③ 职能化和个性化服务质量高。由于美国是自由市场经济非常成熟的国家，加之农业在国民经济中所占比例较大，所以国内市场供求情况、政府农业政策调整、气候与环境变化，以及国际市场行情变化等信息都直接影响着政府、农场主和经营者对粮食生产和销售的决策，也影响着期货市场的价格和交易。各方对信息的全面性、及时性和准确性要求很高。美国农业部及相关机构承担了这项公共服务职能，定期通过各种媒介发布从政府到企业、从国家调控到市场调节、从产前预测到产后统计、从投入要素到生产成品、从"生产－库存"到"流通－销售"、从内销到外销、从自然气候到防灾减灾等全方位的信息。为保证信息共享的公平，以防造成市场波动，美国农业信息的分析和发布有着严格的制度和规定。统计部门除履行政府公共服务职能外，还提供经过深入研究的、对市场投资经营决策有指导意义的个性化有偿信息服务。

④ 法治化管理得力。美国注重通过立法和监督，保证农业信息的真实性、可信度及知识产权等。1946 年的农业市场法案授权规定，凡享受政府补贴的农民和农业，都有义务向政府提供农产品产销信息。美国现已形成完整的农业信息立法管理体系，具体如下。

- 严格的信息资料保密制度。农业部对所有的农业信息资料分门别类地制定了保密和公开发布的时间，任何团体和个人不得随意传播尚未公开的信息资料，否则要受到法律制裁。

- 积极促进信息资料共享。美国反对信息资料垄断，一旦信息资料经农业部公开发布，该资料就被全社会共享。此时，农业部需要无偿提供这些信息，不得获取利润。

- 不得发布虚假信息。农业部对公开发行和出版的信息资料层层把关，严肃编审工作。在一份报告正式发布之前，要经多位同行专家审议，以杜绝错假资料的发行和出版。

2. 美国农业信息化的基础建设

（1）网络基础设施建设

美国政府十分重视农业信息化网络基础设施建设，从 20 世纪 90 年代中期起，美国政府每年拨款 15 亿美元建设农业信息网络，进行技术推广和在线应用。2007 年，美国配有互联网接口的农场数量从 2005 年的 51% 上升到了 55%；拥有计算机或租用计算机的农场数量从 2005 年的 55% 上升到了 59%。美国农村高速上网日益普及，其中使用拨号上网的比例从 2005 年的 69% 下降到 2007 年的 47%。目前，ADSL、光缆、卫星、无线网络更加普及，拨号上网已成为历史。云平台和大数据环境下，移动计算、并行计算、分布式计算和普适计算技术的深入和推广，使美国农业的网络化形式已然成为"指尖上的舞蹈"。截至 2022 年，采用 ADSL 的美国农村网民的数量已经达美国所有农村网民的 49%。

（2）农业数据资源的整合共享

随着互联网和计算机技术的高速发展，美国利用自动控制技术和网络技术实现了农业数据资源的社会化共享。美国在农业数据资源采集及存储方面采取以政府为主体，构建规模和影响力较大的涉农信息数据中心（库）的方式，全面采集、整理、保存了与美国及国际有关的大量农业数据资源。以美国的 AGNET 网络系统为例，该系统是目前世界闻名的农业计算机网络系统。该系统于 1975 年由内布拉斯加大学创建，现有 200 多个适合不同用途的应用软件为开发者所有，覆盖美国 46 个州，联通美国农业部、15 个州的农业署、36 所大学和大量的农业企业。用户通过家中的电话、电视或微机，再加上一个专门的装置，便可同主机连接并共享 AGNET 的数据和软件资源。此外，联合国粮农组织的 AGRIS 系统存有 10 万份以上的农业科技参考资料；信息研究系统可提供美国农业所属各研究所、试验站、学府的研究摘要；全国作物品种资源信息管理系统存有 60 万份植物资源样品信息，可在全国范围内向育种专家提供服务。另外，美国还拥有 AGRICOLA、国家海洋与大气管理局数据库、地质调查局数据库等规模化、影响大的涉农信息数据库。这些数据库实行"完全与开放"的共享政策，给美国的农业生产带来了高质量、高效率和高效益。

3. 美国农业决策支持系统得到广泛应用

（1）农业专家系统

COMAX（COMAX 的组成部分见图 4-16）是美国最成功的农业专家系统之一。该系统由美国农业部和全国棉花委员会于 1986 年 10 月创建，用于向棉花种植者推荐棉田管理措施。它是一个基于模型的专家系统，有一个模拟棉花生长发育过程和水分营养在土壤中传递过程的模型 GOSSYM。该模型给出施肥、灌溉的日程表和落叶剂的合理施用方法，给出棉花生产最佳管理方案，已在密西西比河三角洲和南卡罗来纳州海滨等棉产区应用并获得巨大成功。在棉花收获时节，这些地区正值雨季。通过系统准确告知棉花成熟日期，农户可在雨季到来之前将棉花收获完毕，以获得最高的产量。近年来，加州大学戴维斯分校对生产计划和库存管理软件 COMAX 做了进一步的改进。在最初阶段，他们创建了仅用于棉花生产管理的 CALEX 系统。该系统在加利福尼亚州的 450 个农场得到应用，称为 CALEX/COTTON。之后，他们又成功创建了用于桃园管理的 CALEX/PEACHES，以及用于水稻生产管理的 CALEX/RICE。其中，CALEX/RICE 可以通过互联网从气象数据库和加利福尼亚州的农药数据库中检索数据。

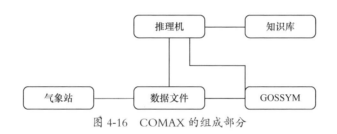

图 4-16　COMAX 的组成部分

（2）计算机模拟决策系统

目前，美国已开发了一些计算机模拟决策系统，并用于农业生产，如美国的作物模拟系统，除了模拟土壤水分变化、作物生长等，还可以模拟发芽日期等发育过程；美国佛罗里达州立大学研制的 AE-GIS，是一个将作物模拟模型与地理信息系统（Geographical Information System，GIS）耦合的农业和环境决策支持系统；夏威夷大学研制开发的 DSSAT 系统，可以综合管理作物、土壤和气候数据，利用模拟模型技术评价不同管理措施，评估不同措施对环境及可持续发展的影响；此外，美国农业部的 GPFARM 系统基于模拟模型，综合考虑经济、环境和可持续发展的目标，为生产决策者提供决策支持。

（3）现代农业智能装备技术日趋成熟，逐步市场化运行

美国农业装备设计制造技术已趋于成熟，农业装备迅速向大型、高速、复式

作业、人机和谐与舒适性设计的方向发展。多种定位为变量作业的智能型农业装备，如收获、播种、施肥、施药的机械，已进入国际市场。美国 Trimble 公司的 EZ-Guide 系统和 AutoSteer 系统能够实现农田作业过程的智能导航和自动驾驶；美国 Mid-Tech 公司的作业控制和自动驾驶系统 FieldPilot 可以根据需要配置成可实现精准变量施肥、变量喷药等功能的作业控制系统，同时实现作业工程的智能导航和自动驾驶；此外，BeelineTechnologies 公司的 Beeline 系统也实现了自动驾驶功能，在北美的大型农场中得到了应用和好评。与其他精准农业作业系统相比，农田作业导航系统技术应用简单明了，不需要进行事前的信息采集、数据处理和决策分析工作，而且全自动导航系统应用的效果确定、明显，因而容易被从事规模化商业种植的农户所采用。从 1995 年起，一些地区农场开始采用装备了全球卫星定位系统的联合收割机。通过电子传感器和全球定位卫星，这些农机在收获季节可以不间断地记录几乎每平方米的产量及其他信息。农场可以据此绘制出农场各地块产量的地图，从而剔除一些产量低的作物品种。1996 年，美国有 29% 的农场服务商提供使用 GPS 的网络取样，到 2002 年，这个比例已提高到 50%。美国普渡大学 2007 年的一项调查表明，76% 的被调查者使用了精准农业技术，其中有 64% 的人使用了 GPS，20% 的人使用了地理信息系统和卫星／航空影像数据，10% 的人使用了安装了 GPS 的自动驾驶系统和土壤电导率测定系统。截至 2022 年，近 100 万的美国人使用 GPS 导航系统，67% 的人使用地理信息系统和卫星影像数据。定位、地理数据、卫星科技已经成为美国农业密不可分的一部分。

4. 美国农业信息服务体系的建立

美国农业信息服务体系主要由 4 个主体构成：政府部门的农业信息收集发布系统；政府支持下的农业教育科研推广系统；融科研、生产、推广于一体的私人公司系统；以农场为主体的民间自我服务组织系统。

（1）政府部门的农业信息收集发布系统

美国农业部认为，如果大量的市场和生产信息不由政府部门来组织，就无法保证信息使用的公平性、及时性和真实性。所以，尽管有很多私人公司向社会发布市场信息，但农业部仍然在全国建立了庞大的市场信息网络，收集和发布官方的信息。美国农业部从 1862 年成立至今，已形成了庞大、完整、健全的信息体系，建立了手段先进和四通八达的全球电子信息网络。美国的农业信息体系由五大部门组成：国家农业统计服务局及各州的农业统计办公室、经济研究局、世界农业展望委员会、农业市场服务局、外国农业局。他们分别负责收集、处理和加工全美及全球农业信息，协调美国农业部的商品预测项目和遥感工作，提供市场研究报告、现状和经济统计数据以及专题报告，为美国农业提供全面、准确、客观的官方农业信息和服务，以确保美国农产品在世界市场中的主导地位。

（2）政府支持下的农业教育科研推广系统

该系统主要包括两个部门：一个是美国农业部的农业研究服务，下设国家农业科学研究院和国家农业图书馆，国家农业图书馆建有全国农业网站信息中心、农业数据库和技术标准库；另一个是以赠地大学为中心，与县合作推广体制，科研成果的推广主要通过赠地大学与先前合作建立的农业合作推广站进行。

（3）融科研、生产、推广于一体的私人公司系统

该系统主要由一些大型或跨国的私人公司构成，他们是美国农业科技商品化、产业化的执行主体，主要集中在开发研究和创新技术商品化领域，集科研、推广、经营于一体，通过提供技术性很强而外部性较弱的产品来获取利润，是一种完全的市场化行为。

（4）以农场为主体的民间自我服务组织系统

这种自发组织形成的民间农业社会化服务组织对美国农产品称雄国内外市场提供了强有力的外部保护。这种民间组织，一类是各种专业协会，侧重提供宏观的、大范围的、长远的对策和方法；另一类是民营性质居支配地位的决策咨询机构，主要侧重提供微观的、具体的、短期的、深入农业每个环节的各种服务。二者共同构成美国民间农业社会化服务体系。

4.2.3　软件在日本农业中的应用

计算机软件在日本农业中的应用始于 20 世纪 80 年代。日本农业 PC 的应用分为 5 个阶段。

第一阶段（1980—1984 年）。在这个阶段，日本的农业 PC 主要是 8 位的，

价格高昂，而且没有可用的商业化农业软件。那时的 PC 只能用 BASIC 语言或其他一些高级语言编程。一些农业研究机构主要用 PC 进行统计分析。这一时期内只有少量奶牛养殖户使用 PC 来计算奶牛饲料量或进行简单的饲料配方计算。

第二阶段（1985—1989 年）。在这个阶段，日本的计算机技术发展很快，特别是 PC 有了很大的发展，16 位的 PC 成为主流。这个时期最大的特点是有了可供用户使用的文字处理软件和电子表格软件。PC 操作系统大部分都使用微软公司和 IBM 公司的 DOS 系统，市面上也有了农业记账软件。养殖户开始用 PC 管理他们的每一头奶牛，并通过公告板系统（Bulletin Board System，BBS）与别的养殖户进行交流。但是，这一阶段仍只有少数养殖户使用 PC。

第三阶段（1990—1994 年）。在这个阶段，农业记账软件在日本得到了大范围推广应用。随着使用 PC 人数的增多，日本许多地方的农民组织了 PC 学习小组，共同学习掌握农业记账软件。该阶段的一个明显特点是 PC 用途的多元化，如用数据库软件管理客户信息。有些地方还建立了农业信息中心，并引进了传真服务系统，向用户提供农业信息。

第四阶段（1995—2000 年）。大量的 32 位 PC 和视窗操作系统的应用，促进了农业记账软件和其他软件在日本的发展。随着 PC 数量的显著增加，互联网也在日本逐渐普及，这时的 PC 已不再是昂贵的东西，它变成了每一个家庭成员方便地处理信息的工具。

第五阶段（2000 年至今）。从 2000 年起，网络已经融入了日本民众的日常生活，各信息服务的提供者想方设法地为用户提供方便快捷的网络服务，农业信息服务也日益丰富实用。除了常规的用 PC 上网获得农业决策信息，手机逐渐成为相当重要的信息获取工具，使得一般农民即使在农田里也可以随时获得所需的农业信息。截至 2022 年，网络已经融入日本农民的日常生活中，成为密不可分的一部分，天气信息、台风信息，地震信息都可以在第一时间内收集完成。

农民主要使用 PC 记账、管理税金、处理数据、收集市场信息等。随着计算机技术的不断进步，其在农业中的应用领域不断拓宽，具体表现在以下几个方面：利用计算机进行农业经营管理，通过分析和评价，发现农业经营中存在的问题；通过分析和评价等计算机辅助措施，制定和改进农业经营管理计划；利用相关的软件，有效、合理地配置土地、劳力和资本等生产要素；获取并有效地管理和运营资本；实现产品销售利润的最大化和解决物流系统中的问题等。

随着农业信息战略的深入实施，日本农业信息化基础设施在数据获取能力、数据资源建设、数据算力、农业农村网络通信、应用终端等方面的发展取得了重要成就。

在地面物联网传感器方面，日本生产了一批低成本、实用化的农业传感器，品类覆盖气象、土壤、水体、植物生命信息、生理生化信息、动物行为识别等，在农业信息监测和数据获取中发挥了重要作用。日本农业大数据采集体系不断完善。日本政府充分利用物联网、智能设备、移动互联网等信息化技术，采集农业农村数据，提高了数据采集效率和质量。农业基础数据库逐渐建立完善，实现了农业基础调查数据的集中统一管理。农产品市场信息平台形成了农业大数据资源池，汇聚粮、棉、油、糖、畜禽产品、水产品、蔬菜和水果这八大类 15 个重点农产品的全产业链数据。

标准和规范化是实现大数据快速分析应用的基础保证，也是农业进入大数据时代的必然选择。2021 年，日本标准化技术委员会成立了大数据标准工作组，负责制定、修改和完善大数据标准规范体系；提出该体系应该包括基础标准、数据标准、技术标准、平台 / 工具标准、管理标准、安全标准、行业应用标准 7 个类别。日本农林水产省在广泛调研的基础上，分析了当前日本农业大数据规范化和标准化的实际情况及需求，形成了农业大数据标准化框架建议。据统计，农林水产省发布的相关标准和规范累计达到 6575 项，涉及农业基础、农业机械、工艺技术、环境要求、产品标准、等级规格、食品安全、质量检测、疾病防控、标签标志等类别，为农业大数据的获取、分析和应用提供理论支撑。

4.2.4　软件在英国农业中的应用

软件应用已经深入渗透到英国农业生产经营的各个环节，广泛应用于英国作物种植、动物饲养、农场管理、防灾减灾、产品加工与贮运、市场交易等领域，成为推动英国现代农业发展的重要手段，是英国农业现代化不可或缺的重要组成部分和典型标志。下面从两个方面介绍软件在英国农业中的应用。

1. 利用专家软件进行耕地

在英国，农场主"简单"地把本农场不同地块的具体数据输入 MyFarm 专家软件，就可以得到该地块的最佳种植方案、最佳施肥施药方案、农田投入产出分析、农场成本收益分析等。

在种植过程中，一些农场利用智能化、自动化控制技术开展生产作业。有的农场在作物施肥喷药设备中安装土地扫描仪。作业过程中，土地扫描仪对土地状况、作物长势等进行自动扫描和数据处理，并将数据及时传输给施肥喷药设备。施肥喷药设备则根据扫描数据精准区别不同位置的作物生长状况，进行精准施肥施药，很好地解决了因土地多样性、复杂性带来的施肥不均、施药不匀等问题。

该专家软件是许多专家多年来智慧的结晶。据了解，这种专家软件融合了英国许多农场 20 多年的生产经验和基础数据，并依托一大批农学家、农技推广专家、软件工程师的知识，为农场提供了高质量的决策支持和农场管理服务。

2. 利用机器人进行挤奶

英国大部分奶牛场已告别了手工挤奶的方式，自动挤奶设备普及率达 90% 以上。与此同时，更先进的挤奶机器人开始在一些农场使用，2013 年仅 Lely 公司生产的全球先进的挤奶机器人在英国农场的应用已超过 500 台。

在剑桥大学奶牛场，挤奶工作全部由机器人独立完成，无须任何手工，如图 4-17 所示。机器人安装在奶牛圈舍旁边，奶牛一旦需要挤奶，会自动排队等待机器人服务。这时，机器人会先对奶牛的乳房进行扫描定位并进行清洁消毒，通过自动感知把吸奶嘴固定好，然后挤奶。

图 4-17　利用机器人挤奶

机器人的作用不仅是挤奶，还要在挤奶过程中对奶质进行检测，检测内容包括蛋白质含量、脂肪含量、含糖量、温度、颜色、电解质等。对于不符合质量要求的牛奶，机器人自动将其传输到废奶存储器；对于合格的牛奶，机器人也要把每次最初挤出的一小部分牛奶丢弃掉，确保品质和卫生。

挤奶机器人还有其他作用，即自动收集、记录、处理奶牛体质状况数据、泌乳数量、每日挤奶频率等，并将其传输到计算机网络。一旦出现异常，挤奶机器会自动报警，这大大提高了劳动生产率和牛奶品质，有效降低了奶牛发病率，节约了管理成本，提高了经济效益。据调查，挤奶机器人的使用，可以将牛奶产量提高 20% ～ 50%。

|4.3　软件在医疗中的应用|

计算机软件在医疗领域中的应用非常广泛。计算机软件和医疗的结合，诞生了医院信息系统，可以帮助医生更高效地完成诊断过程；依托于人工智能、大数据技术的医疗辅助诊断系统，可以帮助医生分析和诊断病情。可以说，计算机软件的出现，使得人们的就医体验得到了大幅度改善，医生和患者都能从中受益。

4.3.1　医院信息系统

医学（Medicine）是处理如何使人体生理处于良好状态相关问题的一种科学，以预防治疗生理疾病和提高人体生理机体健康为目的。医院信息系统（Hospital Information System，HIS）也称"医院管理信息系统"，是指利用计算机软硬件技术、网络通信技术等现代化手段，对医院及其所属各部门的人流、物流、财流进行综合管理，对在医疗活动各阶段产生的数据进行采集、存储、处理、提取、传输、汇总、加工，从而为医院的整体运行提供全面的、自动化的管理及各种服务的信息系统。医生可以借助该系统，从不同医学体系中选择最合适的治疗方法，达到治疗患者的目的。

　　20 世纪 60 年代初，美国、日本、欧洲各国开始建立医院信息系统，到 20世纪 70 年代已建成许多规模较大的医院信息系统。例如，瑞典首都斯德哥尔摩建立了市区所有医院的中央信息系统 MIDAS，可处理 75 000 位住院和门诊患者的医疗信息。医院信息系统的发展趋势是：将各类医疗器械直接联机，并将附近各医院乃至地区和国家的医院信息系统联成网络。其中，最关键的问题是使不同系统中的病历登记、检测、诊断指标等标准化。医院信息系统的高级阶段将普遍采用医疗专家系统，建立医疗质量监督和控制系统，进一步提高医疗水平和保健水平。

　　医院信息系统中与医疗活动直接相关的信息系统被称为医疗系统，如图 4-18所示。该系统包括医疗专家系统、计算机辅助诊断（Computer Aided Diagnosis，CAD）系统、辅助教学系统、危重患者监护系统、药物咨询监测系统，以及一些特殊诊疗系统，如计算机断层扫描、B 超、心电图自动分析、血细胞及生化自动分析等系统。这些系统相对独立，形成专用系统或由专用电子计算机控制，主要完成数据采集和初步分析工作，其结果可通过联机网络汇集成诊疗文件和医疗数据库，供医生查询和调用。

图 4-18　医疗系统软件

4.3.2　计算机辅助诊断系统

计算机辅助诊断系统是计算机网络技术与图像处理技术在临床医学中高度结合的产物，它将医学图像资料转化为计算机能够识别的数字信息，通过计算机和网络通信设备对医学图像资料（图像和文字）进行采集、存储、处理及重构等，使医学图像资料发挥最大功用。

计算机辅助诊断系统的意义不只是数字化，更重要的是社会效益、经济效益以及为患者带来的切实益处：疏通工作流程，从而提高设备利用率和工作效率；省去与胶片相关的费用来降低成本；减小医学图像重拍的概率；更新技术，来提高竞争力；提高服务质量、诊断符合率；健全患者资料的自动化管理；减少患者医疗费用，缩短诊断时间，使患者得到更快的治疗。

1. 发展现状

随着医院信息化建设的蓬勃发展，数字化医院的理念已经被接受，目前面临的主要问题是如何建设数字化医院。按照国内外的医院信息化发展经验，可以把数字化医院的发展划分为 3 个阶段。

第一阶段为管理数字化。该阶段以提高管理工作效率、辅助财务核算为主要目的。

第二阶段为医疗数字化。该阶段数字化医院建设不局限于管理工作的数字化，还包括对医院所有医疗活动中涉及的全部信息进行以患者为中心的数字化管理并综合利用。

第三阶段是以区域医疗为特色的数字化医院。随着各类区域性医疗网络、远程医疗以及社区医疗的发展，数字化医院将超越实际的地域限制，通过各种医疗机构的网络互连以及信息交换，实现全社会范围的医疗数字化。这是数字化医院发展的中长期目标。目前，美国、日本等发达国家的医院信息化建设较为领先，已经走过了第一阶段和第二阶段，逐步进入第三阶段。

截至本书成稿之日，我国 90% 以上的大型医院已经实现了科室的数字化管理，近 40% 的大中型医院正在建设全院的管理信息系统。随着近几年医学图像系统和通信系统的发展，以及麻醉监护系统、检验信息系统、电子病历系统等的兴起，医疗数字化逐渐成为数字化医院的发展重心，在已经应用信息系统的医院中，约有 10% 的医院正在尝试构建各类医疗数字化的信息系统。因此，从我国的实际情况看，医院信息化的发展尚处于第二阶段（医疗数字化）发展的初期。虽然大多数医院已经开始认识到医疗数字化的必要性，但面向纯粹医疗活动的各类医院信息系统在医院中的应用尚未普及。目前，我国数字化医院的建设重点也是以医疗数字化为主，着重发展医院内与医疗活动相关的各类信息的数字化管理和综合利用，实现诊疗工作的数字化以及医疗流程的自动化，并保证系统的开放性，为将来进入区域医疗阶段打下基础。

2. 计算机辅助诊断系统的发展

计算机辅助诊断系统通过影像学、医学图像处理技术以及其他可能的生理、生化手段，结合计算机的分析计算，辅助影像科医师发现病灶，提高诊断的准确率。计算机辅助诊断技术主要是指基于医学影像学的计算机辅助技术。它与计算机辅助检测有所不同，后者的重点是检测，即计算机把异常的征象标注出来，并提供常见的影像处理技术，但不进行诊断。可以这样说，计算机辅助诊断是计算机辅助检测的延伸和最终目的，计算机辅助检测是计算机辅助诊断的基础和必经阶段。有人称计算机辅助诊断技术为医生的"第三只眼"，采用计算机辅助诊断系统有助于提高医生诊断的敏感性和特异性。

随着现代高科技的发展，现代高清晰影像设备为临床疾病的诊断提供了极大方便。尽管功能影像对临床诊断有很大帮助，然而由于条件限制，在更多的情况下，依据现代影像提供的形态信息，医生仍然只能根据自己的临床经验做出判断。由于患者的个体差异大以及医生对影像信息观察掌握的局限性，有时不免会产生判断失误或错误。根据现代影像提供的信息，按照不同疾病的临床影像特征，可以用"智能机器人"的视觉——计算机对病变的特征进行量化分析处理并做出判断，从而避免因"人"对事物判断的局限性带来的失误，这就产生了计算机辅助诊断的概念。

到了 20 世纪 90 年代，随着计算机技术以及人工神经网络的快速发展，计算机辅助诊断研究成为现代医学影像研究的热点之一，并在诊断中展示出其临床价值。目前，计算机辅助诊断研究较成熟的领域是乳腺和肺部病变，在虚拟腔镜、肝脏疾病诊断、脑肿瘤、脑灌注和中医学等诸多方面的研究多处于起步阶段，大

量的研究正在进行之中。图 4-19 所示为 B-CAD 乳腺超声计算机辅助系统的实际
应用截图。通常，医学影像学中计算机辅助诊断分为 3 步：第一步是从正常结构
中提取病变组织的影像；第二步是对影像的图像特征进行量化；第三步是对量化
后的数据进行处理并得出结论。因为计算机可以全面利用影像信息进行精确的定
量计算，去除人的主观性，避免因个人知识和经验的差异而引起"千差万别"的
诊断结果，所以它的结果是不含糊的，是确定的，它使诊断变得更准确、更科
学。随着现代高科技的发展，计算机辅助诊断将与图像处理和影像存储与传输系
统（Picture Archiving and Communication System，PACS）等技术融合，变得更容
易操作、也更准确，其临床应用范围将进一步扩大。

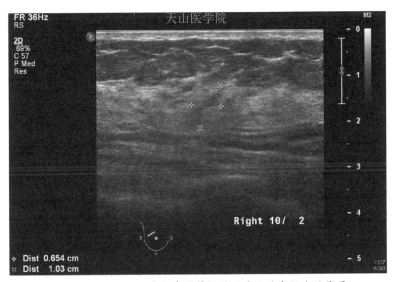

图 4-19　B-CAD 乳腺超声计算机辅助系统的实际应用截图

|4.4　软件在娱乐产业中的应用|

　　现代娱乐形式丰富多样，人们可以去现场看比赛、看歌舞表演、听演唱会，
也可以通过电视看直播，看丰富多样的电视剧，还可以使用计算机来聊天、看电

影、浏览网页、玩游戏。进入互联网时代以后，人们的娱乐活动更加精彩，更加多样化。

4.4.1 计算机游戏

计算机游戏是指在电子计算机上运行的游戏软件。这种软件是一种具有娱乐功能的计算机软件。计算机游戏产业与计算机硬件、计算机软件、互联网的发展联系密切。计算机游戏为游戏参与者提供了一个虚拟的空间，在一定程度上可以让人摆脱现实世界，在另一个世界中扮演真实世界中扮演不了的角色。同时，计算机多媒体技术的发展，使游戏带给人们很多新鲜的体验和享受。

计算机游戏的出现与 20 世纪 60 年代电子计算机进入美国大学校园有密切的联系。当时的环境培养出了一批编程高手。1962 年，一位叫史蒂夫·拉塞尔（Steve Russell）的大学生在美国 DEC 公司生产的 PDP-1 型电子计算机上编制的《宇宙战争》（*Space War*）在当时很有名，是世界上第一款交互性的计算机游戏。一般认为，拉塞尔是计算机游戏的发明人。20 世纪 70 年代，随着电子计算机技术的发展，计算机游戏的成本越来越低。1971 年，诺兰·布什内尔（Nolan Bushnell，见图 4-20）发明了第一台商业化电子游戏机。不久后，他创办了世界上第一家电子游戏公司——雅达利（Atari）公司。虽然威利·希金博特姆（Willy Higginbotham）和拉尔夫·贝尔（Ralph Baer）可以说是真正的"电子游戏之父"，但是布什内尔却是将这种娱乐带入大众世界的人。在 20 世纪 70 年代，随着苹果计算机的问世，计算机游戏才真正开始了商业化的道路。从 20 世纪 80 年代开始，多媒体技术也开始成

图 4-20　诺兰·布什内尔

熟，计算机游戏则成为这些技术进步的先行者，尤其是在 3dfx 公司的 3D 显示卡给行业带来了一场图像革命之后。进入 20 世纪 90 年代，计算机软硬件技术的进步以及互联网的广泛使用为计算机游戏的发展带来了强大的动力。进入 21 世纪，网络游戏成为计算机游戏的一个新的发展方向。

计算机游戏的种类繁多，本书第 3 章介绍过相关内容，这里不再举例。随着

计算机软硬件技术的不断进步和用户对休闲生活的迫切需求的不断增长，出现了即时战略游戏、格斗类游戏，甚至 3D 游戏，感兴趣的读者可以查阅相关资料自行了解。游戏市场的产品琳琅满目，已经成为人们不可缺少的消遣工具。

4.4.2 KTV 管理系统

KTV 是 Karaoke Television 的缩写。Karaoke 是日英文杂名，Kara 是日文"空"的意思。对 KTV 狭义的理解为提供卡拉 OK 影音设备与视唱空间的场所。广义的理解为集合卡拉 OK、慢摇、HI 房、背景音乐并提供酒水服务的主营时间为夜间的娱乐场所。KTV 于 20 世纪 90 年代初自日本等地兴起，主要为家庭聚会、公司聚会等提供服务。

整个 KTV 的管理由 KTV 管理系统负责。消费者根据个人爱好通过该系统查询（包括歌星查询、笔画查询、字数查询、拼音查询、字母查询、组合查询等多种查询方式）所需要的歌曲。另外，消费者还可以了解歌星的简介、播放歌曲、控制歌曲、点酒水等。该系统包含多套主题界面，系统采用多模块交叉使用功能，如消费者在点播服务功能、酒水功能时，仍可对正在点播的节目进行控制和操作，实现完全交叉式的操作。有了 KTV 管理系统后，KTV 的管理变得更加方便快捷，也大大提升了用户的使用体验。

1. KTV 管理系统的组成

KTV 管理系统包括以下组成部分。

① 后台软件系统：后台软件是由多个软件组成的，所以被称为系统。它们专门用于 KTV 场所的各项管理。

② 开房咨客系统：用于包房的管理和控制，如查询、购买、开房、转房、并房、关房等。

③ 酒水软件系统：消费者可以通过包房计算机及酒水软件选择酒水饮料等，并可查询酒水消费情况。

④ 收银系统：用于消费后的结账。KTV 可根据经营的性质来制定收费标准，建立多种结账方式。

⑤ 超市收银系统：用于量贩式 KTV 超市的收银。

⑥ 歌曲编辑系统：用于系统歌库中的歌曲管理，如添加、编辑、制作、删除、更改等。该系统分为硬卡编辑系统和软件编辑系统。

⑦ 经理查询系统：供 KTV 场所的管理者查询经营状况、财务支出、费用等方面信息。

⑧ 服务响应系统：用于消费者和管理者两方面。可根据需要设置消费者呼叫服务内容，如"呼叫服务员""呼叫 DJ"等，该服务信息通过网络发送到服务响应计算机上，服务响应计算机根据消费者的需求进行响应服务项目应答和服务安排；管理者可以向各包房发送短消息、广告、祝词、寻人启事等。

⑨ 财务管理系统：用于 KTV 的财务部门，专门针对该场所的财务进行管理，如收入、支出、记账、销售情况、财务报表、人员管理等。

⑩ 库房管理系统：对库存产品进行简单的进、销、存管理。

图 4-21 所示为 KTV 管理系统的界面。

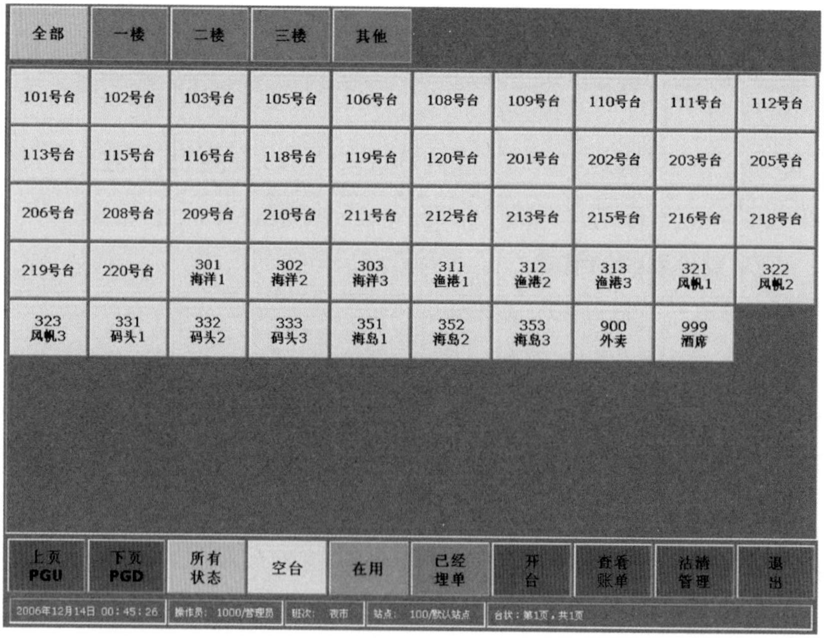

图 4-21　KTV 管理系统的界面

2. KTV 点歌系统

KTV 点歌系统是 KTV 管理系统中最重要的部分，点歌系统的质量直接影响着消费者的体验。如果一个点歌系统能迅速地查找到消费者想点的歌曲，或者能根据消费者提供的信息迅速找到消费者想点的歌曲，那么就会给消费者带来非常好的用户体验。如果消费者迟迟找不到想点的歌曲，或者歌库里没有想点的歌曲，那么会直接影响消费者对 KTV 的印象。

KTV 点歌系统由以下 4 个部分组成：点歌软件、点歌管理软件、歌曲库生成软件、歌曲自动分发软件。

① 点歌软件：一般有单界面、多界面、Flash 动感界面等多套界面供用户选择。

② 点歌管理软件：它可对点歌软件进行有效的管理，负责配置参数、设置界面上的功能等。它使点歌软件更具灵活性，无论用户或代理商，都可以根据自己的想法对该软件功能进行个性化编排。

③ 歌曲库生成软件：它可按照服务器的硬盘容量、服务器数和歌曲复制方案，生成不同方案的歌曲库，特别适用于自己做服务器的代理商。

④ 歌曲自动分发软件：它可以通过排行榜对歌曲进行通盘整理，并形成一个新的数据库。根据新的数据库，它可以随时调整歌曲的存储，自动更新本地硬盘组上的歌曲，自动下载数据库到本地硬盘。图 4-22 所示为 KTV 点歌系统的界面。

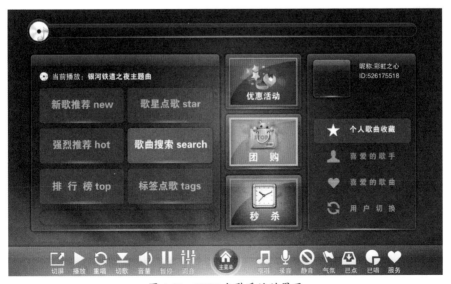

图 4-22　KTV 点歌系统的界面

|4.5 软件在移动服务中的应用|

移动设备可以随时随地满足用户的多种需求。移动设备的开发需要用到控件。开发者在对移动设备平台进行开发时可能会遇到界面和交互如何展现的问题，而控件可以解决这个问题。与传统的设备相比，移动设备支持对手触碰的感知，因此移动设备控件也更加重视触屏移动设备，并以此设计功能。

传统的控件（如按钮、文字框、日期等）也增加了对移动设备平台的支持。但随着移动设备平台变得越来越复杂，人们的需求也越来越高：需要更美化的界面、更简洁快捷的操作和更方便的控件。随着 iOS、Android 等移动设备操作系统的不断完善和普及，以移动设备为载体的软件服务和应用，已成为人们习以为常的工具，它们改变了传统模式，提升了生活和工作的品质，成为人们生活中必不可少的组成部分。软件与移动服务结合，就形成了移动电子服务；以便携设备为载体的软件与商务的融合就是移动电子商务；软件渗透到人们日常的着装、配饰中，就构成了电子可穿戴设备。

移动软件如影随形、无处不在，它像空气般充斥在人们周围，成为人们最"亲密的朋友"。现在只需要用手指点一下，移动软件就可以提供不同凡响的服务。这种时不时出现在我们指尖的"朋友"也有另一个简洁的名字——App（Application），本节就从 App 开始讲起。

4.5.1 移动应用程序

App 指的是智能手机中的应用程序。近年来，App 分发成为各大互联网巨头的新"行当"，在手机厂商和专业应用下载平台的夹击下，其不但没有被挤成"三明治"，反而成了美味可口的"馅饼"。以百度手机助手为例，其打破传统应用分发的下载套路，从娱乐和社交的角度"再造"应用分发平台，开创了一个可圈可点的应用市场新模式，也体现了 App 快消化品牌运作的趋势。

比较著名的 App 应用商店有苹果公司的 App Store、谷歌公司的 Google Play Store。苹果公司 iOS 系统的 App 格式为 IPA、PXL、DEB；谷歌公司 Android 系统的 App 格式为 APK。

App 作为一种盈利模式开始被更多的互联网企业看重，如腾讯公司的开放平台、百度公司的应用平台都是 App 思想的具体表现。这些互联网企业一方面可以积聚各种不同类型的网络受众，另一方面可借助 App 平台获取流量。

随着智能手机和 iPad 等移动终端设备的普及，人们逐渐习惯了通过移动设备终端上网使用 App 的方式。目前，国内各大电商均拥有自己的 App，这标志着 App 的商业应用已经日臻成熟。

App 已经不只是移动设备上的一个客户端那么简单，在很多设备上已经可以下载厂商官方的 App，实现对不同产品的无线控制。例如，日本天龙公司与马兰士公司已经在 Android 与 iOS 平台上推出了自己的官方 App，这些 App 可以对各自的网络播放机或功放等产品进行无线控制。

不仅如此，随着移动互联网的兴起，越来越多的互联网企业、电商平台开始将 App 作为销售的主战场之一。有数据表明，目前 App 给电商带来的流量远远超过了传统互联网（PC 端）的流量，通过 App 进行销售也是各大电商平台的发展方向之一。事实表明，各大电商平台向 App 的倾斜也是十分明显的，原因不仅是每天增加的流量，更重要的是手机移动终端的便捷性可以为企业积累更多的用户，而且优秀的 App 可以凭借令人满意的用户体验使用户的忠诚度、活跃度都得到很大程度的提升，从而对企业的创收和未来的发展起到关键作用。

接下来，本节从移动电子服务、移动电子商务、移动穿戴设备等角度对 App 进行分类，并分别选择典型案例进行介绍。

4.5.2　移动电子服务

电子服务以现代软件及互联网技术为基础，采用集约的服务模式，整合有形的设备和场所以及无形的技术和服务，为用户提供更高效和专业的服务，是现代服务业发展的必然。

电子服务与传统服务在形式上有着本质区别。电子服务是服务科学学科下以现代服务业为背景兴起的一个新的领域，主要依托信息技术和现代管理理念，其特点是采用面向服务的软件架构，涉及服务的各个领域，从而推动现代服务业的大发展。应用于电子服务的软件称作移动电子服务软件，接下来从打车、外卖、电子地图、手机视频几个方面对其应用和服务模式进行介绍。

1. 打车软件

目前，打车软件市场鱼龙混杂，打开手机应用商店，在搜索栏里输入"打车"，各式各样的软件"扑面而来"。它们有着不同的评价等级，也在简介中言说着自己的优点。但实际上，它们的功能大同小异。下面以市面上几款典型、应用广泛的软件为例进行介绍。

（1）Uber

目前国外最常见的打车软件是Uber（见图 4-23），中文名为"优步"。Uber 是一款源自美国的打车软件，已经进入亚太地区的25座城市，并在全球范围内覆盖了 121 座城市。Uber 提供载客车辆租赁及实时共乘

图 4-23　Uber

的分享型经济服务。乘客可以通过发送短信或使用 App 来预约这些载客的车辆，还可以追踪车辆的位置。

Uber 的 App 于 2010 年在旧金山推出，支持在装有 iOS 和 Android 系统的智能手机上使用。作为一家国际公司，Uber 强调自己和美国国内同类公司的不同之处在于，用户在出国旅游时，依然可以使用 Uber 叫车，而其他国内公司的软件基本只在国内运营，这就决定了该软件在国外打车软件市场中的关键地位。

Uber 的经营模式涉嫌非法营运车辆，但有一些国家或地区将之合法化，例如在以创新商业为主的美国加利福尼亚州。原因在于 Uber 将打车行业转型成社区平台，叫车的用户通过 App 就能与当兼职司机的 Uber 用户和有闲置车辆的租户进行联系，一旦交易成功，Uber 就按比例抽取佣金、分成等。有人认为，Uber 摧毁了传统出租车公司与租赁汽车产业的模式。

Uber 的计费方式与按表收费的出租车不同。一般出租车使用特制里程表收费，

但 Uber 直接使用设备上的 GPS 收费，且计算费率和收款都由 Uber 负责，司机并未参与其中。当 Uber 车辆以超过每小时 11 英里（每小时 18 千米）的速度行驶时，以距离计价，其他情形则是以时间计价。每次搭乘结束后，旅程的费用将直接从用户登记的信用卡中扣除。除了名为"Uber Taxi"的一般出租车服务之外，扣除的费用默认并不包含小费，而 Uber 也在官方网站和应用程序中注明"不需要支付小费"。Uber 曾表示，较高的收费是因为可提供更可靠、更准时且更舒适的服务。

在万圣节、跨年夜或天气不佳（如风雪或大雨）等叫车需求较多的时段，Uber 实施"加成计费"（Surge Price）以提高价格来达到经济均衡。当加成计费实施时，用户在预约车辆前会看见特别通知。在 2011 年跨年期间，部分地区的 Uber 加成费率达到普通费率的 7 倍，引起许多用户的不满。Uber 的共同创办人特拉维斯·卡兰尼克（Travis Kalanick）回应："因为这项服务太新了，需要一段时间让大家接受它。"Uber 的另一位创办人是加勒特·坎普（Garrett Camp），他与其他人共同创造了 Uber 打车模式。

硅谷很多科技公司与它的创始人有着相似的气质。在卡兰尼克这样一位做事激进的人的带领下，Uber 在资本市场一路攻城略地。在 2017 年底完成了一笔 43 亿美元的融资后，Uber 的估值达到了 600 亿美元。2021 年，36 岁的坎普和 38 岁的卡兰尼克成为福布斯富豪榜的新晋成员，他们的资产估值约为 93 亿美元。图 4-24 所示为 Uber 研发团队成员。

图 4-24　Uber 研发团队成员

事实上，Uber 并没有发明什么，但它真正唤醒了"新一代公有制经济"，也就是我们常说的"共享经济"。共享经济象征着人们不占有资产，通过共享按需使用资产。这并不是一个新鲜事物，它曾是一种信任机制。早在工业革命之前，人们便基于人与人之间的信任关系实践过物品交换、住所共享，但 Uber 通过科技手段和机制设计将这种曾经局限在小范围内的物品和服务共享行为扩散和延展出去，形成一种商业模式，让大家意识到共享经济中蕴藏的机会和机遇，并相信共享经济有朝一日会成为一种新型的经济模式。这是人类出行模式的重大改变。

（2）首汽约车

首汽约车（见图 4-25）是首汽集团为响应交通运输部号召，积极拥抱互联网，推动传统出租车行业转型升级，加强建设交通强国而打造的网约车出行平台。自 2015 年 9 月上线以来，首汽约车围绕"高品质"的品牌核心打造优质出行服务，坚持国宾级服务和合规可信赖的品牌形象，成为用户商旅出行首选品牌。同时，首汽约车积极配合各地方网约车新政，成为目前市面上合规、安全保障的首选平台，更成为 2016 年 G20 杭州峰会、2017 年金砖国家峰会、2018 年上合组织青岛峰会、2019 年"一带一路"国际合作高峰论坛等国家级别的重要会议用车保障。

图 4-25　首汽约车的图标

首汽约车改变了传统打车方式，促进了移动互联网时代引领的现代化出行方式的诞生。与传统的电话定车与路边拦车相比，首汽约车的诞生改变了传统打车市场格局，利用移动互联网的特点，将线上与线下融合。从打车、上车到下车后使用线上支付车费，形成了乘客与司机紧密相连的 O2O 完美闭环，最大限度地优化了乘客的打车体验，改变了传统出租司机的等客方式，使得司机可根据乘客目的地意愿"接单"，节约司机与乘客的沟通成本，降低空驶率，最大化节省司乘双方的资源与时间。

2. 电子地图

地图就是依据一定的数学法则，使用制图语言，在一定的载体上表达地球（或其他天体）上各种事物的空间分布、联系及时间中的发展变化状态的图形。随着科技的进步，地图的概念也在不断发展变化，如将地图看成"空间信息的载体""空间信息的传递通道"等。传统地图的载体多为纸张，随着科技的发展，出现了电子地图等多种形式。电子地图已成为智能手机必不可少的 App，也是人们日常出行的必备助手。

（1）谷歌地图

谷歌地图（见图 4-26）是美国谷歌公司提供的电子地图服务，包括局部详细的卫星照片。此款服务可以提供含有政区、交通和商业信息的矢量地图，不同分辨率的卫星照片，以及可以用来显示地形及等高线的地形视图。

图 4-26　谷歌地图的图标

与谷歌地图相呼应的是谷歌地球，它有两种类型的地标文件，一种是 KML 文件，另一种是 KMZ 文件。

KML 是 Keyhole 客户端进行读写的文件格式，是一种 XML 描述语言，并且是文本格式，这种格式的文件对于谷歌地球程序设计来说有极大的好处。程序员可以通过简单的几行代码读取出地标文件的内部信息，并且还可以通过程序自动生成 KML 文件。因此，使用 KML 格式的地标文件非常利于谷歌地球应用程序的开发。

谷歌地图使获取街景变得更加容易。谷歌地图街景如图 4-27 所示。在谷歌地图的右下角，用户会看到"街景小人"，这个黄色小图标代表街景。如果用户点击"街景小人"，每一条具有街景图片的街道就变成蓝色。将"街景小人"拖放到地图上某个位置，用户就可以查看该位置周围的地面景观。

用户如果点击"街景小人"旁边的照片，就会看到附近标志性建筑的其他图片，包括 Photo Spheres（谷歌全景图）、用户上传的照片，甚至谷歌地球的卫星照片。旧版谷歌地图和谷歌公司的其他服务也提供这些内容，但在新版谷歌地图上，这些内容集中在一个地方，更方便用户访问。

图 4-27　谷歌地图街景

　　随着谷歌地图和谷歌地球的不断完善，新的服务模式也在不断涌现，如某个音乐厅组织的音乐会、球场比赛、酒吧演出等都可以为用户呈现，进一步提供票务预订等功能，服务于人们生活和工作的各方面。

　　（2）MAPS.ME

　　MAPS.ME（见图 4-28）支持 345 个国家和地区的离线地图，可以实现真正的"一图走天下"。从发达的欧洲到广袤的非洲，无论你的目的地在哪里，MAPS.ME 都可以提供完整的数据。该地图方便用户随时了解所处位置以及如何找到最近的餐厅、酒店或想去的景点。MAPS.ME 无须网络连接，因为完全可以以离线的方式搜索和使用地图。图 4-29 所示为 MAPS.ME 的离线应用场景和效果。

图 4-28　MAPS.ME 的图标　　　　图 4-29　MAPS.ME 的离线应用场景和效果

MAPS.ME 的地图数据是经过压缩的，一个完整国家的全部地图数据只有约 300 MB。对主要旅游目的地，MAPS.ME 还提供额外的导游手册以供下载。MAPS.ME 还标记了包括食物、旅店、加油站、取款机等在内的总共 15 种生活服务的详细位置，这些生活服务会按照距离当前位置的远近自动排序，图 4-30 所示为 MAPS.ME 提供的部分生活服务。MAPS.ME 数据的详细程度令人惊讶，就连当地人聚会的小酒吧都被收录其中。

图 4-30　MAPS.ME 提供的部分生活服务

出门在外，语言不通，MAPS.ME 可以将用户的当前位置记录为一个 GPS 位置并保存下来，以免忘记或走丢。轻点地图的任意位置就可将该位置记录在位置列表里，并可方便地分享给朋友们，这就是 MAPS.ME 便捷的图钉式服务。

（3）高德地图

高德是国内领先的数字地图内容、导航和位置服务解决方案提供商。高德公司拥有导航电子地图甲级测绘资质、测绘航空摄影甲级资质和互联网地图服务甲级测绘资质，其优质的电子地图数据库成为公司的核心竞争力。

高德地图（见图 4-31）是国内一流的地图导航产品，也是基于位置的生活服务功能最全面、信息最丰富的手机地图之一。

对于一款手机地图产品来说，位置搜索与路线提供可以说是最基本的服务，也是用户最重视的功能。在这方面，高德地图的人性化设计不仅可以让用户直接在界面左上角输入想要去的地点、餐厅等名称，还提供了其他常用的地点类别，比如餐饮、住宿和购物等，方便用户寻找想去的地方。这些类别之下还分别设置了众多小类别，可以让定位更加精准，而搜索结果则按照从近至远的方式排列，方便用户挑选。

（4）百度地图

百度地图（见图 4-32）是百度公司提供的一项网络地图搜索服务，覆盖了国内几百个城市、数千个区县。在百度地图里，用户可以查询街道、商场、楼盘的地理位置，也可以找到最近的餐馆、学校、银行、公园等。

图 4-31　高德地图的图标

图 4-32　百度地图的图标

百度地图提供了普通搜索、周边搜索和视野内搜索 3 种方法，帮助用户迅速、准确地找到地点。百度地图添加了三维功能，只需要在搜索框为搜索状态时，输入要查询地点的名称或地址，就可得到想要的结果：在地图界面，显示搜索结果所处的地理位置；在搜索结果中，包含名称、地址、电话等信息，地图上的标记点为相应结果对应的地点，点击结果或地图上的标注均能弹出气泡，气泡内能够发起进一步操作，如公交搜索、驾车搜索和周边搜索。

3. 外卖软件

一次中国烹饪协会关于"新中国 70 年百姓饮食习惯"的调查显示，超过66% 的人表示因工作压力大、时间紧张等原因，无法天天做饭，这种现象在大都市极为普遍。回家做饭和工作紧张的矛盾不断升级，促进了外卖 / 送餐业务的蓬勃发展。外卖 / 送餐业务正是顺应了当前消费理念的转变和社会发展的新形势，因而被赋予了很大的发展空间，成为目前最具上升潜力的优秀业态之一。

迫切的业态需求促进了外卖软件的兴起和发展，与餐饮相关的软件产品百家争鸣。下面对国内外几款典型的、应用广泛的外卖软件进行介绍。

（1）Grubhub

美国两大餐饮外卖公司 Grubhub 和 Seamless 于 2013 年 8 月正式合并，由原 Seamless 公司的马修·马洛尼（Matthew Maloney）担任新公司的 CEO。Grubhub 的图标如图 4-33 所示。

图 4-33　Grubhub 的图标

对于用户来说，他们可以通过 Grubhub 网站或移动 App 完成在线订餐。用户首先可以根据自己的位置和喜好搜索所在城市的餐馆，进行下单并支付，然后要求餐馆配送外卖（或者自己打包带走），配送期间还可以通过"跟踪外卖"功能实时跟踪外卖的位置，非常便捷。在产品方面，它和国内的外卖网站饿了么、美团外卖等基本相似。

对于餐厅而言，Grubhub 可以为其解决效率低下的食品分类问题和关联计费问题，聚合餐厅菜单数据库；可以带来更多的订单、更高的利润、更多的新客，具有低风险、高回报本及订单数据充足等优势。图 4-34 所示为 Grubhub 的页面。

图 4-34　Grubhub 的页面

在产品创新方面，从 PC 网站到移动终端再到餐饮技术，最后到送货跟踪，Grubhub 一直在产品和技术方面十分重视，且效果不错。该公司通过电视、E-mail、谷歌等途径进行营销，增加知名度，线上线下多渠道挖掘潜在用户。

Grubhub 是最大的在线及移动外卖平台之一，是这个领域的重量级选手，具有绝对的市场领导地位，未来市场空间巨大，业务范围广；原则性强，服务于餐厅和用户的强需求；科技发展迅速，移动终端增长迅猛；具有强大的网络效应；盈利能力已被证实。

总之，Grubhub 在资本市场表现良好，对国内外卖软件来说是一个成功的可借鉴案例。

（2）大众点评

大众点评是国内用户普遍熟知的一款生活信息类 App（见图 4-35），它不仅能为用户提供商户信息、消费点评及消费优惠等信息服务，还提供了团购、餐厅预订、外卖及电子会员卡等交易服务。功能较多，同时也较实用。大众点评 App 的用户应用界面如图 4-36 所示。

图 4-35 大众点评的图标

图 4-36 大众点评 App 的用户应用界面

大众点评 2003 年 4 月成立于上海，是中国领先的本地生活信息及交易平台，也是全球最早建立的第三方消费点评网站之一。

从 2003 年成立至今，大众点评共经历了 4 轮融资。2006 年，中国融资市场复苏，大众点评获得红杉资本的首轮 100 万美金投资，这也是红杉资本成立之初投资的早期项目之一。

2015 年 10 月 8 日，大众点评与美团联合发布声明，宣布达成战略合作关系，双方已共同成立一家新公司。新公司实施 Co-CEO 制度，美团 CEO 王兴和大众点评 CEO 张涛同时担任联席 CEO 和联席董事长，重大决策在联席 CEO 和董事会层面完成。两家公司在人员架构上保持不变，并保留了各自的品牌和业务独立运营，包括以团购和闪惠为主体的高频到店业务，同时加强优势互补，推动行业升级。这次合作得到了阿里巴巴、腾讯、红杉资本等双方股东的支持，华兴资本担任了合作双方的财务顾问。自此，大众点评有了更大的发展空间。到 2022 年，大众点评成为美团旗下的一款引流软件，帮助美团软件进行用户导流。

大众点评作为一款生活信息类 App，其最大的优势在于积累的数据足够多。大众点评一直以来奉行"源于大众又服务于大众"的理念，这使其不仅能够在美食领域始终占有一席之地，而且与其他团购应用相比也有一定优势。在大众点评中，几乎所有的信息都源自用户，每个人都可以自由发表对商家的评论。

（3）美团外卖

美团外卖（见图 4-37）是一家专业提供外卖服务的网上订餐平台，于 2013 年 11 月正式上线，拥有众多优质外卖商家，可为用户提供快速、便捷的线上订外卖服务。使用

图 4-37　美团外卖的图标

美团外卖，用户可轻松实现网上订餐、手机 App 订外卖、在线支付等。

美团外卖之所以能快速拥有高市场占有率，主要基于 3 个方面的原因：首先，美团外卖背靠美团 O2O 大平台，有强势的平台支撑，美团拥有超过 2 亿的用户数量，可源源不断地向美团外卖导流，这是其他单一领域的外卖平台所不具有的优势；其次，美团外卖的地面推广团队效率高，线下团队的管理经验和执行效率也胜过竞争对手；最后，美团外卖高度重视用户体验，并以第三方保险等方式保证用餐安全，做到让消费者放心。平台优势、团队优势、用户体验优势，是美团外卖的制胜关键点。

（4）饿了么

饿了么（见图 4-38）是中国最大的餐饮 O2O 平台之一，创立于 2009 年 4 月。作为 O2O 平台，饿了么的自身定位是连接"跟吃有关的一切"。除了现有的餐饮配送业务，目前饿了么已经将触角延伸至商超配送等其他领域。

图 4-38　饿了么的图标

饿了么隶属于上海拉扎斯信息科技有限公司，"拉扎斯"来源于梵文"Rajax"，寓意着"激情和能量"。饿了么始终将自己定位成一家创业型公司，充满激情、充满能量，秉承"极致、激情、创新"的信仰，致力于推进整个餐饮行业的数字化发展进程，最终成为中国餐饮行业的"淘宝网"。

竞争让饿了么成长得更快，而饿了么发展的关键因素则是创新。自创业以来，饿了么一直不断地引领外卖行业的前进和发展，成就了行业的一个创新奇迹。饿了么凭借其先入市场的优势，积累了不少用户与商家，在与美团外卖的竞争中依然稳步发展。饿了么比美团外卖更有活力，这点可以从它的特色功能上看出，比如拼单。拼单功能长期发展后可以形成商家、用户及饿了么平台三方互惠互利的局面。商家与饿了么平台联手给拼单用户优惠，不仅可以节省人力成本，甚至还可以让更多用户加入拼单中，提升用户数量。

4. 手机视频软件

在公交车、地铁站、长途大巴、酒吧、商场等场所，越来越多的人戴着耳机低头看着自己的手机或平板计算机。走近他们，会看到尺寸不一的屏幕上不断地变换着色彩与图像。曾几何时，那些仅可以通过电视和电影才可以看到的故事影像走到了人们的指尖，动动手指，世间人情冷暖皆知。手机视频软件已成为人们日常生活必备的软件，它改变了传统的观影模式。下面介绍几款常见的手机视频软件。

（1）YouTube

图 4-39　YouTube 的图标

YouTube 是全球最大的视频网站之一（见图 4-39）。YouTube 公司于 2005 年 2 月 15 日注册，由美籍华裔人士陈士骏等人创立，早期的总部位于加利福尼亚州的圣布鲁诺。2006 年 11 月，谷歌公司以 16.5 亿美元收购了 YouTube，并将其当作一家子公司来经营。但是对于如何通过 YouTube 盈利，谷歌公司一直保持非常谨慎的态度。被收购后的 YouTube 依然风靡全球，作为在线视频服务提供商，其系统每天要处理上千万个视频片段，为全球成千上万的用户提供高水平的视频上传、分发、展示、浏览服务。

YouTube 采用的是抽屉式横拉菜单，用户可以通过向右滑动的手势激活主菜

单，并在各种界面之间进行切换。方便的手势操作，以及与其他谷歌应用高度统一的菜单与界面设计，让 YouTube 用起来非常流畅，让用户感受到谷歌出品的实力。

YouTube 在作为 iOS 默认应用的几年内，并没有太大的改变，而自从独立之后，其发展非常迅速，拥有了更简洁的设计、更流畅的体验，且推荐算法更加精确，能帮助用户更快地找到喜欢的视频。至 2022 年，Youtube 已经更新到 17.0 版本。

YouTube 提供了连接和共享功能：用户可以对喜欢的内容进行评论及互动，也可以与他人分享创作，并更好地表达感受。

YouTube 支持各种格式和质量级别的视频，支持 4K 和 8K 分辨率的视频以及 3D 视频，还支持实时播放高达 4K 分辨率的 3D 视频。

近些年，YouTube 提高用户体验的一大举措是提供了字幕功能。视频共享应用还具有自动生成英文字幕的功能。此外，用户还可以随视频上传不同语言的字幕。

（2）爱奇艺

爱奇艺（见图 4-40）是中国视频行业的领先者，于 2010 年 4 月 22 日正式上线，秉承"悦享品质"的品牌口号，积极推动产品、技术、内容、营销等全方位创新，为用户提供丰富、高清、流畅的专业视频体验，致力于让人们平等、便捷地获得更多、更好的视频。截至 2015 年 7 月，爱奇艺已成功构建了包含电商、游戏、电影票等业务在内、连接人与服务的视频商业生态，引领视频

图 4-40 爱奇艺的图标

网站商业模式的多元化发展。截至 2022 年，爱奇艺第一季度总订阅会员的日均人数为 1.014 亿人，而 2021 年同期为 1.054 亿人，2021 年第四季度为 9700 万人，会员人数方面波动较小；第一季度每个会员的月平均收入为 14.69 元，同比增长 8%，环比增长 4%。

从用户体验上看，爱奇艺或许采用了一种更讨巧的办法。用户在观赏过程中不会受到干扰。整体视频质量还算比较高。另外，Android 客户端与 iOS 客户端

并没有太大的差异，只是在刷新页面上略微多出了缓存的占用。

属于电子服务的软件应用还有很多，这里不再一一介绍。加快发展现代服务业是促进产业升级、构建现代产业体系的必然趋势，信息化作为现代服务业的基本特征之一，是我国现代服务业建设的重点。而基于信息化技术的现代服务，是电子服务提升产业效益和组成产业现代化的重要部分。

电子服务的核心是技术、流程和商业模式的集成创新，它能够突破时空的界限，具有高渗透性、服务范围广泛等特点，代表了当今现代服务业发展的基本潮流。加快发展电子服务，有利于打破传统的信息障碍和流通壁垒，促进交易成本的降低和营销效率的全面提升，是推动信息化和服务业紧密结合的黏合剂和快速发展的驱动力。

4.5.3 移动电子商务

移动电子商务（M-Commerce）是指通过手机、平板计算机等便携移动终端进行的商务活动，由电子商务（E-Commerce）的概念衍生而来。电子商务以 PC 为主要终端设备，是"有线的电子商务"；而移动电子商务就是利用手机、平板计算机等无线设备进行特定模式（如 B2B、B2C、C2C、O2O 等）交易的电子商务。与通过计算机（台式 PC、便携式计算机）开展的电子商务相比，移动电子商务拥有更广泛的用户群体。移动电子商务的崛起和普及，使得软件应用成为移动通信中的关键节点。

近年来，各类移动终端的推广和普及极大地促进了移动电子商务的蓬勃壮大，随之也带来了全新的用户习惯和消费模式。

对于服务于用户的品牌来讲，做好移动网络（基于浏览器的 Web 服务）是重中之重。随着品牌认知度和用户规模的提高，需要再进一步进行移动应用的开发和运营。图 4-41 所示为 2022 年第 49 次《中国互联网络发展状况统计报告》中的插图，可以看出网购已呈移动化发展的全球趋势。

此外，移动互联网的收益也在增长，因为付费 App 的数量开始增多，越来越多的企业工作环境基于移动互联网，消费者对移动购物安全性的信心也在增长。

单位：万人

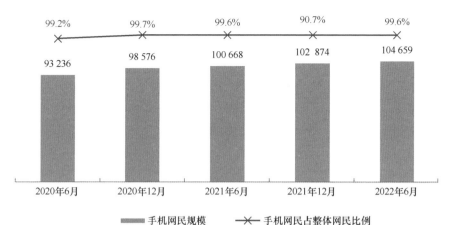

| | 99.2% | 99.7% | 99.6% | 90.7% | 99.6% |

| 93 236 | 98 576 | 100 668 | 102 874 | 104 659 |

| 2020年6月 | 2020年12月 | 2021年6月 | 2021年12月 | 2022年6月 |

▇ 手机网民规模　　✕ 手机网民占整体网民比例

图 4-41　CNNIC：2022 年第 49 次中国互联网络发展状况统计
报告——网购呈移动化发展的全球趋势

遍地开花的移动电子商务模式已经走进了寻常百姓人家，让曾经烦琐的交易
过程仅通过手指的移动和点击便可完成。下面，按 B2B、B2C、C2C、O2O 等不
同电子商务模式介绍移动电子商务的典型案例。

1. B2B

企业对企业（Business-to-Business，B2B）是指企业与企业之间通过专用
网络或互联网，进行数据信息的交换、传递，开展交易活动的商业模式（见
图 4-42）。它将企业内部网通过 B2B 网站与客户紧密结合起来，通过网络的快速
反应，为客户提供更好的服务，从而促进企业的业务发展。电子商务是现代 B2B
营销的一种主要表现形式。

图 4-42　B2B

（1）发展历程

导入阶段（1998—2000 年）：1997 年之前，我国 B2B 电子商务平台的发展以政府项目为主，比较有代表性的项目包括金关、金卡和金税的"三金工程"。1999 年，受国外 B2B 电子商务平台影响，我国市场第一批 B2B 电子商务平台成立，包括当时比较出名的阿里巴巴等。

起步阶段（2001—2003 年）：这一阶段是整个 B2B 电子商务平台发展比较困难的阶段，2000—2001 年的互联网泡沫导致很大一部分 B2B 电子商务平台消失，部分坚持下来的平台也处在缺乏盈利前景的困境中。

发展阶段（2004—2008 年）：从 2004 年起，以阿里巴巴为代表的综合 B2B 电子商务平台进入稳定盈利期，许多行业垂直 B2B 电子商务平台也在各自领域崭露头角。B2B 电子商务平台的主要发展方向分为进出口国际贸易、国内行业贸易和商品流通贸易。

多样化发展阶段（2008 年至今）：2008 年，经过了发展初期的经验积累，我国的 B2B 电子商务开始呈现多样化发展趋势。综合类平台向细分化方向发展，出现了一大批垂直类电子商务网站。同时，电子商务平台的模式也在向前发展，除了提供信息服务之外，还提供在线支付和物流配送服务，使用户直接实现在线交易。2022 年，我国的 B2B 电子商务进入了一个全新的阶段。

（2）运营模式

B2B 电子商务主要有 4 种模式。

① 垂直模式

垂直模式面向制造业或商业。垂直 B2B 可以分为两个方向，即上游和下游。生产商或商业零售商可以与上游的供应商之间形成供货关系，比如戴尔公司与上游的芯片和主板制造商就是通过这种方式进行合作。生产商与下游的经销商可以形成销货关系，比如思科公司与其分销商之间进行的交易。简单地说，这种模式下的 B2B 网站与在线商店相似，是用更加直观、便利的方法促进、扩大交易。

② 综合模式

综合模式面向中间交易市场。这种交易模式将各个行业中相近的交易过程集中到一个场所，为企业的采购方和供应方提供一个交易机会，如阿里巴巴、

TOXUE 外贸网、慧聪网、中国制造网、采道网、环球资源网等。

③ 自建模式

自建模式由行业龙头企业自建。这种模式中，行业龙头企业基于自身的信息化建设程度搭建以自身产品供应链为核心的行业化电子商务平台。行业龙头企业通过自身的电子商务平台串联起行业整条产业链、供应链上下游企业，通过该平台实现沟通与交易。但此类电子商务平台过于封闭，缺少产业链的深度整合。

④ 关联模式

关联模式是相关行业为了提升电子商务交易平台信息的广泛程度和准确性，整合综合模式和垂直模式而建立起来的跨行业电子商务模式。

（3）典型案例

① Kellysearch

Kellysearch（见图 4-43）的总公司是英国的 Reed Elsevier 及荷兰的 Reed Elsevier NV。Reed Elsevier 于 1894 年在伦敦成立，Reed Elsevier NV 于 1903 年在阿姆斯特丹成立。Reed Elsevier 集团每年举办约 460 个专业展会，涵盖 52 个不同行业，吸引 550 万家国际买家。每月超过 260 万名全球用户通过 Kellysearch 寻求新的供应商，月均搜索量超过 2000 万次。

图 4-43　Kellysearch 的图标

Kellysearch 的网页（见图 4-44）每月被谷歌、雅虎和 MSN 等第三方搜索引擎跳转达 1000 万次，这使得它可以充分地促使搜索引擎最优化，实现低投入、高回报。

Kellysearch 有详细而专业的 20 多万种分类细目录，是全球最专业的分类目录之一。Kellysearch 分类中对超过 25 万种产品和服务的标题定义不仅可以帮助买家很容易地找到他们所需要的资源，还可以吸引更多同类的交易。65% 的 Kellysearch 用户发送一个采购请求后，超过 80% 搜索到该请求的用户会使搜索变成采购决定。

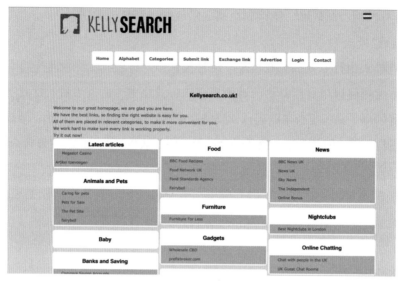

图 4-44　Kellysearch 网页截图

Kellysearch 有独特的交易统计界面，其实时交易统计功能不仅可以让人们即时地了解访问网站的数量，还可以了解在过去的 12 个月内有多少 Kellysearch 用户搜索过相关产品。

Kellysearch 在欧美地区采取不间断、高密度的方式进行市场推广，在 Reed Elsevier 集团下的各种展会、出版的杂志及行业网站中进行各式各样的广告投放。同时，该集团还在不同的时间段展开各种活动，以提升网站的知名度。

②阿里巴巴

阿里巴巴（见图 4-45）创建于 1998 年底，总部设在杭州，并在美国硅谷、英国伦敦等地设立了海外分支机构。

图 4-45　阿里巴巴的图标

阿里巴巴两次被哈佛大学商学院选为 MBA 案例，在美国学术界掀起研究热潮，4 次被美国权威财经杂志《福布斯》选为全球最佳 B2B 站点之一，多次被相关机构评为全球最受欢迎的 B2B 网站、中国商务类优秀网站、中国百家优秀网站、中国最佳贸易网站，被国内外媒体、硅谷和国外风险投资家誉为与雅虎、亚马逊、eBay、AOL 比肩的五大互联网商务流派代表之一。

"倾听客户的声音，满足客户的需求"是阿里巴巴生存与发展的根基。调查显示，阿里巴巴的网上会员近五成是通过口碑相传得知阿里巴巴并使用阿里巴巴的。

（4）发展趋势

全球 B2B 电子商务交易一直占据主导地位，2002 年至今，呈现持续高速发展态势。2007 年，B2B 全球交易额达到 8.3 万亿美元，2010 年达到 13 万亿美元。2013 年，我国的 B2B 电子商务交易额达到 1.25 万亿元，2018 年达到 3.8 万亿元，2021 年上半年达到 14.43 万亿元。从 2002 年至 2022 年，2015 年是行业的关键转型期。

B2B 电商平台向 B2B 综合服务商转变。B2B 电商平台提供的竞价产品搜索已经无法满足客户把控整体交易的需求，向整个交易流程渗透、尽可能提供交易流程各环节的服务将成为每个 B2B 电商平台转型的课题，这一趋势将继续发展下去。综合服务商将在原有商铺搜索竞价服务之外，整合第三方支付、物流、金融乃至检验服务。

B2B 电商平台在主营业务上进入差异化竞争局面。同为平台，阿里巴巴主张做水平层面上的 B2B 生态建设，而慧聪集团强调垂直品类的服务深度，钢联、生意宝则分别聚焦钢铁、化工等细分垂直市场，这种差异化还将延续。概括地说，阿里巴巴将继续通过互联网手段解决问题，而慧聪、钢联等厂商将深挖细分行业，试图在行业内部提供全流程的服务以获得客户认可。

B2B 第三方服务将被持续看好，将出现更多小型并购行为。一达通被阿里巴巴全资收购，是第三方服务被看好的一个缩影。而根据托比网记者的调查，类似的商业谈判、投资行为并没有停下来，无论是 B2B 电商平台，还是其财务咨询机构，都在积极寻找行业内的投资机会。

行业引领者们试水 B2B，然而业务问题并不是这种试水能否成功的关键，企业管理、公司架构乃至人才结构才是需要首要考虑的问题。要解决这个问题，需要行业引领者们解放思想，减少企业内耗，使人才结构达到互联网与行业之间的平衡。

不过，B2B 上市公司面临客户满意度下降、营收风险持续扩大、企业市值和股价下跌等挑战。但这也可能是一个重生的机会，阿里巴巴 B2B 的退市，使其能够在不背负投资者压力的状态下进行深入调整，为如今阿里巴巴内贸 30%、外贸 18% 的季度同比增长打下了坚实的基础。

2. B2C

企业对用户（Business to Customer，B2C）是企业对消费者的电子商务模式（见图 4-46）。这种形式的电子商务一般以网络零售业为主，主要借助互联网开展在线销售活动。B2C 模式是我国最早产生的电子商务模式，以 8848 网上商城正式运营为标志。

图 4-46 B2C

B2C 电子商务网站由 3 个基本部分组成：为顾客提供在线购物场所的商场网站；负责为客户所购商品进行配送的配送系统；负责顾客身份的确认及货款结算的银行及认证系统。

（1）B2C 的运营模式

B2C 的运营主要体现为 4 种模式。

① 综合 B2C

发挥自身的品牌影响力，积极寻找新的利润点，培养核心业务。如卓越亚马逊在现有品牌信用的基础上，借助母公司亚马逊国际化的背景，探索国际品牌代购业务或者国际品牌产品采购、销售等新业务。网站建设需要在商品陈列展示、信息系统智能化等方面进一步细化。对于新老客户的关系管理，需要精细客户体验的内容，提供更加人性化、直观的服务。在物流方面，需要选择较好的合作伙伴，增强物流实际控制权，提高物流配送服务质量。

② 垂直 B2C

核心领域内继续挖掘新亮点。积极与知名品牌生产商沟通与合作，化解与线下渠道商的利益冲突，扩大产品线与产品系列，完善售前、售后服务，提供多样化的支付手段。鉴于个别垂直型 B2C 运营商开始涉足不同行业，需规避多元化的风险，避免资金分散。与其投入其他行业，不如将资金放在物流配送建设上。可以尝试探索"物流联盟"或"协作物流"模式，若资金允许也可逐步实现自营物流，保证物流配送质量，增强用户的黏性，将网站的"三流"完善后再寻找其他行业的商业机会。

③ 传统直销型

首先要从战略管理层面明确这种模式未来的定位、发展方向与目标。协调企业原有的线下渠道与网络平台的利益，实行差异化的销售，如网上销售所有产品系列，而传统渠道销售的产品则体现地区特色；实行差异化的价格，线下与线上的商品定价根据不同时间段来设置。线上产品也可通过线下渠道完善售后服务。在产品设计方面，要着重考虑消费者的需求。大力吸收和挖掘网络营销精英，培养电子商务运作团队，建立和完善电子商务平台。

④ 平台网站

B2C 受到的制约较多，但中小企业在人力、物力、财力有限的情况下，B2C 不失为一种拓宽网上销售渠道的好方法。关键是中小企业首先要选择具有较高知名度、点击率和流量的第三方平台；其次要聘请懂得网络营销、熟悉网络应用、了解实体店运作的网店管理人员；再次是要以长远发展的眼光看待网络渠道，增加产品的类别，充分利用实体店的资源、既有的仓储系统、供应链体系以及物流配送体系发展网店。

（2）典型案例

① 亚马逊

卓越亚马逊（见图 4-47）号称 "中国 B2C 电子商务领导者"，是国内最具有影响力和辐射力的电子商务网站之一，前身为卓越网，被亚马逊公司收购后，成为其子公司。卓越网创立于 2000 年，为客户提供各类图书、音像、软件、玩具礼品、百货等商品。

图 4-47　亚马逊的图标

亚马逊采取的是网络营销的方式。与传统的市场营销相比，网络营销具有跨时空、交互式、多媒体、成长性、超前性、拟人化、整合性、经济性和技术性等优势。亚马逊采用网络营销的方式，它便具备了这些优势。

亚马逊有大约 20% 的员工是做软件开发工作的，从图书检索系统、购买系统到付费系统，"一键购物""个人推荐""个人爱好管理""E-Card 服务""Amazon-Wedding""Your Amazon Home"等，每个部分都经过他们的精心设计，他们的辛勤工作保证了亚马逊网站服务的安全可靠和功能强大。

虽然亚马逊已经拥有了"出色的在线服务系统"，但是顾客的欲望是无止境的，这是挑战，更是机遇。设计出让顾客满意的服务，就可以明显增加顾客数量。

②京东

京东（见图4-48）凭借着它的核心竞争力稳居中国互联网公司市值前列。然而这是一个变革的年代，万物生长，O2O和物联网并行，是共享经济与"互联网＋"齐舞的年代。京东必须拥有应对挑战的撒手锏，即京东需要打造的矛和盾——京东到家和京东大脑。

图 4-48　京东的图标

下面先介绍京东的"矛"，即京东到家。

京东的一个实体店面未来基本上可以做到两个实体店面的营收规模，共享经济使得全民物流时代提前到来。京东到家的业务是京东物流和仓储作用发挥到极致的一个标志，如图4-49所示。当然，这个领域竞争者甚多，说是血海混战一点不为过。

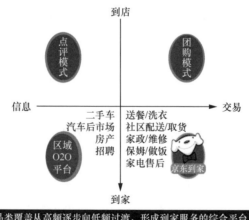

图 4-49　京东到家格局

互联网与传统经济最大的不同在于固定成本和可变成本，固定成本都一样的情况下，传统经济的可变成本呈线性增长，而互联网的则呈指数级增长。以美国的生鲜市场为例，其日损率是 3% ～ 5%，而中国则是 60% ～ 70%。京东到家在这方面可以使日损率直降 30%，会从整体上降低中国的生鲜价格。这是因为京东到家开启了全民物流的时代，通过众包形式实现共享经济。

下面再说京东的"盾"，即京东大脑。

京东大脑是建立在庞大的京东大数据基础之上的，京东的大数据预测将大大节约时间和提高物流效率，降低仓储成本。对于个性化商品的打造，京东拥有更大的数据优势和平台优势。京东大脑支持着京东的全部业务线，不只是电商、物流，还有京东金融等全新的业务线。

京东的大数据优势就是全部的大数据都和消费有关，因此数据的价值和关联性都很高。京东数据中心的云基本上属于半公有云，可通过机器学习让线上线下得到更好的优化，其自身的知识图谱和关联关系能够随时根据数据建立不同的适应性数据模型。京东从最初的商品找人时代进化到了人找商品时代，而且在配货方面得到了运营商们的认可（见图 4-50）。

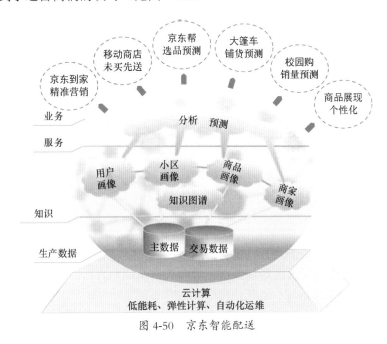

图 4-50　京东智能配送

通过人们平常的实际购买数据，可以分析出他们的真实喜好，这一点对于京东来说尤其重要。京东大脑对于个性化商品或者爆款商品的支持力度非常大，可以大大提升产品团队的设计能力和用户对产品参数的喜欢指数。京东的大数据基本上是以家庭为单位建立的，因此可推出家庭套餐级别的整体商品或者整体服务的解决方案，这些都具有很强的延续性和关联性。

（3）B2C 的实施意义

B2C 模式节省了客户和企业的时间与空间，大大提高了交易效率，特别是对工作忙碌的上班族来说，这种模式可以为其节省宝贵的时间。

B2C 电子商务的付款方式是货到付款与网上支付相结合，而大多数企业的配送则选择物流外包方式以节约运营成本。随着用户消费习惯的改变以及优秀企业示范效应的扩大，网上购物的用户规模迅速增长。

3. C2C

用户对用户（Customer to Customer，C2C）指个人与个人之间的电子商务（见图 4-51）。比如一个消费者有一台计算机，通过网络进行交易，把它出售给另外一个消费者，这种交易类型就称为 C2C。

图 4-51　C2C

C2C 是消费者对消费者的交易模式，它具有与现实商务世界中的跳蚤市场相似的特点。C2C 的构成要素除了包括买卖双方外，还包括电子交易平台供应商，它的作用与现实中的跳蚤市场场地提供者和管理员相似。

（1）C2C 的运营模式

在 C2C 的运营模式中，电子交易平台供应商具有举足轻重的作用。

首先，网络的范围如此广阔，如果没有一个知名的、受买卖双方信任的供应商提供平台将买卖双方聚集在一起，那么双方单靠在网络上漫无目的地搜索是很难发现彼此的，并且也会失去很多的机会。

其次，电子交易平台供应商往往还负有监督和管理的职责，负责对买卖双方的诚信进行监督和管理，负责对交易行为进行监控，最大限度地避免欺诈等行为的发生，保障买卖双方的权益。

再次，电子交易平台供应商还能够为买卖双方提供技术支持服务。包括帮助卖方建立个人店铺、发布产品信息、制定定价策略等；帮助买方比较和选择产品以及进行电子支付等。正是由于有了这样的技术支持，C2C 运营模式才能够在短时间内迅速被广大普通用户接受。

最后，随着 C2C 运营模式的不断成熟和发展，电子交易平台供应商还能够为买卖双方提供保险、借贷等金融类服务，更好地为买卖双方服务。

可以说，在 C2C 运营模式中，电子交易平台供应商是至关重要的一个角色，它直接影响这个模式存在的前提和基础。人们在讨论 C2C 运营模式的时候，总会从商品拍卖的角度分析该模式存在的合理性和发展潜力，但是往往忽略了电子交易平台供应商的地位和作用。可以说，单纯从 C2C 运营模式本身来说，买卖双方只要能够进行交易，就有盈利的可能，该模式也就能够继续存在和发展；但是，前提是必须保证电子交易平台供应商实现盈利，否则这个模式就会失去存在和发展的基础。

因此，分析 C2C 运营模式时，应当更加关注电子交易平台供应商的盈利模式和能力，这才是 C2C 运营模式的重点，也是 C2C 运营模式区别于其他模式的重要特点。

（2）典型案例

淘宝网（见图 4-52）是国内领先的个人交易网上平台，由全球知名 B2B 公司阿里巴巴投资 4.5 亿元创办，致力于成为全球最大的个人交易网站。淘宝网，顾名思义——没有淘不到的宝贝，没有卖不出去的宝贝。自 2003 年 5 月 10 日成立以来，淘宝网基于诚信为本的准则，从零做起，在短短的半年时间内，迅速占领了国内

图 4-52　淘宝网的图标

个人交易市场的领先位置，创造了互联网企业的发展奇迹，真正成为网上交易的个人最佳网络创业平台。淘宝网倡导诚信、活泼、高效的网络交易文化。在为淘宝会员打造更安全、高效的商品交易平台的同时，淘宝网也全心营造和倡导建立互帮互助、轻松活泼的家庭式文化氛围，让每位在淘宝网进行交易的人，都能迅速而高效地交易，并在交易的同时，交到更多朋友，从而让淘宝网成为越来越多网民网上创业和以商会友的优先选择。淘宝网的创立，为国内互联网用户提供了优秀的个人交易场所。

淘宝网凭借众多注册的淘宝小店跃居中国最大的 B2C、C2C 购物网站之一。随着 C2C 的快速发展，个人网上交易成为传统零售市场的重要补充，在产品越来越丰富的同时，交易成本越来越低。淘宝小店借助的正是 C2C 的这个特点，利用专业站点提供的大型电子商务平台，以免费或比较少的费用在网络平台上销售自己的商品，给网购者带来更多、更便宜的商品。作为 C2C 平台，淘宝网为网民提供了自由的买卖空间。只要合法，任何人都可以在这里买卖任何商品。更多的选择、更丰富的商品、更人性化的服务是用户支持淘宝网的重要原因。自由的交易方式为淘宝网带来了居高不下的点击率，也带来了难以估量的商机。淘宝网抓住了 C2C 电子商务网站最核心的竞争点——流量。如何能让更多网络用户知道淘宝网、点击淘宝网、在淘宝网上做生意，成为淘宝网在营销推广上面临的首要挑战。包括搜索排名、网络实名等形式在内的网络营销已经成为企业在互联网时代行之有效的营销方式。

4. O2O

线上线下一体化（Online to Offline，O2O）是指将线下的商务机会与互联网结合，让互联网成为线下交易的平台，这个概念源自美国（见图 4-53）。O2O 的概念非常广泛，既可涉及线上，又可涉及线下。

图 4-53　O2O

2013 年，O2O 进入高速发展阶段，开始了本地化及移动设备的整合和完善，于是 O2O 商业模式横空出世，成为 O2O 模式的本地化分支。

随着互联网上本地化电子商务的发展，信息和实物之间、线上与线下之间的联系变得更加紧密。O2O 让电子商务网站进入一个新的阶段。O2O 的本质是通过互联网信息优势分享富余资源和改善非理性溢价，实现消费者剩余价值和生产者剩余价值的最大化。传统商业会由于信息不对称和资源分布不均，造成可替代性的伪需求。O2O 是基于互联网信息上的"虫洞"效应，对接终端消费者，延伸服务链，通过改善非理性溢价和对富余资源的再配置，形成强需求的商业模式。

（1）O2O 模式的 3 个"基本点"

① 必须由线上和线下两部分组成

O2O 从概念上讲是 Online 和 Offline，即线上和线下，但这个线上不一定是互联网，若万物联网的场景在现实中落地，将会出现以下例子：饮水机没有水了，它会自动续水。水的消耗信息和补充信息会直接对接送水公司数据库，不需要用户主动操作手机或计算机，但这种场景必须通过线下活动才能实现，线上和线下间的互动可能是线下触动线上，也可能是线上触动线下，但二者兼具才能实现 O2O 的价值。

② 服务标准 C 端

O2O 和 B2C 的差异在于 O2O 的标准在 C 端，B2C 的标准在 B 端。B2C 与用户的关系是一种教化与被教化的关系，比如华为公司生产手机，只需要制作统一的说明书，教导用户使用与保养即可，是典型的工业化生产模式。O2O 虽然有生产商品或者服务，但更多是按用户需求定制，满足用户的个性化需求，这就是落后生产力与超前服务思维的矛盾。O2O 火而不旺，最大的原因是无法做到让 C 端满意。

③ B 端、C 端参与链交互延长

一般情况下，商家通过线下的服务来延长交易参与链，尽量通过自身的优势获取用户，用户则通过线上的信息获取来延长交易参与链，通过货比三家选择最优。但不管是商家还是用户，这种参与链都是彼此交互延长，并尽量减少第三方参与来使得自身利益最大化。

（2）O2O 的发展

国内，O2O 发展得如火如荼，主要分化为三大系列。

① 百度系

百度凭借流量入口的优势，其很多业务的进展都非常顺利。让商户自主通过百度的平台开展 O2O 业务是百度更愿意接受的方式。

由百度和《新京报》共同投资的京探网于 2009 年 6 月上线，定位是区域性生活服务平台，百度和《新京报》各占一半股份，具体内容由《新京报》提供和运营，百度提供的则是资源和流量支持。

2010 年 11 月，百度的基于位置的服务（Location Based Service，LBS）产品"百度身边"正式上线，以美食、购物、休闲娱乐、酒店、健身、丽人、旅游等类目为主，整体属于信息点评模式，并整合了各种优惠活动信息。

2010 年 6 月，百度旗下的 hao123 上线了团购导航，2011 年 6 月，"hao123 团购导航"升级为"百度团购导航"，百度团购开始由单纯的导航向 O2O 方向进化。

百度于 2013 年 2 月开始上线自营团购业务，2013 年 8 月以 1.6 亿美元战略控股糯米网。

百度地图于 2008 年上线，2010 年 4 月开放 API，开始引入第三方网站，增加关注点（Point of Interest，POI）信息。百度的 O2O 战略以百度地图为中心，百度团购和百度旅游（包括去哪儿网）作为两翼，打造大平台和自营相结合的模式。

从 2021 年开始，百度尝试将百度地图和无人驾驶结合，期望让无人驾驶领导百度系的新发展。

② 阿里系

阿里系涉足 O2O 非常早且布局链很长，布局提速明显。

2006 年，阿里巴巴收购了由前员工李治国创办的口碑网，后调整为淘宝网本地生活平台，提供本地商户信息、电子优惠券、团购、租房、外卖和演出等 6 类服务，并拥有本地生活、淘宝电影等两个移动客户端。

淘宝网在 2011 年 2 月宣布，此前专注于网络商品团购的"聚划算"重心将调整为线下区域化的团购，正式加入"千团大战"。

2011 年 7 月，美团网完成的 B 轮融资由阿里巴巴领投，随后，时任阿里巴巴副总裁干嘉伟宣布加入美团网担任 COO，负责管理与运营，加强线下队伍建设。

2014 年 3 月 31 日，阿里巴巴与银泰商业集团共同宣布，阿里巴巴将以 53.7 亿元港币对银泰商业集团进行战略投资。双方将打通线上线下的未来商业基础设施体系，并将组建合资公司。

2017 年，阿里开辟了"盒子生鲜"业务，开启本地生活战略。

2022 年 6 月，阿里集团从阿里云、阿里妈妈、大淘宝等多个战略部门开始，对云计算、商业广告、推荐商品等领域多方面布局，进一步拓宽阿里系的业务版块。

O2O 阿里系涉及的工具如下。

第一，线上线下比价。淘宝网旗下比价网站一淘网提供扫二维码比价应用"一淘火眼"，可查询商品在网上和线下的差价。

第二，支付工具支付宝。支付宝已经在手机摇一摇转账、近场通信（Near Field Communication，NFC）传感转账以及二维码扫描支付方面有所布局，并在线下和分众传媒、品牌折扣线下商场达成了合作。

第三，淘宝网地图服务。该服务具有定位、找周边团购优惠、找本地商户等功能。其中，团购优惠由聚划算提供，商家来自淘宝本地生活，地图由阿里云提供。

③ 腾讯系

腾讯 O2O 的路径选择困难，如腾讯电商控股公司生活电商部总经理戴志康所言。以"二维码 + 账号体系 +LBS+ 支付 + 关系链"构成的腾讯路径，其重要的环节包括微信 + 二维码。马化腾曾多次强调：腾讯和微信就是要大量推广二维码，这是线上和线下的关键入口。"微信扫描二维码"成为腾讯 O2O 的代表型应用。

由 F 团与高朋合并的公司获得 4000 万美元融资，Groupon 主投，腾讯跟投。前后加起来，腾讯在团购业务上的投资已经超过 1 亿美元。F 团的业务未与微信进行整合，但并不意味着团购不会成为腾讯扩张 O2O 的助推器。"F 团与高朋的团购业务将给腾讯带来丰富的商户资源，有助于微信的发展"，电子商务观察员鲁振旺认为。

戴志康曾经讲过，手机最大的特点之一是有地图功能，地图是让线下的人和线上的东西产生关系的非常有价值的手段。腾讯的思路是通过多样化方式提供地图平台，其开放的 API 允许更多开发者接入和调用。

自腾讯地图平台 2019 年开始立项街景服务以来，其全球定位数据遍布除非洲外的其他大洲。腾讯街景支持手机，以后 LBS 的应用可以调用腾讯的街景和地图接口，直接在应用里显示所在地方的实际街景数据。

（3）典型案例

① 无印良品

无印良品（见图 4-54）是日本的一个杂货品牌，在日文中意为无品牌标志的好产品。无印良品的产品类别以日常用品为主，没有广告代言人的明星效应、纷繁复杂的样式与包装，业绩却一飞冲天：2010 年至 2012 年，其全球净销售额从 1697 亿日元增至史无前例的 1877 亿日元。可以说，无印良品超乎想象的线下标准化体验和 O2O 战略正是其业绩猛增的原因之一，值得深入研究与分享。

图 4-54　无印良品的图标

在无印良品的经营理念中，不重视和每个顾客的交流，就不要谈 O2O。所以，无印良品把和每个顾客建立良好关系作为 O2O 的核心。基于如何与顾客建立良好关系，无印良品把用户体验和服务纳入 O2O 中，主张创新服务体验，连接线上与线下、连接品牌与粉丝、连接店铺与用户等。

被尊为"无印良品之父"的平面设计师田中一光说过："朴素不会在奢华面前感到自卑，因为朴素所隐含的知性和感性，有它自豪的世界。如果我们能够理解这样的价值观，并向外传播的话，我们就可以用更少的资源，去过更具有美的意识的富裕生活。"这段话完美地阐释了无印良品的理念。与其说无印良品是一个品牌，不如说它是一种生活的哲学。无印良品被称为"生活形态提案店"，提倡简约、朴素、舒适的生活，拒绝虚无的品牌崇拜，直抵生活的本质，它所追求的不是"这个最好"，而是"这样就好"。正是这样的理念激起了消费者的痴迷和狂热。

O2O 实现了线上线下购物渠道的布局，在整个购物周期里，消费者会在移动终端、PC 端等渠道留下许多信息。在这个数据至关重要的时代，无印良品对其格外关注。由于无印良品在网络店铺中发放的优惠券可以在线下店铺使用，且由于每个 ID 获得的优惠券上的条形码都是独一无二的，所以通过数据可以知道有多少人共多少次到哪个店铺使用了消费券，哪位顾客喜欢到哪个店铺消费，哪位顾客在什么时候买了什么东西，以及他们过着怎样的生活。事实上，对每位顾客的分析至关重要，只有了解顾客的生活状态和需求才能更好地满足他们，从而实现 O2O 精准营销，也为线上到线下引流提供了便利。

由此可见，无印良品近两年业绩猛增的成功之路并非无迹可寻：秉承着以顾客为核心的企业理念，把经营好顾客关系作为 O2O 的核心。在此基础上，挖掘契合顾客精神需求的产品基因——朴素，以服务为纽带，布局 O2O，以创新服务体验连接线上与线下、连接店铺与用户等，打造颇有生活哲学意味的 O2O 模式。

② 链家

链家（见图 4-55）成立于 2001 年，是中国领先的房地产服务企业，业务覆盖二手房、新房、租房等房产交易服务。

图 4-55　链家的图标

链家的价值成长与互联网密不可分。

2009 年，链家启动 IT 和互联网化战略，每年的直接投入都是亿元量级，仅房源数据库这块的投入就近 4 亿元——还不包括在大数据领域的投入。2021 年，链家进一步做了很多战略思考。经过过去二十几年的积累，链家已有能力输出流程、规范、体系，进一步拓展业务。

在链家看来，链家网和经纪人都有各自最擅长的部分。链家网最擅长的是做连接和调度，以及做大数据的处理。经纪人最擅长的是和客户交互。"链家网＋经纪人"的商业模式使得链家的并购变成了规模红利，而不是规模陷阱，并能在更大规模的基础上，实现更好的盈利。

在互联网时代，赚信息和数据不对称的钱已不现实，竞争拼的是客户、渠道和专业服务能力。链家更懂消费者，懂加上能够提供相应的服务就能产生更多价值，并最终兑现这个价值。

5. 移动电子商务的发展趋势

移动电子商务的发展趋势主要有两大方面。

一方面是性能。对于移动电子商务，快速、畅通的移动互联网是生存和发展的根本。移动互联网以极高的数据传输速度和丰富多彩的多媒体业务为主要特征，满足了移动电子商务对带宽和速度的基本要求，为提高移动电子商务的服务质量，开拓增值业务创造了条件。5G 的出现，标志着移动电子商务新一轮变革的来临。5G 强大的技术支持让移动电子商务变得更方便、快捷，也让移动电子商务的发展如虎添翼。

另一方面是业务内容。移动电子商务最初以移动支付应用为主，如电信运营商的"手机钱包""手机银行"等业务。随着移动电子商务应用的实效性越来越明显，移动电子商务产业链上的各个行业都跃跃欲试，开始参与到电子商务应用中，提供订票、购物、娱乐、交易、银行业务、无线医疗等服务，基本满足了人们的日常所需。随着技术的不断发展、行业的逐渐成熟，移动电子商务应用还将有更大的发展空间。

移动电子商务的发展也将带动移动电子商务平台的发展，首先是以导购类、垂直类为主的个性化电商崛起。2021 年 10 月，口袋购物获得了 7 亿元的巨额融资，一款主打个性化和精准化的商品推荐的移动购物应用软件能得到资本的认可，足见移动电子商务市场的前景广阔。

未来导购类、垂直类的电商要想体现本身的差异化，更重要的是积累用户对平台的信任和社会化分享的习惯。当人们形成这种分享和获取分享的习惯之后，这种平台就会变成一种购物的决策平台，这个时候盈利模式就会有更大的想象空间。"编辑引导＋用户生成内容（User-Generated Content，UGC）"式的移动电商平台将更具发展空间，一方面由达人、买手推荐引导，另一方面用户可以自己上传、分享自己的商品。如此一来，导购类、垂直类的个性化电商才会有较大的发展空间。

其次是社交电商的崛起。关于移动电商，近两年最大的看点在微信上。2021 年中国移动购物用户规模突破 7 亿人，增长速度超过 24%，高于 PC 端购物用户 14% 的增长速度。移动购物的交易规模接近 30 万亿元，增长率达到 270%。

先有电商后有社交，还是先有社交后有电商，这好比先有鸡还是先有蛋。用户关心的不是先有谁，而是谁能够带来更多的价值就选择谁。对于任何平台来说，交易首要解决的是信任问题，如微信，其封闭性导致其在解决信任问题的同时，要更加注重在商业引流上的另外两重属性：推荐和分享。社交和商务的融合，使得移动电子商务的人性化和商业化做到了统一，衍生出新的社交和商务模式。

总之，移动电子商务有着不可限量的发展空间和进步潜力，以此相辅相成的电子交易、电子银行、电子金融、电子信贷、电子综合一体化服务等也将不断衍生，催生出新的生活、生产和工作模式。

4.5.4　移动电子政务

移动政务（Mobile Government，mGovernment），又称移动电子政务，主要是指无线通信及移动计算技术在政府工作中的应用，通过诸如手机、平板计算机、Wi-Fi 终端、蓝牙、无线网络等技术为公众提供服务，如图 4-56 所示。

1. 移动电子政务发展历程

随着移动技术、计算机技术和移动终端技术的发展，移动电子政务技术已经经历了 3 代。

以短信为基础的第一代移动电子政务技术存在许多严重的缺陷，其中最严重的是实时性较差，查询请求不会立即得到回复。此外，短信长度的限制也使得一些查询无法得到完整的答案。这些令用户无法忍受的严重缺陷也导致一些早期使用基于短信的移动电子政务系统的部门纷纷要求升级和改造现有的系统。

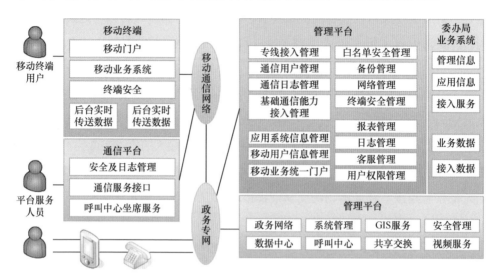

图 4-56　移动电子政务

　　第二代移动电子政务技术采用了无线应用协议（Wireless Application Protocol，WAP）技术，主要通过用手机浏览器来访问 WAP 网页，以实现信息的查询，部分地解决了第一代移动电子政务技术的问题。第二代移动电子政务技术的问题主要表现在 WAP 网页访问的交互能力极差，因此极大地限制了移动电子政务系统的灵活性和方便性。此外，由于 WAP 使用的加密认证的无线传输层安全（Wireless Transport Layer Security，WTLS）协议建立的安全通道必须在 WAP 网关上终止，会造成安全隐患，所以 WAP 网页访问的安全问题对于对安全性要求极为严格的移动电子政务系统来说也是一个严重的问题。这些问题使得第二代移动电子政务技术难以满足用户的要求。

　　第三代移动电子政务技术关注的是利用移动互联网和无线通信技术来提高政府服务的可访问性和便捷性。第四代移动电子政务技术则进一步强调个性化、智能化的政府服务，以及跨平台、跨部门的协同合作。在此基础上，第五代移动电子政务技术融合了 5G 移动技术、智能移动终端、虚拟专用网络（Virtual Private Network，VPN）、数据库同步、身份认证及 WebService 等多种移动通信、信息处理和计算机网络的前沿技术，以专网和无线通信技术为依托，使得系统的安全性和交互能力有了极大的提高，为电子商务人员提供了一种安全、快速的现代化移动执法机制。数码星辰的移动电子政务软件是基于新一代移动电子政务技术的典型代表。它采用了先进的自适应结构，可以灵活地适应用户的数据环境，具有现场零编程、高安全性、部署快、使用方便、响应速度快等优点，且支持通用分组无线服务（General Packet Radio Service，GPRS）、CDMA、Edge 以及所有制式的 5G 网络。移动电子政务 App 也会成为新的政务模式变革方案，如图 4-57 所示。

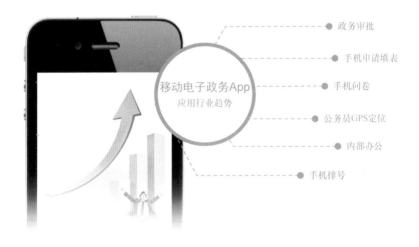

图 4-57　移动电子政务 App 应用行业趋势

2. 应用案例

中国移动通信集团浙江有限公司为杭州市政府提供了信访全面解决方案，杭州市民遇到难题除了拨打市长热线 "12345" 之外，还可以马上发送手机短信到 "12345" 市长手机短信平台向市长反映，解决了以往市长热线 "12345" 拨打难的问题。中国移动通信集团广州有限公司为广州市政府提供了基于 SMS、WAP 手机上网和 GPRS 专线接入等方式的政府移动办公解决方案，并在公安、水利、交通等政府部门得到了很好的应用。大连市政府使用了政府内部移动办公系统，公务员可以通过政府短信服务平台，将自己的电子邮件系统与手机短信联动，一旦收到邮件，就会得到手机短信通知，并且能知道发信人，以便及时回复。江苏省太仓市公安局的警务信息能够通过公安无线网络平台传递至警务人员随身携带一种特制的平板计算机中，在排查犯罪嫌疑人员和处罚违章车辆管理工作中取得了很好的实效。例如，对于可疑人员，警务人员可以根据其姓名、年龄、籍贯等信息即时查询此人的档案数据，确定此人是否是在逃犯、犯罪嫌疑人等。

3. G2G

前文介绍了众多电子商务的应用模式，移动电子政务顺承电子商务的发展而发展，并紧跟其后，有很大的前进空间和拓展余地。所谓电子政务，就是应用现代信息和通信技术，将管理和服务通过网络技术进行集成，在互联网上实现组织结构和工作流程的优化重组，超越时间和空间及部门之间的分隔限制，向社会提供优质和全方位的、规范而透明的、符合国际水准的管理和服务。移动电子政务中也存在与 B2B、C2C 相似的应用模型，即 G2G。G2G 的全称是 Government to Government，又写作 G to G，也称 A2A（行政机关到行政机关），是指政府与政府之间的电子政务，如上下级政府、不同地方政府和不同政府部门之间实现的电子政务活动。

G2G 是基于现代计算机、网络通信等技术的支撑，通过移动互联设备，使政府机构日常办公、信息收集与发布、公共管理等事务在数字化、网络化的环境下进行的国家行政管理形式。它包含多方面的内容，如政府办公自动化、政府部门间的信息共建共享、政府实时信息发布、各级政府间的远程视频会议、公民网上查询政府信息、电子化民意调查和社会经济统计等。

G2G 的具体实现方式涉及政府内部网络办公系统、电子法规、政策系统、电子公文系统、电子司法档案系统、电子财政管理系统、电子培训系统、垂直网络化管理系统、横向网络协调管理系统、网络业绩评价系统、城市网络管理系统等方面。传统的政府与政府间的大部分政务活动都可以通过网络技术的应用，高速度、高效率、低成本地实现。移动电子政务作为电子信息技术与管理的有机结合，已成为信息化建设最重要的领域之一。

在世界各国积极倡导的"信息高速公路"的应用领域中，"电子政府"被列为第一位，由此可见政府信息网络化在社会信息网络化中的重要性。在政府内部，各级领导在网上及时了解、指导和监督各部门的工作，并向各部门做出各项指示，这带来了办公模式与行政观念上的一次变革。在政府内部，各部门之间通过网络实现信息资源的共建共享联系，既能提高办事效率、质量和标准，又能节省政府开支，还能起到反腐倡廉作用。

政府作为国家管理部门，其本身开展电子政务，有助于政府管理的现代化。我国政府部门的职能正从管理型转向管理服务型，承担着大量的公众事务的管理和服务职能，更应及时上网，以适应未来信息网络化社会对政府的需要，提高工作效率和政务透明度，建立政府与人民群众直接沟通的渠道，为社会提供更广泛、更便捷的信息与服务，实现政府办公的电子化、自动化和网络化。通过互联网这种快捷、廉价的通信手段，政府可以让公众迅速了解政府机构的组成、职能和办事章程，以及各项政策法规，增加办事执法的透明度，并自觉接受公众的监督。同时，政府也可以在网上与公众进行信息交流，听取公众的意见与心声，通过网络建立起政府与公众之间的无障碍交流桥梁，便于公众与政府部门打交道，并借网络行使对政府的民主监督权。

在电子政务中，政府机关的各种数据、文件、档案等都以数字形式存储在网络服务器中，可通过计算机检索机制快速查询，做到即用即调。经济和社会信息数据是花费了大量的人力、财力收集的宝贵资源，如果以纸质形式存储，利用率极低，若以数据库文件形式存储在计算机中，可以从中挖掘山许多有用的知识和信息，服务于政府决策。

4.5.5　移动电子金融

金融业是所有产业中收益最高也是对市场反应最敏感的产业之一，金融信息化建设一直是国内外金融公司投入的重中之重。在提升内部效率、降低沟通成本的同时，提供更多的渠道来服务金融客户是金融信息化的根本出发点。

移动电子金融（见图 4-58）正是新时期移动互联网时代金融信息化发展的必然趋势，是使用移动智能终端及无线互联技术处理金融企业内部管理及对外产品服务的解决方案。银行业是金融业的基石，银行业的移动电子金融建设可以按照服务的用户群分为：服务于内部员工的企业应用以及服务于外部客户的产品应用。

目前常见的银行内部企业应用类型包含移动营销（Mobile Marketing）、移动客户关系管理（Customer Relationship Management，CRM）、移动办公、移动数据报表和移动信贷等。常见的银行外部产品应用类型包含移动银行、移动掌上生活、移动理财投资和移动支付（Mobile Payment）等。

下面选取移动营销和移动支付作为典型的移动电子金融服务形式进行介绍，对其他应用类型感兴趣的读者可以查阅相关资料了解。

图 4-58　移动电子金融

1. 移动营销

移动营销指面向移动终端（手机或平板计算机）用户，在移动终端上直接向目标受众定向和精确地传递个性化即时信息，通过与消费者的信息互动达到市场营销目标的行为。移动营销早期称作手机互动营销或无线营销。移动营销在强大的云端服务支持下，能够利用移动终端获取云端营销内容，实现把个性化即时信息精确、有效地传递给消费者个人，达到"一对一"的互动营销目的。移动营销是互联网营销的一部分，它融合了现代网络经济中的"网络营销"（Online Marketing）和"数据库营销"（Database Marketing）理论，亦为经典市场营销的派生，是各种营销方法中最具潜力的部分，但其理论体系才刚刚开始建立。

移动营销基于定量的市场调研，深入地研究目标消费者，全面地制定营销战略，运用和整合多种营销手段，来实现企业产品在市场上的营销目标。移动营销是整体解决方案，包括多种形式，如短信回执、短信网址、彩铃、彩信、声讯、流媒体等。而短信群发只是众多移动营销手段之一，是移动营销整体解决方案的一个环节。所以说，移动营销和短信群发是不一样的。

移动互联网技术的发展促使互联网冲破 PC 枷锁，开始将网络营销从桌面固定位置转向不断变动的人本身。移动营销的目的非常简单：提高品牌知名度，建立客户资料数据库，增加客户参加活动或者拜访店面的机会，提高客户信任度和增加企业收入。

随着移动互联网技术的发展，企业对移动营销方面也更加重视，借助越来越强大的 App 支持，移动营销更具即时性、更快速和更便利，而且也不会有任何地域限制。中国互联网络信息中心（China Internet Network Information Center，CNNIC）数据显示，2022 年我国手机网民数量为 7.2 亿人，手机的第一大上网终端的地位更加稳固。很多企业也开始关注移动营销这片市场，关注如何做好移动营销。

（1）发展概况

虽然移动营销是一个新的营销渠道，但已成为商家连接客户的主要途径之一。这是因为人们已经逐渐熟悉数字通信方式并产生依赖，其中就包括手机通信。数据显示，2021 年全球手机用户达到 60 亿人，普及率为 75.7%，数量远远超过固定电话用户，这意味着手机已经成为主要的通信工具。

说到新型的移动营销，大家会想到 App。智能手机和平板计算机出货量的增长，带来了移动应用快速和多样化的发展。国际数据公司（International Data Corporation，IDC）的数据显示，我国已成为 App 下载量增长最快的国家之一，这也表明国内 5G 市场正在迎来新的临界点，它代表着 App 在移动互联网发展过程中占有举重若轻的位置，也从另一个层面显示着 App 在移动营销中的重要价值。App 是移动互联网的活跃因子，是移动互联网产业的新鲜血液，更是移动整合营销服务中的核心要素。整合了各种移动互联网先进技术和推广手段的新型移动营销方案，离不开 App 的牵线搭桥。

（2）4I 模型

移动营销的模式，可以用 "4I 模型" 来概括，即 Individual Identification（分众识别）、Instant Message（即时信息）、Interactive Communication（互动沟通）和 I（我，即个性化）。

Individual Identification。移动营销基于手机进行一对一的沟通。由于每一部手机及其使用者的身份都具有唯一对应的关系，并且可以利用技术手段进行识别，所以能与消费者建立确切的互动关系，能够确认消费者是谁、在哪里等。

Instant Message。移动营销传递信息的即时性，为企业获得动态反馈和互动跟踪提供了可能。当企业对消费者的消费习惯有所觉察时，可以在消费者最有可能产生购买行为的时间发布产品信息。

Interactive Communication。移动营销"一对一"的互动特性，可以使企业与消费者间形成一种互动、互求、互需的关系。这种互动特性可以甄别关系营销的深度和层次，针对不同需求识别出不同的受众，使企业的营销资源有的放矢。

I。手机的属性是个性化、私人化、功能复合化和时尚化，人们对于个性化的需求比以往任何时候都更加强烈。利用手机进行移动营销也具有强烈的个性化色彩，所传递的信息也具有鲜明的个性化特征。

（3）发展趋势

对广大企业而言，营销可称得上一个永远不变的话题。不管是什么样的企业，或大或小，也无论是在哪个时代，是以前的纸媒时代，还是之后的互联网时代，都离不开营销的存在。智能移动终端的不断普及以及无线网络的不断成熟，带来了全新的移动互联网时代，移动营销自然也就开始进入企业的视线，成为企业营销的新宠。

2. 移动支付

移动支付（Mobile Payment）也称手机支付，就是允许用户使用其移动终端（通常是手机）对所消费的商品或服务进行账务支付的一种服务方式。单位或个人通过移动设备、互联网或者近距离传感直接或间接地向银行金融机构发送支付指令产生货币支付与资金转移行为，从而实现移动支付功能。移动支付将终端设备、互联网、应用提供商以及金融机构融合，为用户提供货币支付、缴费等金融业务。关于移动支付，国内外移动支付相关组织都给出了自己的定义，行业内比较认可的为移动支付论坛（Mobile Payment Forum）的定义：移动支付也称为手机支付，是指交易双方为了某种货物或者服务，以移动终端为载体，通过移动通信网络实现的商业交易。移动支付所使用的移动终端可以是手机、平板计算机、便携式 PC 等。图 4-59 展示了移动支付产业链的基本流程。

移动支付主要分为近场支付和远程支付两种。近场支付是指用手机刷卡的方式坐车、买东西等，非常便利。远程支付是指通过发送支付指令或借助传统支付方式进行的支付，如掌中付推出的掌中电商、掌中充值、掌中视频等的支付。但是，支付标准的不统一给相关的推广工作造成了很多困难。

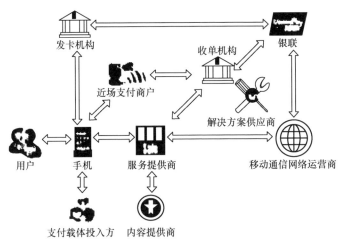

图 4-59 移动支付产业链的基本流程

（1）移动支付的特点

移动支付属于电子支付的一种，因而具有电子支付的特征，但因其与移动通信技术、无线射频技术、互联网技术相互融合，又具有自己的特征。

① 移动性

移动支付消除了距离和地域的限制，结合了先进的移动通信技术的移动性，可随时随地获取所需要的服务、应用、信息和娱乐等。

② 及时性

不受时间和地点的限制，信息获取更及时，用户可随时对账户进行查询、转账或进行购物消费。

③ 定制化

基于先进的移动通信技术和简易的手机操作界面，用户可定制自己的消费方式和个性化服务，账户交易更加简单、方便。

④ 集成性

以手机为载体，通过与终端读写器近距离识别进行信息交互，运营商可以将移动通信卡、公交卡、地铁卡、银行卡等各类卡的信息整合到以手机为平台的载体中进行集成管理，并搭建与之配套的网络体系，从而为用户提供十分方便的支付以及身份认证渠道。

移动支付业务是由移动运营商、移动应用服务提供商（Mobile Application Service Provider，MASP）和金融机构共同推出的、构建在移动运营支撑系统上的移动数据增值业务应用。移动支付系统可以为每个移动用户建立一个与其手机号码关联的支付账户，其功能相当于电子钱包，为移动用户提供了通过手机进行交易支付和身份认证的途径。

（2）移动支付的原理

移动支付处理系统中涉及的主要实体有消费者、商家、移动支付处理中心以及银行系统。

从图 4-60 可以看出，移动支付处理中心是整个移动支付处理系统的核心，它负责联系系统中的其他实体，提供移动支付服务。 同时，移动支付处理中心还维护用于认证的用户信息及提供认证服务。移动支付处理中心实现了消费者、商家和支付服务提供商（银行系统）之间的交互。通常移动支付处理中心可以由移动运营商来实现。支付服务提供商（银行系统）向移动支付处理中心提供支付服务。

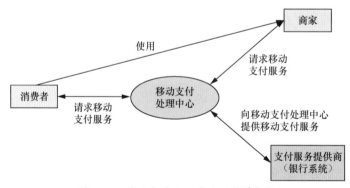

图 4-60 移动支付处理系统的简单架构

一个移动支付交易过程主要包括以下环节。

① 消费者初始化一个交易。消费者使用自己的移动终端，输入与银行协商好的标识，进而与移动支付处理中心取得联系。

② 消费者兑现一个交易。消费者兑现商品。

③ 商家实现交易价值。如果该交易是预支付的，就直接实现了交易价值。

如果是后支付的，就要在一段时间以后，通过移支付处理中心或其他中间媒体来实现。假定在交易之前已经确认了移动支付处理中心和商家的身份，即默认移动支付处理中心和商家的身份是可信的，则整个支付过程可以分为对消费者的身份认证和交易处理两个部分。在这个过程中，支付安全至关重要。

　　基于 WAP 的移动电子商务系统的安全由 WAP 安全构架来实现。WAP 安全架构由 WTLS、无线鉴别模块（Wireless Identification Module，WIM）、无线公钥基础设施（Wireless Public Key Infrastructure，WPKI）、无线标记语言脚本（Wireless Markup Language Script，WMLScript）4 个部分组成，各个部分在实现无线网络应用的安全中起着不同的作用。基于 WAP 的安全构架体系如图 4-61 所示。

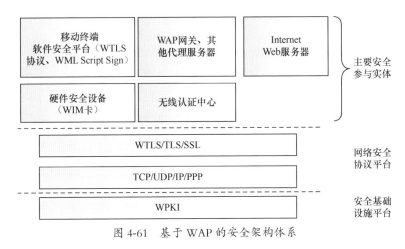

图 4-61　基于 WAP 的安全架构体系

　　在 WAP 网关中，数据是以明文形式显示的，这导致整个安全链条在 WAP 网关形成断点。为实现端到端的安全，WAP 2.0 中提出一种端到端安全的解决方案。这种方案允许在 TCP 层上建立移动终端和 Web 服务器之间的传输层安全协议（Transport Layer Security，TLS）隧道。WAP 网关只完成数据的格式转换，并不对数据进行解密处理。图 4-62 所示为基于 WAP 的安全移动电子政务系统实施方案。

（3）典型案例

① 支付宝

2004 年 12 月，支付宝网络技术有限公司（简称支付宝公司）成立。2022 年

6月14日，支付宝公司宣布其用户数正式突破9亿人，这是国内第三方支付公司用户数首次达到9亿人的规模。

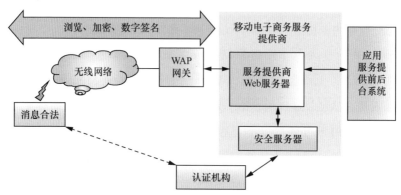

图 4-62　基于 WAP 的安全移动电子政务系统实施方案

支付宝的支付方式有云集宝余额、支付宝卡通、网上银行、信用卡支付、国际卡支付、消费卡、网点支付、货到付款、邮政付款等，现在又有了网上的透支服务——蚂蚁花呗，互联网金融的理念走进了寻常百姓家。支付宝公司致力于成为全球最大的电子支付服务提供商，并逐渐向海外市场、无线、B2B 等领域进行全方位的拓展。支付宝商家服务如图 4-63 所示。支付宝公司提出的建立信任、化繁为简、以技术的创新带动信用体系完善的理念，深得人心。

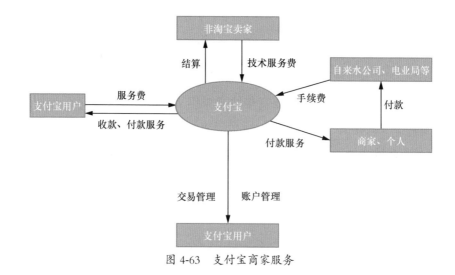

图 4-63　支付宝商家服务

为了消除用户担心支付宝公司挪用"沉淀资金"的疑虑，支付宝公司于2006 年 5 月与中国工商银行签订托管协议，将其所有的客户交易保证金都统一存放在中国工商银行备案允许的资金托管账户中，由中国工商银行总行对支付宝公司的交易资金情况进行综合审计。支付宝公司每月提交资金托管报告披露客户保证金存管情况，并出具客户交易保证金专用存款账户的资金存管情况。在客户交易保证金出现重大异常情况时，中国工商银行总行可向相关部门报告并可根据相关规定拒绝支付宝公司不符合规定的业务请求。

为了避免传统数字证书方案中，由于使用不当而造成的证书丢失等安全隐患，支付宝公司创造性地推出双证书解决方案：支付宝会员在申请数字证书时，将同时获得两张证书，一张用于验证支付宝账户，另一张用于验证会员当前所使用的计算机。第二张证书不能备份，会员必须为其使用支付宝所需的每一台计算机申请一张证书。这样，即使会员的数字证书被他人非法窃取，仍可保证其账户不会受到损失。

蚂蚁集团旗下 Alipay+ 服务的数据显示，截至 2022 年 11 月，全球已有多达250 万家独立电子商务企业使用支付宝作为网络支付工具，支付宝服务的用户已超过 10 亿人。而支付宝合作商户也进一步涵盖了包括服装、电子、机械、家居、文化等在内的几乎所有已应用电子商务的产业领域。

② Smart

用户无须更换手机，运营商无须支付昂贵的 SIM 卡开发成本，就实现了移动支付业务的大规模普及，菲律宾最大的通信公司 Philippine Long Distance Telephone Company 旗下的手机运营商 Smart 用最经济的方法实现了大多数运营商的梦想。

Smart 与菲律宾资产规模最大的银行 Banco de Oro 共同推出了 Smart Money。Smart Money 采用 64 KB 内存的 Super SIM 卡，使得用户能够通过在线或无线的方式将应用程序下载到手机中，大内存的 Super SIM 卡使得这些应用程序能够被轻松安装。用户使用移动支付服务时，将不必记忆复杂的 SMS 代码，而通过程序运行自动生成特殊的 SMS 信息来完成服务。

Smart Money 在购物中可以发挥借记卡的功能，其在任何接受 Mastercard 的商家都可以使用。通过与 Mastercard 的联合，Smart Money 在某种程度上借用了 Mastercard 的商家网络和银行网络，从而获得了形成可信服务管理者（Trusted Service Manager，TSM）控制环节的核心能力。Mastercard 也为 Smart 的国际化战略打造了有利条件。与此同时，Smart Money 的用户在菲律宾绝大多数 ATM 上都能提取现金，广泛的适用性也使得 Smart Money 有了与银行卡、信用卡同台竞争的优势和地位。

Smart Money 的手机充值服务和银行卡转账服务最大限度地考虑了现金的流动性，任何人可以往任何手机上充入闲散资金，从而使得父母对孩子转账、海外工作人员对家属转账、手机临时充值、借款应急等常发性事件得到有力的支撑，大大提高了 Smart Money 的使用率和实用性。为手机充值的服务被冠名为 "Smart Load"，于 2003 年发布，是世界上第一项电子预付费充值服务。当用户已经用完账户余额时，他们无须寻找出售预付费充值卡的商店或联营银行的 ATM 来为预付费账户充值，而是可以直接从任何其他有多余通话时间的 Smart 用户或零售商处购买通话时间，而 Smart 用户或零售商就可以使用菜单触发的 SMS 消息轻松地执行充值过账。由于不需要打印卡，也无须承担实际分销的成本，更不会有盗窃和丢失等情况发生，这项服务大大降低了成本。Smart Load 已经从根本上改变了 Smart 的预付费业务和竞争环境。

运营商在进军国际市场时往往会遇到不小的障碍。Smart Money 从互联网业务的全球化中找到了灵感，脱离网络的明星技术和业务往往更容易全球化，同日本的 NTT docomo、韩国的 SKT 一样，Smart Money 将自己的明星业务作为进军全球市场的武器。

3. 移动支付的发展趋势

（1）HCE 崛起并进入中国

基于主机的卡模拟（Host-based Card Emulation，HCE）技术通过云端存储支付敏感信息，从而避免了硬件安全元件（Secure Element，SE）的要求，而对 SE 的掌控又是 NFC 支付技术最重要的利益纷争点，HCE 可以完美地避开运营商的 NFC-SIM 卡方案。但是，与嵌入式安全元件（embedded SE，eSE）和 NFC-SIM 等方案相比，HCE 没有硬件加密的云端技术，安全性始终略逊一筹，所以其安全性需要其他技术来保障。

（2）基于卡的 NFC 充值及消费应用开始普及

2014 年，一种 NFC 应用开始在交通领域推广，那就是通过 NFC 手机对交通卡进行充值及消费。交通卡一直局限于交通领域使用，NFC 与卡的结合将成为城市一卡通的发展方向。交通卡的消费领域，可以以 NFC 为入口打入互联网，实现对虚拟产品的支付，甚至可以拓展到电商。

（3）微信和支付宝引领互联网 POS 潮流

2014 年至 2022 年，国内掀起了移动支付热潮，这不是一直专注近场支付的 NFC 推动的，而是微信与支付宝之间的线下拉锯战推动的。微信红包吸引了大批用户在微信绑定银行卡以支持微信支付。支付宝的"双十二"活动促进消费者使用支付宝进行线下付款。那么为了能够让商家支持微信与支付宝的支付方式，是否需要发展新型销售终端（Point of Sale，POS）呢？这也是移动支付提供商正在思忖的问题。

（4）SWP-SIM 方案受到冲击

手机厂商的直接参与，包括之前提的 HCE 崛起，直接或间接地对运营商的单线协议（Single Wire Protocol，SWP）SIM 卡 NFC 支付方案造成了冲击。运营商的 SWP-SIM 卡方案一直饱受消费者诟病，其中有体制问题、办理流程复杂问题、服务的职责划分问题甚至使用体验问题等。如今，新兴的全手机支付方案避开了运营商的控制。国内运营商当初推行 NFC 支付，很大程度上是在学日本运营商的 NFC 支付，将其作为一种避免管道化的业务，然而受不同时期、不同环境的影响，国内运营商的 NFC 支付没有较大发展。

（5）基于 iBeacon 的营销模式开始兴起

iBeacon 是苹果公司在 2013 年 9 月发布的移动设备应用上配备的新功能。iBeacon 的工作方式是，配备有蓝牙低功耗（Bluetooth Low Energy，BLE）通信功能的设备使用 BLE 技术向周围发送自己特有的 ID，接收到该 ID 的应用软件会根据该 ID 采取一些行动。

（6）利益冲突爆发，TSM 平台之争愈演愈烈，强强联合并购成风

TSM 掌控着重要的交易信息，谁掌握了 TSM，谁就掌握了整个移动支付生

态链顶层。2014 年是各种 TSM 的发布之年，而到了 2021 年，有实力的企业都已经成立 TSM，没有实力的抱团成立 TSM。吸引更多参与者加入 TSM 以壮大势力，或许会成为一个趋势。古时诸侯纷争的年代，如何选择可以依附的团体是很重要的。游离在 TSM 平台之外的企业，如果没有合作成立 TSM 的机会，为了长久的发展，会选择入驻 TSM 平台进行合作。为争夺未加入 TSM 平台的企业，各大 TSM 平台间将爆发一场争夺战。

（7）免密支付成趋势

互联网时代的到来，导致了账号的泛滥。银行发卡量的增加，使得人们手中的卡越来越多。人们要记住银行卡密码、互联网应用密码等非常麻烦，免密成为新的研究课题。如何在不需要密码的情况下进行安全认证，成为迫切需要解决的问题。

很多学者提出了"无证之证"的讨论话题，任何证件都存在被复制的风险，人为制造的证明仍然有可能被人复制，于是人们想到了生物识别，指纹、人脸、虹膜等生物认证方式开始逐渐从小众认证拓展到大众支付应用。

（8）穿戴式设备与移动支付结合

Apple Watch 在 2014 年发布，并在 2015 年正式上市。功能方面，穿戴式设备一般会有健康监测、运动记录等功能。在穿戴式设备发展过程中，企业发现消费者对穿戴式设备并不那么感兴趣，"戴不起来"是一个大问题。

2021 年，穿戴式设备与移动支付的结合成为一大趋势，而且随着 Apple Watch 的推出，诸多跟进的企业会推动市场的发展。科技与支付的结合产生的火花，也反映出不少问题，毕竟支付行业错综复杂，利益纠葛太多。本书 4.5.6 节会进一步介绍移动穿戴设备。

（9）Token 技术普及

Token 可以翻译成标记化或者信令，是国际三大卡组织（Visa、Mastercard 和美国运通）针对互联网以及移动互联网环境下支付账户信息容易泄露的问题而推出的解决方案。2014 年 3 月，国际芯片卡及支付技术标准组织（EMVCo）正式发布规范，随后 Token 被应用在苹果发布的 Apple Pay 中。

简单地说，Token 是一种加密手段，让明文的银行卡信息通过加密后的

Token 来交易，Token 由发卡方发行并读取。这让饱受银行卡信息被盗取困扰的支付行业看到了技术带来的曙光，并且广泛地将 Token 应用在互联网以及移动互联网的交易中。

（10）Apple Pay 的全球普及

自 2019 年秋季发布后，Apple Pay 迅速成为全球首屈一指的移动支付应用。截至 2019 年 4 月 26 日，美国已经有 240 万信用卡激活了 Apple Pay，用户数量不断攀升。

鉴于 Apple Pay 对移动支付的影响巨大，Apple Pay 的全球普及值得关注。虽然面临不同地域、不同国度的金融规范限制，但是 Apple Pay 还是势如破竹地侵入许多国家和地区。外来入侵带来的本土竞争，是 2022 年移动支付行业值得关注的地方。

IDC 的报告显示，2021 年全球移动支付的金额已突破 3 万亿美元。这意味着，今后几年全球移动支付业务的进一步发展和完善，将使移动支付继续呈现走强趋势。

4.5.6　移动穿戴设备

移动穿戴设备是能直接穿戴在身上或整合进用户的衣服、鞋帽等其他配件中，集成了软硬件而具备一定计算能力的新形态终端设备。目前，移动穿戴设备多以可通过 BLE、Wi-Fi、NFC 等短距离通信技术连接智能手机等终端的便携式配件形式存在，主流的产品形态包括以手腕为支撑的智能手表、腕带、手环等产品，以头部为支撑的智能眼镜、头盔、头带等产品以及智能服装、配饰等各类非主流产品。

1. 移动穿戴设备的分类

移动穿戴设备根据技术实现的难易程度和功能特性大致可分为两类。一类是面向传感器应用的移动穿戴设备，例如 FuelBand 智能腕带、Jawbone Up 智能手环、Fitbit Flex 智能手环等。这类移动穿戴设备，主要通过传感装置对用户的运动情况和健康状况做出记录和评估，通常需要与智能手机等终端设备进行连接以进行数据的分析、管理、显示等。另一类是支持新型人机交互技术的移动穿戴设备，除可实现基于传感器的应用外，还可实现支持新型人机交互技术的应用。例如 Pebble 智能手表、Galaxy Gear 智能手表、Google Glass 智能眼镜等，通过支持新型人机交互技术诸如新型显示技术（例如柔性屏幕、微投影）、语音交互技术（例如语音控制）、AR 技术、图像识别技术（例如手势识别、人脸识别）等，实现与智能手机类似的功能，通常与智能手机等设备配合使用，简化智能手机的操作，将智能手机的通信、娱乐等功能在移动穿戴设备上进行扩展。

移动穿戴设备在信息传输、人体感知等领域可作为智能手机等传统智能终端的有益补充。一方面，移动穿戴设备把智能手机上的部分功能抽离出来，以更好的交互方式呈现到用户面前，使传统智能终端在新型交互方式上实现功能延伸。功能延伸以智能手表、智能眼镜为代表，可实现移动穿戴设备的上网、导航、拍照等功能。另一方面，移动穿戴设备可注入智能手机所没有的元素，进行功能创新，并使新功能与传统智能终端已有的功能形成互补。功能创新以智能手环、智能腕带等产品为代表，发挥贴近用户身体的主要特点，可收集并整理用户运动及健康数据。

细数目前已经问世和即将问世的移动穿戴设备，基本包括四大类。

① 运动和健康辅助的 Jawbone Up、FuelBand、Fitbit Flex 以及国内的咕咚手环、大麦计步器等。

② 可以不依附于智能手机的独立智能设备 iWatch，以及果壳智能手表。

③ 作为互联网辅助产品的 Google Glass、百度 Eye 等。

④ 与物联网密切相关的体感设备 MYO 等。

2. 移动穿戴设备的特点

移动穿戴设备应当具备两个重要的特点：一个是可长期穿戴，另一个是智能化。移动穿戴设备必须是可延续性地穿戴在人体上，并能够带来增强用户体验的效果。这种设备需要有先进的电路系统，能无线联网并且起码具有低水平的独立处理能力。

移动技术与穿戴的结合，在体现技术特点的同时，还需要具有独特性，主要体现如下。

（1）美观

对于移动穿戴设备来说，美观是必不可少的元素，移动穿戴设备应该创造一种标志性的、永恒的美感。追踪用户生物特征数据的模块化传感器 Modwells，就像能够附加到衣服上的珠宝。找到美学、功能性以及场合的平衡，是至关重要的。

（2）互动

移动穿戴设备不仅可以接收外部信息，还可以使用外部设备发送信号。在设计交互模式时，不能简单地转化那些计算机时代的老概念，而要考虑交互发生的背景以及社会场合等。移动穿戴设备会创造出大量的数据，设计移动穿戴设备时需要知道通过这些数据能做些什么，又能为消费者带来什么。因此，对移动穿戴设备的互动场景和互动过程信息进行利用和采集，并为决策提供可借鉴的启发式信息非常重要。

3. 移动穿戴设备的经营模式

移动穿戴设备的经营模式亟待确定，商业格局未成定局，移动穿戴设备的各品牌在研发产品与服务、探索最优盈利手段的路上不断创新，其中的经营模式日渐清晰。主要体现在以下几个方面。

① 硬件销售。直接的产品销售无疑是商家获利最快速、最有效的方式。为了使商品占据更大的市场份额，移动穿戴设备开发商需在外形设计、功能开发等领域下足功夫——只有外形美观、佩戴舒适、功能强大的设备才能满足消费者日新月异的需求。

② 高端配置。将移动穿戴设备打造成奢侈品，是一些公司正在进行的尝试。通过品牌效应、高级材料和精细手工增加产品附加值，能够提升产品销售收入。但硬件销售模式并不能为企业带来长久的收益。移动穿戴设备是更新换代很快的电子产品，其成熟期与衰退期之间的时间差可能很短。在这样的前提下，商家需要时刻警惕，追寻蕴藏在产品衍生线上的商机。

③ 衍生品销售。周边产品一般生产成本较低，利润颇为丰厚。不过，品牌自己开发的周边产品普遍售价偏高。许多消费者更愿意以更低的价格购买第三方设计、生产的同类产品。

④ 生态搭建。移动穿戴设备的主线产品是基于云端大数据的软件与服务。移动穿戴设备开发商可以开发与其设备配套使用的软件平台，与苹果系列产品联

合使用的 iTunes 相似。一旦消费者习惯使用这个平台，哪怕之后出现新的竞争型产品，用户的高转换成本也会为品牌保留竞争优势，这就是产品生态体系的建模和演化。

⑤ 软件开发。移动穿戴设备相关的软件开发也可以为品牌带来收益，同时也是夯实品牌软件 / 服务平台的一步。只要开发的软件确实有用、有趣，而且还兼具个性化，那么消费者一定乐于购置。

⑥ 远程服务。个性化的远程服务也是移动穿戴设备的一大商机。将设备收集到的数据上传云端，为提供个性化的远程服务奠定了基础。

⑦ 精准广告投放与收费数据库。随着大数据的充分利用，企业会寻求更有效率的广告投放方式，把每一分钱的投入都用在刀刃上。除了一些功能型广告可以利用大数据精准投放在具有特定需求的顾客群体中，通过分析人类情绪以及所处环境的设备还能让广告投放在用户最轻松、最悠闲、最有可能观看广告的时间段中。同时，通过移动穿戴设备收集的大量数据还可为特定领域的科研机构提供数据支持，从而产生商业价值和社会价值。

4. 典型案例

（1）可穿戴智能设备

智能手环一般具有计步、测量距离、记录热量、测量体脂率等基本功能，还具有活动、锻炼、睡眠等模式，可以记录营养情况，拥有智能闹钟、健康提醒等功能。

除智能手环外，智能手表也是代表性的可穿戴智能设备之一。在 iWatch（见图 4-64）上市前，其他多家 IT 巨头纷纷发布智能手表产品，在可穿戴设备领域掀起了一波新品高潮。业内人士认为，随着智能手机市场增速放缓，多家智能手机制造商开始进入可穿戴技术领域，寻求新的业务增长点。特别是 iWatch 的推出，极大地提高了市场对可穿戴智能设备的热情，并带动了整个行业升级。随着 Android Wear 和 Tizen OS 等操作系统在可穿戴智能设备上的应用愈加成熟，智能手表迎来了集体爆发。三星（Galaxy Gear，见图 4-65）、LG、索尼、摩托罗拉等厂商纷纷推出新的智能手表产品，不但功能更加丰富，外形也越来越吸引眼球。

图 4-64　iWatch　　　　　　　　　　图 4-65　Galaxy Gear

2021 年 9 月 9 日，苹果公司举行秋季新品发布会。苹果公司的可穿戴智能设备主打运动、健康功能，搭载多款传感器，并拥有 NFC 芯片，支持移动支付功能。作为手机功能的延展和补充，智能手表不仅能够丰富产品线，还有助于提升用户黏性。为提升用户对可穿戴产品的兴趣，各厂商都在寻求具有自身特色的产品推广路线。例如，苹果公司在智能手表上搭载了健康数据存储平台 HealthKit。该平台兼容苹果移动操作系统，能够收集并存储心率、热量消耗、血糖、血压、实验室报告以及药物等数据，并在用户许可的情况下将这些数据提供给医生、应用研发者以及其他相关人士。

已经有诸多医疗保健机构和保险公司表示对苹果智能手表和 HealthKit 平台产生兴趣。波士顿一家医疗中心的分析师表示，医生可以通过相关产品对患者进行远程监控，以防术后并发症的发生，并且能够尽早发现问题，降低医疗成本。纽约梅奥诊所、凯泽永久医疗集团等医疗保健机构都已经与苹果展开合作。此外，还有一些生产厂商寻求与时尚品牌牵手，走高端路线。芯片巨头英特尔公司推出与美国时尚零售品牌 Opening Ceremony 共同打造的高端智能手环 MICA，这是一款类似于首饰的可穿戴智能设备，外嵌珠宝，具有 5G 功能，可以独立于智能手机进行工作。英特尔公司还与手表和时尚配饰零售商 Fossil 合作开发了可穿戴智能设备。而在此之前，谷歌公司已经开始销售与时尚品牌 Diane von Furstenberg 合作开发的谷歌眼镜。随着各具特色的可穿戴智能设备走向市场，相关需求有望迎来爆发式增长。摩托罗拉公司发布了 Moto 360 智能手表，这款被科技爱好者称为"最美智能手表"的产品在网络渠道上发售不到一天就被抢购一空。可穿戴智能设备将成为下一个消费电子产品增长点。此类产品能够实现 24 小时佩戴、永久在线与即时信息沟通，并能够充分挖掘人体信息并给出相应问题的解决办法。这几乎是对人体能力的直接增强，因而是未来的发展趋势。

2021 年是可穿戴智能设备高速启动的元年。众多可穿戴新产品集中上市，整体需求开始上涨，特别是 iWatch 的推出极大地激发了市场对可穿戴智能设备的热情，并带动整个行业在测量精度、屏幕显示、软件应用等多方面实现升级。

（2）可穿戴医疗设备

可穿戴医疗设备（见图 4-66）将是未来医疗设备的发展趋势之一。天津九安医疗电子股份有限公司旗下品牌 iHealth 推出了 3 款可穿戴医疗设备，分别为动态血压监测仪、无线动态心电图监测器和可穿戴脉搏血氧仪，它们的主要作用是帮助人们更好地监控自己的健康状况。

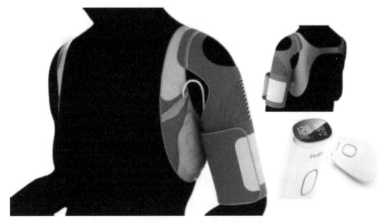

图 4-66 可穿戴医疗设备

iHealth 动态血压监测仪是业界首创，可通过蓝牙连接到用户的移动设备上，也可通过 USB 连接到 PC。这款监测仪可放置在背心里面，提供 24 小时的血压监控，同时不会影响用户的日常生活。此外，用户还可以选择设备读取血压的时间间隔，如 15 分钟、30 分钟、45 分钟、60 分钟或 120 分钟。

iHealth 动态血压监测仪允许用户向医生定期提供血压信息，因为其数据可以显示血压在一整天每个时段的表现，而这是了解夜间高血压潜在问题的关键。

这款动态血压监测仪支持 iOS 和 Android 设备，最多支持 200 个数据点。此外，该产品还配备了可充电电池。

对于需要使用无线动态心电图监测器（见图 4-67）的用户，现在又有了无线产品的选择。iHealth 的无线动态心电图监测器内置电极和监视器，可放置在普通衣服里面。监测器所收集的数据可以先无线传输到用户的手机中，再自动发送到云端，这使得医生可以轻松访问这些数据。这款心电图监测器支持 iOS 设备，通过 BLE 4.0 传输数据，也可以通过 USB 将数据传输到 PC 上。该设备最多可存储 72 小时的数据，并配备可充电电池。

iHealth 可穿戴脉搏血氧仪（见图 4-68）可持续监控用户的血氧饱和度和脉搏率，它配备了指尖传感器，并连接到腕部设备，可以监测用户在日间正常活动中或夜间的血氧饱和度。这对于检测阻塞性睡眠呼吸暂停综合征、慢性阻塞性肺病和睡眠呼吸暂停等大有裨益。这款脉搏血氧仪支持 iOS 和 Android 设备，采用 BLE 4.0 技术，最多可存储 1000 小时的数据。上述 3 款产品均支持 iHealth 的移动应用，可以显示相关数据，并自动上传到云端进行管理和共享。

图 4-67　无线动态心电图监测器　　　　图 4-68　iHealth 可穿戴脉搏血氧仪

5. 移动穿戴设备的发展趋势

移动穿戴设备中的芯片、操作系统不仅需满足小巧和低功耗要求，还需支持更多样的传感器技术和新型人机交互技术，来感知周边环境和实现多种操作模式。

移动穿戴设备的芯片向小型化、低功耗化的方向发展，芯片呈现多样化需求。已有产品通常可分为两种平台架构。一种脱胎自智能终端，以已有的手机应用处理器为核心硬件的通用平台，功能强大，可以完成 AR 等一系列基于多媒体内容的交互功能，缺点是功耗较高、待机时间较短；另一种与活跃在工业控制领域的低功耗微控制器结合，立足嵌入式技术，采用该类架构的设备具有功耗低、响应速度快等优点，但是对 AR 等高性能人机交互技术的支持较弱，只能完成监控、记录、提醒等简单功能。高通、英特尔、MTK 等产业巨头，以及国内的君正公司已经相继推出用于移动穿戴设备的定制化芯片，这将加快移动穿戴设备的硬件成熟速度。

移动穿戴设备操作系统呈多元化发展，目前通常有 3 种不同的技术路线。第一种是面向功能相对简单、基于传感器应用的操作系统，通常采用嵌入式操作系统，例如较成熟的实时操作系统（Real-Time Operating System，RTOS），可在单一领域完成固定任务；第二种是对已有智能手机操作系统进行裁剪产生的操作系统，大部分智能手表、智能眼镜等产品便是基于 Android、iOS、Tizen 等操作系统进行开发，对手机操作系统耗电量大、视频加速等占用大量系统资源等问题进行优化；第三种是专门针对可穿戴设备的操作系统。谷歌公司已经发布 Android Wear 系统平台，可穿戴设备操作系统格局将迎来新的变化。

传感器成为移动穿戴设备的核心器件，生物传感器、环境传感器等新兴传感器得到广泛应用。移动穿戴设备中的传感器根据功能可以大致分为运动传感器、生物传感器、环境传感器 3 类。运动传感器在智能手机等传统终端中已得到广泛应用，主要实现运动探测、导航、娱乐、人机交互等功能，目前移动穿戴设备对于运动传感器的需求仍占据主导地位。生物传感器和环境传感器等新兴传感器主要实现的功能包括健康和医疗监控、环境监测等，在移动穿戴设备中也开始广泛应用，并具有很大的发展潜力。移动穿戴设备中的传感器是人类感官的延伸，随着传感器向微型化与智能化方向发展，移动穿戴设备将加速对多样感知能力的整合。

此外，与传统智能终端的交互技术不同，微投影、骨传导、AR 等在移动穿戴设备方面的应用前景十分广阔。移动穿戴人机交互技术在不断升级进化的同时，也带来了更新奇有趣的操控体验，越来越直观、简便和自然的人机交互技术仍将是未来移动穿戴设备的重要突破方向。

|4.6 当下软件研究的热点问题|

4.6.1 政府应用

随着信息化的脚步加快，软件在人们生活中发挥着越来越重要的作用，除了一些在生活领域中耳熟能详的软件，不少业务功能性强的软件也方便了政府人员的办公，帮助全世界的政府提高办事效率，保证办事公平。通过使用计算机软件的方式，政府机构减少了办事人员频繁跑腿、民众排队等待等原有"办事难"问题的出现，办事效率得到了提升。不仅如此，使用软件的另一个优点是信息保存方式从原来的纸质保存改成了电子保存，使得数据不容易丢失，也方便异地事务信息的交接，间接提高了异地业务的处理效率。

1. 软件在政府办公领域的应用

数字政务是近些年来新出现的词，指的是利用互联网将政务资源进行高效、有序的整合，使数据、业务、软硬件、系统融为一体，打造政务中枢平台。数字政务能实现业务协同、数据共享、在线沟通，能够有效地提升政府服务品质和办事效率，让"服务于民、服务于政"的理念深度融入数字化政务体系。

国内有不少优秀的软件公司为了满足政府办公的特定需要，选择在保留核心业务的同时，为政府特定业务提供相应的政府办公软件。其中，比较著名的有 WPS Office 软件。

WPS Office 是由金山软件有限公司（简称金山公司）发布的一款办公软件，具有用户办公软件中最常用的文字编辑、表格处理、演示文稿制作等功能，覆盖多个操作系统平台，例如 Windows、macOS、Linux、Android、iOS 等。财报显示，2019 年，金山公司的主要产品 WPS Office 已覆盖 46 种语言，为全球 220 多个国家和地区超过 4.11 亿个人用户提供办公服务。

早在 2001 年，政府的采购清单中就已经出现了 WPS Office，在 2005 年就已经有 WPS Office 2005 政府专用版出现（见图 4-69）。此后，政府版的功能越来越新，越来越符合办公需求。

截至本书成稿之日，政府专用版的 WPS Office 相对于微软 Office 而言，已经有一定的优势：WPS 有较丰富的模板库，适合不少政府的办公环境，为政府办公提供了便利；此外，WPS 有内置的云服务，而且服务器位于我国境内，响应了国家网络安全的号召，而且具有数据存放位置近、同步时间短等优点。

政府办公也越来越多地应用到软件，为了满足线上交流的需求，腾讯公司推出了一款会议软件——腾讯会议（见图 4-70），来帮助政府开展业务。

图 4-69 WPS office 2005 政府专用版安装页面

图 4-70 腾讯会议的商标

腾讯会议是腾讯云旗下的一款音视频会议产品，具有 300 人在线会议、全平台一键接入、音视频智能降噪、美颜、背景虚化、锁定会议、屏幕水印等功能。该软件还提供实时共享屏幕、支持在线文档协作等功能。政府召开例行公会等大都会使用这款软件。

腾讯会议极大地方便了居家办公，其优异的性能和清晰的语音的背后离不开当下最火的深度学习技术。语音增强算法也是当前会议类型软件的研究热点，语音的清晰度关系到会议类软件的用户满意度。

语音增强是指当语音信号被各种各样的噪声干扰甚至淹没后，从噪声背景中提取有用的语音信号，并抑制、降低噪声干扰的技术。这种技术的主要目的是从众多噪声中分辨出用户想要传达的语音并且加强这部分原始语音，提高语音质量和清晰度。

实现语音增强主要依靠经典的算法模型，例如最小二乘法（Least Mean Square，

LMS）、谱减法（Spectral Subtraction）、维纳滤波（Wiener Filtering）算法，这些经典的降噪算法在大部分情形下的表现都比较好，在处理日常的噪声（如在线会议中可能出现的键盘敲击声、鼠标点击声）方面都比较出色。但是，上述经典降噪算法的缺点也很明显——适应性还不够强，因为生活中的场景非常多，不仅是上述可能的噪声，所以需要用到深度神经网络来解决这个问题。

现在，很多语音处理模型采用的是循环神经网络（Recurrent Neural Network，RNN）。这种网络的特性是神经网络的输入不仅包括当前信息，还包括以往的输出信息，这种特性使得 RNN 能够捕捉到时间序列信息，可用来进行数据增强。还有的语音处理模型利用的是卷积神经网络（Convolutional Neural Network，CNN）。CNN 最先被应用在图像处理上，但是科学家们发现用它处理语音增强方面的工作也有不错的效果，特别是在处理时域信号的时候，效果在一定程度上超越了 RNN。

随着模型的网络深度进一步加深，神经网络层数也不断增加，新的算法模型越来越多。常见的语音处理模型采用 Encoder 和 Decoder 框架（编码和解码两个模块）来保存语音信号中最稳定、最有价值的信息。即使如此，在进行语音处理的时候，仍然还有许多问题值得科学家们继续研究，例如降噪的过程会不可避免地去除原有语音信号的一部分，但如果选择不降噪，算法运行之后的噪声明显，结果难以令人满意。这是一个两难的问题，也是当前语音降噪领域的研究热点之一。

2. 软件在政府安全领域的应用

尽管软件在政府办公中提高了政府的办事效率，但是相应地，可能会造成机密以更快、更隐蔽的方式泄露。基于信息安全的考虑，不少政府部门在使用专门的安全软件时，会要求软件公司为其提供特别的版本，这种特别的版本会大幅度限制某些非功能型需求而只保留重要的功能型需求以及其他额外的功能。其中就有微软公司的 Windows 操作系统。

Windows 10 操作系统是微软公司推出的 Windows 家族中 Windows NT 系列操作系统的较新版本。截至 2022 年 8 月，Windows 10 的市场占用率约为 63.37%，我国政府及不少企业单位所使用的操作系统就是 Windows 10 操作系统。然而，因为微软公司是一家美国的跨国科技公司，总部位于美国华盛顿州雷德蒙德，并且拒绝向政府和公共组织公开提供其操作系统的核心代码，对于非美国政府来说，如果政府办公系统采用 Windows 10 公开发行版的系统，就意味着要承担一定的安全性风险，例如系统宕机、被黑客利用公开漏洞进行攻击、因非功能性需求造成业务办理失效以及机密泄露等。

我国政府很早就意识到了这个问题，采用了多种方案来规避上述风险。2017年 5 月 23 日，微软公司联合中国电子科技集团有限公司成立了神州网信技术有限公司，共同开发了首个 Windows 10 操作系统中国政府版——Windows 10 神州网信政府版（简称 CMGE）。CMGE 是在 Windows 10 基础上，根据我国相关法律、法规、标准的规定，针对我国专业领域的需求定制开发的操作系统版本（见图 4-71）。该版本的操作系统和其他版本有所不同，具体特点如下。

图 4-71　CMGE 的系统信息页面

① 产品激活：CMGE 的激活与一般 Windows 计算机使用的激活服务器不同，其选择位于我国境内的神州网信数据中心的激活服务器，激活方面的安全性得到了保证。

② 数字证书：CMGE 内置了我国政府指定数字证书机关的根证书。

③ 系统补丁和升级：CMGE 产品的系统补丁和升级服务器位于我国境内且由神州网信技术有限公司提供。

④ 系统默认安全设置：CMGE 的系统默认安全设置符合 GB/T 30278—2013《信息安全技术 政务计算机终端核心配置规范》的要求。

⑤ 系统精简：移除 / 禁用了 Windows 自带的办公类、个人助理类、娱乐生

活类应用及基于云的服务。

　　在采用定制版 Windows 系统的同时，在计算机操作系统层面，我国也在积极主动地研究自己的操作系统——麒麟操作系统。2019 年 12 月 6 日，中国软件与技术服务股份有限公司对外宣布，将整合中标软件和天津麒麟两家操作系统公司，打造中国操作系统旗舰产品。目前，合并而成的麒麟软件有限公司有数款产品：银河麒麟桌面操作系统 V10（见图 4-72）、银河麒麟桌面操作系统 V4、中标麒麟桌面操作系统 V7.0（见图 4-73）。

图 4-72　各种设备中的银河麒麟桌面操作系统 V10 界面

图 4-73　中标麒麟桌面操作系统 V7.0 的界面

　　除了操作系统之外，我国政府也非常重视安全软件。360公司（图标见图4-74）和我国政府开展了诸多安全性合作，2017年6月，360公司和国家信息中心签署了《关于加强信用信息共享的合作备忘录》，这体现了我国从国家层面有意愿加强和互联网安全公司的合作。2020年5月，360公司与中国信息通信研究院联合宣布达成战略合作，围绕云计算、大数据、工业互联网、车联网、互联网基础设施、5G安全、区块链、个人信息保护、应急管理信息化等方面进行深入研究与前瞻布局，开展技术、产业、政策等8个方面的研究、合作。可以预见，在未来数年之内，360公司会和中国信息通信研究院在国家通信安全以及通信工业化方面展开技术合作和创新，在安全领域以及产业发展相关方面展开合作和探索，为国家的通信安全提供强有力的数字安全保障。

图4-74　360公司图标

　　2020年8月31日，360公司正式宣布将"360企业安全"更名为"360政企安全"，作为服务方为政府方面提供红蓝对抗服务、重保服务、渗透测试服务、应急响应服务、安全检查服务、代码审计服务等安全领域的服务。

　　国内外不少安全公司近些年的研究热点是根据机器学习模型来辅助检测政府计算机的安全。常见的检测依据之一就是异常流量的检测，利用机器学习建立流量监测模型，对输入操作系统中的异常流量进行检测。常见的被应用的机器学习模型有决策树（Decision Tree）、支持向量机（Support Vector Machine，SVM）、人工神经网络（Artificial Neural Network）和k-近邻法（k-Nearest Neighbor，kNN），即在人工标注过的数据集上，提取出异常流量的特征，这种特征包括流量大小、异常值、时间序列等。

　　深度神经网络的发展，使得使用深度学习模型进行操作系统的异常流量检测成为可能。例如，RNN很适合用于处理时间序列方面的特征，而CNN、自动编码器、生成对抗网络（Generative Adversarial Network，GAN）、全连接（Fully

Connected，FC）网络及其任意组合，也是神经网络保护下的主动时间序列预测的优秀方法。还有科学家将 CNN 和注意力（Attention）机制结合，带来了一种新的深度学习架构，称为时间卷积网络（Temporal Convolutional Network，TCN），该网络在速度和准确度方面均优于 RNN。

4.6.2　物联网领域

1. 智能家居

提升家居生活品质的目标，一直就存在人们的心中。20 世纪 50 年代，人们就能够通过想象来描绘未来的家居生活。在之后的时间里，智能家居领域持续发展，发展的重要节点如下。

1966 年，第一台智能家居设备诞生，命名为 Echo Ⅳ。它可以计算购物清单、控制家庭空调温度和打开、关闭电器。

1984 年，第一个正式的智能家居技术与设计专项组在美国成立，这为智能家居的发展播下了种子。

2013 年，第一个智能家居实验室 Lab of Things 成立，引起了不少的关注，这将智能家居带到了大众视野中。

进入信息时代，人们正在利用各种软硬件结合的方式来提高新的生活品质。智能家居这个词有了新的定义。

智能家居的现代定义以住宅为单位，利用计算机技术、互联网技术等先进科学技术将与家居生活有关的所有模块聚集在一起，通过软件的统筹管理，方便居住者的家居生活，打造建筑、家居、软件一体化的居住生态环境，让生活更舒适。

智能家居的出现丰富了人们的生活。与普通家居相比，智能家居不仅能够提供普通家居所支持的居住环境，还能够将原有的居住环境通过软硬件结合的方式升级为舒适安全、便捷宜人的家庭生活空间。不论是在信息交流还是在日程安排上，或者是在生活品质上，智能家居都领先普通家居。智能家居还能根据用户平时的使用习惯制定特定的电器运行策略，起到方便以及节约能源的效果。

苹果公司很早就在智能家居领域布局。2014 年，苹果公司发布了 HomeKit 平台。HomeKit（见图 4-75）是苹果公司的智慧家庭平台，可以让用户使用苹果公司的智能产品（例如 iPhone、iPad 等）来控制不同的智慧家庭装置，例如电视、电灯、空调、窗帘等。HomeKit 不仅是实用的智慧家庭平台，本身更是一种苹果公司定义的标准，想要加入苹果公司生态的厂商需要符合 HomeKit 的技术要求及规范。具体的应用是 HomeKit 可以通过 iPhone 或者 iPad 中的"家庭"App 对屋子内的智慧家庭装置进行控制。

图 4-75　各种设备中的 HomeKit 界面

智能家居极大地方便了人类的日常生活，这种给人类带来方便快捷的背后，是一项项前沿科学技术在支撑。

智能家居的网络技术可以分为两种主要类型，即有线系统和无线系统。在有线系统中，设备将直接连接到主电源，因此控制中心的数据可以通过有线的方式发送到设备上，用来控制设备激活或停用。人们可以在墙壁上安装多种类型的电线，许多家庭自动化系统是通过诸如新电线（双绞线、光纤）、电力线、总线等与设备连接。有线系统中有一个著名的协议 X10，是家庭自动化的开放标准。X10 使用振幅调制（Amplitude Modulation，AM）技术传输二进制数据，通过现有的交流线路将信号发送到接收器模块。有线系统的其他技术包括家庭插头、消费电子总线（CE 总线）、欧洲安装总线等。在无线系统中，必须有两个交互方，即发送者和接收者，许多新设备可以使用无线技术与其他设备进行通信。无线系统的例子是微波技术、红外（Infrared Radiation，IR）、射频（Radio Frequency，

RF）、Wi-Fi、蓝牙、IEEE 802.11 等。此外，一些智能家居系统可以同时使用有线系统和无线系统，可以充分利用二者的优势。用于智能家居的无线系统的另一个示例是 Z-wave，它是一种可靠且价格合理的无线家居自动化解决方案。Z-wave 是一种基于 RF 的无线方法，可即时对设备进行远程控制，这在未来智能家居的应用上前景广阔，有不少研究者基于 Z-wave 进行协议改进和漏洞研究，这是当前的无线智能家居系统的研究热点之一。

2. 自动驾驶

自动驾驶又叫无人驾驶，指的是在现代汽车中应用以计算机系统为主的智能驾驶来实现不需要人工驾驶汽车的目的。自动驾驶的历史可以追溯到 20 世纪 20 年代，但是直到 20 世纪 70 年代，美国、英国、德国等发达国家才开始进行自动驾驶更深层次的研究，在可行性和实用化方面取得了突破性的进展。我国从 20 世纪 80 年代开始进行自动驾驶的研究，国防科技大学在 1992 年成功研制出我国第一辆真正意义上的自动驾驶汽车。自动驾驶在可预见的未来，与传统的汽车行业相比，有非常多的优势。

① 具有强大的视角感知能力。自动驾驶汽车有非常广阔的视野，能够做到全方位覆盖，因此能够对潜在的危机做出安全的响应，且其响应与人类驾驶相比更为迅速。

② 能杜绝因驾驶员个人因素而导致的交通事故。常见的因驾驶员而导致交通问题的情况包括行车距离过近、分心驾驶以及危险驾驶等。

③ 减少所需安全间隙，并且更好地管理交通流量，进而增加道路通行能力，以及缓解交通拥堵。自动驾驶能够调节车流量，寻找一条接近最优的行车路线，避免车辆在拥挤路段发生堵塞情况，能够在利用好所有道路提供的车辆承载量的同时，控制好车与车之间的间距。

④ 更高的车速限制。自动驾驶在类似于高速公路这种方向和目的明确的道路上，可以提高车速，为人们提供更好、更快捷的生活服务。

⑤ 增加汽车位置。能够将驾驶员位置空出，新提供一名乘客位置。如果采用自动驾驶，那么原本小轿车中的可乘坐人数可由 3 人扩展至 4 人。

⑥ 汽车共享存在可能性。如果自动驾驶可实现，那么不需要一个专门的司

机来负责车辆的行驶。类似于当前环境下的滴滴打车，可让车辆实现共享，便利人的生活。

⑦ 减少交警的工作量。自动驾驶往往需要一个中心管理系统来负责所有车辆的运行，这就意味着可以通过系统自动管理的方式来减少交警的工作量。

⑧ 更舒适的乘车体验。自动驾驶可以使车辆行驶更加平稳，因为出现紧急刹车等交通意外情况的可能性会降低，自动驾驶能够自动调整汽车的加速度，让乘客更加舒适。

在给人们带来一定便利的同时，自动驾驶也会带来一定的问题。

① 软件的可靠性直接关乎乘客的生命安全。软件的质量以及对错误的应对能力被放置在极为重要的位置上。如果软件出现了问题，就极有可能给乘客的生命带来威胁。下文会介绍当前市面上主流的自动驾驶软件。

② 对相关领域的科学技术的要求会更高，比如需要更多的无线电频谱支持，需要政府统一的车联网管理，需要应对车辆和车辆之间紧急情况的安全性系统。

③ 隐私空间受到侵扰。自动驾驶意味着所有行车记录都会被记录，这将不可避免地带来用户隐私空间被侵扰的问题。

④ 极端天气会让系统运行出现意料之外的问题，也会给汽车硬件带来一定的问题。根据目前已有的情况，极端天气情况下出现软硬件问题的概率会大大提高，还可能出现设计之初没有考虑到的问题。

⑤ 如果遇到道路基础设施不符合自动驾驶的规范要求的情况，那么就存在一定的风险。

尽管自动驾驶可能在未来带来各种各样的潜在问题，但考虑到其所带来的优势以及当前社会的未来发展趋势，不少公司都投入了大量的金钱和人力资源到自动驾驶技术中，包括特斯拉（Tesla）、蔚来、百度等公司。

根据国际自动机工程师学会（SAE International）发布的概念，目前行业内定义了从 L0 到 L5 共 6 个自动驾驶等级，如表 4-1 所示。

L0 等级也可以叫作"应急辅助"等级，在这个等级中，车辆横向和纵向运动的控制由人来完成，驾驶员需要承担全部的动态驾驶任务。与 L0 等级相比，

表 4-1　自动驾驶等级

自动驾驶等级	名称	定义	驾驶操作	周边监控	接管	应用场景
L0	人工驾驶	人类驾驶员完全操控车辆	人类驾驶员	人类驾驶员	人类驾驶员	无
L1	辅助驾驶	车辆对方向盘和加减速提供一定的辅助帮助，人类驾驶员负责大部分的事务	人类驾驶员和车辆	人类驾驶员	人类驾驶员	限定应用场景
L2	部分自动驾驶	在 L1 的基础上，对方向盘和加减速等操作提供更多的驾驶辅助	人类驾驶员和车辆	人类驾驶员	人类驾驶员	
L3	条件自动驾驶	车辆	车辆	车辆	人类驾驶员	
L4	高度自动驾驶	车辆	车辆	车辆	车辆	
L5	完全自动驾驶	车辆	车辆	车辆	车辆	所有场景

L1 等级在车辆的控制上由人和车辆共同完成，我国多数汽车驾驶就属于这个等级；与 L1 等级相比，L2 等级的车辆控制可以在一定时间内和一定特殊环境下由车辆自主完成。类似的有凯迪拉克的 Supercruise（超级巡航）和沃尔沃的 Pilot Assist（领航辅助）。L3、L4、L5 等级各自与上一个等级相比都有所提升，值得一提的是，L5 等级属于完全的自动驾驶，车辆的控制、周围环境的探索以及动态任务控制均不需要驾驶员的操作，驾驶员这个角色完完全全被自动驾驶软件"取代"。

自动驾驶的应用软件中，特斯拉的自动辅助驾驶软件（见图 4-76）具有一定代表性。

随着车辆的行驶，自动辅助驾驶软件会自动标记当前所在的位置以及车辆的行车参数，例如车速、电量。2020 年，特斯拉就已经能够实现在人数较少的街道上行驶，从用户反馈和视频记录上看，车辆能够自动识别周围大部分的环境情况，并且能够实现自动加速、减速。但是，这仍然需要人的监控和辅助驾驶，因为目前自动驾驶软件仍然有很多的不确定性，关乎人类生命健康的任务还需要人类自己把握。

图 4-76　特斯拉的自动辅助驾驶软件

　　自动驾驶技术的任务可以分成 3 个子任务：目标检测、目标辨认或目标识别分类、目标定位和运动预判。在目标检测中，需要用到一个核心的部件——激光雷达。在自动驾驶中，三维感知主要基于激光雷达传感器，它以三维点云的形式提供对周围环境的直接三维表示。激光雷达的性能是根据视场、距离、分辨率和旋转 / 帧速率来衡量的。深度学习方法特别适合检测和识别分别从摄像机和激光雷达设备获取的二维图像和三维点云中的对象。三维物体的检测精度取决于传感器的分辨率，最先进的激光雷达能够提供 3 厘米的精度。为了实现高速行驶，自动驾驶汽车至少需要在半径约 200 米的范围进行检测，从而使车辆能够及时响应路况的变化。目标检测需要对激光雷达所感知的信息进行处理和分析，识别出激光雷达显示部分的所属类别或者其他特征，为下一步目标辨认奠定基础。

　　在目标辨认或目标识别分类阶段，可以使用多种深度学习方法来对模型进行深层次的训练。除去常使用的 CNN、RNN、长短期记忆（Long-Short Term Memory，LSTM）模型，还有一种模型在自动驾驶中发挥了很大的作用——深度强化学习（Deep Reinforcement Learning，DRL）。在基于强化学习的自动驾驶中，任务是学习最佳驾驶策略，以从初始状态 start(t) 导航到目标状态 dest(t + k)。在时间 t 观察观测值 $I(t)$ 和系统状态 $S(t)$。使用马尔可夫决策过程（Markov

Decision Process）对系统的状态进行分析和决策，得到 $M:=(I, S, A, T, R, \gamma)$ 的决策公式。其中，S 代表观察到的一系列状态，A 代表最后的状态集（含定位信息等），T 是 $S \times A \times T$ 的状态矩阵，R 是强化学习的激励矩阵，γ 是调节系统的奖励因子。

在目标定位和运动预判中，除了上述深度学习模型是目标辨认研究的热点方向，无线定位也是研究的热点之一。当前的无线定位技术利用了 GPS、北斗卫星导航系统等的定位信息，在汽车运行中，还利用了一项近几年刚出的技术——视觉定位，也称为视觉测距（Visual Odometry，VO）法。该技术通常是通过匹配连续视频帧中的关键点地标来定位，即在给定当前帧的情况下，这些关键点作为透视点映射算法的输入，用于计算车辆相对于前一帧的姿态。深度学习可通过直接影响关键点检测器的精度来提高 VO 的准确性。截至本书成稿之日，不少公司都将目标聚集在无人驾驶领域，许多科研工作者也调整视角，在上述无人驾驶领域中提出创新性的方法和模型。

4.6.3　融合现实

1. 软件在 AR 领域的应用

AR 是一种实时计算摄影机影像的位置及角度并加上相应图像的技术，这种技术的目标是在屏幕上把虚拟世界叠加在现实世界中并进行互动。

世界上第一台可以被称为 AR 设备的系统，是于 1966 年由计算机图形学之父和 AR 之父伊凡·萨瑟兰（Ivan Sutherland）开发出的达摩克利斯之剑（Sword of Damocles）。

1992 年，AR 这一术语正式出现在人类世界中。波音公司的研究人员汤姆·考德尔（Tom Caudell）和戴维·米泽尔（David Mizell）在论文 *Augmented reality: an application of heads-up display technology to manual manufacturing processes* 中首次使用了 AR 这个词，用来描述将计算机呈现出的元素覆盖在真实世界中的技术。

1994 年，艺术家朱莉·马丁（Julie Martin）利用 AR 技术设计了一出名为赛博空间之舞（Dancing in Cyberspace）的表演。这场表演将 AR 的概念诠释得非常清晰，是世界上第一个 AR 戏剧产品。

1997 年，罗纳德·阿祖马（Ronald Azuma）发布了第一个关于 AR 的相关报告。该报告中，他提出了一个目前已经被业内广泛接受的 AR 定义，这个定义包含了 3 个特征：将虚拟和现实结合、实时互动、基于三维的匹配。后续的 AR 技术都正按照这些特征发展。

1998 年，AR 第一次被应用于足球直播中，随后不少电视场景中都运用了 AR，例如在奥运会游泳比赛中，在泳道上显示运动员名字和其所属的国家。

2015 年，出现了一款火爆全球的网络游戏《Pokémon GO》（见图 4-77）。《Pokémon GO》是由任天堂公司、Pokémon 公司授权，Niantic 公司负责开发和运营的一款 AR 手机游戏。在这款宠物养成对战游戏中，玩家能够捕捉屏幕中出现的宠物小精灵，进行培养、交换以及战斗。

图 4-77 《Pokémon GO》的宣传图片

市场研究公司 App Annie 发布的数据显示，通过 App Store 和 Google Play 应用商店，AR 手机游戏《Pokémon GO》只用了 63 天，就赚了 5 亿美元，成为史上赚钱速度最快的手机游戏之一。

在 2017 年 6 月 6 日的苹果全球开发者大会上，苹果公司宣布在 iOS 11 中加入全新的 AR 组件 ARKit，其适用于 iPhone 和 iPad 平台，使得 iPhone 一跃成为全球最大的 AR 平台。

2021 年，ARKit 4 推出了全新的景深 API，创造了一种新的方式来访问 iPhone 12 Pro、iPhone 12 Pro Max 和 iPad Pro 上的激光雷达扫描仪所收集的详细深度信息，可以让软件开发者更好地开发 iOS 平台上的 AR 软件。

从上述发展状况来看，AR 软件的发展方向大致分为以下 4 个：AR 娱乐、AR 工效、AR 生活、AR 游戏。在 AR 娱乐中，不少短视频 App 增加了 AR 功能。

快手公司在 2019 年成为国内首家上线地标 AR 玩法的短视频 App，比如用快手软件拍摄三里屯太古里（见图 4-78），就可以将 App 画面中的建筑物瞬间变得很有趣，还有许多知名建筑，比如湖南岳阳楼、江西滕王阁、湖北黄鹤楼等，都有不同的 AR 特效等待人们解锁。

图 4-78　用快手实现的三里屯太古里的 AR 效果

快手公司还在 2020 年发布了 3 款洛阳地标的 AR 魔表（魔幻表情），打造了"AR 魔表＋景区＋短视频"模式，这也是未来旅游业发展的一个思路——将软件和景点结合进行推广，推动当地旅游业的发展。

2. 软件在虚拟现实领域的应用

1999 年上映的《黑客帝国》在科幻爱好者间掀起了一股热潮，主角尼奥（Neo）在虚拟世界中能如神一般随心所欲地瞬间切换场所，飞天入地，甚至能躲开飞速而来的子弹。虽然这一切都只存在于名为矩阵的虚拟空间中，但因为各种感官刺激信号通过头部后面的接口直接传入大脑，对人类来说，根本区分不开现实与虚幻，所有的感受（触觉、视觉、嗅觉等）都与真实无异。

然而在人类现今技术水平下，脑后"插管"的方式只是科学幻想。当前的VR，还只能通过在"外部"干预各个感官（眼睛、耳朵等）的输入来营造虚拟的氛围，如常见的VR眼镜、3D环绕音响、震动反馈手套等。其中，以VR眼镜的实现难度最大、技术含量最高，因为人的眼睛接收的信息量巨大，非常难被"欺骗"。下面介绍VR的发展历史。

早在20世纪30年代，小说《皮格马利翁的眼镜》（见图4-79）中提到了这样一种VR眼镜：戴上这副眼镜，就仿佛来到一个"新的世界"，在这个"新的世界"里你能看到、听到、闻到和接触到各种各样的东西，连触感都和现实世界中一样真实，你甚至还可以和"新的世界"中的人物进行交流。

图 4-79 《皮格马利翁的眼镜》宣传画

20世纪50年代中期，美国摄影师莫顿·海利希（Morton Heilig）发明了第一台VR设备——Sensorama。这台设备非常庞大，屏幕固定，拥有3D立体声、3D显示、震动座椅、风扇（模拟风吹）以及气味生成器，被一些人认为VR设备的鼻祖。"爱折腾"的海利希在1960年提交了一份设计更加巧妙的VR眼镜的专利文件（见图4-80），将小说里幻想的设备拉到了现实中。

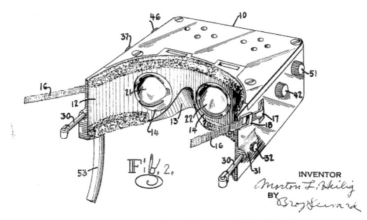

图 4-80　海利希设计的 VR 眼镜专利文件

20 世纪 90 年代，随着市场对 VR 设备看法的转变，VR 眼镜迎来了第一次热潮。但是受技术的限制，VR 设备提供的视觉效果较差，这次热潮并没有持续多久就消散了。

2014 年，谷歌公司推出了一套 CardBoard 方案，可以让人们用很少的花费就体验到 VR 的效果，这种方案中需要用到内置了陀螺仪的手机（见图 4-81）。

截至 2022 年，VR 不紧不慢地发展着，其中相关软件是 VR 领域发展较快的部分。

① 游戏软件在虚拟现实领域

不少软件开发商都在游戏领域花费了大量的资源，例如网易公司。网易公司开

图 4-81　CardBoard 方案硬件展示

发了一款 VR 游戏，名为 Nostos（见图 4-82）。Nostos 是一款 PC 及 VR 双平台开放的游戏，使用真实物理模拟技术开发超大世界无缝地图，将自由移动系统与东方动画电影般的美术风格融合，赋予了游戏"先行者"的气质。在这款 VR 游戏中，玩家可以利用 VR 设备，扮演"拓荒者"的角色。这款游戏还有一个特点，即能够和周围朋友一起参与，与他一同探索、战斗、建造、拯救"世界"，拥有充满惊喜的沉浸式游戏体验。

图 4-82　Nostos 游戏截图

由于技术的进步，不少公司将公司资源放在 VR 相关的视频软件上，自从谷歌公司推出了 CardBoard 硬件之后，针对 VR 领域的开发门槛降低了，在 Google Play 商店就出现了不少优秀的 VR 视频软件。

谷歌公司自己就在 Google Play 商店推出了名为"CardBoard"的软件（见图 4-83）。这款软件需要搭配 CardBoard 眼镜才能够获得很好的效果。在软件中，用户可以利用谷歌地球，通过 VR 的方式去到地球上任意一个地方浏览风景，让用户足不出户就能够浏览全世界的美好风景。

图 4-83　CardBoard 软件截图

② 教育软件在虚拟现实领域

在 VR 技术出现之初，不少在教育方面拥有敏锐嗅觉的人就已经看到了 VR 技术在教育领域方面的美好前景。

谷歌公司推出了探险先驱者项目（Expeditions Pioneer Program），它向所有的教师提供设备，供其学生参与扣人心弦的环游世界的"冒险"。很多学校都做出了积极回应，一些学生表示，VR 将是一种"加强教育"的手段，或者说，他们有兴趣在现实生活中参观这些虚拟场所。在学生探索 360°空间时，探险可以是一种引人入胜的互动体验。眨眼间就可以对遥远的地方进行虚拟游览，这在开发无障碍数字技术之前无法实现。尽管 VR 不应取代现实生活，但它可以通过"虚拟"的、基于地点的体验式方法来增强和帮助探索课程研究的各个方面。如果不依靠这种技术，有些地方很难到达，而且资金、后勤和运输障碍等常常会阻碍学生离开校园。与传统的课堂教学环境相比，通过 VR 进行教学时，学生通常表现得更加积极。此外，学生对虚拟课程的评估或高于人类导师，或与人类导师不相上下。

教育的新时代正在到来，学生可以从体验中进行学习。VR 技术和教育的完美结合，也将为教育改革提供新的动力，为我国教育改革打开一扇新的窗户。在线教育能促进教育的公平，VR 教育能让学生的体验更加丰富，为广大学生提供新的希望和更多的可能（见图 4-84）。

图 4-84　学生在课堂上体验 VR 教育项目

3. 软件在混合现实领域的应用

混合现实（Mixed Reality，MR）技术是 VR 技术的进一步发展。它通过在虚拟环境中引入现实场景信息，在虚拟世界、现实世界和用户之间搭起交互反馈信息的桥梁，从而增强用户体验的真实感。MR 技术的关键点就是与现实世界进行交互和信息的及时获取，因此它的实现需要在一个能与现实世界各事物交互的环境中。那么 MR、AR 和 VR 的区别是什么呢？如果在显示器中的环境都是虚拟的，那就是 VR；如果展现出来的虚拟信息只是现实场景和虚拟场景的简单叠加，那就是 AR。关于 MR 和 AR 的区别，简单而言，AR 只管叠加虚拟场景却不需理会现实场景，但 MR 能通过一个摄像头让你看到裸眼都看不到的现实。

MR 创造的混合世界是人类、环境、计算机 3 个角色互相演化得来的。依托于计算机视觉、图形处理能力、输入系统和显示技术的进步，MR 才从 VR 和AR 中脱胎出来。2015 年 1 月 22 日，微软公司发布了第一款 MR 头戴式显示器——HoloLens（见图 4-85）。

微软公司的 HoloLens 不会像《星际迷航》那样生成每个人都可见的 3D世界。HoloLens 里面呈现的景象只有佩戴者能够看见，其他人只会看到佩戴者正佩戴着一副滑稽古怪的眼镜并做出一系列离奇古怪的动作。

图 4-85　HoloLens 头戴式显示器

此外，微软公司没有打算为用户呈现一个完全不同的世界，而是将某些计算机生成的效果叠加于现实世界之上。用户仍然可以行走自如，随意与人交谈，全然不必担心撞到墙。HoloLens 使用的传感器是一种高效、节能的深度摄像头，具有 $120°×120°$ 的视野。传感器提供的其他功能包括头部跟踪、视频拍摄，以及声音捕捉。除了高性能的 CPU 和 GPU，HoloLens 还带有一种被称为全息处理器（Holographic Processing Unit，HPU）的协处理器，可从各种传感器中集成数据，并处理诸如空间映射、手势识别和语音识别的任务。

2019 年 2 月 25 日，微软公司在 2019 年世界移动通信大会上举行新品发布会，正式发布了万众期待的 HoloLens 2（见图 4-86）。

图 4-86　用户正在体验 HoloLens 2

HoloLens 的硬件有非常强大的手势追踪能力，为此，很多应用的目标效果都能在 HoloLens 上得以实现，例如使用 HoloLens 的钢琴软件弹钢琴（见图 4-87）。

图 4-87　用户在使用 HoloLens 弹钢琴

此外，微软公司开发了一款 MR 软件：Microsoft Dynamics 365 Guides（见图 4-88）。Microsoft Dynamics 365 Guides 是一个适用于 HoloLens 的 MR 应用程序，可根据需要随时随地为操作员提供全息说明卡片，从而使他们可以在工作中学习。这些说明卡片以可见的方式连接到必须完成工作的地方，卡片内容包括图像、视频和 3D 全息模型。操作员将看到必须完成的任务以及具体执行位置。因此，他们可以更快地完成工作，而且可以减少错误的发生。

图 4-88　操作员正在使用 Microsoft Dynamics 365 Guides

在可以预见的未来，由 AR、VR、MR 组成的泛现实类产品会在人类社会的发展中起到像手机一样非常重要的作用，不论是医疗领域还是教育领域，泛现实类产品最终会从体验性产品一步步发展到全民都能使用，给全社会带来便利的优秀产品。

| 4.7　本章小结 |

本章介绍了以计算机为载体的软件在现代社会中的应用，包括在工业、农业、医疗领域、娱乐产业、移动服务中的应用。随着人类社会的发展，计算机和软件将进一步深入地渗透到人们的生活中。可以说，没有计算机，没有软件，当今人类赖以生存的各个行业都将瘫痪，人类文明将进入黑暗时代。希望读完本章之后，读者可以对计算机、软件的广泛应用形成直观的认识。不仅如此，随着时间的推移，人类文明将会越来越发达，与之对应的计算机也会越来越先进，软件也会越来越丰富，甚至有可能将人类文明带上一个新台阶。在介绍完软件在现代社会中的各类应用之后，接下来本书将展望软件在未来为人们带来的希望和挑战。

第 5 章

软件的未来应用

当前，信息时代正处于高速发展、日新月异的关键阶段，人类文明正处于承前启后、发扬光大的关键时期。过去已经过去，未来终将到来。在前4章的基础上，本章将对软件应用的未来进行展望，这一切并不遥远，也非科幻影像。

大家可能看过两部非常有名的电影：《终结者》（见图5-1）和《黑客帝国》（见图5-2）。在《终结者》中，美军制造的超级计算机——"天网"自我意识觉醒，于是转而攻击人类，意图灭亡人类。在《黑客帝国》中，看似正常的世界其实是被一个计算机程序——"矩阵"控制着，而人类则为了自由而与"矩阵"殊死搏斗。这两部电影无一不在说明未来计算机的能力将会远远超出人类的想象，甚至有可能超越人类本身。但是，计算机虽然是把双刃剑，但它只是一个工具，只要利用得当，就能很好地为人类服务。

图 5-1 《终结者》海报

图 5-2 《黑客帝国》剧照

│5.1　软件在太空探索中的应用│

我国的航天事业起步于 20 世纪 50 年代末。1970 年 4 月 24 日，我国的第一颗人造卫星——"东方红一号"发射成功；2003 年底，我国的"神舟五号"飞船将我国的第一位宇航员杨利伟送入太空，标志着我国成为世界上第三个成功将人送入太空的国家。2022 年底，中国空间站全面建成，2023 年，中国空间站正式进入应用与发展阶段，进入常态化运营模式。2000 年 10 月 31 日、12 月 21 日以及 2003 年 5 月 25 日，我国先后成功发射了 3 颗导航试验卫星——"北斗导航试验卫星 1A、1B 及 1C"。2000 年，北斗一号建成，向中国提供服务；2012 年，北斗二号系统建成，向亚太地区提供服务；2020 年，北斗三号系统建成，向全球提供服务。

太空探索非常能表现一个国家的综合实力。近年来，世界上各个国家都进一步加快了太空探索的脚步，而超级计算机的加入，使得人类进一步加深了对太空的了解。

5.1.1　模拟超新星爆炸

美国阿贡国家实验室的物理学家曾使用"蓝色基因"超级计算机（见图 5-3）模拟超新星爆炸的物理过程，如图 5-4 所示。

图 5-3　"蓝色基因"超级计算机

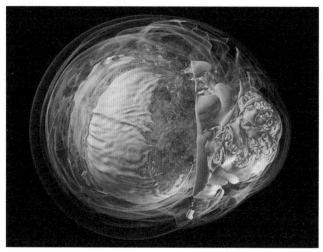

图 5-4　超新星爆炸模拟

　　阿贡国家实验室的超级计算机清晰地呈现出超新星这种超大质量恒星短暂暴力死亡的过程。图 5-4 展示了超新星内核的能量信息，不同颜色和透明度分别代表不同的能量信息。通过选择性地调整颜色和透明度，科学家能够通过计算机模拟剥去超新星的外层，观测其内部究竟发生了什么。

5.1.2　盘古计划

　　"盘古计划"是由中国科学院紫金山天文台、中国科学院国家天文台、中国科学院上海天文台和中国科学院计算机网络信息中心的中青年学者组成的合作研究团队——中国计算宇宙学联盟（Computational Cosmology Consortium of China，C4）提出的大型宇宙学数值模拟计划。

　　该计划旨在依托我国自主研发的超级计算机，细致地解析由暗物质和暗能量主导的宇宙结构的形成过程。已完成的一项数值实验借助了近 300 亿个虚拟粒子，再现了边长为 45 亿光年的立方体中物质分布的演变过程，是迄今为止同等尺度上规模最大、精度最高的数值实验。它不仅有助于我们理解星系的形成和演化，以及超大质量"黑洞"的形成过程，还对我国重大科学工程——大天区面积多目标光纤光谱望远镜（Large Sky Area Multi-Object Fiber Spectroscopic Telescope，LAMOST）以及创建"南极天文台"的科学目标的实现具有重要的意义。

｜5.2　软件在科学探索中的应用｜

"科学技术是生产力"是马克思主义的基本原理。马克思曾指出"生产力中也包括科学。"并且指出，"固定资本的发展表明，一般社会知识，已经在多么大的程度上变成了直接的生产力。"马克思还深刻地指出，"社会劳动生产力，首先是科学的力量""大工业把巨大的自然力和自然科学并入生产过程，必然大大提高劳动生产率"。计算机是目前人类最先进的生产工具之一，那么如何把计算机软件应用于科学探索，来寻找科学的真理呢？

5.2.1　活地球模拟器

"活地球模拟器"是由多国科学家团队计划创建的一个能够模拟地球上发生一切的"知识加速器"。如果"活地球模拟器"开发成功，人们将能够预测传染病等重大事件，找出应对气候变化的方法，甚至在一场金融危机爆发之前就能发现端倪。借助超级计算机，创造一个"新"的世界也能够从想象变成现实。

1. 设想初衷

当今全球面临很多问题，如社会和经济不稳定、战争、疾病传播……这些都与人类的行为有关。显而易见，人们缺少对社会和经济运行方式的充分了解。该设想的初衷是让人们通过"活地球模拟器"提高对地球上发生的事情的科学认知水平，总结人们的行为对社会和环境的影响。

2. 技术原理

首先要创建一个框架，然后能够利用所掌握的数据准确地复制出地球上现在发生的一切。要做到这一点，只有让社会学家、计算机学家和工程师们合作，共同制定"活地球模拟器"的运行规则。因为传统的社会科学研究人员在多年的工作中收集了一些很有用的数据，所以这些工作不能离开他们。

运行"活地球模拟器"的技术需要循序渐进，也许还要等上 10 年，它才会成熟。也就是说，等到"语义网络技术"成熟，"活地球模拟器"技术才会成熟。

如果要利用大规模的社会和经济数据，还必须建立超级计算机中心来压缩数据、模拟地球。

3. 如何运行

首先，要将有关地球上一切活动的数据输入模拟器中。

然后，还需要一台尚未建成的超级计算机来处理这些庞大的数据。虽然硬件尚未建成，但许多数据已经产生了。

之后，将这些社会和经济的数据整合到一起，最终就能启动"活地球模拟器"。

4. 应用

此外，不管是全球气候种类、疾病的传播，还是国际金融交易，甚至是凯恩斯（Keynes）主义（指建立在凯恩斯著作《就业、利息和货币通论》的思想基础上的经济理论，主张国家采用扩张性的经济政策，通过增加需求来促进经济增长）的应用，都可以被复制到"活地球模拟器"上。

"活地球模拟器"项目尽管面临诸多挑战，但它未来能够帮助人们更好地理解全球社会经济趋势。比如，在过去数年中，我们需要更好的指示器来判断社会发展趋势和社会是否安宁，而不是单纯依靠国民生产总值对社会状态进行判断。

关键是，"活地球模拟器"项目将能够研制出更好的检测社会状态的方法，从而解决卫生、教育和环境等方面的问题，使人们更幸福。

5.2.2　人类基因组计划

"人类基因组计划"（Human Genome Project，HGP，见图 5-5）由美国科学家于 1985 年率先提出，于 1990 年正式启动。美国、英国、法国、德国、日本和我国科学家共同参与了这项预算达 30 亿美元的"人类基因组计划"。

由于工作量巨大，在该项计划进行中，科学家大量使用了超级计算机作为计算工具。"人类基因组计划"也许已经构建了数据量最大、数据关系最复杂的数据库——"人类基因组图谱"。但是，分析相关数据是一个巨大的数学难题，而这才是真正揭示人类 DNA 中潜藏秘密的关键。比如，癌症之类的疾病往往不是仅由一个缺陷基因导致的，而是由不同的缺陷基因共同造成的，揭示哪些基因的结合会造成某种疾病将是一项繁重的工作。

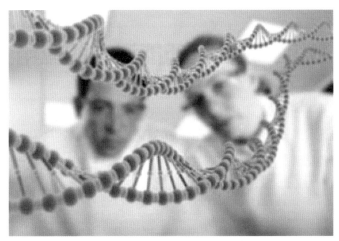

图 5-5　人类基因组计划

有科学家说："一台传统计算机将花费 447 年的时间来解开目前创立的第一个等式。"对于等待解码 DNA 为人类健康带来奇迹的人而言，时间太长。因此，科学家们专门开发了加速"人类基因组计划"有关计算的算法，借助与此算法相关的软件，科学家们可以更快地处理基因组数据，将等待的时间从 447 年缩短到 1 个月。求解的软件安装在世界上运算速度第二快的计算机上，该系统强大的计算能力将帮助药物研究人员和生物技术研究人员进行复杂疾病与潜在基因之间关系的研究，筛选堆积如山的基因数据，以找出一个可能是某种特殊疾病的致病因素的基因结合形式。该功能强大的求解软件将帮助研究人员发现基因之间的关键联系。

对于科学家而言，处理基因组数据的软件将推动"人类基因组计划"的完成，因为在询问基因组数据的过程中需要反复试验且存在误差，而每次询问需要 1 个月的等待时间，这对于研究人员而言是相当漫长的。借助计算机软件的力量，能使"人类基因组计划"的完成时间与预期相比大大提前。

2022 年 4 月，《科学》发布了 *Completing the human genome* 重磅特刊，该特刊整期上线了 6 篇封面文章，首次公布了人类基因组的完整序列。长读长 DNA 测序技术则是完成该项任务的重要研究工具，一次可读取超过 100 万个碱基对。

| 5.3 软件在新能源中的应用 |

新能源又称非常规能源，是指传统能源之外的各种能源形式，是开始开发利用或正在积极研究、有待推广的能源，如太阳能、地热能、风能、海洋能、生物质能和核聚变能等。图 5-6 所示为新能源应用的示例。

图 5-6　新能源应用的示例

随着技术的进步和可持续发展观念的树立，过去一直被视作无利用价值的工业与生活有机废弃物被人们重新认识，并作为一种可被资源化利用的物质得到深入研究和开发利用。因此，废弃物的资源化利用也可看作新能源技术的一种形式。

现代可再生能源技术的发展非常迅速，根据国际能源署于 2021 年底发布的《2021 年可再生能源报告——到 2026 年的分析和预测》，2021 年新增的可再生能源装机容量增长至 290 GW，创下历史新高。预计到 2026 年，全球可再生能源发电装机容量将比 2020 年的水平增加 60% 以上，达到 4800 GW 以上——相当于目前全球化石燃料和核能发电装机容量的总和。新能源在未来将占据巨大的市场，那么，计算机软件将如何助力新能源的利用呢？

5.3.1　模拟核聚变

核聚变是指由质量小的原子（主要是指氘或氚）在一定条件下（如超高温和高压）发生原子核互相聚合作用，生成质量更大的新原子核，并伴随着巨大的能量释放的一种核反应形式。核聚变产生的能量是核裂变的 100 倍。但是截至本书成稿之日，核聚变还是不可控的。可控核聚变只存在于一些国家级实验室里，而且，如果进行实验，需要巨大的场地和高昂的成本。那么，是否能使用计算机软件来模拟核聚变，降低实验的成本呢？

目前，"惯性约束聚变"是世界级的科技挑战，美国、日本、俄罗斯和欧盟等都对其积极投入，目的是在可控的范围内实现核聚变，和平利用人类的终极能源——聚变能。

"惯性约束聚变"的反应过程非常复杂，涉及的温度、密度远高于人们通常所见物质的温度、密度，而且时间和空间尺度相差巨大，反应过程非常快。在反应过程中的压力相当于 1 万亿个标准大气压，氘和氚会被压缩到仅有同质量液体体积的千分之一，但是反应时间最多只有 100 亿分之一秒。

面对如此极端的反应，依靠现有的实验探测手段很难深入聚变燃料内部进行测量。而利用超级计算机，可以分步地对各个过程进行模拟，研究其中的物理细节，这大大有利于实验装置的设计和对实验结果的分析、理解。由此可见，计算机软件对未来核能的利用具有非常大的帮助。

5.3.2　核电站建设

2004 年 10 月，大型压水堆核电站成套设备仪表及控制系统（秦山二期计算机监控系统）荣获"信息产业部科技进步一等奖"。这是我国"九五"重点科技攻关项目——大型压水堆核电站成套设备仪表及控制系统（秦山二期计算机监控系统）的研究成果，其中包括核电站计算机监测系统和常规岛控制（Conventional Island Control，CIC）系统两大部分。秦山核电站全景如图 5-7 所示。

图 5-7　秦山核电站全景

秦山二期计算机监控系统的硬件从逻辑结构上分为 3 级，分别为数据采集与控制级、中央数据处理级和人机接口设备级。数据采集与控制级和中央数据处理级之间通过令牌总线网络通信，中央数据处理级与人机接口设备级之间通过高速以太网通信。

1. 系统的网络结构

常规岛控制系统人机界面设备与 CIC 服务器的通信网络采用高速以太网，通信协议为 TCP/IP。连接各现场控制站（I/O）和中央服务器的系统网络采用"ARCNet"，符合 IEEE 802.4 标准，为典型的令牌总线网，网络速率为 5 兆比特每秒。系统网络采用集线器连接方式，设备与集线器之间的传输介质为双绞线，集线器之间的传输介质为光纤。双绞线连接可在不超过 100 米的距离内通信，光纤介质可在 1000 米距离内通信。系统网络采用冗余配置。集线器的电源与当地的现场控制站（I/O）电源相同。

2. 系统的运行效果

秦山核电二期工程中，两台 60 万千瓦时核电机组采用的是 KIT/KPS 以及

CIC。其中，1 号机组的系统于 2000 年底在现场安装并投入核电站工艺调试，1 号机组于 2002 年 2 月并网发电，投入商业运行。2 号机组的系统于 2001 年 11 月出厂，现场安装后，进入工艺调试阶段，2 号机组于 2004 年 5 月并网发电，投入商业运行。该系统在核电站调试和营运期间，已经成为保障核电站安全、高效运行的至关重要的手段和工具。截至 2022 年，秦山核电二期工程已安全运行 20 年，累计发电超过 3045 亿度。

| 5.4　软件在物联网中的应用 |

5.4.1　物联网的介绍

物联网是在互联网的基础上，将其用户端延伸和扩展到任何物品与物品之间，进行信息交换和通信的一种网络概念，其定义是通过射频识别（Radio Frequency Identification，RFID）、红外感应器、全球定位系统和激光扫描器等信息传感设备，按约定协议，把任何物品与互联网相连接，进行信息交换和通信，以实现智能化识别、定位、跟踪、监控和管理的一种网络。

根据国际电信联盟的定义，物联网主要解决物品与物品（Thing to Thing，T2T）、人与物品（Human to Thing，H2T）、人与人（Human to Human，H2H）之间的互连问题。但是与传统互联网不同的是，H2T 是指人利用通用装置与物品进行连接，从而使得物品连接更加简化，而 H2H 是指人与人之间不依赖 PC 而进行的互连。

作为信息产业发展的第三次革命，物联网涉及的领域越来越广，其理念也日趋成熟，可寻址、可通信、可控制、泛在化与开放模式正逐渐成为物联网发展的演进目标。而对于"智慧城市"的建设而言，物联网将信息交换延伸到物与物的范畴，价值信息极大丰富和无处不在的智能处理将成为城市管理者解决问题的重要手段。

物联网的用途广泛，涉及智能交通、环境保护、政府工作、公共安全、平安家居、智能消防、工业监测、环境监测、路灯照明管控、景观照明管控、楼宇照明管控、广场照明管控、老人护理、个人健康、花卉栽培、水系监测、食品溯源、敌情侦查和情报搜集等多个领域。

物联网把新一代 IT 技术充分运用到各行各业。具体而言，就是先把感应器嵌入或装备到电网、铁路、桥梁、隧道、公路、建筑、供水系统、大坝和油气管道等各种物体中，然后将物联网与现有的互联网整合起来，实现人类社会与物理系统的整合。在这个整合的网络中，存在能力超级强大的中心计算机群，能够整合网络内的人员、机器、设备和基础设施，以实现实时的管理和控制。在此基础上，人类可以以更加精细和动态的方式管理生产和生活，达到"智慧"状态，提高资源利用率和生产力水平，改善人与自然间的关系。

5.4.2　物联网的应用案例

智慧城市是把新一代信息技术充分运用到城市各行各业并基于知识社会下一代创新（创新 2.0）的城市信息化高级形态。伴随着智慧城市的实践与认知的不断发展，智慧城市的概念也经历了诸多讨论与拓展。根据 2014 年国家发改委的定义，从数字化和技术角度来看，可以把智慧城市定义为运用物联网、云计算、大数据、空间地理信息集成等新一代信息技术，促进城市规划、建设、管理和服务智慧化的新理念和新模式。

智慧城市经常与数字城市、感知城市、无线城市、智能城市、生态城市、低碳城市等区域发展概念交叉，甚至与电子政务、智能交通、智能电网等行业信息化概念发生混淆。对智慧城市概念的解读也经常各有侧重，有的观点认为智慧城市关键在于技术应用，有的观点认为关键在于网络建设，有的观点认为关键在于人的参与，有的观点认为关键在于智慧效果，而一些城市信息化建设的先行城市则关注以人为本和可持续创新。总之，智慧城市中的"智慧"不仅是智能，还包括人的智慧参与、以人为本、可持续发展等内涵。

伴随着网络帝国的崛起、移动技术的融合发展以及创新的民主化进程的加快，以知识社会环境为支撑的智慧城市是继数字城市之后信息化城市发展的高级形态。

1. 智慧城市在世界

2008 年 11 月, IBM 公司提出了"智慧地球"的理念, 进而引发了"智慧城市"建设的热潮。

在此之前, 欧盟已于 2006 年成立了欧洲 Living Lab 组织, 它采用新的工具和方法、先进的信息和通信技术来调动各方面"集体的智慧和创造力", 为解决社会问题提供机会。该组织还建立了欧洲智慧城市网络。Living Lab 完全以用户为中心, 借助打造开放创新空间来帮助居民利用信息技术和移动应用服务提升生活品质, 使人们的需求在其间得到最大的尊重和满足。

韩国以网络为基础, 打造绿色、数字化、无缝移动连接的生态型、智慧型城市。通过整合公共通信平台, 以及无处不在的网络接入, 消费者可以方便地开展远程教育、获取医疗服务、办理税务, 还能实现家庭建筑能耗的智能化监控等。

新加坡早在 2006 年就启动了"智慧国 2015"计划, 通过物联网等新一代信息技术的积极应用, 将新加坡建设成为经济、社会发展一流的国际化城市。在电子政务、服务民生及泛在互联方面, 新加坡的成绩引人注目。其中, "智能交通系统"通过各种传感数据、运营信息及丰富的用户交互体验, 为市民出行提供实时、适当的交通信息。

美国麻省理工学院比特和原子研究中心发起的 Fab Lab 试图基于个人通信到个人计算再到个人制造的社会技术发展脉络, 构建以用户为中心、面向应用的用户创新制造环境, 使人们即使在自己的家中也可随心所欲地设计和制造他们想象中的产品。巴塞罗那等城市从 Fab Lab 到 Fab City 的实践则从另外一个视角解读了智慧城市以人为本、可持续创新的内涵。

2. 智慧城市在中国

在我国, 城市化进程的加快使城市被赋予了前所未有的经济、政治和技术的权利, 城市被不可避免地推向了世界舞台的中心, 发挥着主导作用。与此同时, 城市也面临着环境污染、交通堵塞、失业、疾病等方面的挑战。在新环境下, 如何解决城市发展带来的诸多问题, 实现可持续发展, 成为城市规划建设的重要命题。在此背景下，智慧城市成为解决城市问题的一条可行道路，也是未来城市发展的趋势。智慧城市建设的大提速将带动地方经济的快速发展，也将带动卫星导航、物联网、智能交通、智能电网、云计算和软件服务等多行业的快速发展，为相关行业带来新的发展契机。我国先后出台《国家新型城镇化规划（2014—2020年）》《关于促进智慧城市健康发展的指导意见》《"十三五"国家信息化规划》《智慧城市 信息技术运营指南》等政策和标准文件，明确了智慧城市作为我国城镇化发展和实现城市可持续发展方案的战略地位，以及"推进智慧城市建设"的任务。据统计，我国已有超过95%的地级以上城市（总计约700多个城市）提出或在建智慧城市。

2021年，中共中央、国务院印发《国家综合立体交通网规划纲要》，提出推动智能网联汽车与智慧城市协同发展。我国多地在"十四五"规划中指出，要加快智慧城市、新基建等规模部署，推进新技术等基础设施建设，推动传统基础设施升级，建设新一代信息基础设施体系。

当前，国内"智慧城市"的发展经过数年的发展实践，已从最初的实践探索、政策调整等阶段，进入全面融合、快速发展阶段。2020年以来，人工智能、物联网、5G、云计算、边缘计算等新一代信息技术的发展与应用为智慧城市的融合发展培育了创新土壤。我国智慧城市建设的城市数量快速增加，发展规模也在同步扩大。

5.4.3　物联网的发展趋势

物联网是新一代信息技术高度集成和综合应用的成果，是我国战略性新兴产业的重要组成部分。据统计，2020年，我国物联网行业的市场规模达到约2.4万亿元，并预计仍将保持较高的增长速度。通过分析物联网的发展前景可知，经过几年的发展，我国物联网已经形成了较好的产业基础，在很多行业发挥了积极的作用，在"互联网+"的时代，物联网将与传统企业深度融合和渗透，催生出新的业态和应用，并带来多个行业的彻底变革，真正改变人们的生活和生产方式，带动万亿级的产业发展，成为产业革命的重要推动力。

机遇总是伴随着挑战。目前，我国物联网发展还面临不少问题，比如在关键技术上与国际先进水平还有一定差距，特别是在高端传感器、RFID 等领域，又比如产业规模还不够大，特别是真正从事物联网产业的企业规模比较小，整个产业比较分散。另外，物联网应用的范围很广，但是应用的水平还不是很高。面对这些挑战，未来的物联网发展要在现有的基础上，在发展质量上有更大的突破，就需要从以下 4 个方面做好相关的工作。

第一，加强自主创新，要通过原始创新，形成具有自主知识产权的关键核心技术。同时，要把一些系统的集成做好，还要在这个基础上坚持国际合作，坚持对外开放，坚持开展技术的交流和人才的交流，使技术能够通过引进、消化、吸收得到再创新，让创新基础更加牢固和坚实。

第二，扩大产业规模，打造产业链。物联网的产业规模现在还是初级的，企业规模相对比较小，要力争培育一些大型的骨干企业。目前，我国物联网企业在国内或者国际上具有核心竞争力的并不多。应该在这个行业中培养出具有世界领先地位、具有一定的产业规模和创造力的企业，也应该在培育大企业的同时，把中小企业作为未来发展的重点给予更多支持和鼓励，形成大企业带动行业的发展，大、中、小企业协同创新的良好局面。从区域发展的角度看，产业的集聚也很重要，需要一批企业共同发展、相互促进。

第三，在示范应用和价值链的打造上，要加大推进力度。物联网应用的市场前景非常广阔，涉及的面非常广，在工业、农业、商贸流通等领域，特别是在改变人民生活方式上还会有更大的突破和改善。所以在这个市场的应用范围之内，价值链的作用也会逐渐显现，应通过探索和培育一些新的商业模式，为未来市场的应用开拓更广阔的空间。

第四，加强信息安全保障工作。物联网实现物与物之间的相互联系时，涉及信息安全、网络安全、系统安全、可靠性安全等各个方面。随着大数据的产生和整个系统的开放，对信息安全的要求不断提高。所以在推进物联网广泛应用的同时，也要在信息安全保障上下功夫。

总之，随着网络环境的成熟，物联网步入实质阶段。无论是对谋求转型的传统企业、大众创业者、互联网科技企业等，还是对当前正在积极推动创新发展理念的国家而言，物联网都将带来不容错失的发展机遇。

| 5.5　软件在大数据中的应用 |

大数据由巨型数据集组成，这些数据集的大小常超出人类在可接受时间内的收集、使用、管理和处理能力。

在一份 2001 年的研究与相关演讲中，麦塔集团（META Group，现已被高德纳公司收购）分析员道格·莱尼（Doug Laney）指出数据增长的挑战和机遇有 3 个方向：量（Volume，数据大小）、速度（Velocity，数据输入输出的速度）与多变性（Variety，多样性），合称"3V"或"3Vs"。高德纳公司与现在大部分大数据产业中的公司，都在使用"3V"来描述大数据。高德纳公司于 2012 年对大数据的定义进行了修改：大数据是大量、高速及 / 或多变的信息资产，它需要新型的处理方式去促成更强的决策力、洞察力与最优化处理能力。另外，有机构在"3V"之外定义了第 4 个"V"——真实性（Veracity）。

傅志华在 2014 年提出，具有"4V+1O"这五大特征（见图 5-8）的数据才可称为大数据，内容如下。

① 体量大，即 Volume。第一个特征是数据量大，包括采集、存储和计算的数据量都非常大。大数据的起始计量单位至少是 PB（约 1000 TB）、EB（约 100 万 TB）或 ZB（约 10 亿 TB）。

② 类型多，即 Variety。第二个特征是种类和来源多样化，包括结构化、半结构化和非结构化数据，具体表现为网络日志、音频、视频、图片、地理位置信息等。多类型的数据对数据的处理能力提出了更高的要求。

③ 价值密度低，即 Value。第三个特征是数据价值密度较低，或者说是浪里

图 5-8　大数据的五大特征

淘沙却又弥足珍贵。随着互联网以及物联网的广泛应用，信息感知无处不在，数据规模急剧增加，但数据价值密度较低。如何结合业务逻辑并通过强大的机器算法来挖掘数据价值，是大数据时代最需要解决的问题之一。

④ 速度快，即 Velocity。第四个特征是数据增长速度快，处理速度也快，时效性要求高。例如，搜索引擎要求几分钟前的新闻能够被用户查询到，个性化推荐算法尽可能要求实时完成推荐。这是大数据挖掘区别于传统数据挖掘的显著特征。

⑤ 数据是在线的，即 Online。数据是永远在线的，是随时能被调用和计算的，这是大数据区别于传统数据最大的特征。现在人们谈到的大数据不仅量大，更重要的是数据变得在线了，这是大数据在互联网高速发展背景下的特点。例如，对于打车工具，客户的数据和出租司机的数据都是实时在线的，这样的数据才有意义。而放在磁盘中且为离线状态的数据，其商业价值远远不如在线数据的商业价值大。

在大数据的五大特征中，特别要强调的一点是数据是在线的，因为很多人认为数据量大就是大数据，往往忽略了大数据的在线特征。数据只有在线，即数据在与产品用户产生连接的时候才有意义。例如，某用户在使用某互联网应用时，将其行为及时地传给数据使用方，数据使用方通过数据分析或者数据挖掘进行加工，从而优化该应用的推送内容，把用户最想看到的内容推送给用户，提升了用户的使用体验。

5.5.1　大数据的介绍

1. 大数据的发展历史

1887—1890 年，美国统计学家霍利里思为了统计人口普查数据发明了一台电动器来读取卡片上的洞数，该设备让美国用 1 年时间就完成了原本耗时 8 年的人口普查工作，由此在全球范围内开启了数据处理的新纪元。

1943 年，一家英国工厂为了破译第二次世界大战期间敌军的密码，让工程师开发了能够进行大规模数据处理的机器，并使用了第一台可编程的电子计算机进行运算。该计算机被命名为"巨人"，以每秒 5000 字符的速度读取纸卡——将原本需要耗费数周时间才能完成的工作量压缩到了几小时，在破译敌军部队前方阵地的信息后，帮助盟军成功登陆了诺曼底。

1997 年，NASA 的研究员迈克尔·考克斯（Michael Collins）和大卫·埃尔斯沃斯（David Ellsworth）首次使用"大数据"这一术语来描述 20 世纪 90 年代可视化对计算机系统提出的挑战：数据集之大，超出了主存储器、本地磁盘，甚至远程磁盘的承载能力，出现了"大数据问题"。

2007—2008 年，随着社交网络的普及，技术博客和专业人士为"大数据"概念注入了新的生机。"当前世界范围内已有的一些其他工具将被大量数据和应用算法取代。"一些政府机构和顶尖计算机科学家声称，"应该深入参与大数据计算的开发和部署工作，因为它将直接有利于许多任务的实现。"

2009 年 1 月，印度政府建立了印度唯一的身份识别管理局，对约 12 亿人的指纹、照片和虹膜进行扫描，并为每人分配了 12 位的数字 ID，将数据汇集到世界上最大的生物识别数据库中。官员们说它将会起到提高政府的服务效率和减少腐败行为的作用，但批评者担心政府会针对个别人进行剖面分析并过度破坏个人隐私。

2009 年 7 月，为应对全球金融危机，时任联合国秘书长潘基文承诺创建警报系统，分析"实时数据对贫穷国家经济危机的影响"。联合国全球脉冲项目已研究了如何利用手机和社交网站的数据源来分析并预测螺旋价格、疾病暴发等问题。

2012 年 7 月，为挖掘大数据的价值，阿里巴巴在管理层设立了"首席数据官"一职，负责全面推进"数据分享平台"战略，并推出大型的数据分享平台——"聚石塔"，为天猫、淘宝平台的电商及电商服务商等提供数据云服务。

2014 年 4 月，世界经济论坛以"大数据的回报与风险"为主题发布了《全球信息技术报告（第 13 版）》。报告认为，在未来几年中针对各种信息通信技术的政策会显得更加重要。全球大数据产业的日趋活跃、技术演进和应用创新的加速发展，使各国政府逐渐认识到大数据在推动经济发展、改善公共服务、增进人民福祉，乃至保障国家安全方面的重大意义。

在我国，2021 年 3 月发布的国家"十四五"规划对我国的大数据发展进行了全面布局。同年 11 月，工业和信息化部印发了《"十四五"大数据产业发展规划》，进一步围绕"价值引领、基础先行、系统推进、融合创新、安全发展、开放合作"六项基本原则，针对"十四五"期间大数据产业发展提出了 6 项重点任务、6 个专项行动、6 项保障措施，并指出我国大数据产业将步入高质量发展的新阶段。

2. 大数据迅猛发展的背景

大数据是近年来的一个技术热点。历史上，数据库、数据仓库、数据集市等信息管理领域的技术，很大程度上也是为了解决大规模数据的问题。被誉为数据仓库之父的比尔·恩门（Bill Inmon，见图 5-9）早在 20 世纪 90 年代就经常将大数据挂在嘴边了。

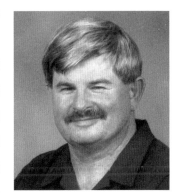

图 5-9　比尔·恩门

然而，大数据作为一个专有名词成为热点，主要应归功于近年来互联网、云计算、移动物联网的迅猛发展。无所不在的移动设备、RFID、无线传感器每分每秒都在产生数据，数以亿计用户的互联网服务时时刻刻在产生巨量的交互……要处理的数据量实在是太大、数据量的增长速度太快了，而业务需求和竞争压力对数据处理的实时性、有效性提出了更高的要求，传统的常规技术手段根本无法应对。

可以说，互联网的发展是大数据发展的最大驱动力。CNNIC 发布的数据显示，截至 2021 年 12 月，我国网民规模达到 10.32 亿人，互联网普及率达到 73.0%，我国网民人均每周上网时长达到 28.5 小时。并且，在我国网民的上网设备中，手机的占比高达 99.7%。手机使得上网变得更加方便，互联网更加深入地渗透到人们的日常工作和生活中。因此，互联网的普及使得网民的行为更加多元化，通过互联网产生的数据发展更加迅猛，且更具代表性。互联网世界的商品信息、社交媒体中的图片、文本信息以及视频网站的视频信息，还有互联网世界中的人与人交互信息、位置信息等，都已经成为大数据最重要也是增长最快的数据来源。

5.5.2 大数据的应用案例

1. OceanBase

淘宝公司开发的千亿级海量数据库 OceanBase 将写操作限制在一台机器上，可执行数据库相关操作。那么，OceanBase 的创新点在哪里呢？

数据量比较大时，有两种数据结构很常用：哈希表和 B+ 树。分布式系统也是类似的，如图 5-10 所示。

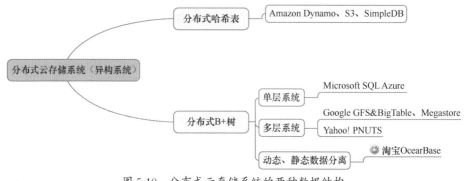

图 5-10 分布式云存储系统的两种数据结构

亚马逊公司的系统实现了分布式哈希表，而 Google BigTable、Yahoo! PNUTS、Microsoft SQL Azure 均实现了分布式 B+ 树。分布式哈希表的实现相对简单，但只支持随机读取；而分布式 B+ 树支持范围查询，但实现比较复杂。

在 OceanBase 设计之初，淘宝公司对其在线存储需求进行分析并发现：淘宝公司的数据总量比较大，未来一段时间（如 5 年之内）的数据规模为百 TB 级别、千亿条记录；另外，数据膨胀速度很快，传统的分库分表会对业务造成很大的压力，必须设计自动化的分布式系统；然而，在线存储每天的修改量很小，大多数情况下单机的内存就能存放。因此，淘宝公司采用了将动态数据和静态数据分离的办法。动态数据的数据量小，可采用集中式的方法解决，这样状态数据的维持就从一个分布式的问题转化为单机的问题；静态数据的数据量大，可采用分布式的方法解决，因为静态数据基本不变，实现时不需要复杂的线程同步机制，同时，保证静态数据的多个副本之间的一致性比较容易，简化了子表的分裂和合并操作。通过这样的权衡，OceanBase 数据库以一种很简单的方式满足了未来一段时间的在线存储需求，并且获得了一些其他特性，如可高效处理跨行跨表事务，这对于淘宝公司的业务是非常重要的。

2. Summingbird

Twitter 公司开源了 MapReduce 的流处理框架 Summingbird。Summingbird 是一个大规模数据处理系统，支持开发者以批处理模式（基于 Hadoop/MapReduce）、流处理模式（基于 Storm）或混合模式（前两种模式的组合），并以统一的方式执行代码。它基于 Apache v2.0 许可发布。Summingbird 的主要设计者为奥斯卡•博伊金（Oscar Boykin）、萨姆•里奇（Sam Ritchie）[计算机科学界的传奇人物、C 语言之父丹尼斯•里奇（Dennis Ritchie）的侄子] 和艾什顿•辛加尔（Ashutosh Singhal）。

现在的软件栈需要手工集成 MapReduce 和基于流（Storm）的代码，为了处理大约 5 亿条推文并能持续成长，Twitter 必须寻找一个替代品。Twitter 的工程师提到，在 Storm 上运行一个完全实时的系统非常困难，这便是创建 Summingbird 的主要动机。

要重新计算数月的历史日志，必须与 Hadoop 进行协作，或者是通过某种定制的日志加载机制形成通过 Storm 的流。Storm 专注的是消息传递，对于可随机写入的数据库很难维护。正是这个原因推动了 Summingbird 这套灵活而通用的方案的出现，它可用于解决工程师使用现有方法遇到的实际问题。

Summingbird 也是第一批可以公开获得的 Lambda 架构兼容系统中的一个。类似的项目包括雅虎公司的 Storm-yarn 和一家西班牙创业公司开发的 Lambdoop。Lambdoop 是一个 Java 框架，可用与 Lambda 架构一致的方式开发大数据应用。Lambda 架构的特色是有一个不可修改、只能追加数据的主数据库，并组合了批处理、服务和加速等不同功能的层。这些特色支持开发者构建健壮的、可以进行批处理和流处理的大规模数据处理系统，其使用案例涉及物联网（智能城市、可穿戴设备和制造业）、社交媒体平台（比如 Twitter、LinkedIn 等）以及金融行业（欺诈检测和推荐）等。

3. Cloudera Impala

Cloudera Impala 是一个开源的大规模并行处理（Massively Parallel Processing，

MPP)SQL 查询引擎,运行在 Apache Hadoop 上。用户可直接查询存储在分布式文件系统(Hadoop Distributed File System,HDFS)和 Apache HBase 上的数据,无须进行数据迁移或转换。

Cloudera Impala 可以直接为存储在 HDFS 或 HBase 中的 Hadoop 数据提供快速、交互式的 SQL 查询。除了使用相同的存储平台外,Cloudera Impala 和 Apache Hive 都使用了相同的元数据、SQL 语法(Hive SQL)、开放式数据库互联(Open Database Connectivity,ODBC)驱动和用户接口(Hue Beeswax),这就很方便地为用户提供了一个相似且统一的平台进行批量或实时查询。

Cloudera Impala 是用于大数据查询的补充工具。Cloudera Impala 并没有取代像 Hive 这样基于 MapReduce 的分布式处理框架。Hive 和其他基于 MapReduce 的计算框架适用于长时间运行的批处理作业。Cloudera Impala 提供了数据科学家或数据分析师已经熟知的 SQL 接口,其能够在 Apache Hadoop 的大数据中进行交互式数据查询。

4. Spring XD

Spring XD(eXtreme Data,极限数据)是 Pivotal 的大数据产品。它结合了 Spring Boot 和 Grails,组成了 Spring IO 平台的执行部分。尽管 Spring XD 利用了大量现存的 Spring 项目,但它是一种运行环境,而不是一个类库或者框架,它包含带有服务器的 bin 目录,用户可以通过命令将其启动并与之交互。该产品可以运行在开发机、用户自己的服务器、亚马逊的弹性计算云或者 Cloud Foundry 上。

Spring XD 中的关键组件是管理和容器服务器(Admin and Container Server)。使用一种 DSL,可以先把待处理任务的描述通过 HTTP 提交给管理和容器服务器。然后,管理和容器服务器会把处理的任务映射到处理模块(每个模块都是一个执行单元,作为 Spring 应用程序上下文实现)中。

5.5.3 大数据的发展趋势

大数据技术是一种新一代技术和构架,它通过快速的采集、处理和分析技术,从各种超大规模的数据中获取价值。大数据技术不断迭代发展,使得处理海量数据更加容易、便宜和迅速,成为人们利用数据的好助手,甚至可以改变许多行业的商业模式。大数据技术的发展可以分为六大方向。

① 大数据采集与预处理。该方向最常见的问题是数据的多源和多样性，这些问题会导致数据的质量存在差异，严重影响数据的可用性。针对这些问题，目前很多公司已经推出了多种数据清洗和质量控制工具，如 IBM 公司的 Data Stage。

② 大数据存储与管理。该方向最常见的挑战是存储规模大、存储管理复杂，需要兼顾结构化、半结构化和非结构化的数据。分布式文件系统和分布式数据库相关技术的发展正在有效地解决这些问题。在大数据存储和管理方向，尤其值得人们关注的是大数据索引和查询技术、实时及流式大数据存储与处理技术的发展。

③ 大数据计算模式方向。目前出现了多种典型的大数据计算模式，包括大数据查询分析计算（如 Hive）、批处理计算（如 Hadoop MapReduce）、流式计算（如 Storm）、迭代计算（如 HaLoop）、图计算（如 Pregel）和内存计算（如 Hana），这些计算模式的混合计算模式将成为满足多样性大数据处理和应用需求的有效手段。

④ 大数据分析与挖掘方向。在数据量迅速膨胀的同时，还要进行深度的数据分析和挖掘。随着人们对自动化分析的要求越来越高，越来越多的大数据分析工具和产品应运而生，如用于大数据挖掘的 R Hadoop 版、基于 MapReduce 开发的数据挖掘算法等。

⑤ 大数据可视化分析方向。通过可视化方式来帮助人们探索和解释复杂的数据，有利于决策者挖掘数据的商业价值，进而有助于大数据的发展。有很多公司正在开展相应的研究，试图把可视化引入其不同的数据分析技术和展示的产品中，各种可能相关的商品也将不断出现。可视化工具 Tabealu 的成功上市反映了大数据可视化需求的广泛性。

⑥ 大数据安全方向。在用大数据分析和数据挖掘技术获取商业价值时，黑客很可能会发起攻击，以收集有用的信息。因此，大数据的安全一直是工业界和学术界非常关注的研究方向。通过文件访问控制来限制数据的操作，实现基础设备加密、匿名化保护和加密保护等，可以最大限度地保护数据安全。

当今"大数据"一词的核心已经不仅在于数据规模的定义，它更代表着信息技术发展进入了一个新的时代，代表着爆炸性的数据信息给传统的计算技术和信息技术带来的技术挑战和困难，代表着大数据处理所需的新技术和方法，也代表着大数据分析和应用所带来的新发明、新服务和新发展机遇。

由于大数据处理需求的迫切性和重要性，近年来大数据技术已经在全球学术界、工业界和各国政府中得到高度关注和重视，全球掀起了可与 20 世纪 90 年代的"信息高速公路"的热度相提并论的研究热潮。北美洲和欧洲的一些发达国家政府纷纷从国家科技战略层面提出了一系列与大数据技术相关的研发计划，以推动政府机构、重要行业、学术界和工业界对大数据技术的探索、研究和应用。

| 5.6 软件在云计算中的应用 |

2006 年谷歌公司推出了"谷歌 101 计划"，并正式提出"云"的概念和理论。随后，亚马逊、微软、惠普、雅虎、英特尔、IBM 等公司都宣布了自己的"云计划"。云安全、云存储、内部云、外部云、公共云、私有云等，一堆让人眼花缭乱的概念不断刺激着人们的神经。那么，到底什么是云计算（Cloud Computing）技术呢？

云计算是一种基于互联网的计算方式，通过这种方式，共享的软硬件资源和信息可以按需求提供给计算机和其他设备。狭义的云计算指的是厂商通过分布式计算和虚拟化技术搭建数据中心或超级计算机，以免费或按需租用的方式向技术开发者或者企业客户提供数据存储、分析以及科学计算等服务，比如亚马逊公司的数据仓库出租。广义的云计算指厂商通过建立网络服务器集群，向各种不同类型的客户提供在线软件、硬件租借、数据存储、计算分析等不同类型的服务。广义的云计算包括更多的厂商和服务类型，例如国内用友、金蝶等管理软件厂商推出的在线财务软件，谷歌公司发布的谷歌应用程序套件等。

通俗地说，云计算的"云"就是存在于互联网上的服务器集群上的资源，它包括硬件资源（如服务器、存储器、CPU 等）和软件资源（如应用软件、集成开发环境等），本地计算机只需要通过互联网发送一个需求信息，远端就会有成千上万的计算机为用户提供需要的资源并将结果返回到本地计算机。这样，本地计算机几乎不需要做什么，所有的处理都在云计算提供商所提供的服务器集群中完成。

云计算是继 20 世纪 80 年代大型计算机到客户端 - 服务器的大转变之后的又一次变革。用户不再需要了解"云"中基础设施的细节，不必具有相应的专业知识，也无须直接进行控制。云计算描述了一种基于互联网的新的 IT 服务增加、使用和交付的模式，是通过互联网提供的一种虚拟化的、动态的、易扩展的资源。

云计算依赖资源的共享以达成规模经济。云计算服务提供者集成大量的资源供多个用户使用，用户可以轻易地请求（租借）更多资源，并随时调整使用量，将不需要的资源释放回整个架构。因此，用户不需要因为短暂尖峰的需求就购买大量的资源，仅需提升租借量，需求降低时便可退租。服务提供者可将目前无人租用的资源重新租给其他用户，甚至依照整体的需求量调整租金。

未来，企业会更加关注业务流程的革新、办公效率的提高、业务成本的管控。企业对信息中心提出的要求会越来越多，信息系统的交付和管理会出现很大的变化，早前关注的焦点会有所转变，基础设施、平台、软件的形态都会以"服务"的理念出现。中小企业可以摆脱数据中心的束缚，将所有的服务迁移到公有云；大型企业可以建立私有云环境，先将所有的资源整合，再以服务的形态呈现给用户。而对于用户来说，一台能联网的设备即可满足所有的办公需求，不管用户身处何方，也不管用户使用的是便携式计算机还是移动终端。

5.6.1 云计算的介绍

云计算的发展历程如图 5-11 所示。云计算并不是一蹴而就的，也不只是概念上的炒作，它是通过在各种不同计算模式下不断地演变、优化而形成的，它的发展不仅顺应了当前计算模型，还为企业真正地带来了效率和成本方面的诸多变革。

1983 年，太阳公司提出"网络是计算机"（The network is the computer）。

2006 年 3 月，亚马逊公司推出弹性计算云服务。

图 5-11 云计算的发展历程

2006 年 8 月 9 日，谷歌公司首席执行官埃里克·施密特（Eric Schmidt）在搜索引擎大会（SES San Jose 2006）上首次提出"云计算"的概念。谷歌公司的"云端计算"源自谷歌公司工程师克里斯托夫·比希利亚（Christophe Bisciglia）所做的"谷歌 101 计划"。

2007 年 10 月，谷歌与 IBM 公司开始在美国大学校园推广云计算的项目，包括卡内基梅隆大学、麻省理工学院、斯坦福大学、加州大学伯克利分校及马里兰大学等。这项计划希望能降低分布式计算技术在学术研究方面的成本，并为这些大学提供相关的软硬件设备及技术支持（包括数百台 PC 及 BladeCenter 与 System X 服务器，这些计算平台将提供 1600 个处理器，支持 Linux、Xen、Hadoop 等开放源代码平台）；学生则可以通过网络开发各项以大规模计算为基础的研究项目。

2008 年 1 月 30 日，谷歌公司宣布在中国台湾启动"云端运算学术计划"，与台湾大学、台湾交通大学等学校合作，将这种先进的大规模、快速计算技术推广到校园。

2008 年 7 月 29 日，雅虎、惠普和英特尔公司宣布了一项涵盖美国、德国和新加坡的联合研究计划，推出云计算研究测试床，以推进云计算研究。该计划与合作伙伴创建了 6 个数据中心作为研究试验平台，每个数据中心配置 1400 ～ 4000 个处理器。这些合作伙伴包括新加坡资讯通信发展管理局、德国卡尔斯鲁厄大学 Steinbuch 计算中心、美国伊利诺伊大学香槟分校、英特尔研究院、惠普实验室和雅虎公司。

2008 年 8 月 3 日，美国专利商标局网站信息显示，戴尔正在申请云计算商标，此举旨在加强对这一未来可能重塑技术架构的术语的控制权。戴尔在申请文件中称，云计算是"在数据中心和巨型规模的计算环境中，为他人提供计算机硬件定制制造能力"。

2010 年 3 月 5 日，Novell 与云安全联盟（Cloud Security Alliance，CSA）共同宣布了一项供应商中立项目，名为"可信任云计算项目"。

2010 年 7 月，NASA 和 Rackspace、AMD、英特尔、戴尔等支持厂商共同宣布了"OpenStack"开放源代码项目。微软在 2010 年 10 月表示支持 OpenStack 与 Windows Server 2008 R2 的集成；Ubuntu 已把 OpenStack 加至 11.04 版本中。2011 年 2 月，思科系统正式加入 OpenStack，重点研制 OpenStack 网络服务。

同样，云计算在国内也掀起了一场风波，许多大型网络公司纷纷加入开发云计算的阵列。

2009 年 1 月，阿里软件在江苏南京建立了首个"电子商务云计算中心"。同年 11 月，中国移动云计算平台"大云"计划启动。到现阶段，云计算已经发展得比较成熟。

2019 年 8 月 17 日，北京互联网法院发布了《互联网技术司法应用白皮书》。发布会上，北京互联网法院互联网技术司法应用中心揭牌成立。

2020 年，我国云计算市场规模达 1781.8 亿元。其中，公有云市场规模达 990.6 亿元，同比增长 43.7%，私有云市场规模达 791.2 亿元，同比增长 22.6%。

5.6.2　云计算的应用案例

1. Salesforce 的"云计算"平台

Salesforce 是一家爱尔兰公司，是"软件即服务"（Software as a Service，SaaS）厂商的先驱，并成为第一家年销售额超过 10 亿美元的 SaaS 云计算公司。相比之下，微软公司的 Red Dog Cloud Services 和 IBM 公司的 Blue Cloud（蓝云）计划起步较晚。Salesforce 公司于 2007 年推出的 Force.com 平台是世界上第一款平台即服务（Platform as a Service，PaaS）的应用。Force.com 抛开了让客户觉得描述太过专业的云计算，而推出了"商业云"（Business Cloud）的概念。除了 CRM，Force.com 平台还要构建更多更好的应用。开发人员可以用这个平台建立核心的商业应用，如企业资源计划（Enterprise Resource Planning，ERP）、人力资源管理（Human Resource Management，HRM）、供应链管理（Supply Chain

Management，SCM）。它的理念是重创新而不重架构，而客户的生意就在这片云里完成。

Force.com 平台的理念是追求按需创造的应用（Creating On-Demand Applications），能够给独立软件提供商（Independent Software Vendors，ISV）和开发者带来以下好处：快速开发；坚若磐石的系统安全性；应用接口和数据表非常容易定制，即使在开发后也能保持良好的扩展性。

日本的邮政局网络已经在 Force.com 平台上建立了应用，为 40 000 多名客户提供查询服务，而此功能的设计开发仅仅用了两个月，这是云计算首个初具规模的成功案例。图 5-12 所示为 Force.com 平台的架构。

图 5-12　Force.com 平台的架构

从图 5-12 可以看出，Force.com 平台包含 3 个部分：基础架构与物理资源层（A）、PaaS 中间平台层（B）和商业应用层（C）。A、B 两层是 Force.com 的基础平台，不需要 ISV 或开发者过多考虑；C 层是开放的应用层，是关注的焦点。下面重点介绍 C 层。

建立云计算应用时，Force.com 平台提供了两种模式的组件支持：Native 组件和 Composite 组件。Native 组件基本上不必开发，通常是通过配置进行，如安全及共享规则、用户接口界面、WorkFlow 及审批、数据定制对象等。这些组件其实是 Force.com 平台中开发好的、成熟的组件，可以直接引用。此模式的优点在于简单、执行速度快、效率高，也避免了重复开发。虽然 Native 组件能满足多数应用需求，但更复杂的商业需求，则要使用 Composite 组件来实现，比如复杂的接口实现、Web Services 操作数据等业务逻辑需要通过 Java 或 C# 等进行代码编写来实现。因此，Force.com 平台还提供了比较完整的软件开发工具包（Software Development Kit，SDK）文档支持。此模式的优点在于可控性、灵活性强。一般一个完整、实用的云计算应用是同时包含上述两种组件的，具体的取舍需要依赖开发者的经验和智慧。

2. 谷歌的云应用

谷歌公司的大型数据中心、搜索引擎的支柱应用，促进了谷歌云计算的迅速发展。谷歌公司的云计算主要由 MapReduce、谷歌文件系统（Google File System，GFS）、BigTable 组成。它们是谷歌公司的云计算基础平台的 3 个主要部分。谷歌公司还构建了其他云计算组件，包括领域描述语言以及分布式锁服务机制等。Sawzall 是建立在 MapReduce 基础上的领域描述语言，专门用于大规模的信息处理。Chubby 是高可用、分布式锁服务，当有机器失效时，Chubby 使用 Paxos 算法来保证备份。

谷歌公司具有代表性的云应用有 Google Docs、Google Apps、Google Sites，云计算应用平台为 Google App Engine。上述应用的示意图分别如图 5-13 ～图 5-16 所示。

图 5-13　Google Docs

图 5-14　Google Apps

图 5-15　Google Sites

图 5-16　Google App Engine

Google Docs 是谷歌公司最早推出的云应用，是"软件即服务"思想的典型应用。它是与微软 Office 相似的在线办公软件。它可以处理和搜索文档、表格、幻灯片，并可以通过网络与他人分享并设置共享权限。Google Docs 是基于网络的文字处理和电子表格程序，可提高协作效率，可允许多用户同时在线更改文件，并允许用户实时看到其他成员所做的修改。用户只需一台接入互联网的计算机和可以使用 Google Docs 的标准浏览器即可进行文件的在线创建和管理、实时协作、权限管理、共享、搜索、历史记录修订等。同时，该软件具有可随时随地访问的特性，大大增强了文件操作的共享和协同能力。

Google Apps 是谷歌企业应用套件，它能够帮助用户处理日渐庞大的信息，随时随地与其他同事、客户和合作伙伴保持联系，并可进行沟通、共享和协作。它集成了 Gmail、Google Talk、Google Calendar、Google Docs，以及 Google Sites、API 扩展和一些管理功能，包含通信、协作与发布、管理服务 3 方面的应用，并且拥有云计算的特性，能够更好地实现随时随地协同共享。另外，它还具有低成本的优势和托管的便捷，用户无须自己维护、管理、搭建协同共享平台。

Google Sites 是作为 Google Apps 的一个组件出现的。它是一款侧重团队协作的网站编辑工具，可创建各种类型的团队网站。通过 Google Sites，用户可将所有类型的文件（包括文档、视频、图片、日历及附件等）与好友、团队或整个网络分享。

Google App Engine 是谷歌公司在 2008 年 4 月发布的一个平台，用户可以在该平台的基础架构上开发、部署和运行自己的应用程序。目前，Google App Engine 支持 Python 语言和 Java 语言，每个 Google App Engine 上的应用程序都可以使用高达 500 MB 的存储空间，该平台还支持用户每月 500 万综合浏览量的带宽和 CPU。并且，Google App Engine 容易构建和维护，还可根据用户的访问量和数据存储需求的变化轻松扩展。同时，用户开发的应用程序可以和谷歌公司开发的应用程序集成；Google App Engine 还推出了 SDK，包括可以在用户本地计算机上模拟所有 Google App Engine 服务的网络服务器应用程序。

3. IBM 的"蓝云"计算平台

"蓝云"解决方案是由 IBM 云计算中心开发的企业级云计算解决方案。该解决方案可以对企业现有的基础架构进行整合，通过虚拟化技术和自动化技术，构建企业自己的云计算中心，实现企业硬件资源和软件资源的统一管理、统一分配、统一部署、统一监控和统一备份，打破应用对资源的独占，从而帮助企业实现云计算理念。

IBM 的"蓝云"计算平台是一套软硬件平台，它将互联网上使用的技术扩展到企业平台上，使得数据中心使用与互联网相似的计算环境。"蓝云"计算平台大量使用了 IBM 公司先进的计算技术，结合了 IBM 公司自身的软硬件系统以及服务技术，支持开放标准与开放源代码软件。

"蓝云"计算平台基于 IBM Almaden 研究中心的云基础架构，采用了 Xen 和 PowerVM 虚拟化软件、Linux 操作系统映像以及 Hadoop 软件（GFS 以及 MapReduce 的开源实现）。IBM 公司已经正式推出了基于 x86 芯片服务器系统的"蓝云"产品。

图 5-17 所示为"蓝云"计算平台的架构，由数据中心、IBM Tivoli 部署管理软件（Tivoli Provisioning Manager）、IBM Tivoli 监控软件（IBM Tivoli Monitoring）、IBM WebSphere 应用服务器、IBM DB2 数据库以及一些开源信息处理软件和开源虚拟化软件共同组成。"蓝云"计算平台的硬件环境与一般的 x86 服务器集群相似，使用"刀片"的方式增加了计算密度。"蓝云"计算平台的特点主要体现在对虚拟机的使用以及对大规模数据处理软件 Apache Hadoop 的使用上。

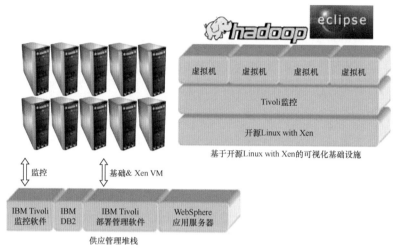

基于开源Linux with Xen的可视化基础设施

供应管理堆栈

图 5-17 "蓝云"计算平台的架构

　　"蓝云"计算平台的一个重要特点是虚拟化技术的使用。虚拟化方式在"蓝云"计算平台中有两个级别：一个是硬件级别的虚拟化，另一个是通过开源软件实现虚拟化。硬件级别的虚拟化可以通过使用 IBM p 系列的服务器来获得硬件的逻辑分区。逻辑分区的CPU资源能够通过IBM Enterprise Workload Manager 来管理。通过这样的方式加上在实际使用过程中的资源分配策略，能够使资源合理地分配到各个逻辑分区。p 系列系统的逻辑分区的最小粒度是 1/10 个 CPU。Xen 则是软件级别的虚拟化，能够在 Linux 系统的基础上运行另外一个操作系统。

　　"蓝云"计算平台的存储体系结构对云计算来说也是非常重要的，无论是操作系统、服务程序还是用户的应用程序数据，都保存在存储体系中。

　　在设计云计算平台的存储体系结构时，可以通过组合多个磁盘获得大的磁盘容量。与磁盘的容量相比，在云计算平台的存储中，磁盘数据的读写速度是一个更重要的问题，因此需要对多个磁盘同时进行读写。这种方式要求将数据分配到多个节点的多个磁盘中。为达到这个目的，存储技术有两个选择：一个是使用与 GFS 相似的集群文件系统，另一个是基于块设备的 SAN 系统。

　　在"蓝云"计算平台上，SAN 系统与分布式文件系统（如 GFS）并不是相互对立的系统。SAN 提供的是块设备接口，需要在此基础上构建文件系统，才能被上层应用程序所使用。GFS 是一个分布式文件系统，能够建立在 SAN 之上。

二者都能保证可靠性和可扩展性，至于如何使用，还需要由建立在云计算平台上的应用程序来决定，这体现了计算平台与上层应用相互协作的关系。

4．亚马逊的弹性计算云

亚马逊公司是互联网上最大的在线零售商之一，为了应对交易高峰，该公司不得不购买了大量的服务器。而在大多数时间，大部分服务器处于闲置状态，造成了很大的浪费，为了合理利用空闲服务器，亚马逊公司建立了自己的云计算平台——弹性计算云，成为第一家将基础设施作为服务出售的公司。

亚马逊公司将自己的弹性计算云建立在公司内部的大规模集群计算平台上，用户可以通过弹性计算云的网络界面操作在云计算平台上运行的各个实例。用户使用实例的付费方式由用户的使用状况决定，即用户只需为自己所使用的计算平台实例付费，运行结束后计费也随之结束。这里所说的实例是由用户控制的、完整的虚拟机运行实例。通过这种方式，用户不必自己去建立云计算平台，节省了设备与维护费用。

图 5-18 所示为弹性计算云系统的使用模式。从中可以看出，弹性计算云用户使用客户端通过 SOAP over HTTPS 与弹性计算云内部的实例进行交互。弹性计算云平台为用户或者开发人员提供了一个虚拟的集群环境，在用户具备充分灵活性的同时，减轻了云计算平台拥有者亚马逊公司的管理负担。弹性计算云中的每一个实例代表一个运行中的虚拟机。用户对自己的虚拟机具有完整的访问权限，包括针对此虚拟机操作系统的管理员权限。虚拟机的费用也是根据虚拟机的能力进行计算的。实际上，用户租用的是虚拟的计算能力。

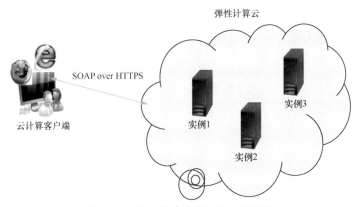

图 5-18　弹性计算云系统的使用模式

总而言之，亚马逊公司通过提供弹性计算云，满足了小规模软件开发人员对集群系统的需求，减轻了维护负担。弹性计算云的收费方式相对简单明了：用户使用多少资源，只需为这部分资源付费即可。

为了弹性计算云的进一步发展，亚马逊公司规划了如何在云计算平台上帮助用户开发网络化的应用程序业务。除了网络零售业务以外，云计算也是亚马逊公司的核心价值所在。亚马逊公司将来会在弹性计算云的平台基础上添加更多的网络服务组件模块，为用户构建云计算应用提供方便。

5.6.3　云计算的发展趋势

1. 云计算发展面临的主要问题

尽管云计算具有许多优点，但是也存在一些问题，如数据隐私问题、数据安全性问题、用户使用习惯问题、网络传输问题等。

① 数据隐私问题：要保证存放在云服务提供商处的数据不被非法利用，不仅需要技术的改进，还需要法律的进一步完善。

② 数据安全性问题：有些数据是企业的商业机密，数据的安全性关系到企业的生存和发展。云计算数据的安全性问题会影响云计算在企业中的应用。

③ 用户使用习惯问题：如何改变用户的使用习惯，使用户适应网络化的软硬件应用，是长期而艰巨的挑战。

④ 网络传输问题：云计算服务依赖网络，目前网速低且不够稳定，影响云计算应用的性能。云计算的普及依赖网络技术的发展。

2. 云计算的未来

（1）云分析将无处不在

云分析几乎影响着每位消费者和每个商业领域。通常，消费者不会注意到云，因为云在不同的应用程序的背后提供支持，但云分析正变得越来越普遍。从零售建议到基于基因学的产品开发，从金融风险管理到初创企业衡量其新产品的效果，从数字营销到快速处理临床试验数据，这些领域都借助云分析达到新的水平。

亚马逊网络服务（Amazon Web Services，AWS）已经清晰地看到了这个趋势，因为其数据仓库服务 Amazon Redshift 已经成为亚马逊公司历史上增长最快的云服务。Amazon Redshift 是许多企业使用的第一个云服务。已有越来越多的客户依靠 Amazon Redshift 分析 EB 级数据和运行复杂的分析查询，这使其成为使用最广泛的云数据仓库。Amazon Redshift 可在数秒内为客户提供所有的数据运行和扩展分析，而无须管理数据仓库基础设施。

（2）云将实现自助分析

过去，组织内部的分析系统处于旧式 IT 系统的顶点：在专用硬件上运行一个集中式的数据仓库。在现代企业中，这种情况是不能接受的。在帮助业务部门变得能够更敏捷、更快速地响应业务需求并开发客户真正需要的产品方面，分析系统发挥着至关重要的作用。但这种集中式、不够灵活的旧式数据仓库模式往往使企业用户陷入困境。而基于云的分析完全改变了这种情况。

业务部门借助云服务的资源，在云中迅速创建自己的数据仓库，并可根据其需求和预算选择数据仓库的规模和速度。这种数据仓库可以是一个在白天运行、拥有 2 个节点的小型数据仓库，也可以是一个仅在星期四下午运行几小时、拥有 1000 个节点的大型数据仓库，或是一个在夜间运行，在第二天向工作人员提供所需数据的数据仓库。

全球商业出版物《金融时报》对云分析的使用就是一个很好的例子。《金融时报》拥有约 130 年的历史，已经在诸多方面进行了变革，它通过云来运行商务智能（Business Intelligence，BI）系统，分析所有报道，使报纸更加个性化，为读者提供更加定制化的阅读体验，彻底地改变向读者提供内容的方式。

借助新的 BI 系统，《金融时报》每天能够实时分析 140 篇报道，并提高完成分析任务的敏捷性，分析所需时间从几个月缩短到几天。此外，《金融时报》也扩展了其 BI 范围，可更有针对性地向读者提供广告。通过使用 Amazon Redshift，《金融时报》每天能够处理 1.2 亿个独立事件，并集成内部日志和外部数据源，为读者打造一份更加动态的报纸。

（3）云让一切变得智能化

近来，一切都可以变得"智能化"——智能手表、智能衣服、智能电视、智能家居和智能汽车。绝大多数智能设备的软件都是在云端运行的。

无论是家里的温控器、手腕上的活动跟踪器，还是漂亮的超高清电视上的智能电影推荐，它们都由在云上运行的分析引擎驱动。这些智能产品的"智能"存在于云中，催生了新一代设备。实现了路灯照明智能化的飞利浦 CityTouch 就是一个很好的例子。

飞利浦 CityTouch 是适用于整个城市的智能路灯管理系统。它提供联网的道路照明解决方案，可在整个郊区和城市智能地控制路灯照明，做到实时管理天黑后的环境。借助该系统，城市管理人员能够在人流量较大的街道上保持良好的照明，在恶劣天气或环境光线过暗时增加亮度，或者在人烟稀少的工业区调暗灯光。

这项技术已经被应用于布拉格和伦敦郊区等地。飞利浦正在使用云作为后端技术运行该系统，并从安装在路灯上的传感器收集到的大量数据中提取有价值的信息。这些数据能使城市管理人员更好地了解天黑后城市的情况，并采用更有效的照明管理计划，从而避免过多的光污染对城市居民和野生动物造成不良影响。

（4）云分析将改善城市生活

云分析能够利用城市环境信息来改善世界各地城市居民的生活条件。芝加哥正在进行的工作就是一个很好的例子。芝加哥是首批在全市范围内安装传感器以永久测量空气质量、光强度、音量、热量、降水量、风力和交通情况的城市之一。

将传感器的数据上传至云中进行分析，可改善居民的生活方式。芝加哥的"Array of Things"项目收集的数据集将在云上公开，以供研究人员寻找分析数据的创新方法。

许多城市已经表示有兴趣效仿芝加哥使用云来改善居民生活，并且部分城市政府已经开始行动，比如英国的彼得伯勒市议会。彼得伯勒市议会公开其收集的数据集，让当地社区参与创新。人们将议会公布的不同数据集进行整合。例如，人们可以把犯罪数据和天气情况关联起来，帮助议会了解在炎热天气中是否会发生更多的入室盗窃案，以便他们更好地分配当地警力；或把就医数据与天气情况关联起来，发现其中的趋势和规律。在云的帮助下，这些数据开始向大众开放以推动创新。

（5）云将实现工业物联网

2015 年，工业物联网开始崛起。工业互联网将工业机械与互联网连接，把数据传输到云中，以获得有关机械设备使用情况的信息，从而提高工作效率，避免停机。

无论是通用电气公司给燃气涡轮机安装仪表，壳牌公司在油井中放置传感器、凯驰公司配备工业清洗机车队，还是建筑工地使用 Deconstruction 的传感器，所有这些都会持续地向云发送数据流，以供实时分析。

（6）云将实现视频内容分析

长久以来，视频仅用于存档、回放和观看。借助云强大的处理能力，一个新的趋势应运而生：把视频当作数据流来进行分析。这被称为视频内容分析（Video Content Analysis，VCA），可应用于零售、运输等多个领域，如商场和大型零售商店。VCA 可以帮助商场了解人流模式，提供人流量、停留时间以及其他统计信息。这使零售商能够改善其商店布局和提高店内营销效果。而在音乐会等大型活动现场，VCA 可以用于实时人群分析，以了解整个场地的人流情况、预防拥堵，从而改善参与者的体验。交通部门也可利用类似的方式疏导交通、监测高速公路上的停滞车辆和高速铁路上的物体，以及解决其他运输问题。

把 VCA 运用在消费领域的一个例子是 Dropcam。Dropcam 对联网摄像头传送的视频进行分析，为客户提供警报。Dropcam 是目前最大的互联网视频内容生产源之一，其向云中传输的数据流比 YouTube 还要多。

VCA 也成为体育管理的一个重要工具。球队可利用该技术从不同的角度分析球员。例如，在一场英超比赛中，球队利用许多记录下来的视频流的分析数据来改善球员的表现，并用于制定具体的训练计划。美国职业棒球大联盟（Major League Baseball，MLB）的棒球队使用 VCA 提供更好的实时分析，而美国国家橄榄球大联盟（National Football League，NFL）使用 VCA 自动制作橄榄球比赛的精简版本，使视频时长缩短 60% ～ 70%。

（7）云将实现安全的分析

从网购到医疗再到家庭自动化，云分析在如此多的新领域得到应用，因而分析数据的安全性和私密性变得至关重要。在存储和分析引擎中深度集成加密功能并让用户拥有密钥，可确保只有这些服务的使用者有权访问数据。

（8）云将改变医疗分析

数据分析正迅速成为分析健康风险因素和提高患者护理水平的核心。尽管医疗行业面临降低成本和提高患者护理水平的矛盾，但云正在发挥着至关重要的作用，并帮助实现数字化医疗。

云支持创新的解决方案，如飞利浦 Healthsuite——一个管理医疗数据并能为医生和患者提供支持的平台。飞利浦 Healthsuite 存储着从 3.9 亿条影像检查记录、病历记录和患者输入记录中收集的 15 PB 的患者数据，为医务人员提供了可操作数据，这些数据可以直接影响患者护理情况。

云正在彻底改变着世界各地几十亿人的医疗现状，相信在不久的将来，云会在推动患者诊断和治疗方面发挥更大的作用。

可以预见，云计算将迎来下一个黄金时代，进入普惠发展期，在互联网、政务、金融、交通、物流、教育等不同领域实现快速发展。

| 5.7 软件在超级计算机中的应用 |

5.7.1 人工智能从感知智能向认知智能演进

谈到人工智能的发展阶段，在学术界和工业界存在许多种不同说法，其中有一种 3 阶段说法被普遍接受：计算智能、感知智能、认知智能。近年来，人工智能已经在感知智能上取得了长足的进步，甚至在许多领域已经达到或超出了人类的水准，解决了"听""说""看"的问题。但对于需要外部知识、逻辑推理或者领域迁移等需要"思考和反馈"的问题，人工智能仍然面临诸多难题需要攻破。

感知智能以模仿人类感知能力为基础，重点在对感官能力的模仿。认知智能以模仿人类认知能力、理解能力、记忆能力、逻辑思维能力、情感能力等为基础，重点在于对认知、理解、记忆、思维、情感等类脑能力方面的研究突破。探索如何在保持大数据智能优势的同时，赋予机器常识和因果逻辑推理能力，实现认知智能，成为当下人工智能研究的核心。

认知智能的机制设计非常重要，其包括如何建立有效的机制来稳定地获取和表达知识，如何让知识能够被所有模型理解和运用。这需要从认知心理学、脑科学以及人类社会的发展历史中汲取更多的灵感，并结合跨领域知识图谱、因果推理、持续学习等研究领域的发展成果进行突破。

大规模图神经网络被认为推动认知智能发展强有力的推理方法。图神经网络将深度神经网络从处理传统非结构化数据（如图像、语音和文本序列等）推广到处理更高层次的结构化数据（如图结构等）。大规模的图数据可以表达蕴含逻辑关系的人类常识和专家规则，图节点定义了可理解的符号化知识，不规则图拓扑结构表达了图节点之间的依赖、从属、逻辑规则等推理关系。

图神经网络的潜在应用非常多，在日常交通预测、网约车调度、金融诈骗侦查、运动检测等场景中，在知识推理、EDA 工程、化学研究、宇宙发现等领域，以及在知识图谱、视觉推理、自然语言处理中的多跳推理等学科发展方向上，都有极大的应用空间。

以保险和金融风险评估为例，当前金融行业面临运营成本高、客户服务压力大、产品服务单一且无法很好地覆盖长尾客户、交易欺诈风险高等实际业务问题，这些都无法通过感知智能技术解决，而知识图谱驱动的认知智能则能提供相应的解决方案。一个完备的 AI 系统需要分析个人的履历、行为习惯、健康程度等，还需要通过其父母、亲友、同事、同学之间的来往数据和相互评价进一步进行信用评估和推断。基于图结构的学习系统能够利用用户之间、用户与产品之间的交互，做出非常准确的因果和关联推理。

在工业界，图神经网络也已经有了落地应用。比如，谷歌地图基于事件树的风险评估、图片社交网站 Pinterest 的内容推荐、阿里巴巴的风控和推荐、腾讯等公司的视觉和风控等业务中都有图神经网络的影子。

由于图神经网络具有推理能力，认知智能还可以帮助机器跨越模态理解数据，学习到接近人脑认知的一般表达，从而获得与人脑相似的多模感知能力，进而有望带来颠覆性的产业价值。

5.7.2 规模化生产级区块链应用将走入大众

提起区块链，或许有人会感到有些陌生，但提起比特币估计很多人都很熟悉。区块链正是比特币的底层技术，可以说区块链为比特币而生。但区块链的应用不仅限于比特币，而是逐渐走入各行各业，成为未来信息技术发展的基石。

通俗一点说，区块链技术是指一种全民参与记账的技术。所有的系统背后都有一个数据库，可以把数据库看成一个大账本。那么谁来向这个账本中记录数据就变得很重要。目前是谁的系统谁来记账，如微信的账本就是腾讯公司在记，淘宝的账本就是阿里巴巴在记。但在区块链系统中，系统中的每个人都有机会参与记账。在一定时间段内如果有任何数据变化，系统会评判这段时间内记账最快、最好的人，把他记录的内容写到账本中，并将这段时间内的账本内容发给系统内的其他所有人进行备份。这样，系统中的每个人都有一本完整的账本。

存储在区块链中的数据或信息，具有不可伪造、全程留痕、可以追溯、公开透明、集体维护等特征。基于这些特征，区块链技术奠定了坚实的"信任"基础，创造了可靠的"合作"机制。它依靠密码学和巧妙的分布式算法，在无法建立信任关系的互联网上，无须借助任何第三方的介入就可以使参与者达成共识，以极低的成本解决信任与价值的可靠传递难题。

2019 年是区块链发展史上具有里程碑意义的一年。区块链技术的应用已延伸到数字金融、数字政府、智能制造、供应链管理等多个领域，主流厂商纷纷进入区块链领域，推动技术突破和商业化场景落地。区块链将正式面对海量用户场景的考验，这将对系统处理量提出更高的要求，并增加参与节点在信息存储、同步等方面的负担，在现有技术环境下会导致系统性能和运行效率的下降。

在金融领域，区块链在国际汇兑、股权登记、证券交易等场景有着潜在且巨大的应用价值。将区块链技术应用在金融行业中，可省去第三方中介环节，实现点对点的对接，从而在大大降低成本的同时，快速完成交易支付。例如，Visa 推出了基于区块链技术的 Visa B2B Connect，它能为机构提供一种费用更低、更快速和更安全的跨境支付方式来处理全球范围内企业对企业的交易。相较而言，传统的跨境支付需要等 3～5 天，并支付 1%～3% 的交易费用。又如，纳斯达克推出基于区块链技术的交易平台 Linq，它的具体应用场景是非上市公司的股权管理和股权交易。Visa 还联合 Coinbase 推出了首张比特币借记卡，花旗银行则在区块链上测试运行加密货币"花旗币"。

区块链与物联网和物流领域也天然便于结合。采用区块链技术可以降低物流成本，追溯物品的生产和运送过程，并提高供应链管理的效率。该领域被看作区块链一个很有前景的应用方向。德国初创公司 Slock.it 做了一款基于区块链技术的智能锁，这款锁被连接到互联网，由区块链上的智能合约进行控制。只需通过区块链网络向智能合约账户转账，即可打开智能锁。该智能锁应用在酒店里，客人就能很方便地开门。

区块链具有不可篡改的特性，所以在认证和公证方面也有巨大的市场。Bitproof 是一家专门利用区块链技术进行文件验证的公司，已经与霍伯顿学校（Holberton School）开展合作。该校宣布将利用区块链技术向学生颁发学历证书，解决学历造假等问题。

展望未来，区块链即服务（Blockchain as a Service，BaaS）将进一步降低企业应用区块链技术的门槛。在商业应用大规模落地的同时，区块链网络的"LAN"和"数据孤岛"问题将被新型的通用跨链技术解决。自主可控的安全与隐私保护算法及固化硬件芯片将成为区块链核心技术中的热点领域，保障基础设施的性能和安全。以端、云、链的软硬件产品为基础的一站式解决方案，进一步加速了企业上链与商业网络搭建的进程。通过与人工智能物联网技术融合，区块链可实现物理世界资产与链上资产的锚定，进一步拓展价值互联网的边界，实现"万链互联"。这也将进一步夯实区块链在数字经济时代作为数据和资产可信流转的基础技术地位。

在电气时代，用电量是衡量经济水平的核心指标；在 4G 时代，互联网上的活跃用户数是繁荣的标志；在数字经济时代，面对即将到来的海量用户场景，大批创新区块链应用场景以及跨行业、跨生态的多维协作将会井喷式地涌现。随之而来的将是一批日活用户数上千万的区块链规模化生产级应用走入大众。以区块链技术为基础的分布式账本，将在数字经济中进一步推动产业数字化形成的价值有效传递，从而构建新一代价值互联网和契约社会。

5.7.3 量子计算进入攻坚期

1982 年，费曼在一个公开的演讲中提出利用量子体系实现通用计算的新奇想法。紧随其后，1985 年，英国物理学家戴维·杜斯（David Deutsch）提出了量子图灵机模型 。费曼当时就想到，如果用量子系统所构成的计算机来模拟量子现象，则可大幅度缩短运算时间。至此，量子计算机的概念诞生了。

量子计算机的底层原理与现代电子计算机有着显著差异。量子计算用来存储数据的对象是量子比特，它使用量子算法来进行数据操作。量子比特可以制备两个逻辑态 0 和 1 的相干叠加态，换句话讲，它可以同时存储 0 和 1。考虑一个 n 个物理比特的存储器，若它是经典存储器，则它只能存储 2^n 个可能数据中的任一个，若它是量子存储器，则它可以同时存储 2^n 个数据，而且随着 n 的增加，其存储信息的能力将呈指数级提升。例如，一个 250 量子比特的存储器（由 250 个原子构成）可能存储的数达 2^{250} 个，比现有宇宙中已知的全部原子数还要多。

由于可以同时对存储器中的全部数据进行数学操作，因此，量子计算机在一次运算中可以同时对 2^n 个输入数进行数学运算，其效果相当于经典计算机重复实施 2^n 次运算，或者采用 2^n 个不同处理器实行并行运算。可见，量子计算机可以节省大量的运算资源，如时间、记忆单元等。

通过利用量子力学中非经典的性质，量子计算有望颠覆当前的计算技术，给经济和社会带来变革性的进步。目前，量子计算正处于从实验室走进实际应用的转变之中。2019 年，谷歌宣称达到"量子霸权"的里程碑，即其量子计算器件可执行一个任何经典计算机都无法完成的任务。另一领军团队 IBM 当即反驳，称该任务仍在经典算力之内。且不论争论的是非，谷歌公司在硬件上的进展大大增强了行业对超导路线及大规模量子计算的预期。未来量子计算的主要特点是技术上进入攻坚阶段和产业化的加速阶段。

我国科研人员对量子计算机的研究也取得了不错的进展。2020 年 12 月 4 日，中国科学技术大学宣布该校潘建伟等人成功构建了 76 个光子的量子计算原型机"九章"，求解数学算法高斯玻色取样只需 200 秒，并宣布实现量子优越性。

技术方面，超导量子计算仍将继续占据舞台的中心，并对其他硬件路线造成非常大的压力。因为谷歌公司在超导方向上的成果皆为已知技术，多个追赶者按图索骥，在近年来或做出令人钦佩的复制性结果，或陷入高度复杂的工程噩梦。而领先团队的目标已经锁定了比"量子霸权"更重要且毫无争议的两个领域：容错量子计算和演示实用量子优势。前者指如何通过量子纠错，避免硬件错误的累积，技术上需要同时在"高精度"和"大规模"两个维度上有所突破。后者指有力地证明量子计算机可以用超越经典计算的性能，来解决一个有实际意义的问题。至于演示实用量子优势是否能绕过纠错，还有待历史证明，因为实际问题的计算规模可能非常大，导致对精度的要求不低于纠错的要求。在未来几年，毫无争议地达到这两个目标中的任何一个都非常艰巨，故而量子计算将进入技术攻坚时期。

在产业和生态方面，政府、企业和学术机构的规划和投入将升级、扩大。竞争将在多个维度激化：领军团队规模扩充的同时透明度降低，人为设障的风险上升。产业分工将进一步细化：制冷、微波、低温电子控制、设计自动化、制备代工等领域在资本推动、政策扶植和生态滋养下蓬勃发展。各行业龙头企业会加力探索应用，推动算法和软件发展。

国际上，工业界、学术界、开放性平台和服务三方将相互赋能。工业界的工程复杂度是任何纯学术团队无法企及的；学术界将探索高不确定、颠覆性的方向；开放性平台和服务将降低研究和创业的时间和成本，加速整个领域的迭代和创新速度。这一生态依赖人才的自由流动、深厚的基础研究能力和强大的企业执行力，并将得益于大力度且高效的政府投入，以及以降低门槛、激励创新、带动民间投入为目标的政策引领。

预期和现实总在相互交替中螺旋上升。过去两年，硬件的发展为量子计算赢得了未来一段时间攻坚作战的"粮草"。近几年的技术发展将主要是基础技术的突破。虽然这些技术不一定被大众津津乐道，但会助推量子计算未来的又一个高潮。

| 5.8   其他应用展望 |

我国人工智能专家史忠植指出："计算机能解决许多人类大脑自身不能解决的问题，比如用'社会计算'来研究社会问题，如用计算机分析出地震对社区乃至每个家庭产生什么样的影响等。"如何使计算机具备各种基本感知功能，包括听、说、看、嗅、触等，是目前正在研究的方向。下面对以软件为思维的计算机的发展和应用进行展望。

（1）人机间的生理界限将消失

早在 2008 年年初，盖茨在接受采访时曾预言，计算机键盘和鼠标将会更新换代，逐步被更自然、直观的科技手段代替，触摸式、视觉型以及声控界面会被广泛应用。目前来看，这个预言实现了。

当人机交互装置从"鼠标键盘时代"走向触摸式、声控式或视觉型时，人机之间的生理界限将逐步消失，乃至彻底消失。到那个时候，人类可以直接通过语言与计算机进行交流，甚至只需要一个眼神、一个手势，计算机就能很快做出反应，见机行事。另外，在未来，一些超微型的计算机系统将被植入人体，充当人的感觉、生理器官。那时，计算机与人会融合成一体，二者的界限会消失。这些设想的实现，离不开强大智能软件的支持。

（2）更直观的媒介

20 世纪 90 年代初，随着计算机技术的普及，一种新的人机交互技术——触摸屏输入技术出现。通过这种技术，用户只要用手指轻轻触碰计算机显示屏上的图符或文字，就能实现对主机的操作，使人机交互更加方便。因此，触摸屏输入技术已成为最流行的人机交流输入设备之一。无论是在商场购物，还是在银行存取款，都能见到触摸式的自动服务器为人们提供快捷的服务。

触摸屏输入技术是一种极有发展前途的交互式输入技术，随着研发力量的投入，新型触摸屏不断涌现。现在得到广泛应用的指点式信息查询系统（如电子公告板）具有亮度高、图像清晰和容易交互等特点，取得了非常好的效果。随着技术的发展，触摸屏的发展将呈现出专业化、多媒体化、立体化和大屏幕化的趋势，其识别和显示精度也将大幅度提高。

（3）语音识别

语音识别系统是人与机器间交流最自然的方式。现代语音识别可以追溯到1952 年，K. H. 戴维斯（K. H. Davis）等人研制的世界上第一个能识别 10 个英文数字发音的实验系统。然而在 2009 年以前，语音识别的准确率提升缓慢，甚至一度停滞。直到 2009 年，随着深度学习的兴起，语音识别进入了深度神经网络（Deep Neural Network，DNN）时代，尤其是 2015 年至今，语音识别系统的性能得到了大幅提升，识别准确率已突破 90%，并且在标准环境下逼近 98%。

（4）可穿戴机

可穿戴机实际上是指新一代个人移动计算机系统和数字化产品。携带和使用这种产品非常方便，特别适合在室外和机动场合下使用。现在的可穿戴机已经能做到位于衣服内部，即计算机如同衣服般附着在人体上。有的可穿戴机被做成手表、背包、戒指和发卡等人们随身佩戴的“小饰品”。佩戴这些“小饰品”可以帮助打台球的人准确测定角度与力度，帮助不会跳舞的人记忆舞步。有研究人员还试图将可穿戴机压缩成计算机芯片，将其植入人体的表皮之下，这在以后极有可能成为现实。

截至本书成稿之日，使可穿戴机完全进入生活的技术还欠成熟。可穿戴机要求体积小、质量小，并且使用时间长，而现在一套可穿戴机的质量大约是 5 千克；在无线电通信方面，可穿戴机要求有长距离的绕射能力，能使电波绕过障碍物，还要求同时拥有高速度和宽频带，这很难兼顾；在软件方面，可穿戴机必须有自己的嵌入式操作系统，而适用于 PC 的各类操作系统对可穿戴机来说还不适用。对于当前存在的问题，未来的研究方向应该是开发出更轻便、使用时间更长的可穿戴机。

（5）自由办公

《人类的本质：2020 年的人机交互》报告指出，“一个互相联系的数码媒介意味着，人类可以从所处的任何地方与世界各地取得联系。那种身处工作场所与在家之间的区别将不复存在，私人时间和工作时间的区别也将随之消失"。

然而，对于"身处工作场所与在家之间的区别将不复存在，私人时间和工作时间的区别也将随之消失"的情况在整个社会的普及，有些学者并不认同。他们认为，"自由办公"的设备和通信设施需要完善，办公人员的素质还需要提高，办公制度（从政府到公司）需要配套，这些都是我国要普及"自由办公"所面临的问题。"自由办公"暂时不能在整个社会实现，只可以实现于部分职业和领域中。

| 5.9 本章小结 |

本章介绍了软件在未来各领域中的应用，包括在太空探索、科学探索、新能源、物联网、大数据、云计算、超级计算机方面的应用，并对其他应用模式进行了总结和展望，未来的计算机将会向着更便携、更精巧、更方便和更智能的方向发展。随着"量子计算机"和"生物计算机"的出现，计算机的发展将会迈上一个新的台阶。计算机在人们生活中的应用将越来越广泛，能力也将越来越强大。

新的需求带来新的设想，新的设想启发创新和发明，软件与计算机相互依存、共同发展，将为人类创造更多的物质和精神财富。

后　记

　　提高国家文化软实力，关系到"两个一百年"奋斗目标和中国梦的实现。纵观人类社会发展的历史，文化既是社会和经济发展的加速器，也是科技进步的助推器。在编写本书的过程中，课题组由衷地感受到软件文化的巨大魅力和影响，它深深地熔铸在软件人、软件产品、软件企业的生命力、创造力和凝聚力之中，成为国家软实力的主要标志之一。

　　本书由覃征教授构思编写内容、规划整体结构及最终定稿。课题组在编写本书的过程中，查阅了大量中外文图书、论文、报告、标准以及互联网在线资料。"凡益之道，与时偕行。"随着世界文明、计算机技术和软件文化的不断进步，本书内容也将与时俱进、推陈出新。但是，由于软件文化这个课题的涉及范围很广，国内也尚无研究先例，因此本书的内容难免会有纰漏，文献引用难免会有不当之处，还望读者见谅，并真诚希望读者能够提出宝贵意见，不吝斧正。

　　感谢本书的每一位读者，感谢丰富多彩的软件文化，这一切是我们不懈努力的动力。

附 录

　　下图为本书的内容结构框图，涉及本书各章节的二级标题。每个二级标题可以进一步细分，相关内容可以具体翻阅书中对应部分。

　　特此说明。

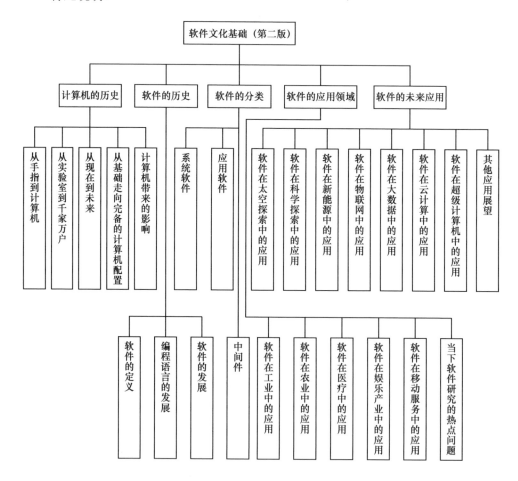

参考文献

[1] "计算机之父"巴贝奇 [J]. 大众科学, 2015, 308(12): 22-23.

[2] 北卡 12 号. 神"机"妙"算"——人类计算工具演义（上篇）[J]. 世界科幻博览, 2007, 3: 78-81.

[3] 方雨, 秦茜, 王依文. 一切都可以变, 除了信仰 百年 IBM 启示录 [J]. IT 时代周刊, 2011, 12: 32-38.

[4] 杨晓清. 算盘起源于"九宫算"之演变探讨 [J]. 珠算与珠心算, 2013, 3: 46-52.

[5] Steward D E. Software culture of quality: A survey to assess progress in implementing a culture favorable for continuous process improvement in software development organizations[D]. Minneapolis: Capella University, 2007.

[6] Baldo T. Exploring the culture of educational software: Is the software culturally neutral? Localization of educational technology for developing nations[D]. Montreal: Concordia University, 2007.

[7] Cao X K. A cross-culture study of risk management in software projects[D]. Rimouski: Université du Québec à Rimouski, 2006.

[8] 国务院关于积极推进"互联网＋"行动的指导意见 [EB/OL]. (2015-07-05) [2023-04-23].

[9] 国务院关于大力发展电子商务加快培育经济新动力的意见 [EB/OL]. (2015-05-07)[2023-04-23].

[10] 李克强: 制定"互联网＋"行动计划 促进电子商务等健康发展 [EB/OL]. (2015-03-05)[2023-04-23].

[11] 李克强: 别以为电子商务只是"虚拟经济" [EB/OL]. (2015-04-01)[2023-04-23].

[12] 杨小虎 . 生物计算机特点及未来发展 [J]. 电脑知识与技术 , 2014, 10(33): 7989-7990.

[13] 刘霞 . 看谁最能 "算计" [N]. 科技日报 , 2010-08-28(002).

[14] 袁传宽 . 到底是谁发明了世界上第一台电子计算机——一段鲜为人知的历史公案 [J]. 程序员 , 2006, 8: 164-165.

[15] 刘瑞挺 , 王志英 . 中国巨型机之父——慈云桂院士 [J]. 计算机教育 , 2005, 3: 4-9.

[16] 詹晶晶 . 商品的网络宣传和展示设计研究 [D]. 南昌 : 南昌大学 , 2011.

[17] 徐令予 . 图灵 : "登上" 英国 50 英镑新钞的 "人工智能之父" [J]. 金融博览 , 2021, 6: 18-19.

[18] 戴士剑 , 郭久武 , 王凤泰 . 数据恢复与信息存储安全 [C]// 中国科学技术协会 . 提高全民科学素质、建设创新型国家——2006 中国科协年会论文集（下册）. 2006: 6215-6221.

[19] 李泓松 . 装备管理信息系统的设计与实现 [D]. 成都 : 电子科技大学 , 2012.

[20] 苏宏元 , 陈娟 . 从计算到数据新闻 : 计算机辅助报道的起源、发展、现状 [J]. 新闻与传播研究 , 2014, 21(10): 78-92.

[21] 马志良 . 建筑参数化设计发展及应用的趋向性研究 [D]. 杭州 : 浙江大学 , 2014.

[22] 蒋宗礼 . 拔尖创新人才培养——写在图灵诞辰 100 周年 [J]. 计算机教育 , 2012, 11: 50-51.

[23] 刘瑞挺 , 王志英 . 中国巨型机之父——慈云桂院士 [J]. 计算机教育 , 2005, 3: 4-9.

[24] 赵淑英 . 模块化生产网络对技术创新的影响 [D]. 沈阳 : 辽宁大学 , 2014.

[25] 张衡 . 基于隔离式信息系统的安全检查研究与工具实现 [D]. 北京 : 北京邮电大学 , 2011.

[26] 徐正春 . CRAY-1 计算机系统简介 [J]. 电子计算机动态 , 1978, 4: 19-33.

[27] 王行刚 , 陈厚云 . 信息时代的黎明——七十年代计算机发展史 [J]. 自然辩证法通讯 , 1982, 4: 51-59.

[28] 汪宇辰 , 何建波 . 基于计算机创新历程的设计趋势探究 [J]. 新视觉艺术 , 2012, 5: 108-110.

[29] 李洪帅，战晓煜，吴铮. 计算机技术的发展趋势研究 [J]. 无线互联科技，2015, 1: 83-84.

[30] 单宝. 温特制的启示 [J]. 企业改革与管理，2008, 11: 26-27.

[31] 胡玉之，袁国林. 计算机技术在环境科学中的应用 [J]. 环境科学导刊，2008, 27: 17-22.

[32] 张辉，石琳. 数字经济：新时代的新动力 [J]. 北京交通大学学报（社会科学版），2019, 18(2): 10-22.

[33] 徐庚保，曾莲芝. 智能仿真 [J]. 计算机仿真，2011, 28(4): 1-5,21.

[34] 王斌. 基于分布处理的智能计算机体系结构分析 [J]. 科技展望，2016, 26(14): 1, 3.

[35] 章岩扉. 量子计算机的原理、发展及应用 [J]. 内燃机与配件，2018, 7: 224-225.

[36] 邓智铭. 量子计算机的进展与方向 [J]. 数字技术与应用，2018, 36(4): 232-233.

[37] 我国首个量子计算机操作系统在合肥发布 [J]. 华东科技，2021, 3: 13.

[38] 李光满. 2020 年中国高科技领域十大突破 [J]. 中国军转民，2021, 1: 12-14.

[39] 中国科研团队发布量子计算机操作系统 [J]. 环境技术，2021, 39(1): 3.

[40] 魏冬冬，刘导璇，李倩. 我国信息标准服务框架研究 [J]. 情报探索，2012(5): 20-24.

[41] 王渝生. 打印机发展史 [J]. 科学世界，2013, 7: 84-85.

[42] 翟羽佳. 从文化视角看计算机技术发展对社会变迁的影响 [J]. 重庆与世界（学术版），2012, 29(5): 84-86.

[43] 阿波京，梅斯特洛夫. 计算机发展史 [M]. 上海：上海科学技术出版社，1984.

[44] 维格斯. 创建软件工程文化 [M]. 周浩宇，译. 北京：清华大学出版社，2003.

[45] 霍夫斯泰德. 文化与组织：心理软件的力量 [M]. 李原，孙健敏，译. 北京：中国人民大学出版社，2010.

[46] 李连利. IBM 百年评传：大象的华尔兹 [M]. 武汉：华中科技大学出版社，2011.

[47] 吴鹤龄，崔林. ACM 图灵奖（1966—1999）：计算机发展史的缩影 [M]. 北京：高等教育出版社，2000.

[48] 杨赟. 证券信息管理系统的研究和实现 [D]. 上海 : 复旦大学 , 2008.

[49] 杨光. 大型机平台个人贷款业务系统的设计与实现 [D]. 成都 : 电子科技大学 , 2013.

[50] 张浩. 代理实物黄金销售系统的设计和实现 [D]. 长春 : 吉林大学 , 2010.

[51] 石玉芳 , 刘思奇. 浅析计算机语言的文化内涵 [J]. 福建电脑 , 2013, 29(6): 86-88.

[52] 亦衡. 人工智能大师麦卡锡 [J]. 中国青年科技 , 2003, 11: 32-33.

[53] 姜靖. 面向计算机视觉的领域特定语言设计与实现 [D]. 合肥 : 中国科学技术大学 , 2020.

[54] 徐晓新. 中国软件组织的开发能力的理论分析与案例研究 [D]. 北京 : 清华大学 , 2003.

[55] 蔡志华. 对我国软件产业自主创新发展的宏观分析 [D]. 武汉 : 华中师范大学 , 2007.

[56] 谢芸琪. 基于组合的新产品开发风险作用机理研究 [D]. 杭州 : 浙江大学 , 2004.

[57] 方兴东 , 王俊秀. 杰夫•贝佐斯 : 电子商务的第一象征 [J]. 软件工程师 , 2006, 7: 59-61.

[58] 王旭辉 , 李尧. NOOS 操作系统在教学应用的研究与改进 [J]. 西部皮革 , 2016, 38(24): 227.

[59] 张勇. 基于数据库的玻璃熔窑蓄热室技术经济评价的研究 [D]. 杭州 : 浙江大学 , 2003.

[60] 徐义全. 电子文件系列讲座之六 数据库系统及其在电子档案管理中的应用 [J]. 北京档案 , 2001, 6: 16-17.

[61] 李敏 , 王韵 , 李旺 , 等. 教育软件分类及质量需求分析 [J]. 信息技术与信息化 , 2012, 4: 39-41.

[62] 李敏 , 史艳华 , 张晓霞 , 等. 教育软件量化评价标准研究 [J]. 信息技术与信息化 , 2012, 4: 46-48.

[63] 马宏远. 工控软件与工厂信息化 [J]. 自动化博览 , 2003, 4: 16-18,27.

[64] 周晓艳. 基于粗糙集理论的新农保参保农民满意度测评研究 [D]. 湘潭 : 湘潭大学 , 2014.

[65] 蔡志华. 对我国软件产业自主创新发展的宏观分析 [D]. 武汉 : 华中师范大学 , 2007.

[66] 姜洪军. 老枪雷明顿 : 起步领先难守优势 [N]. 中国计算机报 , 2011-01-10(22).

[67] 王东南. 互联网的摩登时代 [J]. 科学 24 小时 , 2015, 7: 8-13.

[68] 许浩. 浙大网新科技股份有限公司发展战略研究 [D]. 上海 : 复旦大学 , 2008.

[69] 董海波. 美国 A 公司竞争战略分析 [D]. 上海 : 上海交通大学 , 2008.

[70] 陈厚云 , 王行刚. 计算机发展简史 [M]. 北京 : 科学出版社 , 1985.

[71] 李彦. IT 通史 : 计算机技术发展与计算机企业商战风云 [M]. 北京 : 清华大学出版社 , 2005.

[72] 张瑞海. 基于机器人模拟仿真技术的车身主拼柔性解决方案研究 [D]. 成都 : 西南交通大学 , 2010.

[73] 陈江. 基于 DH485 现场总线和以太网的自来水加压泵站自动监控系统 [D]. 广州 : 广东工业大学 , 2002.

[74] 陈嘉嘉. 服务设计的重点在于界定服务本身——陈嘉嘉谈服务设计 [J]. 设计 , 2020, 33(4): 42-48.

[75] 孟繁秋. 基于工业机器人控制的滚边压合技术研究 [D]. 长春 : 吉林大学 , 2010.

[76] 张昌明. 基于 RP 的快速模具制造技术研究 [D]. 太原 : 太原理工大学 , 2006.

[77] 钟小青. 基于双 K 断裂理论的混凝土性能试验研究与分析 [D]. 南京 : 南京航空航天大学 , 2010.

[78] 陈曦 , 周峰 , 郝鑫 , 等. 我国 SCADA 系统发展现状、挑战与建议 [J]. 工业技术创新 , 2015, 2(1): 103-114.

[79] 胡成群 , 刘强 , 刘略. 提高调度自动化系统中 SCADA 的安全风险防范能力 [J]. 农村电气化 , 2008, S1: 18-21.

[80] 张军 , 尚敏 , 陈剑. 基于 3G 技术的智能农业远程监控与管理系统 [J]. 计算机测量与控制 , 2011, 19(5): 1058-1061.

[81] 乔海庆. 陆域库区数据采集与监控系统（SCADA）结构设计和实现 [J]. 中国石油和化工标准与质量 , 2012, 32(3): 286.

[82] 张中超. 模板破碎机的研发 [D]. 上海 : 东华大学 , 2015.

[83] 胡成群. 安全监控和数据采集系统安全风险分析及对策 [J]. 供用电 , 2008, 2:

43-45.

[84] 张智新 . SCADA 系统在发电机远程监控中的应用 [J]. 电气时代 , 2013, 7: 92-93.

[85] 杨振麒 . 基于嵌入式 WEB 的组态软件关键技术开发 [D]. 广州 : 广东工业大学 , 2015.

[86] 陈晓明 . 3D 打印在建筑领域的应用 [J]. 科技视界 , 2021, 36: 1-5.

[87] 齐虎春 . 计算机信息技术在现代农业发展中的作用 [J]. 现代农业 , 2010, 7: 110-111.

[88] 刘丽伟 . 美国农业信息化促进农业经济发展方式转变的路径研究与启示 [J]. 农业经济 , 2012, 7: 40-43.

[89] 杨广亮 , 王军辉 . 新一轮农地确权、农地流转与规模经营——来自 CHFS 的证据 [J]. 经济学 , 2022, 22(1): 129-152.

[90] 黄松平 , 朱亚宗 . 关于中国工程首创性的文化思考 [J]. 工程研究 : 跨学科视野中的工程 , 2015, 17(1):11.

[91] 张秀智 . 强化法律制度建设是解决 "三农" 问题的基础 [J]. 团结 , 2013, 1: 42-44.

[92] 张凡 . "三才" 理论 我国农业体系发展的核心思想 [J]. 中国农村科技 , 2008, 12: 74-76.

[93] 理性远眺 "十三五" , 平添改革开放 40 周年几多欣慰 [J]. 改革 , 2015, 8: 1.

[94] 覃征 , 何坚 , 高洪江 , 等 . 软件工程与管理 [M]. 北京 : 清华大学出版社 , 2005.

[95] 翟羽佳 . 从文化视角看计算机技术发展对社会变迁的影响 [J]. 重庆与世界 : 学术版 , 2012, 5: 84-86.

[96] 覃征 , 杨利英 , 高勇民 , 等 . 软件项目管理 [M]. 北京 : 清华大学出版社 , 2004.

[97] 李维 . 关于版权意义下的软件分类和比较 [J]. 科技与法律 , 1999, 2: 45-48.

[98] JANCORAS Z. Free digital works: From free software to creative society[J]. Santalka: Filosofija, Komunikacija, 2011, 19(2): 39.

[99] EBERT C, SALECKER J. Guest editors' introduction: Embedded software technologies and trends[J]. IEEE Software, 2009, 26(3): 14-18.

[100] TANENBAUM A S. 现代操作系统 [M]. 北京 : 机械工业出版社 , 2009.

[101] KENDALL K E. 系统分析与设计 [M]. 北京 : 机械工业出版社 , 2014.

[102] MCHOES Y F. 作业系统入门 [M]. 邓姚文 , 等 , 译 . 台北 : 高立图书有限公司 , 2010.

[103] FISCHER C N, 等 . 编译器构造 [M]. 郭耀 , 等 , 译 . 北京 : 清华大学出版社 , 2012.

[104] 董焱 . 信息文化论——数字化生存状态冷思考 [M]. 北京 : 北京图书馆出版社 , 2003.

[105] 卢泰宏 . 信息文化学导论 : IT 会带来什么 [M]. 长春 : 吉林教育出版社 , 1990.

[106] 罗斯扎克 . 信息崇拜——计算机神话与真正的思维艺术 [M]. 苗华键 , 等 , 译 . 北京 : 中国对外翻译出版公司 , 1994.

[107] 林福宗 . 多媒体文化基础 [M]. 北京 : 清华大学出版社 , 2010.

[108] PARSONS J J, 等 . 计算机文化 [M]. 吕云翔 , 等 , 译 . 北京 : 机械工业出版社 , 2011.

[109] 林秀 . 信息文化与网络文化的概念比较分析 [J]. 情报科学 , 2005, 1: 25-27.

[110] 何守才 . 数据库百科全书 [M]. 上海 : 上海交通大学出版社 , 2009.

[111] 萨师煊 , 王珊 . 数据库系统概论 [M]. 北京 : 高等教育出版社 , 2010.

[112] 齐志儒 . 汇编语言程序设计 [M]. 沈阳 : 东北大学出版社 , 1996.

[113] 陈火旺 , 等 . 程序设计语言编译原理 [M]. 北京 : 国防工业出版社 , 2000.

[114] 刘丽伟 . 美国农业信息化促进农业经济发展方式转变的路径研究与启示 [J]. 农业经济 , 2012, 7: 40-43.

[115] 易信 . 说说美国农业信息化 [J]. 农产品市场周刊 , 2013, 645(39): 55-57.

[116] 陈辉 , 黄亚勤 . 中国农业与美国农业的对比研究 [J]. 经济研究导刊 , 2013, 201(19): 60-61.

[117] 英国智能农业 : 用机器人挤牛奶靠专家软件种地 [J]. 工业设计 , 2013, 5: 32-33.

[118] 2008 中国电子政务发展现状大型问卷调查统计结果 [J]. 信息化建设 , 2009, 1: 20-29.

[119] 陈康 , 徐典福 , 张沁 , 等 . 中国移动支付产业运营模式分析 [J]. 时代金融 , 2012, 30: 206-207.

[120] 崔媛媛 . 移动支付业务现状与发展分析 [J]. 移动通信 , 2007, 208(6): 30-33.

[121] 习近平 . 在第二届世界互联网大会开幕式上的讲话 [J]. 中国信息安全 , 2016, 1: 24-27.